HISTOIRE

DES

INSECTES NUISIBLES A LA VIGNE,

ET PARTICULIÈREMENT

DE LA PYRALE.

IMPRIMÉ PAR BÉTHUNE ET PLON, A PARIS.

HISTOIRE

DES

INSECTES NUISIBLES A LA VIGNE,

ET PARTICULIÈREMENT

DE LA PYRALE

QUI DÉVASTE LES VIGNOBLES DES DÉPARTEMENTS

de la Côte-d'Or, de Saône-et-Loire, du Rhône, de l'Hérault, des Pyrénées-Orientales, de la Haute-Garonne, de la Charente-Inférieure, de la Marne et de Seine-et-Oise;

AVEC L'INDICATION DES MOYENS QU'ON DOIT EMPLOYER POUR LA COMBATTRE;

PAR

M. VICTOR AUDOUIN,

Membre de l'Institut (Académie des Sciences), Professeur-Administrateur au Muséum d'Histoire naturelle de Paris; Membre des Sociétés d'Agriculture, d'Histoire naturelle, de Zoologie et d'Entomologie de Paris, de Londres, de Genève, de New-York, de Philadelphie, etc., des Académies de Stockholm, de Moscou, etc., etc.

OUVRAGE PUBLIÉ

SOUS LES AUSPICES DE M. LE MINISTRE DE L'AGRICULTURE ET DU COMMERCE,
ET DES CONSEILS GÉNÉRAUX DES DÉPARTEMENTS RAVAGÉS.

PARIS,

FORTIN, MASSON ET Cie, LIBRAIRES,

PLACE DE L'ÉCOLE-DE-MÉDECINE, 1.

1842

TABLE DES MATIÈRES.

PREMIÈRE PARTIE.

HISTOIRE NATURELLE TRAITANT DE LA CLASSIFICATION, DE L'ORGANISATION ET DES MOEURS DE LA PYRALE.

CHAPITRE PREMIER.

CHAPITRE DEUXIÈME.

CHAPITRE TROISIÈME.

Pages.

CHAPITRE QUATRIÈME.

CHAPITRE CINQUIÈME.

DEUXIÈME PARTIE.

HISTOIRE DES DIVERSES INVASIONS DE LA PYRALE — DISTRIBUTION GÉOGRAPHIQUE DE CET INSECTE. — CIRCONSTANCES NATURELLES QUI PEUVENT FAVORISER SON DÉVELOPPEMENT OU AMENER SA DISPARITION.

CHAPITRE PREMIER.

CHAPITRE DEUXIÈME.

CHAPITRE TROISIÈME.

Pages.

COLÉOPTÈRES.

HÉMIPTÈRES.

ORTHOPTÈRES.

APPENDICE.

TABLE DES PLANCHES.

AVIS.

En entreprenant cet ouvrage, l'auteur avait espéré pouvoir le terminer de manière à remplir les engagements qu'il avait pris envers le public. Le désir de le rendre plus complet, de combler toutes les lacunes qu'il y apercevait encore, d'obtenir des résultats précis des diverses expériences auxquelles il s'était livré sur plusieurs points de la France, le besoin de visiter ces divers lieux à plusieurs reprises, ont été la cause de retards qui, devant ajouter à la perfection de son travail, lui avaient paru devoir être acceptés sans regret par les agriculteurs auxquels cet ouvrage s'adresse.

Malheureusement, pendant qu'il se livrait avec une ardeur extrême à ces recherches et à d'autres travaux d'entomologie agricole, également importants pour la richesse de notre pays, sa santé s'altérait profondément, et son état s'aggravait encore par l'impossibilité où il se sentait de mettre la dernière main à l'ouvrage sur la Pyrale, promis depuis long-temps aux départements ravagés par cet insecte, et dont les agriculteurs de ces contrées réclamaient la publication avec instance.

C'est au milieu de ces occupations, c'est lorsqu'il employait toutes les forces que lui laissait la maladie à retoucher quelques parties de son manuscrit, que la mort est venue l'arrêter, laissant à sa famille et à ses amis le pénible devoir de terminer la publication de l'ouvrage auquel il avait consacré les dernières années de sa vie.

L'état du manuscrit qui concernait spécialement la Pyrale de la Vigne était tel, qu'il suffisait d'y intercaler quelques notes et quelques renseignements, déjà destinés par l'auteur à y prendre place, pour le livrer à l'impression. Cette rédaction définitive a été faite par une main qui lui était chère, par une personne qui l'avait accompagné dans ses derniers voyages, et à laquelle toutes ses recherches et ses opinions sur ce sujet étaient dès long-temps familières. Cette partie de l'ouvrage, qui en forme le corps principal, doit donc être considérée comme entièrement achevée par M. Audouin.

La quatrième partie, celle qui est relative aux insectes nuisibles à la Vigne autres que la PYRALE, était au contraire beaucoup moins avancée : des notes, des observations, des dessins et des échantillons avaient, il est vrai, été réunis ; mais la coordination n'en était pas complète, et cette partie n'aurait pas été susceptible d'être publiée sans la coopération de M. Blanchard, aide-naturaliste au Muséum d'histoire naturelle, l'élève et l'ami de M. Audouin. C'est par ses soins qu'elle a été terminée et mise en ordre. Les relations intimes d'occupations et d'étude qui existaient entre M. Blanchard et son maître donnent aussi l'assurance que ce travail, quoique moins complet que ne le projetait M. Audouin, a été rédigé ou classé dans l'esprit qu'il aurait voulu y porter lui-même.

INTRODUCTION.

L'entomologie, comme la plupart des autres sciences, a eu ses phases bien marquées, et a participé successivement aux idées dominantes de chaque époque. Considérée long-temps comme une science purement spéculative, on s'était contenté, jusqu'à nos jours, de chercher dans son étude attrayante un aliment à la curiosité ou les bases d'une classification régulière; aujourd'hui les exigences ne sont plus les mêmes, et, dans un siècle éminemment positif, les sciences ne semblent destinées à jouer un rôle important qu'autant qu'elles jetteront quelque lumière sur des questions d'un intérêt général. Sous ce rapport, l'agriculture et l'industrie, en venant réclamer en maintes occasions les secours de l'entomologie, lui offrent un vaste champ à exploiter; et, une fois lancée dans cette voie, l'étude des insectes, traitée jusque-là dans le monde d'amusement puéril, deviendra bientôt, grâce à ses nombreuses applications, une science éminemment populaire.

Il n'est point de cultivateur, en effet, qui n'ait eu cent fois à déplorer les torts que lui causent ces petits ennemis, dont le nombre ne vient que trop souvent compenser la faiblesse. Tantôt des myriades d'insectes parviennent à dévaster des forêts entières, tantôt ils réduisent en poussière les monceaux de grains conservés dans nos greniers; tantôt, enfin, s'attaquant aux végétaux les plus utiles, ils semblent se partager entre eux les racines, les tiges, les feuilles, les fleurs, les fruits et les graines des plantes que nous cultivons dans nos champs, dans nos vergers, dans nos jardins. D'autres espèces, s'attachant aux matières déjà travaillées par l'homme, minent nos habitations, perforent nos bois de charpente, détruisent nos meubles, nos provisions alimentaires, nos vêtements : en un mot, de toutes parts ces ennemis cachés viennent, dans certaines années, détruire les espérances du cultivateur ou du propriétaire et réduire parfois des populations découragées à une misère sans remède apparent.

Quoiqu'on soit loin de connaître encore tous les insectes nuisibles à l'agriculture, et qu'on attribue souvent à des influences atmosphériques des maux dont ils sont les seuls auteurs, on sent pourtant de toutes parts le besoin de diminuer le nombre de ces ennemis de nos propriétés. Aussi, malgré l'opposition de quelques personnes qui, s'appuyant sur l'ancienneté du mal pour prouver son peu d'importance, prétendent en même temps que la science est impuissante sur ce point, et que les fléaux causés par les insectes n'augmentent à certaines époques que pour s'éteindre ensuite d'eux-mêmes, voyons-nous tous les agriculteurs instruits reconnaître, comme nous, qu'à mesure qu'une culture se multiplie les ennemis de la plante qui en fait la base se multiplient aussi au centuple, et que pour rétablir l'équilibre naturel il faut s'aider tout à la fois de l'expérience des cultivateurs et des observations scientifiques les mieux dirigées.

Malheureusement, les appels nombreux faits depuis long-temps aux sociétés savantes par les agriculteurs de tous les pays, les prix, les récompenses promis à ceux qui trouveraient des moyens de guérison applicables aux maux qu'on voulait combattre, n'ont produit généralement que des résultats bien incertains. Les praticiens n'ont eu, le plus souvent, ni le temps ni les connaissances nécessaires pour approfondir le sujet qu'ils voulaient traiter, et les savants se sont habituellement contentés de répondre par la description et le nom de l'insecte qu'on cherchait à détruire, ou par l'indication de quelques procédés déjà connus, et dont ils auraient bientôt reconnu l'inefficacité s'ils avaient pris la peine d'aller sur les lieux observer par eux-mêmes les mœurs de l'insecte et l'effet des moyens de destruction que la compilation répète de livre en livre depuis si long-temps.

Du reste, on ne peut se dissimuler toutes les difficultés que présente l'étude des insectes dirigée vers un but d'utilité agricole. Pour arriver à la découverte d'un mode de destruction convenable, il faut connaître préalablement l'insecte qu'on veut atteindre, non-seulement à l'état où il porte préjudice aux biens de la terre, mais encore durant toutes les autres phases de son existence.

Or le même individu change souvent tellement de forme, d'aspect, et même d'habitudes, qu'on ne peut arriver à constater son identité qu'après un grand nombre d'observations régulières; il faut ensuite suivre minutieusement l'insecte durant ses différents états, étudier les lieux, les moments, les circonstances qui peuvent le faire tomber plus aisément en notre puissance, et ne se laisser décourager ni par le nombre immense d'ennemis que nous avons à combattre, ni par les ruses variées dont la nature les a doués pour défendre leur existence et pourvoir à celle de leur progéniture.

Ce n'est qu'après s'être livré à cette étude approfondie de l'insecte, ce n'est qu'après avoir mis à contribution tout à la fois l'expérience du cultivateur et les observations rigoureuses du naturaliste, que l'on peut marcher avec quelque certitude et adopter le plan d'attaque qui offre réellement le plus de chance de succès.

On voit donc que pour connaître parfaitement les mœurs d'une seule espèce d'insecte, depuis le moment où il est encore invisible dans l'Œuf jusqu'à son état parfait, il faut se livrer à des recherches attentives, à des observations nombreuses, à des expériences raisonnées, et qui peuvent rester long-temps incomplètes s'il ne se présente quelque hasard heureux. Car l'entomologiste ne peut manier son sujet à volonté, il ne peut recommencer, à son gré, mille essais divers; procédant plutôt par la voix de l'observation que par celle de l'expérience, ce n'est souvent qu'au bout de bien des années d'interruptions forcées qu'il arrive à compléter au moins un petit coin de ce vaste tableau.

Depuis long-temps, toutes ces difficultés m'avaient frappé; mais depuis long-temps aussi, consacrant mon temps à des recherches du genre de celles dont je viens de parler, j'avais acquis la conviction que de l'union de l'agriculture et de l'entomologie il devait naître des idées neuves, des observations utiles, des procédés ingénieux. Je m'étais dit cent fois que dans un siècle où la question d'utilité est sans cesse mise en jeu il n'était pas sans importance de prouver aussi les nombreux avantages qu'on pouvait retirer de l'application d'une science qu'on s'était trop habitué à considérer comme un simple amusement destiné à tuer le temps, et capable par conséquent de rétrécir l'esprit.

Jusqu'en 1837 mes observations d'entomologie agricole, quoique nombreuses et poursuivies avec un intérêt toujours croissant, s'étaient bornées à des expériences isolées et peu connues, et les résultats auxquels elles m'avaient conduit n'avaient fait que confirmer mes idées sur ce sujet; mais à cette époque je fus appelé à aller pratiquer sur une plus grande échelle des essais auxquels mes études journalières m'avaient suffisamment préparé.

Depuis plusieurs années, un insecte destructeur, qui avait déjà plus d'une fois désolé les vignerons et occupé les naturalistes, la Pyrale, étendait ses ravages dans les départements du Rhône et de Saône-et-Loire; et ces beaux vignobles menaçaient de devenir de plus en plus la proie de cet insecte, si on n'avait recours promptement à quelque moyen de destruction énergique. Déjà, en 1836, quelques propriétaires de ces mêmes départements étaient venus me parler de leurs inquiétudes, me soumettre leurs idées, me demander mes conseils; mais, l'année suivante, le mal devenant encore plus grave, le préfet du département de Saône-et-Loire, justement effrayé de l'aspect qu'offrait son territoire et des maux qui devaient en être la conséquence, crut devoir attirer l'attention du ministre de l'agriculture et du commerce sur un fléau qui compromettait d'une manière aussi désastreuse les vignobles de ses administrés. Cet insecte s'était bien montré antérieurement et à diverses reprises dans le Mâconnais, mais jamais ses ravages n'avaient été aussi étendus, jamais ils n'avaient persisté durant tant d'années et avec une intensité pareille.

Une fois éclairé sur la gravité du mal, le ministre s'occupa vivement d'y porter remède; et ce fut à la Société royale et centrale d'Agriculture qu'il s'adressa pour apprendre d'elle la marche la plus opportune à suivre dans une semblable position. Ce corps savant, composé de théoriciens éclairés et d'habiles praticiens, pouvait, en effet, mieux que tout autre, diriger l'autorité. Jugeant sagement que, pour obvier au mal, il fallait d'abord le connaître dans toute son étendue, il engagea le ministre à envoyer sur les lieux un naturaliste habitué à ce genre d'observations et lui proposa de me charger de cette mission importante, la spécialité de mes travaux pouvant motiver jusqu'à un certain point ce choix honorable.

Ayant maintes fois remarqué que le naturaliste ne pouvait, du fond de son cabinet, donner des conseils utiles; qu'il était indispensable que, redressant les observations souvent inexactes des cultivateurs, il vint les étayer par des observations personnelles; bien convaincu, en un mot, qu'on ne peut faire des études complètes de mœurs qu'autant qu'on sait voir et chercher, je n'hésitai pas à me rendre immédiatement dans les localités où on réclamait ma présence. On verra dans le cours de cet ouvrage comment je crus devoir m'aider de la science pour arriver à mon but, et combien la connaissance des mœurs de l'insecte a facilité pour moi la tâche que je m'étais imposée.

Une seule année ne pouvait suffire à des expériences aussi multipliées, car nous avons dit que ce n'est qu'en suivant l'insecte à ses divers âges qu'on peut choisir avec certitude un procédé de destruction dont le succès soit assuré; l'année **1838** fut donc consacrée à la continuation des travaux entrepris en **1837**, et deux voyages successifs dans le Mâconnais, au mois de mai et au mois d'août, vinrent confirmer mes premières observations. Envoyé également, en **1838**, par le ministre de l'agriculture et du commerce, dans les départements de la Charente, de l'Hérault et des Pyrénées-Orientales, où la Pyrale exerçait aussi ses ravages, j'y reconnus l'identité de l'insecte, et j'achevai d'acquérir les connaissances nécessaires pour diriger sûrement les vignerons, et leur donner les moyens de prévenir les invasions du mal et d'en arrêter les progrès. Les dégâts occasionnés par la Pyrale sur le territoire d'Argenteuil (Seine-et-Oise) me permirent enfin de suivre, durant une année entière, sans interruption, la marche de l'insecte, et de faire successivement l'essai de tous les procédés de destruction qui avaient été déjà indiqués ou qui pouvaient inspirer quelque confiance.

Mais en même temps que l'agriculture réclamait d'utiles procédés, la science ne pouvait perdre auprès de moi tous ses droits; et, quoique occupé essentiellement du but principal de mes investigations, je cherchai, par des observations anatomiques et physiologiques, à rattacher mes travaux pratiques à des études d'un autre genre, dont une partie pouvait sans doute me guider encore dans les applications agricoles, mais dont un grand nombre aussi, simplement utiles à la science entomologique, ne pouvaient être négligées par celui qui depuis plus de vingt ans en avait fait son étude favorite.

Les agriculteurs, auxquels je m'adresse essentiellement, pourront donc trouver dans cet ouvrage quelques détails trop scientifiques, quoique j'aie cherché à les rendre au moins compréhensibles pour tous les esprits cultivés; mais j'ose espérer qu'en parcourant le récit des études pratiques auxquelles j'ai cru devoir me livrer ils reconnaîtront que je n'ai pas agi uniquement en savant de cabinet, et que mon jugement, guidé souvent par les observations des praticiens, saura leur inspirer quelque confiance.

Quant aux entomologistes, bien qu'un grand nombre des explications préliminaires que j'ai été obligé de donner au commencement de ce volume ne puissent leur être d'aucune utilité, ils trouveront aussi dans le courant de l'ouvrage quelques observations sur l'organisation et sur les mœurs des insectes qui me semblent de nature à leur offrir de l'intérêt.

HISTOIRE

DES

INSECTES NUISIBLES A LA VIGNE,

ET PARTICULIÈREMENT

DE LA PYRALE.

PREMIÈRE PARTIE.

HISTOIRE NATURELLE,

TRAITANT DE LA CLASSIFICATION, DE L'ORGANISATION ET DES MOEURS DE LA PYRALE.

CHAPITRE PREMIER.

Coup d'œil sur les principaux caractères de la classe des Insectes; leur distribution en Ordres. — De l'ordre des Lépidoptères; leur répartition en Familles. — La *Pyrale de la vigne* appartient à la famille des Nocturnes et à la sixième section, celle des Tordeuses, *Tortrices*. — Du genre *Pyrale* en particulier; sa synonymie; ses caractères; espèces qu'il renferme. — De la *Pyrale de la vigne;* synonymie de cette espèce; descriptions qu'en ont données les auteurs; caractères que nous lui assignons, à ses divers états de Papillon, d'OEuf, de Chenille et de Chrysalide,

Si, à l'époque où j'écris, les connaissances d'histoire naturelle étaient suffisamment répandues parmi les cultivateurs éclairés auxquels mon ouvrage s'adresse, je pourrais entrer de suite en matière, après m'être borné à dire que le sujet dont il traite est un Insecte de l'ordre des Lépidoptères, de la famille des Nocturnes, de la section des Tordeuses, du genre Pyrale, et enfin de l'espèce qui a été désignée par Fabricius sous le nom de Pyrale de la vigne, *Pyralis vitana*.

Mais un exposé de cette nature paraîtrait beaucoup trop concis à la majorité de mes lecteurs, qui ignorent peut-être à quels signes on reconnaît qu'un animal est un Insecte, et comment ensuite on détermine l'Ordre, la Famille, la Section, le Genre, et enfin l'Espèce dont il fait partie.

Je me vois donc conduit à présenter ici les caractères de chacune de ces divisions. Je le ferai rapidement, et cependant avec assez de détails pour qu'en s'appliquant à les saisir on puisse se familiariser avec le langage de la science. D'ailleurs, les notions élémentaires d'entomologie que procurera cette étude seront plus tard indispensables pour me suivre et me comprendre, lorsque, décrivant les habitudes de la Pyrale, je citerai par leurs noms les organes qu'elle met en jeu dans ses manœuvres.

§ Ier. *Coup d'œil sur les principaux caractères de la classe des Insectes* (1).

Les animaux que l'on range dans la classe des Insectes présentent, dans leur organisation extérieure et intérieure, un grand nombre de traits caractéristiques bien tranchés dont voici les plus importans :

Ils n'ont pas d'os, par conséquent ils manquent de cet assemblage de pièces nommé Squelette dans les animaux vertébrés; c'est leur peau qui en tient lieu, elle donne intérieurement attache aux muscles. Cette enveloppe, tantôt de consistance plus ou moins cornée, tantôt molle, offre toujours des divisions transversales qui partagent leur corps en un certain nombre d'anneaux placés à la suite les uns des autres, et réunis par de véritables soudures, ou bien par des membranes qui en permettent la mobilité. Non-seulement le corps montre ces incisions, on les trouve encore dans tous les appendices qui s'y fixent, tels que les pattes, dont le nombre est constamment de six, et certains filets que porte la tête et qu'on nomme les antennes. Cette structure articulaire du corps et des appendices a valu à ces animaux le nom d'Insectes, *Insecta* (2). Outre ce caractère, ils en ont un autre qui n'a pas moins

(1) Nous ne comprenons dans la classe des *Insectes* que les Animaux Articulés hexapodes, c'est-à-dire à six pattes, ainsi nous en séparons, avec plusieurs zoologistes, les Myriapodes ou les *Millepieds*, tels que les *Scolopendres*, les *Jules*, etc. Outre qu'ils ont plus de six pattes, ils offrent d'autres caractères qui les distinguent des Insectes. Ces myriapodes nous semblent donc devoir former une classe à part.

(2) Du verbe latin *insecare*, couper, diviser (*in*, à travers, *secare*, couper). Le mot d'*Entomologie* (ἔντομα, insectes, et λόγος, discours) sous lequel on désigne la branche de la zoologie, qui traite des Ani-

de valeur. Ils subissent généralement des métamorphoses ; c'est-à-dire que le plus grand nombre passe, dans un intervalle de temps très-court, une année au plus, que dure en général leur vie, par quatre états, dans chacun desquels ils se montrent, quelquefois, sous des formes tellement différentes, qu'on n'aurait jamais cru qu'un même être pût les revêtir, si l'observation journalière n'était pas là pour lever tous les doutes sur la réalité de ce merveilleux phénomène.

Ces quatre phases de la vie des insectes constituant la métamorphose, sont l'état d'*OEuf*, l'état de *Larve* ou de *Chenille*, l'état de *Chrysalide* ou de *Nymphe*, et l'état d'*Insecte parfait.*

A. Premier état : OEuf.

Le premier état de l'insecte ou l'état d'OEuf (Pl. 5, fig. 1, 2, 3 et Pl. 8, fig. 1, 2) comprend la série des phénomènes de développement qui s'opèrent depuis le moment de la fécondation jusqu'à celui de l'éclosion.

Les œufs sont de formes variables, en général arrondis, cylindroïdes ou ovalaires. Leur enveloppe ou leur coque est plus ou moins solide. La femelle ne manque jamais de les déposer dans un endroit favorable aux petits êtres qui en naîtront; souvent même elle a eu soin de réunir, et en provision exactement suffisante, la nourriture qui leur convient. Ces soins maternels donnent lieu à une foule d'habitudes et de travaux, non moins industrieux que variés.

B. Deuxième état : Larve ou Chenille, vulgairement *Ver*.

A la sortie de l'œuf, l'insecte entre dans son deuxième état. Alors, il ressemble souvent à un ver; on lui applique même vulgairement ce nom et aussi celui de *chenille.* Les naturalistes remplacent ces deux dénominations par celle de larve[1]. (Pl. 6, Pl. 7 et Pl. 21, fig. 14, 15.)

La Larve a le corps annelé, pourvu ordinairement de pattes et d'une tête

---

maux Articulés, et particulièrement des Insectes, a une origine semblable (ἔντομα, incisés, sous-entendu Animaux, ζῶα).

(1) Du nom latin *Larva*, sous lequel les anciens désignaient quelquefois les spectres et les fantômes. *Larva umbratilis, tu me minis territas?* dit Plaute : Fantôme sorti des ombres, veux-tu m'intimider par

qui supporte une bouche armée de mandibules, de mâchoires et de lèvres (Pl. 7, fig. 1—9), des antennes en général très courtes (Pl. 6, fig. 3 *a* et fig. 4), quelquefois des yeux, mais de l'espèce nommée *yeux lisses* (Pl. 6, fig. 3 *b*), par opposition avec les *yeux à facettes* ou *yeux composés* (Pl. 2, fig. 1 et 2 *g*, *g*, et fig. 14), qui sont propres aux insectes parvenus à l'état parfait. La larve change plusieurs fois de peau sans changer de forme. C'est toujours sous celle de ver qu'elle se montre après chaque mue. On dit de ces espèces, dont le *facies* est alors si différent de leur *facies* futur, qu'elles subissent des *métamorphoses complètes*. Cependant plusieurs insectes offrent en naissant moins de dissemblance entre ce qu'ils sont et ce qu'ils deviendront un jour; leur corps manque seulement de certaines parties peu importantes, qui, lorsqu'elles se montreront, changeront peu leur aspect. Les Sauterelles, les Punaises en fournissent des exemples. On sait qu'aussitôt l'éclosion elles ont la forme de petites sauterelles et de petites punaises, auxquelles il ne manque extérieurement que les ailes pour ressembler à l'insecte parfait. Les auteurs ont désigné ces changemens moins complets sous le nom de *demi-métamorphoses*.

C. Troisième état : Chrysalide ou Nymphe.

La Chrysalide ou la Nymphe [1] (Pl. 8, fig. 19—24, et Pl. 20, fig. 15) constitue un état de transition entre la larve et l'insecte parfait, pendant lequel l'animal ne prend ordinairement aucune nourriture, et reste immobile. Pour traverser cette période, plusieurs larves construisent par des moyens très-variés, des abris capables de les protéger. Personne n'ignore avec quel art les

---

les menaces? Ils donnaient aussi le nom de *Larva* à ces figures d'emprunt, à ces masques hideux et bizarres dont les comédiens se couvraient momentanément le visage pour paraître sur le théâtre. L'insecte qui vient de naître doit bientôt, comme l'acteur, se montrer sous une autre forme. De là l'application ingénieuse que les entomologistes ont faite de ce nom.

(1) L'expression de *Nymphe* est empruntée à la fable ; celle de *Chrysalide* est la traduction du mot grec χρυσαλις, dérivé lui-même de χρυσος, or. Il caractérise l'état métallique doré ou argenté que montrent, à cette époque de leur vie, plusieurs insectes, et surtout les *papillons de jour*. Le nom ancien d'*Aurélie* appliqué à la Chrysalide a certainement la même signification. On l'appelle encore en latin *Pupa*, et en français *Pupe*, la comparant à ces sortes de poupées que les jeunes filles consacraient à Vénus. Enfin la Chrysalide a été nommée quelquefois *Fève*

chenilles se filent des cocons formés de pure soie. Il en est certaines, au contraire, qui, moins bien fournies de substance soyeuse, réunissent autour d'elles, à l'aide de filamens, des matières étrangères capables de les cacher à tous les regards, tandis que d'autres fabriquent seulement un cordon soyeux, mais solide, dont elles fixent les deux bouts à quelques corps voisins, et qui les bride, comme le ferait une ceinture.

D. Quatrième état : INSECTE PARFAIT.

A la quatrième et dernière époque, l'insecte ayant atteint toute sa croissance est constitué INSECTE PARFAIT. (Pl. 1. Pl. 20, fig. 1, 2, 3, 17. Pl. 21, fig. 1, 9, 10, 12.) C'est alors seulement qu'il est apte à reproduire son espèce; c'est alors aussi qu'on lui distingue des pattes toujours au nombre de six, et que son corps, divisé en trois parties, la TÊTE, le THORAX et l'ABDOMEN, est pourvu de pièces et d'organes, qui le caractérisent plus nettement encore, et qu'à cause de cela il est indispensable de faire connaître.

a. La Tête.

La TÊTE (Pl. 2) est cette partie avancée et toujours libre qui supporte les *yeux*, les *antennes* et la *bouche*.

Les *yeux* sont de deux sortes : les uns, dont la présence est constante, offrent sur leur cornée, c'est-à-dire à leur surface extérieure, une foule de petites divisions hexagonales, quelquefois au nombre de plusieurs milliers, visibles lorsqu'on les examine avec une forte loupe, et qui, malgré leur extrême ténuité, correspondent à autant d'appareils optiques très-compliqués ou d'yeux distincts; ils portent le nom d'*yeux composés*. (Pl. 2, fig. 1, 2 *g*, et fig. 14.) On compte toujours deux de ces plaques oculaires placées à droite et à gauche de la tête. Les yeux de l'autre sorte, qui manquent chez plusieurs espèces, sont appelés *yeux lisses* ou *yeux simples* (Pl. 2, fig. 1 *h*, *h*), parce qu'ils ne présentent aucune division sur leur cornée, et que, par conséquent, ils ne résultent pas de l'agglomération de plusieurs yeux, mais qu'ils constituent chacun un seul œil. Ordinairement au nombre de trois ou de deux, les yeux lisses occupent le vertex ou le devant du front et sont toujours associés aux yeux composés.

Les *antennes* (Pl. 2, fig. 1 et 2 *f*, et fig. 3), désignées par le vulgaire et très-improprement sous le nom de *cornes*, sont des appendices de formes et de dimensions très-variables, non-seulement suivant les ordres, les familles et les genres, mais même quelquefois suivant les sexes. Un nombre plus ou moins grand d'articles entre dans leur composition.

La *bouche* (Pl. 2, fig. 1, 2, et fig. 15 à 19) est constituée essentiellement par une *lèvre supérieure*, une paire de *mandibules*, une paire de *mâchoires* et une *lèvre inférieure*. La lèvre supérieure (fig. 15 *a*) et les mandibules (*b b*) sont simples ; mais les mâchoires et la lèvre inférieure sont formées de plusieurs pièces, parmi lesquelles on a surtout distingué les *palpes* (fig. 1, 2 *e*, et fig. 16 et 17 *d*), sorte de petits appendices ou filets articulés. Les parties de la bouche, en se combinant et se développant diversement, donnent lieu à des modifications particulières, qui ont reçu les noms de *trompe*, de *bec* et de *suçoir*.

b. Le Thorax.

Le THORAX (Pl. 1, fig. 6 B), ou la seconde partie du corps de l'insecte parfait, est composé de trois anneaux, qui résultent chacun de l'assemblage de plusieurs pièces, que nous avons fait connaître dans un travail spécial présenté en 1820, à l'Académie des sciences, mais sur lesquelles il n'est pas nécessaire d'insister ici. Ces trois anneaux supportent en dessous chacun une paire de pattes, et en dessus une ou deux paires d'ailes. C'est sur le deuxième et le troisième anneaux que celles-ci se sont fixées, le premier anneau en étant toujours privé. Le nombre des pattes est constant ; tous les insectes parvenus à l'état parfait en présentent six ; au contraire, celui des ailes est variable ; tantôt il n'en existe que deux comme chez les Mouches, les Cousins, et chez tous les insectes qui forment l'ordre des Diptères ; tantôt elles manquent entièrement, ainsi qu'on le remarque dans les Fourmis ouvrières ou neutres, dans les Puces, etc. ; leur consistance montre aussi plusieurs modifications remarquables ; elles sont toutes quatre membraneuses chez les Papillons, les Abeilles, etc., tandis que chez les Scarabés, les Hannetons, et beaucoup d'autres, la première paire acquiert une consistance cornée, qui ne le cède pas à celle de l'enveloppe du corps. Cette première paire est alors désignée sous le nom d'*élytres*.

c. L'Abdomen.

L'ABDOMEN (Pl. 1, fig. 4 C) ou le *ventre* fait suite au thorax ; il est formé par des anneaux, manque toujours de pattes et d'ailes, renferme une portion plus ou moins considérable des viscères intestinaux et plusieurs organes, entre autres ceux de la génération.

Ajoutons, pour compléter cette revue des principaux traits de l'organisation des Insectes considérés dans leurs quatre états, qu'ils sont pourvus d'un tube digestif assez compliqué (Pl. 7, fig. 10) et de divers appareils de sécrétions biliaire, urinaire, salivaire, soyeuse, vénéneuse, etc.; que leur système nerveux (Pl. 7, fig. 11) se compose d'un grand nombre de nerfs partant d'une double série de ganglions liés entre eux par deux cordons longitudinaux, et que cette chaîne ganglionnaire, appliquée exactement contre la paroi de l'enveloppe tégumentaire, occupe toujours la ligne médiane inférieure du corps; qu'ils jouissent, mais d'une manière et à des degrés sans doute très-divers, des cinq sens dont les animaux les plus élevés dans l'échelle sont doués, bien qu'on ne sache pas toujours où en est le siége; qu'ils respirent à l'aide de *trachées*, c'est-à-dire de vaisseaux aériens dont les innombrables ramifications intérieures portent l'air aux parties les plus déliées, et que ces trachées ont leur origine à des ouvertures extérieures nommées *stigmates*; qu'il n'y a pas chez eux de *circulation vasculaire*, c'est-à-dire que leur sang, toujours incolore, ne circule pas dans des canaux comparables aux artères ou aux veines, mais coule librement dans le corps, et baigne tous les organes qui y puisent leur nourriture; que cependant il existe sur la ligne médiane un vaisseau unique qu'on a nommé tantôt *cœur*, parce qu'il exécute des mouvemens de contraction et de dilatation, sans présenter toutefois aucune ramification, et tantôt *vaisseau dorsal*, à cause de la position qu'il occupe toujours sur le dos de l'insecte; qu'enfin leurs organes générateurs constituent deux ordres d'appareils qu'on ne voit jamais réunis sur un même individu, et dont la nature est fort différente; les uns, ceux du mâle (Pl. 4, fig. 16), sécrétant un liquide fécondateur, et les autres, ceux des femelles (Pl. 4, fig. 22), produisant des germes susceptibles d'être vivifiés.

Nous espérons qu'à l'aide des détails que nous venons de présenter en termes brefs, mais précis, on aura compris en quoi les Insectes se distinguent de tous les animaux, même de ceux qui les avoisinent davantage, tels que les Annélides, les Crustacés et les Arachnides [1]. Nous espérons aussi que la connaissance acquise par cette étude rendra facile de nous suivre dans l'exposition que nous allons faire des principales divisions établies dans la classe des insectes. Au reste, cette connaissance permettra plus tard d'apprécier, à leur juste valeur, et de mieux saisir les caractères distinctifs de la famille et du genre auxquels la *Pyrale de la vigne* appartient.

§ II. *Distribution de la classe des insectes en onze Ordres.*

La classe des insectes qui, dans l'état actuel de nos connaissances, comprend à elle seule plus d'espèces que toutes les autres classes du règne animal réunies, présenterait, en raison de cette multiplicité, des obstacles insurmontables pour arriver à leur distinction, si l'organisation extérieure de ces espèces n'offrait pas des types secondaires variés qui permettent de les partager en plusieurs groupes naturels, susceptibles eux-mêmes d'être divisés en familles et en genres. Nous admettrons avec quelques entomologistes onze de ces groupes; ils constituent autant d'Ordres parfaitement circonscrits [2]. En voici l'énumération avec les principaux caractères qu'on leur assigne.

---

(1) Ces trois groupes qui, avec les Insectes, composent dans la méthode de Cuvier le grand embranchement des *Animaux articulés*, sont bien comme les insectes privés de squelette intérieur; leur peau est de même divisée en travers par des anneaux ou des plis, et ils ont également un système nerveux ganglionnaire; mais ils en diffèrent par l'absence des ailes, par le nombre des pattes qui, lorsqu'elles existent, n'est jamais inférieur à quatre paires, et par l'existence de vaisseaux servant à une circulation plus ou moins complète. Chacun de ces groupes, ou, pour parler le langage de la science, chacune de ces Classes présente ensuite des caractères qui lui sont propres. Les ANNELIDES ou *vers à sang rouge* (les Néréides, etc.) n'ont pas de pattes articulées comme celles des Insectes; leur sang est rouge. Les CRUSTACÉS (les Crabes, les Écrevisses, les Cloportes) sont pourvus de membres articulés, au nombre de cinq à sept paires; ils respirent par des branchies; leur sang est blanc. Les ARACHNIDES (Araignées, Scorpions) ont aussi le sang blanc, mais elles respirent par des poumons et souvent aussi par des trachées, comme les Insectes. On leur compte ordinairement huit pattes; leur tête est soudée avec le thorax, etc.

(2) Dans plusieurs ouvrages de classification, les Insectes sont divisés en douze Ordres, parce qu'on leur réunit l'ordre des Myriapodes, renfermant les Jules, les Scolopendres, nommées vulgairement *Mille-pieds*; mais cet ordre a été récemment érigé en Classe, et nous adoptons cette distinction qui nous paraît fondée.

Les Coléoptères (κολεός, gaine, et πτέρον, aile) qui composent le premier ordre se distinguent par la disposition de la première paire d'ailes, autrement dite les Elytres (ἔλυθρον, gaine), laquelle, ayant la forme d'une moitié d'étui dont la consistance est plus ou moins cornée, recouvre et protège une seconde paire d'ailes membraneuses et repliées en travers. Les Coléoptères ont en outre une bouche pourvue de mandibules et de mâchoires mobiles, propres à la mastication. Ils subissent des métamorphoses, et ces métamorphoses sont complètes, c'est-à-dire qu'à la sortie de l'œuf ils ressemblent d'abord à un Ver; ce ver, après avoir changé plusieurs fois de peau, se transforme en un être très-différent, la Chrysalide; enfin celle-ci devient bientôt Insecte parfait.

Le second ordre porte le nom d'Orthoptères (ὀρθὸς, droite, et πτέρον, aile). Chez eux les ailes de la première paire ont encore la forme d'une moitié de gaine ou d'étui; mais leur consistance est moins grande que dans les Coléoptères, et pendant le repos les deux ailes de la seconde paire sont pliées en long à la manière d'un éventail. Tous ces insectes ne subissent plus que des demi-métamorphoses, c'est-à-dire que la Larve en naissant n'a pas la forme d'un ver, mais qu'elle ressemble à l'insecte qui l'a engendrée. Il en est de même de la Chrysalide. Toutefois les ailes manquent encore à ces Larves et à ces Chrysalides; l'animal n'en acquiert qu'à l'état d'Insecte parfait.

Dans le troisième ordre, celui des Névroptères (νεῦρον, nerf, nervure, et πτέρον, aile), les ailes antérieures ressemblent beaucoup par leur structure aux ailes postérieures, qui l'emportent seulement en grandeur. Les unes et les autres sont membraneuses et parcourues par de nombreuses nervures, leur donnant l'apparence d'un réseau. La bouche de ces insectes se compose encore de parties mobiles propres à la mastication. Ils sont carnassiers et ont tantôt des métamorphoses complètes, tantôt des demi-métamorphoses.

Les Hyménoptères (ὑμὴν, membrane, et πτέρον, aile), qui forment le quatrième ordre, ont leurs quatre ailes membraneuses, transparentes et ordinairement à nervures très distinctes; mais ces nervures ne sont pas assez nombreuses pour constituer un réseau, et de plus les deux ailes postérieures ont toujours moins d'étendue que les antérieures. Leur bouche est pourvue de mandibules et de mâchoires mobiles; mais ces dernières, ainsi que la lèvre inférieure, se prolongent en une sorte de langue ou de suçoir. Leurs métamorphoses sont complètes. Les femelles sont munies, soit d'un aiguillon, soit d'une tarrière pour se défendre et déposer leurs œufs.

Le cinquième ordre, celui des Lépidoptères (λεπίς, écaille, et πτέρον, aile), se trouve très-bien caractérisé, non-seulement par une trompe résultant de l'extension en longueur des deux mâchoires, mais encore par l'espèce de fine poussière qui recouvre leurs ailes, et dont chaque parcelle vue au microscope se montre sous forme d'écaille ayant un pédicule qui se fixe à la membrane de l'aile dans autant de petites cavités. Les Lépidoptères, connus sous le nom de *Papillons*, subissent tous des métamorphoses complètes; on applique spécialement à leurs larves le nom de *Chenilles*.

Les Hémiptères (ἡμισὺς, demi, et πτέρον, aile) subissent des demi-métamorphoses. Ils ont quatre ailes, comme les précédens; mais outre que la première paire est souvent de consistance cornée, elle présente à son sommet une partie qui est restée membraneuse. De là le nom qui a été donné à ce sixième ordre. Ces insectes se distinguent encore par la composition de leur bouche, dont les pièces prolongées en lames ou filets, plus ou moins cornés, constituent un véritable bec propre à s'introduire, quelquefois très-profondément, dans le tissu des animaux et des plantes pour y puiser les liquides dont l'insecte se nourrit.

Les Diptères (δὶς, deux, et πτέρον, aile), composant le septième ordre, se reconnaissent au premier coup d'œil à leurs deux ailes. Ce sont les postérieures qui manquent, et elles semblent avoir été remplacées par deux petites tiges membraneuses qu'on nomme *Balanciers*. Dans la bouche des Diptères toutes les pièces se réunissent entre elles pour former un appareil de succion; mais c'est surtout la lèvre inférieure qui le constitue. Ces insectes subissent des métamorphoses complètes.

On a établi sous le nom de RHIPIPTÈRES (ῥιπίς, éventail, et πτέρον, aile), un huitième ordre qui renferme quelques petits insectes dont les formes et les habitudes sont très-anomales; ils n'ont qu'une paire d'ailes plissée en éventail. A leur état de larve ils vivent en parasites sur certaines espèces de guêpes, entre les anneaux de leur ventre.

Les SUCEURS (*Suctoria*) constituent le neuvième ordre des Insectes. Le genre Puce qui le forme se compose d'insectes assez voisins des Diptères; ils subissent, comme eux, des métamorphoses, et pondent des œufs d'où sortent de petits vers ou larves molles, très-agiles, lesquelles filent des cocons pour se changer en nymphes; à l'état parfait, leur corps est assez solide et comprimé.

Les Poux dont on a fait un dixième ordre, celui des PARASITES, s'éloignent de tous les autres insectes, parce qu'ils ne subissent pas de métamorphoses proprement dites. Ils sont privés d'ailes et vivent en parasites sur un très-grand nombre d'animaux; leur corps mou et déprimé n'offre pas d'appendices vers l'extrémité postérieure.

Au contraire, les insectes placés dans le onzième et dernier ordre, les THYSANOURES (θύσανοι, franges, et οὐρά, queue), ont leur ventre pourvu de pièces mobiles, sortes de filets frangés, quelquefois fourchus, à l'aide desquels plusieurs exécutent des sauts. Ils manquent d'ailes et n'éprouvent pas de métamorphoses.

Tels sont les principaux caractères assignés par les naturalistes aux onze ordres qui composent la grande classe des Insectes. Résumons-les maintenant dans un tableau, de manière qu'on puisse en saisir l'ensemble; puis citons pour chacun de ces ordres quelques exemples bien connus, et nous arriverons, sans doute, à donner une idée exacte de leur circonscription.

Tableau synoptique des différens ordres qui composent la classe des Insectes.

				Noms de chaque ordre.	Quelques exemples.
Les uns subissant des métamorphoses (le plus souvent des ailes). — *Bouche* conformée pour la	mastication. — *Ailes* au nombre de quatre. . .	de texture dissemblable ; celles de la seconde paire	pliées en travers.	COLÉOPTÈRES. . .	*Scarabées. Hannetons. Cantharides. Charançons. Capricornes.*
			pliées en long.	ORTHOPTÈRES . .	*Sauterelles. Grillons. Criquets. Blattes. Perce-oreilles.*
		de même texture, membraneuses et également reticulées.		NÉVROPTÈRES. . .	*Libellules*, vulgairement *Demoiselles. Ephémères. Fourmilions.*
	succion. — *Ailes*	au nombre de quatre	de même texture, membraneuses, transparentes. — *Bouche* munie de mandibules distinctes.	HYMÉNOPTÈRES. .	*Ichneumons. Fourmis. Guêpes. Bourdons. Abeilles.*
			de même texture, couvertes d'une sorte de poussière écailleuse — *Bouche* ayant des mandibules rudimentaires et une trompe en spirale.	LÉPIDOPTÈRES. . .	*Papillons. Sphinx. Bombyx. Teignes. Pyrales.*
			de texture dissemblable : la première paire ordinairement opaque dans sa moitié antérieure. — *Bouche* en bec.	HÉMIPTÈRES. . . .	*Punaises. Cigales. Pucerons. Cochenilles.*
		au nombre de deux. . .	non plissées.	DIPTÈRES. . . .	*Cousins. Taons. OEstres. Mouches.*
			plissées en éventail.	RHIPIPTÈRES (1) . .	*Xenos. Stylops.*
		nulles.		SUCEURS.	*Puces.*
Les autres ne subissant pas de métamorphoses (jamais d'ailes). — *Abdomen*	dépourvu d'appendices surnuméraires.			PARASITES.	*Poux.*
	pourvu d'appendices surnuméraires souvent propres au saut.			THYSANOURES (2). .	*Lépismes. Podures.*

(1) Petits insectes très-anomaux vivant à l'état de larve entre les anneaux du ventre de certaines espèces de Guêpes.

(2) Insectes de petite taille, à corps mou, qui fuient la lumière. On les trouve sous les pierres, sous les écorces des arbres, ils habitent aussi les armoires et les fentes des boiseries, dans nos maisons.

Les insectes dont il sera question dans cet ouvrage, soit qu'ils nuisent à la vigne, soit qu'ils la protégent en attaquant les espèces qui vivent aux dépens de cette plante, font partie des sept premières divisions du tableau qui précède ; mais c'est dans la cinquième, celle des Lépidoptères, que doit être rangée la *Pyrale de la vigne.* Faisons donc connaître, d'une manière plus spéciale, les caractères qui distinguent l'ordre des Lépidoptères, et voyons ensuite à quelle famille notre espèce appartient.

§ III. *Caractères de l'ordre des Lépidoptères.— Sa division en trois Familles.*

A. Caractères de l'ordre des Lépidoptères.

L'ordre des Lépidoptères, dans lequel nous avons dit qu'on doit ranger la *Pyrale de la vigne*, est un des plus importans de la classe des insectes ; il comprend tous ceux qu'on désigne sous le nom général de *Papillons*.

Les Lépidoptères subissent des métamorphoses complètes, c'est-à-dire qu'ils sont au nombre des insectes qui passent successivement par quatre états, durant lesquels leur organisation extérieure et intérieure, leurs goûts, leur genre de vie, toutes leurs habitudes enfin, si on les compare entre eux, ne présentent aucune similitude.

Les *œufs* (Pl. 5, fig. 1 *a*—*m* et fig. 2 et 3) ont le plus souvent une enveloppe solide; ils sont pondus, soit isolément, soit en masse, à la surface, ou dans l'intérieur de substances ordinairement de nature végétale et vivante. Les petites larves qui en naissent portent le nom de *chenilles.*

Les *chenilles* (Pl. 6, fig. 1, 2) présentent des caractères bien tranchés; elles ont une tête distincte ; une bouche pourvue de lèvres, de mandibules et de mâchoires pour triturer, broyer et mâcher (Pl. 6, fig. 3 et Pl. 7, fig. 1 — 5); un appareil de secrétion pour filer, situé au-dessous de la lèvre inférieure (Pl. 7, fig. 6 — 9); des stigmates ou des ouvertures pour la respiration placées de chaque côté du corps (Pl. 6, fig. 2, et Pl. 7, fig. 12); enfin des pattes de deux espèces, les unes articulées au nombre de six, terminées chacune par un ongle, et fixées sur les trois premiers anneaux qui suivent la tête (Pl. 6, fig. 2, *c*, *d*, *e*), les autres (ibid. *f*, *g*, *h*, *i*) ne se montrant qu'à partir du sixième anneau, au nombre de quatre à dix, inarticulées et formées par des tubercules charnus dont le pourtour et parfois l'intérieur sont armés de plusieurs petits crochets (ibid., fig. 9).

A leur troisième état, qu'on désigne sous le nom de *chrysalide* ou de *nymphe* (Pl. 8, fig. 19—25) la plupart des Lépidoptères sont cachés dans des demeures que leurs chenilles se sont construites pour cette époque critique, pendant laquelle l'animal ne prend plus aucune nourriture, et devient presque incapable de se déplacer. En effet, une membrane plus ou moins solide semble emmailloter tout son corps; on croirait voir une momie. Cependant on distingue sous cette enveloppe, mais vaguement et comme réduites, toutes les parties extérieures du futur papillon.

Devenu *papillon* (Pl. 1), l'insecte reprend le mouvement, et en même temps une vie toute nouvelle : il pourra se transporter dans les airs, puiser le suc des fleurs, reproduire son espèce. En effet, il a acquis quatre ailes membraneuses, le plus souvent couvertes, ainsi que la surface entière du corps, d'une sorte de poussière fine, très-peu adhérente, et qui, grossie au microscope, se montre sous forme d'écailles excessivement minces pourvues d'un pédicule, au moyen duquel elles adhèrent aux tégumens (Pl. 3, fig. 7—20). La bouche qui, dans la chenille, était organisée pour la mastication, est maintenant modifiée pour opérer la succion; les mâchoires se sont prolongées de manière à former deux lamelles creusées chacune en gouttière, qui, en se rapprochant l'une de l'autre par leur bord, constituent une trompe canaliculée (Pl. 2, fig. 15—17 *c*, *c*.).

Ces caractères, qui sont constans et bien tranchés, ne permettent pas de méconnaître, à la première vue, un Insecte qui appartient réellement à l'ordre des Lépidoptères.

B. Division des insectes Lépidoptères en trois Familles.

S'il est très-facile de réunir en un groupe naturel les insectes qui font partie de l'ordre des Lépidoptères, on doit avouer qu'il n'en est pas de même lorsqu'on cherche à établir parmi eux des divisions secondaires tranchées et fondées sur de bons caractères. Ce n'est pas ici le lieu d'exposer la nature des obstacles qu'on rencontre, nous reviendrons peut-être un jour sur cette question toute entomologique. Qu'il nous suffise pour le moment de dire que, dans les méthodes généralement admises, on partage les Lépidoptères en trois grandes sections, considérées par certains auteurs comme autant de familles : les *Diurnes*, les *Crépusculaires* et les *Nocturnes*.

a. Caractères de la première famille : les Diurnes.

Les Diurnes ou *Papillons de jour* ne volent jamais la nuit : ils ont des ailes généralement ornées de couleurs vives, et qui peuvent se redresser verticalement l'une contre l'autre, à cause d'une certaine disposition organique ; cette disposition coïncide avec l'absence d'une espèce de frein qui existe dans les deux autres familles, et dont l'usage, au contraire, est de lier les deux ailes postérieures aux deux ailes antérieures, et d'empêcher qu'elles ne prennent la position verticale.

Leurs antennes [1] filiformes, terminées le plus souvent par un petit bouton ou massue, sont quelquefois plus grêles, et même en pointe à l'extrémité ; leurs chenilles ne filent pas ordinairement de cocons ; elles se contentent de jeter quelques fils soyeux auxquels la chrysalide est fixée et suspendue. Cette chrysalide offre presque toujours des formes angulaires. La famille des Diurnes se compose du grand genre *Papillon* de Linné.

b. Caractères de la deuxième famille : les Crépusculaires.

La deuxième famille, les Crépusculaires, correspond au genre Sphinx du même auteur, et se distingue des Diurnes par l'existence d'une soie roide en forme d'épine ou de crin qui naît du bord des ailes postérieures près de leur point d'insertion, s'engage dans un crochet ou gaîne en forme d'anneau situé au-dessous et à la base des ailes antérieures, et s'oppose à leur redressement.

Ici les antennes sont renflées vers leur milieu, et les chenilles font des coques avec des matières agglomérées par une substance soyeuse ; elles les cachent souvent dans la terre ou bien à l'intérieur des plantes dont elles ont vécu.

---

(1) Nous avons déjà dit ailleurs que les entomologistes donnaient le nom d'*antennes* à ces deux filets fixés à la tête des insectes, et qu'on appelle vulgairement des *cornes*.

c. Caractères de la troisième famille : les Nocturnes.

Enfin, la troisième famille ou celle des Nocturnes, dans laquelle la Pyrale de la vigne doit être rangée, constitue une division très-nombreuse, comprenant le grand genre *Phalène* de Linné. Les lépidoptères qui en font partie présentent un appareil analogue à celui des Crépusculaires, ayant pour fonction de maintenir rapprochées par leur bord les ailes et d'empêcher qu'elles ne se relèvent (Pl. 3, fig. 2 — 6 *a*). Leurs antennes, tantôt simples, tantôt ciliées et même pectinées, vont en diminuant de la base à la pointe, c'est-à-dire qu'elles ne forment pas de massue fusiforme comme dans la famille précédente. Les chenilles des Nocturnes vivent quelquefois à nu sur les végétaux; mais le plus grand nombre se tient caché à leur intérieur, ou bien file des sortes de toiles, de galeries ou de tubes qu'elles habitent isolément ou en société, et dans lesquelles elles font entrer souvent des feuilles, des branches, ou divers corps étrangers de nature très-variée. Plusieurs construisent des loges ou fourreaux qu'elles transportent avec elles, comme le colimaçon sa coquille.

Au moment de se métamorphoser, les unes s'établissent dans ces galeries, dans ces tubes, dans ces loges ou dans ces fourreaux, tandis que les autres filent des cocons de pure soie.

La *Pyrale de la vigne*, nous le répétons, appartient à cette famille des Nocturnes.

§ IV. *Division de la famille des Nocturnes en dix Sections. — Leurs caractères.*

La famille des Nocturnes, dans laquelle vient se placer la Pyrale, est une de celles qui offre le plus de difficultés pour la classification, tant à cause du nombre prodigieux d'espèces souvent très-petites qu'elle contient, que parce qu'on s'est très-peu occupé jusqu'ici de les étudier à leurs divers états. Latreille, qui a apporté de si importantes améliorations aux méthodes entomologiques, avoue, dans ses derniers ouvrages, qu'il éprouve, à l'égard des Lépidoptères Nocturnes, de grands embarras, et que les travaux publiés dont il a connaissance ne sont encore que des ébauches fort imparfaites.

Cependant Latreille a essayé de débrouiller le chaos en établissant dans cette famille des Sections, qu'il porte au nombre de dix, et qu'il désigne sous les noms d'*Hépialites*, de *Bombycites*, de *Faux-Bombyx*, d'*Aposures*, de *Noctuélites*, de *Tordeuses*, d'*Arpenteuses*, de *Deltoïdes*, de *Tinéites* et de *Fissipennes*.

Il ne peut entrer dans notre plan de traiter de chacune de ces divisions; mais nous ne saurions nous dispenser de transcrire en note leurs caractères les plus importans [1], afin qu'on soit à même de mieux saisir, par la com-

(1) *Caractères des Sections qui composent la Famille des* NOCTURNES, *d'après Latreille.*

Ire Section. — Les HÉPIALITES, *Hepialites*, se reconnaissent à leurs antennes courtes ayant le plus souvent une seule sorte de petites dents arrondies et serrées, ou bien étant garnies inférieurement, dans le mâle, d'une double rangée de barbes, avec un filet simple qui les termine. Les ailes sont ordinairement étroites et allongées, toujours en toit. Les derniers anneaux du ventre de la femelle se prolongent en une sorte d'oviducte. Les Chenilles vivent à l'intérieur de certains végétaux ligneux, leur font beaucoup de tort, et y restent pour se métamorphoser. Leur coque est en partie formée des débris de ces végétaux. La Chrysalide a des dentelures transversales aux arceaux supérieurs du ventre. Cette section comprend les genres *Hépiale*, *Cossus* et *Zeuzère*.

IIe Section. — Les BOMBYCITES, *Bombycites*, présentent des antennes entièrement pectinées dans les mâles. Leurs ailes sont tantôt étendues et horizontales, tantôt en toit, les postérieures débordent latéralement les antérieures. Les Chenilles vivent à découvert sur les plantes, en mangent les feuilles, et se font des cocons entièrement composés de soie. Les Chrysalides manquent de dentelures sur les anneaux du ventre. Dans cette section se rangent les genres *Saturnie*, *Bombyx*, etc. Au premier genre appartient le *Grand Paon de nuit*, et au second le *Bombyx mori* ou *Ver à soie*. C'est dans cette division que doivent être classées diverses autres espèces exotiques qui fournissent, dans les contrées où elles vivent, des soies plus ou moins estimées.

IIIe Section. — Les FAUX-BOMBYX, *Pseudo-Bombyces*, ont des antennes entièrement pectinées ou en scie dans les mâles, une trompe ordinairement courte, des ailes en toit ou horizontales, en recouvrement à leur bord interne. Leurs Chenilles offrent entre elles de grandes différences, étant les unes allongées, et les autres courtes en forme de Cloportes; tantôt elles sont à nu sur les végétaux, et tantôt contenues dans des tuyaux soyeux, mobiles et renforcés extérieurement par des corps étrangers, tels que de petits fragmens de bois. On peut citer les genres : *Séricaire*, *Limacode*, *Psyché*, *Écaille*, etc.

IVe Section. — Les APOSURES, *Aposura* (1), diffèrent de tous les autres Nocturnes par l'absence, chez la Chenille, de la dernière paire de pattes en couronne, ou paire de pattes anales. Les espèces chez lesquelles on rencontre cette particularité font partie des genres *Dicranoure* et *Platyptérix*.

Ve Section. — Les NOCTUÉLITES, *Noctuælites*, sont caractérisées par des antennes simples, par une trompe ordinairement longue, cornée et roulée en spirale, par des palpes très-comprimés, et dont le dernier article est beaucoup plus petit que celui qui précède. Leur corps est couvert d'écailles plutôt que de poils; quelquefois relevées en crête sur le thorax et sur le ventre. Le vol des Noctuélites, qui est rapide, a lieu assez souvent pendant le jour. Les Chenilles ont ordinairement seize pattes, dans quelques-unes cependant on n'en compte que quatorze et même douze. Elles se fabriquent des coques pour se métamorphoser.

Le grand genre *Noctua* de Linné, que les entomologistes ont beaucoup subdivisé, compose cette section.

(1) C'est-à-dire queue sans pied; d'α privatif, de πούς, pied, et de οὐρὰ, queue.

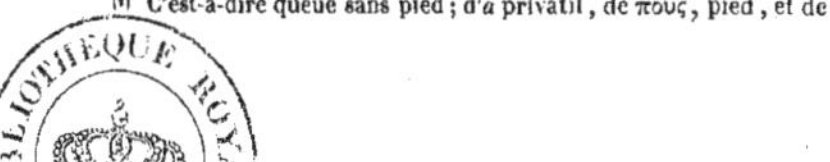

paraison, ceux qui distinguent essentiellement la section des Tordeuses, à laquelle la Pyrale de la vigne appartient et que nous allons exposer avec plus de détails.

Caractères propres à la Section des TORDEUSES.

Les TORDEUSES, *Tortrices* (*Phalænæ Tortrices* de Linné), qui constituent la sixième Section de la famille des Nocturnes et dans laquelle, disons-nous, on

VIe Section. — Les TORDEUSES, *Tortrices*. C'est la section dont la *Pyrale* fait partie. Ses caractères sont énoncés dans le courant du texte.

VIIe Section. — Les ARPENTEUSES ou PHALÆNITES, *Phalænites*, ont en général le corps grêle, les ailes amples, étendues ou en toit large et aplati. Les antennes de plusieurs mâles sont pectinées. La trompe est presque nulle; les palpes labiaux sont petits, cylindroïdes. Les Chenilles ont dix à douze pattes au plus, y compris les six premières. L'allure de leurs mouvemens leur a valu le nom d'*Arpenteuses* ou de *Géomètres*. En effet, lorsqu'elles marchent, elles avancent à grands pas et semblent mesurer le terrain. Le phénomène s'exécute de cette manière : au lieu de ramper comme les autres chenilles, le ventre conservant une position parallèle au plan sur lequel il est placé, les Arpenteuses savent relever leur corps en bosse vers son milieu et même le plier en anneau, au moyen d'un brusque rapprochement qu'elles opèrent entre les deux extrémités. Ces deux extrémités arrivées ainsi au contact, la chenille prend successivement son point d'appui sur ses pattes antérieures et postérieures, c'est-à-dire qu'elle ne fait lâcher prise aux pattes de devant que lorsque les pattes de derrière sont fixées. L'attitude que les Arpenteuses ont pendant le repos n'est pas moins singulière. Alors, leurs pattes postérieures seules posent sur la branche, et tout le reste du corps est tenu raide comme un rameau qui naîtrait de cette branche. L'apparence est d'autant plus trompeuse que très-souvent la couleur de ces chenilles est analogue à celle du végétal sur lequel elles vivent, et que leur immobilité complète dure des heures et quelquefois des journées entières. Le grand genre *Phalène* se range dans cette section.

VIIIe Section.—Les DELTOÏDES, *Deltoïdes*, offrent, à leur état de Papillon, de grands rapports avec les espèces de la section précédente : les antennes sont ordinairement pectinées ou ciliées, et les palpes labiaux longs et recourbés. Les ailes, qui s'étendent horizontalement sur les côtés du corps, forment avec lui une sorte de *delta*. Les Chenilles montrent des caractères plus tranchés; elles ont quatorze pattes et sont plieuses et rouleuses de feuilles.

Le genre *Herminie* compose en grande partie cette section.

IXe Section. — Les TINÉÏTES, *Tinéïtes*, ou la neuvième section, se composent d'espèces de petite taille, dont les quatre palpes, maxillaires (1) et labiaux, sont plus ou moins apparens. Ordinairement on ne distingue que les palpes labiaux; alors ils apparaissent en avant de la tête, et même se recourbent par dessus elle. La trompe est en général peu développée. Les ailes antérieures, tantôt étendues horizontalement, figurent un triangle applati, tantôt très-étroites, enveloppent le corps comme une gaîne. Dans ce cas, elles s'inclinent en toit sur les côtés, ou bien elles se relèvent postérieurement en queue de Coq. Les ailes de la seconde paire sont larges et plissées.

Les Chenilles qui n'ont jamais que seize pattes, et dont le corps ne présente que des poils rares, se tiennent cachées dans des fourreaux, qu'elles construisent avec les substances animales et végétales dont elles

(1) Les *palpes maxillaires*, très-développés chez certains insectes, sont ordinairement rudimentaires dans l'ordre des Lépidoptères; ils s'insèrent à la base de la trompe. (Voyez ces palpes rudimentaires chez la *Pyrale de la vigne*, Pl. 2, Fig. 16 et 17, *d*, *d* et Fig. 18.)

doit ranger la Pyrale de la vigne, se reconnaissent, au premier abord, par la forme des *Papillons*, qui, lorsqu'ils sont au repos, figurent assez exactement une moitié d'ovale, c'est-à-dire un ovale coupé en deux transversalement, la tête du papillon correspondant au bout intact de l'ovale, et le sommet des ailes à sa partie tronquée (Pl. 1, fig. 1 *e, f, g, h, i*).

Dans cette même attitude, les *ailes* de la première paire, dont l'une recouvre un peu l'autre sur la ligne médiane, sont appliquées sur le corps de manière à figurer un toit incliné en arrière et aplati, c'est-à-dire non relevé en crète au milieu. Cette disposition des ailes donne à ces insectes une physionomie particulière, qui les a fait appeler par Réaumur *papillons à larges épaules* (1), et par Geoffroy *phalènes à chapes* (2).

Les secondes *ailes*, toujours considérées dans cet état de repos, sont cachées par les premières; et, comme elles ont plus d'ampleur, elles présentent quelques plis longitudinaux disposés à peu près comme ceux d'un éventail.

Les *antennes* sont filiformes dans les deux sexes (Pl. 1 et Pl. 2, fig. 1, 2, *f*, et fig. 3).

La *trompe* (Pl. 2, fig. 2, 16, 17), peu développée, n'est pas toujours visible extérieurement.

Les *palpes inférieurs*, qu'il est plus convenable de désigner sous le nom de

---

se nourrissent. Souvent ces fourreaux sont fixes, et constituent de véritables galeries couvertes dans lesquelles la chenille chemine; mais souvent aussi elle les transporte avec elle, et sait les augmenter, à mesure qu'elle grandit.

Le genre *Teigne* fait partie de cette section; il comprend un nombre considérable d'espèces nuisibles aux productions agricoles, la *Teigne de la vigne* entre autres (Pl. 21, fig. 1, 2, 3,), dont il sera question dans cet ouvrage, à l'occasion des espèces d'insectes qu'on trouve sur la vigne et qu'il ne faut pas confondre avec la *Pyrale de la vigne*.

Xe Section. — Les FISSIPENNES, *Fissipennes* ou *Pterophorites*, ressemblent aux Tinéites, mais ils s'en distinguent nettement, ainsi que de tous les Lépidoptères des autres sections, par la structure remarquable des quatre ailes, ou tout au moins de deux, qui sont divisées en un certain nombre de petites tiges ou plumules, barbues sur les bords, étalées en éventail pendant le vol, et convergeant toutes à leur point d'insertion. De là le nom de Fissipennes, appliqué à cette petite section, qui comprend le petit genre *Ptérophore*.

(1) Le nom de *Platyomides* que M. Duponchel applique à la section des Tordeuses exprime ce caractère (πλατὺς, large, et ὦμος, épaule).

(2) Cet autre nom indique la ressemblance de ces ailes avec ce vêtement d'église nommé *chape*, que les chantres, les évêques, etc., portent pendant les offices divins.

palpes labiaux, parce qu'ils dépendent de cette partie de la bouche qu'on appelle *lèvre*, sont très-visibles, avancés, ayant leur second article grand, ordinairement en massue comprimée, et garni de poils en écailles qui en augmentent encore les dimensions (Pl. 2, fig. 1, 2 *e*, *e*, et fig. 19).

Les *pattes*, surtout les antérieures, sont assez courtes; une épine particulière accompagne la jambe de la première paire (Pl. 3, fig. 21). On en voit deux, dans la même place, aux jambes de la deuxième (fig. 22) et quatre à chacune des jambes de la troisième paire (fig. 23).

L'*abdomen* ne dépasse pas les ailes, lorsque le Papillon est en repos (Pl. 1, fig. 1, *e*, *f*, *g*, *h*, *i*).

Les Tordeuses, à leur état de Papillon, ont toutes une petite taille.

Les *Chenilles* (Pl. 6, fig. 1, 2) sont lisses, pourvues seulement de quelques poils insérés à une assez grande distance les uns des autres. Elles ont, outre les six pattes antérieures terminées en ongle (fig. 2, *c*, *d*, *e*, et fig. 5, 6), dix autres pattes en couronne (fig. 2, *f*, *g*, *h*, *i*, *k*). La plupart vivent de feuilles qu'elles ont l'art de crisper ou d'enrouler au moyen de fils, pour se faire des abris journaliers, dans lesquels elles se cachent aussi pendant le temps de leurs mues, et de leur métamorphose en chrysalide. Elles ne construisent donc pas de cocon proprement dit, comparable à celui du Ver à soie; mais simplement des loges soyeuses plus ou moins exactement closes.

Les *Chrysalides* (Pl. 8, fig. 21-25) ont une forme conique; la surface de leur corps est lisse, sans tubercules; mais l'extrémité se termine par des espèces de petits crins raides, courbés en hameçons, à l'aide desquels elles se tiennent fixées aux loges soyeuses dont elles sont entourées. La couleur des Chrysalides est généralement brune.

Les genres qui composent la section des Tordeuses sont très-nombreux. Certains auteurs n'en comptent pas moins de quarante-deux; M. Duponchel, qui montre beaucoup plus de réserve, en admet cependant vingt-trois dans son *Histoire naturelle des Papillons de France*, savoir : *Tortrix* de Linné (*Pyralis*, Fabr.), dans les limites que lui assigne un célèbre Lépidoptérologiste allemand, M. Treitschke; *Halias*, *Teras*, *Aspidia*, *Penthina*, *Sericoris*, *Coccyx*, *Carpo-*

capsa, *Grapholitha*, *Phoxopteris*, *Pædisca*, *Sciaphila*, *Cochylis* de ce dernier auteur; *Sarrothripa Peronea*, de M. Curtis, *Xanthosetia*, *Argyrolepia*, *Phibalocera*, *Hypercallia* de M. Stephens, *Xylopoda* de Latreille, enfin les genres *Phloiophila*, *Ephippiphora* et *Argyroptera* établis par M. Duponchel lui-même.

On conçoit que ce serait donner trop d'extension à notre sujet et même nous en écarter, que de nous livrer à l'examen de chacun de ces genres. Nous nous attacherons donc exclusivement à faire connaître celui auquel on applique le nom de PYRALE, et qui renferme l'insecte dont nous avons à traiter l'histoire.

§ V. — *Du Genre Pyrale en particulier. — Sa Synonymie. — Ses caractères. — Espèces qu'il renferme.*

Avant de présenter les caractères du genre Pyrale, je crois utile de faire connaître en peu de mots sa synonymie, c'est-à-dire la concordance des noms qui lui ont été donnés par les principaux auteurs. On verra que cette concordance n'est pas aussi simple à établir qu'on pourrait le croire.

A. Synonymie du Genre PYRALE, *Pyralis*.

Le célèbre réformateur de la nomenclature en histoire naturelle, Linné, avait jugé convenable de partager son grand genre *Phalæna*, aujourd'hui la famille des Nocturnes, en plusieurs coupes parmi lesquelles s'en trouvaient deux parfaitement distinctes : les *Tortrices* et les *Pyrales*. La première de ces coupes, ou le genre *Tortrix*, contenait quarante-deux espèces ayant des traits de ressemblance frappans avec le Papillon nuisible à la vigne dont il va être question. Au contraire, la seconde coupe, ou le genre *Pyralis*, était composée d'espèces qui s'en éloignaient sous plusieurs rapports. Nul doute, par conséquent, que si Linné avait eu connaissance de ce Papillon de la vigne, il ne lui eût donné place dans son genre *Tortrix* plutôt que dans son genre *Pyralis*. C'est aussi ce qu'on aurait certainement fait après lui, lors de la découverte du Papillon de la vigne, sans une circonstance fâcheuse qui est venue apporter obstacle à ce rapprochement naturel.

En effet, un des disciples de Linné, Jean Chrétien Fabricius, dont les systèmes de classification ont été en vogue pendant quelques années, s'est cru autorisé à opérer dans ses ouvrages [1] un changement très-grave à la méthode de son maître. Sans en donner aucun motif, il a supprimé le genre *Tortrix* de Linné, et a conservé son genre *Pyralis;* mais, tandis qu'il aurait dû, au moins, laisser à ce dernier ses espèces, il les a remplacées par celles dont Linné composait ses *Tortrix*. En sorte que le genre *Pyralis* de Fabricius, par suite de cette transposition, se trouve avoir pour synonyme, non pas le genre *Pyralis* de Linné, mais son genre *Tortrix*.

Ce changement inconsidéré a eu pour résultat d'amener une grande divergence parmi les entomologistes, au sujet de l'adoption et de la circonscription de ces deux genres, les uns, en tête desquels se place Latreille, ayant supprimé avec Fabricius le genre *Tortrix*, et admis son genre *Pyralis*, tel qu'il l'avait reconstitué; les autres, particulièrement les Allemands et les Anglais, ayant conservé ces deux genres dans les limites tracées par Linné.

Nous nous serions rangés du parti de ces derniers si nous n'avions craint de faire naître de nouvelles difficultés en supprimant le nom de *Pyrale* déjà reçu en France pour désigner le Papillon de la vigne, et en suivant une nomenclature différente de celle de Latreille, dont nous adoptons la méthode, convaincus que nous sommes chaque jour davantage, qu'elle est plus naturelle et plus commode pour l'étude qu'aucune de celles qu'on a cherché dans ces derniers temps à lui substituer.

Nous conserverons donc avec cet entomologiste le nom de *Pyralis*, en français Pyrale, au genre de Fabricius qui, par conséquent, aura pour Synonyme la division des *Phalænæ Tortrices*, ou le genre *Tortrix* de Linné et de tous les auteurs allemands.

Le tableau suivant, dressé sur le plan que les naturalistes adoptent pour exposer la synonymie, résumera clairement les développemens qui précédent.

---

(1) *Systema Entomologiæ* (1775). — *Genera Insectorum* (1776). — *Mantissa Insectorum* (1787). — *Entomologia systematica* (1794).

Tableau synonymique du Genre PYRALE.

Genre PYRALE. — *Pyralis.*	FABRICIUS. *Systema Entomologiæ*, pag. 645. (1775.) — *Genera Insectorum*, p. 165. (1776.) — *Mantissa Insectorum*, t. II, p. 224 (1787). — *Entomologia systematica*, t. III, pars II, p. 242 (1794).
Id.	PANZER, *Faunæ Insectorum Germanicæ initia.* 1792-1809.
Id.	CUVIER, *Tableau élémentaire de l'histoire naturelle des Animaux*, p. 599 (an VI, 1797-1798).
Id.	LATREILLE, *Précis des caractères génériques des Insectes*, p. 144 (1797). — *Histoire naturelle des Crustacés et des Insectes* (faisant suite au Buffon de Sonnini), t. XIV, p. 244 (an XIII, 1804-1805). — *Genera Crustaceorum et Insectorum*, t. IV, p. 229 (1809). — *Règne animal de Cuvier*, t. V, p. 412 (2ᵉ édit., 1829).
Id.	WALCKENAER, *Histoire abrégée des Insectes des environs de Paris*, t. II, p. 514 (1802).
Id.	LAMARCK, *Histoire naturelle des Animaux sans vertèbres*, t. III, p. 538 (1816).
Id.	BOSC, *Nouveau cours complet d'Agriculture*, 2ᵉ édit., article *Pyrale* (1822).
Id.	DUMÉRIL, *Dictionnaire des Sciences naturelles* (édition Levrault), article *Pyrale* (1826).
Genre TORTRIX.	LINNÉ, *Systema naturæ*, 12ᵉ édit., t. I, pars II, p. 875 (1767).
Id.	TREITSCHKE, *Die Schmetterlinge von Europa*, t. VIII, p. 45 (1830).
Id.	DUPONCHEL, *Histoire naturelle des Lépidoptères*, t. IX; *Nocturnes*, t. VI, p. 50 (1834).
Id.	STEPHENS, *Illustrations of British Entomology. Haustellata*, t. IV p. 68 (1834).

B. Caractères du Genre PYRALE, *Pyralis.*

Les caractères que les auteurs qui viennent d'être cités ont assignés au genre *Pyralis* ou *Tortrix*, demanderaient sans aucun doute une révision spéciale; mais on conçoit que ce n'est pas à l'occasion de l'histoire d'une de ses espèces qu'on doit se livrer à ce grand travail. Nous nous bornerons donc à reproduire, bien qu'ils soient loin de nous satisfaire, les caractères que les principaux nomenclateurs ont donnés à ce genre PYRALE, et nous résumerons ensuite ceux qui nous paraissent les plus importans.

Linné, dans le tome II, partie 2, de la douzième édition de son *Systema naturæ*, qui a paru en 1767, caractérise ainsi ses *Tortrices*, ou notre genre *Pyralis* :

ALIS *obtusissimis ut ferè retusis, margine exteriore curvo.*

Fabricius, qui a développé davantage les caractères du genre *Pyralis*, dans son *Genera Insectorum*, publié en 1776, les énonce ainsi :

Os *palpis linguâque spirali absque maxillis.* — PALPI *duo æquales, nudi, stuposi* (1), *reflexi, basi cylindrici, medio ovati, dilatati, apice setacei, sub ore inserti, totum os obtegentes.* — LINGUA SPIRALIS *porrecta, membranacea, involuta, setacea, bifida : laciniis æqualibus, setaceis, acutis suprà palporum basin inserta.* — CLYPEUS *brevis, corneus, truncatus, latus, integer vix basin linguæ supernè tegens.* — ANTENNÆ *filiformes, simplices : articulis brevibus, æqualibus, obsoletis.*

Voici comment il parle de la Chenille :

LARVA XVI *poda, agilis, currens, plerùmque intrà cucullum è foliis plantarum contortis filis paucioribus connexis latens.*

Il décrit en peu de mots la Chrysalide :

PUPA *quiescens, cylindrica, anticè acuminata, posticè obtusa.*

Puis, il dit au sujet de la nourriture qui convient à l'insecte :

Victus larvæ è foliis plantarum; imaginis è nectare florum.

Dans les publications qui ont suivi le *Genera*, Fabricius n'a rien ajouté aux caractères de son genre *Pyralis ;* au contraire, il les a exposés beaucoup plus laconiquement.

Cuvier, dans son tableau élémentaire (1797 — 1798), s'exprime, à l'occasion des PYRALES, de la manière suivante :

Elles se reconnaissent d'abord à des AILES *larges et courtes qui présentent, dans le repos, une surface plane, arrondie par devant, et coupée carrément par derrière.* — *Leur* TROMPE *est membraneuse, leurs* ANTENNES *presque en soie, et leurs* PALPES *dilatés dans le milieu.* — *Leurs* CHENILLES *ont seize jambes; la plupart tordent les feuilles des plantes, et les lient avec de la soie pour se faire des logemens dont elles rongent la surface intérieure.*

Lamarck, Latreille et MM. Duméril, Walckenaer, Treitschke, etc., ont aussi mentionné les caractères du genre PYRALE, mais sans rien ajouter à ceux qui avaient été donnés par leurs prédécesseurs. Nous renvoyons aux ouvrages de ces entomologistes. Enfin, plus récemment, M. Duponchel a donné, dans le tome IX de son histoire des Lépidoptères, les caractères propres au genre *Tortrix* ou *Pyralis*. Il les énonce en ces termes :

---

(1) *Stuposi* n'est pas latin, et il eût été sans doute plus régulier de dire *stupei* ou *stuparii ;* mais l'un ou l'autre de ces adjectifs n'aurait pas rendu aussi bien ce caractère spécial du Palpe d'être garni de poils abondans, serrés, assez semblables à de l'étoupe, *stupa*. Au contraire, la terminaison en *osus*, qui comporte toujours avec elle le sens de plénitude, d'abondance, comme *villosus*, *pilosus*, *umbrosus*, etc., exprime parfaitement la ressemblance dont il s'agit. On peut donc pardonner à Fabricius d'avoir créé ce nouveau mot.

PALPES *épais; deuxième article très-garni d'écailles et en forme de massue.* — TROMPE *très-courte et presque nulle.* — TÊTE *assez forte et sur le même plan que le corselet.* — CORPS *mince.* — AILES *supérieures terminées carrément, et parfois légèrement courbées à leur sommet.*

CHENILLES *couvertes de points tuberculeux surmontés chacun d'un poil; ces Chenilles roulant en cornet ou réunissant en paquet les feuilles dont elles se nourrissent, et s'y changeant en* CHRYSALIDES, *sans former de Coque.*

En rapprochant entre elles les descriptions qui précèdent, et en s'attachant à ce qu'elles ont de plus important, on verra que les principaux traits caractéristiques du genre PYRALE peuvent être ainsi résumés :

Le PAPILLON *a une* TÊTE *assez forte, placée sur le même plan que le Thorax, et munie d'une* TROMPE *courte, souvent presque nulle; les* PALPES (PALPES LABIAUX) *sont épais, et l'épaisseur de ces appendices dépend du renflement du deuxième article, qui est, en outre, rendu plus large par les Poils allongés et touffus dont il est couvert; le* CORPS *est étroit; les* AILES *antérieures arrondies et un peu élargies à leur bord, près de leur insertion, sont coupées carrément en arrière, et inclinées en toit, quand l'Insecte est au repos.*

La CHENILLE *a une Peau fine, couverte de quelques Points ou Taches, d'où partent des Poils déliés et rares; sa couleur, généralement verte ou d'un vert jaunâtre, est due surtout aux organes intérieurs, le canal intestinal et la graisse, qui se voient par transparence.*

Enfin, la CHRYSALIDE *est lisse, avec des rangées d'Épines très-petites, situées transversalement à la partie supérieure des anneaux de l'Abdomen; l'extrémité postérieure de son* CORPS *est garnie de quelques Poils raides et en crochets qui lui servent pour se fixer aux fils soyeux dont est tapissée la loge dans laquelle elle séjourne.*

Les PYRALES sont des insectes timides dans toutes les périodes de leur vie. Leurs Papillons se tiennent cachés pendant le jour, et ne se déplacent guère qu'au crépuscule du soir. Alors ils voltigent à petites distances dans le but de s'accoupler. Plusieurs sont attirés par la lumière des plus petits foyers et viennent souvent le soir se brûler à nos flambeaux. Le nom de *Pyralis* que leur ont donné certains auteurs leur convient donc parfaitement [1].

---

[1] Πυραλίς. Nom appliqué par les Grecs à un animal qu'ils supposaient vivre dans le feu. — De Πῦρ, feu.

Le nom de *Tortrix* (1), sous lequel un assez grand nombre de nomenclateurs les désignent, s'applique également bien à leurs Chenilles, qui ont pour habitude de contourner les feuilles des plantes en les enlaçant avec des soies, afin d'être en sûreté pendant qu'elles les rongent, et aussi pour s'en faire des abris protecteurs, au moment de leurs changemens de peau et de leur métamorphose en Chrysalide. Ces Chenilles se tiennent donc presque toujours cachées, et ne se déplacent que lorsqu'elles y sont forcées par le besoin de se procurer de la nourriture ou un lieu de refuge plus convenable. Elles abandonnent encore leur retraite, lorsqu'on les y inquiète : alors elles se contractent avec vivacité, et se laissent souvent choir jusqu'à terre en se suspendant à un fil.

Des végétaux très-variés servent de nourriture aux PYRALES qui, sous la forme de Chenilles, mangent avec avidité. A l'état de Papillon, ces insectes ne prennent que peu ou point de nourriture. Plusieurs espèces se font alors remarquer par les couleurs variées, vives, brillantes et même quelquefois métalliques de la surface de leur première paire d'ailes.

C. Espèces appartenant au Genre PYRALE, *Pyralis*.

Les espèces qu'on a rangées jusqu'ici dans le genre PYRALE, *Pyralis*, Fab., ou *Tortrix*, Linn., sont très-nombreuses. Dès l'année 1767, Linné en faisait connaître quarante-deux dans son *Systema naturæ* (douzième édition), et un quart de siècle plus tard, Fabricius n'en décrivait pas moins de cent quatre-vingts dans son *Entomologia systematica* (1793). Or, il est certain que depuis la publication de ces deux ouvrages le nombre des espèces a dû beaucoup s'accroître par l'extension et l'activité des recherches entomologiques ; mais, comme en même temps il a été créé de nouvelles coupes pour les recevoir, il en est résulté que le genre Pyrale ne s'est pas accru en proportion des découvertes, et qu'au contraire il s'est trouvé sensiblement restreint. Ainsi un Lépidoptérologiste allemand bien connu, M. Treitschke, n'en admet aujourd'hui que cinquante. Notre savant compatriote M. Duponchel en porte le nombre à cinquante-sept. Il les range dans trois Sections, qu'il caractérise ainsi :

(1) *Tortrix*, *Tortrices*, Tordeur, Tordeuses.

1re SECTION. — *Ailes supérieures traversées au milieu par une bande oblique, suivie d'une tache près du sommet.*

Telles sont les PYRALES : 1° de l'ALISIER, *Cratægana*, Hubn. — 2° CONGÉNÈRE, *Congenerana*, Hubn — 3° De l'OSIER, *Ameriana*, Linn. — 4° Du SORBIER, *Sorbiana*, Hubn. — 5° HÉPATIQUE, *Heparana*, Wien Verz. — 6° Du COUDRIER, *Corylana*, Fabr. — 7° Du GROSEILLIER, *Ribeana*, Hubn. — 8° Du CERISIER, *Ceresana*, Hubn. — 9° De l'AUBÉPINE, *Oxyacanthana*, Hubn. — 10° AUTOMNALE, *Oporana*, Linn. — 11° * *Croceana*, Hubn. (1). — 12° Du XYLOSTÉON, *Xylosteana*, Linn. — 13° Du ROUVRE, *Roborana*, Hubn. — 14° De l'ÉRABLE, *Acerana*, Hubn. — 15° De LAVICE, *Laviceana*, Duponch. — 16° D'ALPHONSE, *Alphonsiana*, Duponch. — 17° * *Pronubana*, Hubn. — 18° * *Gerningana*, Wien Verz. — 19° BLONDE, *Flavana*, Duponch. — 20° * *Consimilana*, Hubn. — 21° * *Adjunctana*, Treitschke. — 22° * *Reticulana*, Hubn. — 23° CEINTE, *Cinctana*, Wien Verz. — 24° De GROTIUS, *Grotiana*, Frœl. — 25° De PILLERIUS, *Pilleriana*, Wien Verz. — 26° COULEUR D'OCRE, *Ochreana*, Hubn. — 27° * *Cinnamomeana*, Treits. — 28° GNOME, *Gnomana*, Linn. — 29° * *Adustana*, Hubn. — 30° BRULLÉE, *Ambustana*, Hubn.

Dans cette même section, viennent se ranger quelques espèces que M. Duponchel a décrites postérieurement.

Ce sont les PYRALES : 31° AUGUSTE, *Augustana*, Hubn. — 32° RAYÉE, *Strigana*, Hubn. — 33° De WALCKENAER, *Walckenaerana*, Duponch. — 34° VEUVE, *Viduana*, Hubn. — 35° Du CYPRÈS, *Cupressana*, Duponch.

2e SECTION. — *Ailes supérieures unicolores ou nébuleuses sans taches distinctes.*

Ici se rangent les PYRALES : 1° MAURESQUE, *Maurana*, Hubn. — 2° SERVANTE, *Ministrana*, Linn. — 3° ROSETTE, *Rosetana*, Hubn. — 4° * *Rosana*, Hubn. — 5° RUSTIQUE, *Rusticana*, Treits. — 6° VERTE, *Viridana*, Linn. — 7° * *Palleana*, Treits. — 8° UNICOLORE, *Unicolorana*, Duponch. — 9° * *Viburnana*, Wien Verz. — 10° Des PRÉS, *Pratana*, Hubn. (2). — 11° D'HERMINE, *Hermineana*, Duponch. — 12° * *Senecionana*.

On doit placer dans la deuxième section une espèce décrite par M. Duponchel depuis l'impression de son tableau.

C'est la PYRALE : 13° FERRUGINEUSE, *Ferrugana*. Duponch.

3e SECTION. — *Ailes supérieures ornées de lignes ou de taches métalliques.*

Les espèces propres à cette section portent les noms qui suivent : 1° De LÈCHE, *Lecheana*, Linn. — 2° De ROLANDER, *Rolandriana*, Linn. — 3° PLOMBÉE, *Plumbana*, Linn. — 4° De FORSKAEL, *Forskaeleana*, Linn. — 5° De BERGMANN, *Bergmanniana*, Linn. — 6° De HOFFMANSEGG, *Hoffmanseggana*, Treits. 7° De HOLM, *Holmiana*, Linn. — 8° *Sylvana*, Hubn. (3). — 9° De LŒFLING, *Lœflingiana*, Clerck. — 10° ENJOUÉE, *Festivana*, Hubn. — 11° MÊLÉE, *Mixtana*, Hubn.

---

(1) Les espèces marquées * n'ont pas été décrites par M. Duponchel, qui ne les a pas eues à sa disposition.
(2) Cette espèce n'est pas une Pyrale ; M. Duponchel l'a rangée depuis dans son genre ARGYROPTÈRE.
(3) Cette espèce a été reportée postérieurement, par M. Duponchel, au genre *Pædisca*, de Treitschke.

Nous n'aurions pas hésité à parler de ces diverses espèces, si cette étude avait pu jeter quelque lumière sur notre sujet; mais la PYRALE DE LA VIGNE a des caractères si tranchés qu'il suffira d'en donner la description pour la faire reconnaître facilement et avec toute certitude. Occupons-nous donc exclusivement de cette espèce, et présentons-en d'abord la synonymie, c'est-à-dire la concordance des noms différens que lui ont donnés les auteurs.

§ VI. — *De la Pyrale de la vigne. — Synonymie de cette espèce. — Description donnée par les Auteurs qui l'ont observée sur nature.*

A. Synonymie de la PYRALE DE LA VIGNE, Bosc; *Pyralis vitana*, Fabricius.

Tableau synonymique de PYRALE DE LA VIGNE
(à l'état de PAPILLON.)

(1786.) PYRALE DE LA VIGNE,	*Pyralis*.	DANTIC ou plutôt BOSC[1], *Mém. pour servir à l'histoire de la Chenille qui a ravagé les Vignes d'Argenteuil en* 1786. (Mém. publiés par la Soc. royale d'Agr. de Paris, trimestre d'été, pag. 22, pl. 4, (1786).
(1787.) PHALÈNE.		L'abbé ROBERJOT, *Mém. sur un moyen propre à détruire les Chenilles qui ravagent la Vigne* (Ibid. trim. de printemps, p. 195, 1787).
1787.).	*Pyralis vitana*. .	FABRICIUS, *Mantissa Insectorum*, tom. II, p. 227, n° 28 (1787). — *Entomol. system.*, t. III, pars II, p. 249, n° 26 (1794).
. . . .	id.	COQUEBERT, *Illustratio iconographica Insector. quæ in Mus. Paris. observ. et in lucem edid. Fabricius.* Decas I, p. 29, pl. 7, fig. 9, in-4° (1799).
. . . .	id.	DRAPARNAUD, *Mém. sur l'Insecte qui a dévasté en l'an* IX *les vignes des communes de Marseillan et de Florensac*, lu à la Société le 6 thermidor an IX (24 juillet 1801), — (Recueil des Bulletins de la Soc. libre des sciences et belles-lettres de Montpellier, tom. 1er, p. 86, et publié séparément par ordre du Préfet du département).
. . . .	id.	FOREL, *Mém. sur le Ver destructeur de la Vigne*, p. 7, fig. 1, 2, 3 (Feuille du canton de Vaud, février 1825).

[1] Bosc portait alors le nom de Dantic; il le remplaça bientôt par celui de Bosc qu'il n'a plus quitté.

PYRALE DE LA VIGNE, *Pyralis vitana*.	FOUDRAS, Rapport fait à la Soc. d'Agr. de Lyon, dans sa séance du 31 août 1827, ***Sur un concours ouvert pour la destruction de la Pyrale de la Vigne*** (Mém. de la Société d'Agr. et d'Hist. naturelle de Lyon, p. 33, année 1825-1827).
. . . . id. . . . . id.	DUNAL, ***Des Insectes qui attaquent la Vigne dans le Département de l'Hérault*** (Bulletin de la Société d'Agr. du Département de l'Hérault, 24e année, p. 362, pl. 1, septembre et octobre 1837. — Suite p. 426, décembre 1837. — Fin, 25e année, p. 422, décembre 1838, Pl. 1, fig. 1).
(1802.) CHAPE DE LA VIGNE et PYRALE DE FLORENSAC.	FAURE BIGUET et SIONEST, ***Mémoire sur quelques Insectes nuisibles à la Vigne***, p. 6. Lyon, in-4° (an X).
(1805.) PYRALE DE LA VIGNE, *Pyralis vitis*. . . .	LATREILLE, ***Histoire des Crustacés et Insectes*** (faisant suite à Buffon), t. XIV, p. 246 (an XIII), et ***Règne Animal de Cuvier***, 2e édit., t. V, p. 415 (1829).
(1835.) PYRALE DE DANTIC, *Pyralis Danticana*.	WALCKENAER, ***Recherches sur les Insectes nuisibles à la Vigne*** (Annales de la Société Entomol. de France, t. V, p. 235).
(1776.) . . . . *Tortrix Pilleriana*.	SCHIFFERMÜLLER et DENIS [1], ***System. Verzeichniss der Schmetterlinge der Wienergegend***, p. 126 (1776), in-4°.
. . . . id.	FABRICIUS, ***Mantissa Insectorum***, tom. II, p. 227, n° 28 (1787) — ***Entomologia systematica***, t. 3, pars 2, p. 251, n° 38 (1794).
. . . . id.	HUBNER, ***Tortrices***. Pl. 27, fig. 172, 4°.
. . . . id.	TOUSSAINT CHARPENTIER, ***Die Zünsler, u. s. w., des Wiener Verz., m. Anmerk. v. Zincken, g. Sommer***, p. 28 (1821).
. . . . id.	FARINES, ***Mém. sur la Chenille connue vulgairement sous le nom de Couque***, Perpignan (1824).
. . . . id.	TREITSCHKE, ***Die Schmetterlinge von Europa***, t. VIII, p. 85, n° 25 (1830).
TORDEUSE DE PILLERIUS . . . . id.	DUPONCHEL, ***Histoire naturelle des Lépidoptères ou Papillons de France. Nocturnes***, t. VI, p. 91, pl. 239, fig. 8 (1834).
. . . . id.	STEPHENS, ***Illustrations of British Entomol. Haustellata***, tom. IV, Appendix, p. 396.
. . . . *Tortrix luteolana*.	HUBNER. ***Tortrices***. Pl. 21, fig. 136.

(1) Aucun auteur n'avait reconnu la parfaite analogie de la *Pyralis Pilleriana* de Fabricius avec la

Suite du *Tableau synonymique* de la PYRALE DE LA VIGNE
(à l'état de CHENILLE).

CHENILLE DE LA PYRALE DE LA VIGNE, en latin *ERUCA* ou *LARVA Pyralis vitis*, noms généraux adoptés par les entomologistes.

LE VER, ... *Nom vulgaire* dans le Département de la CHARENTE-INFÉRIEURE, aux environs de la ROCHELLE.

VER DE LA VIGNE, ... *Nom vulgaire* dans le Département du RHÔNE et de SAÔNE-ET-LOIRE, dénomination employée dans les Actes de l'Autorité Administrative et des Sociétés d'Agriculture (Mém. de la Soc. d'Agr., d'Hist. nat. de Lyon, 1825-1827, p. 55, in 8°).

VER DE L'ÉTÉ, ... *Nom vulgaire* appliqué dans le Département de la MARNE à la Chenille de la *Pyrale,* par opposition à celui de *Ver de la Vendange* qu'on donne à la Chenille d'un autre insecte nuisible à la vigne : la *Teigne de la Vigne.* (M. Dagonnet, Notice sur les dégâts occasionnés par les insectes dans le Département de la MARNE, pendant le cours de l'année 1838, p. 7.)

COUQUE, ... *Nom vulgaire* dans le Département des PYRÉNÉES-ORIENTALES. (M. Farines a publié un mémoire ayant pour titre : *Sur la Chenille connue sous le nom de Couque.* 1824.)

BABOTA, ... *Nom vulgaire* dans le Département de l'HÉRAULT, à *Marseillan* et à *Florensac.* Ce nom est appliqué à toutes les Chenilles, quelle qu'en soit l'espèce. (M. Dunal, Mém. sur les Insectes Ampelophages du Département de l'Hérault dans le Bulletin de la Société d'Agric. du Département de l'Hérault, septembre et octobre 1837, p. 562.)

Les anciens ont mentionné plusieurs animaux nuisibles à la vigne, parmi lesquels il nous serait bien difficile de reconnaître avec certitude l'espèce dont il est ici question. M. de Walckenaer, dans des recherches très-laborieuses sur ce sujet, dit qu'on pourrait la rapporter à une de celles que les Grecs ont nommée *Kampe*, et les Latins *Involvulus* et *Convolvulus* (1). En effet, ces deux der-

---

Pyralis vitana du même auteur. Cette synonymie a été établie pour la première fois le 2 août 1837, au sein de la Société entomologique de France. (Voyez plus loin les détails relatifs à cette circonstance.)

(1) Suivant M. Walckenaer, l'auteur latin le plus ancien qui ait employé les mots *involvolus* ou *involvulus* est Plaute, qui dans la *Castillaire*, acte I, scène II, vers 453-458, le met dans la bouche d'une esclave, nommée Lampadisque, laquelle dit à sa maîtresse, lui parlant d'une autre esclave : *imitatur nequam bestiam et damnificam.* Elle imite une bête méchante et dommageable. *Quamnam, amabo?* Laquelle, je te prie? lui demanda la maîtresse. — L'esclave répond :

Involvolorum, quæ in pampini folio intorta implicat se
Itidem hæc exorditur sibi intortam orationem.

L'*involvolus* qui s'enveloppe et se roule dans la feuille de vigne; ainsi est-elle exprès parvenue à s'entortiller dans son discours. (Traduction littérale.) Walckenaer, Recherches sur les Insectes nuisibles à la

niers noms expriment une des particularités les plus remarquables des mœurs de la PYRALE DE LA VIGNE, l'enroulement que sa Chenille produit sur les feuilles ; mais comme d'autres insectes vivant sur la vigne (1) enroulent aussi ses feuilles, et d'une manière plus parfaite encore que la Pyrale, ce seul caractère ne nous a pas semblé suffisant pour en déduire l'identité de l'insecte auteur de ces altérations, avec la PYRALE DE LA VIGNE.

Nous avons donc cru ne pas devoir nous arrêter à approfondir cette question, et nous avons mieux aimé nous occuper de rechercher quels sont les Naturalistes qui ont parlé de l'insecte, en termes assez précis pour permettre d'en reconnaître l'espèce.

C'est évidemment à Bosc que revient l'honneur d'avoir fait connaître le premier la PYRALE DE LA VIGNE ; il en a donné, en 1786, une description assez exacte, quoiqu'un peu trop succincte, dans son *Mémoire pour servir à l'histoire de la Chenille qui a ravagé les vignes d'Argenteuil.*

Cependant, dix années avant lui, en 1776, Schiffermüller et Denis enrégistraient dans leur *Catalogue systématique des Papillons de Vienne*, sous le nom de *Tortrix Pilleriana*, une espèce dont on a reconnu tout récemment l'identité avec la PYRALE DE LA VIGNE, de Bosc.

Maintenant, faudra-t-il adopter la dénomination assignée à l'espèce par les Entomologistes allemands, ou bien devra-t-on lui préférer celle de Bosc ? Je n'ai pas hésité à prendre ce dernier parti, m'appuyant sur ce principe, qu'il ne peut exister de droit à la priorité d'un nom que par la publication d'une phrase descriptive. Or, il est de fait que les auteurs du Catalogue systématique des Papillons de Vienne n'ont pas donné cette phrase descriptive ; ils n'ont fait qu'enregistrer l'espèce, et ses caractères n'ont été connus pour la première fois qu'en 1787, dans l'ouvrage de Fabricius, intitulé : *Mantissa insectorum.* Plus tard, en 1794, le même auteur a reproduit cette espèce dans son *Entomologia systematica ;* mais par une de ces inadvertances qui ne lui étaient que trop ordinaires, il a décrit

---

vigne connus des anciens et des modernes. Annales de la Soc. entomologique de France, t. IV, p. 687, et t. V, p. 219 (1835, 1836).

(1) Les Attelabes entre autres. Ces insectes enroulent aussi les feuilles, et plus parfaitement que les Pyrales. (Voyez notre Pl. 21, Fig. 11.)

dans ce dernier ouvrage comme espèce distincte, et sous le nom de *Pyralis vitana*, la PYRALE DE LA VIGNE, de Bosc, qu'il n'a pas reconnue être analogue à la *Pyralis Pilleriana*. Et, tandis qu'il aurait dû au moins placer ces deux espèces assez près l'une de l'autre pour indiquer leur rapprochement, il a donné à l'une, la *P. vitana*, le numéro 26, et à l'autre, la *P. Pilleriana*, le numéro 38. On conçoit qu'une telle erreur, commise par un auteur qu'on savait avoir fait ses descriptions d'après nature, dut être un grand obstacle à sa rectification. C'est ainsi que personne ne songea à rapprocher entre elles les deux espèces, et qu'aucun Entomologiste allemand ne reconnut dans la *Pyralis Pilleriana*, la *Pyralis vitana*. Cette dernière ne fut donc jamais citée par eux dans leurs synonymies; et il y a plus, ils ne la mentionnèrent même pas comme espèce distincte dans leurs ouvrages.

Les Entomologistes français n'ont pas été plus avant dans la reconnaissance de cette identité spécifique. Plusieurs, comme Latreille, Draparnaud et M. Dumeril, qui parlent de la PYRALE DE LA VIGNE de Bosc (*Pyralis vitana*, Fabr.) ne disent rien de la *Pyralis Pilleriana*, de Schiffermüller et Denis. Quelques-uns, au contraire, adoptant cette dernière espèce, ne font aucune mention de la première : nous citerons entre autres M. Duponchel.

Cependant M. Walckenaer s'étant occupé de la PYRALE, à l'occasion des recherches qu'il a publiées, en 1835, sur les Insectes nuisibles à la vigne, connus des anciens et des modernes, et ayant vu dans la collection de feu Bosc, que possède aujourd'hui le Muséum d'histoire naturelle, un individu d'Argenteuil décrit par Fabricius, a conçu des doutes d'une nature toute particulière à l'égard de la PYRALE DE LA VIGNE. S'appuyant sur certaines expressions contradictoires qui se rencontrent dans les phrases descriptives des auteurs [1], et considérant surtout que la *Pyralis vitana* se nourrit de la vigne, tandis que la *Pyralis Pilleriana* vit, au dire des Allemands, sur une plante très-différente, le *stachys*

---

[1] Fabricius, etc., par exemple, qui, dans sa phrase diagnostique de la *P. Pilleriana*, dit : *Fasciis duabus obliquis fuscis*. Treitschke a reproduit cette description. Mais la citation qu'il a faite des figures de Hubner, où l'on aperçoit nettement trois bandes, surtout dans la Pl. 21, Fig 136, montre qu'il ne faut pas attacher une importance trop grande au nombre des bandes. D'ailleurs, ces bandes disparaissent presque toujours dans les femelles, et souvent la dernière est très-faiblement marquée dans les mâles.

germanica, il a supposé qu'il y avait eu quelque erreur dans l'étiquettage des individus de la collection de Bosc, et, pour détruire toute équivoque, il a proposé de changer le nom de *Pyralis vitana* en celui de *Pyralis Danticana*, dédiant à Bosc lui-même (1) l'espèce qu'il débaptisait.

Nous pourrions citer encore deux auteurs, Faure Biguet et Sionest aîné, dont le mémoire, s'il eût été connu des Entomologistes, serait venu, je n'en doute pas, augmenter leurs incertitudes. En effet, dans ce mémoire sur les Insectes nuisibles aux vignobles du département du Rhône présenté, en 1802, à la Société libre d'Agriculture de Lyon, et qui constitue un écrit de quelques pages, ils ont commis la double faute d'ériger en Espèce, sous le nom de *Pyrale de Florensac*, la Pyrale que Draparnaud avait judicieusement reconnu être la même que la PYRALE DE LA VIGNE de Bosc, et de changer le nom de celle-ci en celui de *Chape de la Vigne*.

On le voit, le doute en ce qui concernait la détermination de la PYRALE DE LA VIGNE, de Bosc, était devenu d'autant plus grand qu'on avait fait plus d'efforts pour l'éclaircir.

Tel était l'état des choses lorsque je me livrai à l'étude de la PYRALE DE LA VIGNE sur les lieux où Bosc l'avait observée cinquante années avant moi. Les ravages que je remarquais, en 1837, à Argenteuil, étaient dus évidemment à la même cause, et la même Chenille qui les produisait devait me donner ce petit Papillon que les Entomologistes avaient besoin de revoir. Je me proposais bien de le soumettre à leur examen; aussi, le 2 août 1837, le jour même où je quittai Paris pour me rendre dans le Mâconnais, afin d'étendre mes recherches, M. Brullé, mon Aide-naturaliste au Muséum d'histoire naturelle, aujourd'hui Professeur d'histoire naturelle à la Faculté des sciences de Dijon, en présenta-t-il, en mon nom, à la réunion de la Société Entomologique de France, plusieurs individus qui venaient d'éclore, et, comme il exprima en même temps le désir que j'avais qu'ils fussent authentiquement déterminés par mes savans confrères, on se livra, séance tenante, à leur examen.

La discussion approfondie qui eut lieu amena pour résultat 1° que ce Papillon

(1) Bosc, lors de la publication de son Mémoire, ne portait encore que le nom de *Dantic*.

originaire d'Argenteuil était bien certainement la Pyrale de la Vigne de Bosc, ou la *Pyralis vitana* de Fabricius; qu'il en avait tous les caractères; 2° que ce même Papillon était l'analogue de la *Pyralis Pilleriana* de Fabricius et des Entomologistes allemands.

Tout le monde fut unanime sur ce point, et M. Duponchel lui-même se prononça un des premiers pour admettre ce rapprochement. Il est donc aujourd'hui démontré que la *Pyralis Pilleriana*, Fabr., est la même espèce que la *Pyralis vitana*, Fabr.; et, qu'on ne croie pas qu'on puisse fonder encore un doute sur la différence qui existe entre les plantes sur lesquelles se trouvent, en Allemagne et en France, les Chenilles de cette espèce; car, en supposant que ce que rapportent les auteurs allemands du *Stachys germanica* qui nourrirait la Chenille de la *Pyralis Pilleriana*, ne soit pas tout simplement la répétition de la citation qui a été faite une première fois de cette plante par Schiffermüller et Denis, dans leur Catalogue des Papillons des environs de Vienne, et qu'en Allemagne le *Stachys* convienne réellement à l'insecte, nous dirions que chez nous, aux environs de Paris, comme à l'ouest et au midi de la France, nous avons souvent rencontré des Chenilles de la *Pyralis vitana*, sur des plantes tout aussi éloignées génériquement de la Vigne que le *Stachys germanica*, et cela dans des contrées vignobles où la Vigne ne manquait certainement pas. Nous reviendrons ailleurs sur cette particularité qui offre un fait intéressant, mais non une anomalie à laquelle on doive attacher de l'importance.

Enfin, au moment où je donne mon manuscrit à l'impression, je reçois de mon savant et obligeant confrère, M. Kollar, directeur du Muséum d'histoire naturelle de Vienne, en Autriche, deux Pyrales, l'une mâle et l'autre femelle, recueillies aux environs de cette ville et qu'il m'envoie comme étant très-certainement la *Pyralis Pilleriana* de Fabricius et des Allemands. La comparaison la plus scrupuleuse que j'en fais avec la Pyrale de la Vigne de Bosc (*Pyralis vitana*, Fabr.), des environs de Paris, ne me laisse aucun doute sur la parfaite identité de ces deux espèces. Elle est telle, que si je n'apposais pas une étiquette sur ces individus, je risquerais de les confondre avec ceux qui sont originaires du Mâconnais, des environs de Paris et de toutes les autres localités envahies par le fléau.

Les détails dans lesquels nous venons d'entrer étaient nécessaires pour éclaircir complètement le seul point difficile que présentât la Synonymie de la PYRALE DE LA VIGNE. Maintenant, nous le croyons, il ne pourra plus exister la moindre incertitude pour rapporter à cette espèce les observations publiées par divers auteurs postérieurement au Mémoire de Bosc, qui, nous le répétons, contient la description la plus ancienne.

Ainsi, c'est bien certainement la PYRALE DE LA VIGNE de Bosc (*Pyralis vitana*, et *P. Pilleriana* de Fabricius) que l'abbé Roberjot a observée dans le Mâconnais, en 1787, et qui a été décrite en 1827, d'après des individus de cette même localité, par M. Foudras, dans un Rapport fait à la Société d'Agriculture de Lyon.

C'est la PYRALE DE LA VIGNE qui, en 1802, a été signalée comme dévastant les Vignobles du département du Rhône, et dont Faure Biguet et Sionest ont fait à tort deux espèces, sous les noms de *Chape de la vigne* et de *Pyrale de Florensac*.

C'est la PYRALE DE LA VIGNE qui a fait, en 1803, dans les communes de Marseillan et de Florensac, des dégâts sur lesquels Draparnaud a attiré l'attention du gouvernement, et c'est elle encore qui, tout récemment, a été décrite et figurée, par notre savant ami, M. le professeur Dunal, dans les Bulletins de la Société d'Agriculture du département de l'Hérault.

C'est la PYRALE DE LA VIGNE qui a été observée, en 1824, aux environs de Perpignan, dans le département des Pyrénées-Orientales, par M. Farines, et qu'il a rapportée à la *Pyralis Pilleriana*, d'après une détermination transmise de Paris par Godart le Lépidoptérologiste.

C'est la PYRALE DE LA VIGNE dont M. le docteur Dagonnet a démontré la présence dans le vignoble d'Ay, département de la Marne.

C'est la PYRALE DE LA VIGNE que M. Ducos a signalée dans le département de la Haute-Garonne, aux environs de Toulouse.

C'est la PYRALE DE LA VIGNE que M. Forel a dit s'être montrée dans les Vignobles du canton de Vaud, en Suisse, conjointement avec d'autres insectes dont les ravages ont été beaucoup plus sensibles.

Il n'y a pas non plus le moindre doute, suivant nous, que la PYRALE DE LA VIGNE n'ait une forte part dans les pertes énormes occasionnées aux Vignes par les insectes, et dont ont parlé divers historiens du siècle dernier, entre autres l'abbé Lebœuf et le père Acère. Le premier, dans son *Histoire du Diocèse de Paris* (1), et le second, dans son *Histoire de la ville de La Rochelle et du pays d'Aulnis* (2).

Enfin, c'est la PYRALE DE LA VIGNE que j'ai observée et qu'ont observée avec moi ou même avant moi, dans le département de Seine-et-Oise, MM. Recappé, Honoré Colas, Bast, Dubaut, Delambre et Payen; dans le département de la Côte-d'Or, les deux administrateurs habiles qui le dirigent, M. Chaper, préfet, et M. Pautet, sous-préfet à Beaune, et MM. Faucillon, Duret, de Gravier, Chamandrey, etc.; dans le département de Saône-et-Loire, MM. Delahante et Desvignes aîné, dont j'aurai souvent l'occasion de parler, et MM. Carrand, le docteur Foillard, Coubayon, Mottin, Puvis, Pontdeveaux, Batilliat, de Voluet, Barjaud, Robert, etc., auxquels noms je ne puis manquer d'ajouter ceux de M. Barthélemy, alors préfet, et de MM. Lamartine, Humblot et Vitalis, qui ont fait preuve de tant de zèle et de capacité dans l'œuvre difficile que nous essayions d'accomplir; dans le département du Rhône, MM. Foudras, Jourdan, Laurens-Humblot, Sauzey, Place-Lafond, Mouton, et le préfet M. Rivet; dans le département de l'Hérault, MM. Dunal, Maffre et Daube; dans le département des Pyrénées-Orientales, MM. Companyo, Farines, Jaubert de Passa et Alleron; dans le département de la Charente-Inférieure, MM. Bouscasse, Beaupréau, d'Orbigny, Blutel, Chassiron, Brunet-Lagrange, Fleuriau de Bellevue, Lesson, ainsi que MM. Pelet, préfet à La Rochelle, et Vincent, sous-préfet à Rochefort.

Quelques-unes des personnes que je viens de citer ont traité la question qui m'occupe sous le point de vue pratique; j'aurai à rappeler leurs travaux. Mais je ne le ferai que plus tard, mon but étant d'abord de déterminer entomologiquement l'Espèce d'insecte dont je vais tracer l'histoire.

C'est pour y arriver avec toute certitude, et pour rendre en même temps justice aux Naturalistes qui m'ont précédé, que je rapporterai textuellement, dans un ordre chronologique, les caractères assignés à la PYRALE DE LA VIGNE.

(1) Tom. IV, p. 28, in-12°. 1755.
(2) Tom. II, p. 465, in-4°. 1756

par les auteurs qui ont fait leurs descriptions d'après nature. Sans doute, j'aurais pu arrêter mes citations au 2 août 1837, date du jour où l'Insecte a été positivement, et, si je puis m'exprimer ainsi, officiellement reconnu pour être la PYRALE DE LA VIGNE de Bosc, et l'analogue de la *Pyralis Pilleriana* de Fabricius; toutefois, comme depuis cette époque plusieurs descriptions ont été publiées, et que même on a bien voulu m'en communiquer, qui étaient encore inédites, je ne crois pas devoir négliger de reproduire les unes, et de faire connaître les autres.

B. Caractères assignés à la PYRALE DE LA VIGNE, par les Auteurs qui l'ont décrite d'après nature.

Bosc, qui le premier, en 1786, a décrit la PYRALE DE LA VIGNE sur des individus originaires d'Argenteuil, près Paris, caractérise le Papillon par la phrase suivante :

« PYRALIS..... *griseo-viridis, fasciis tribus ferrugineo-fuscis; primâ obliquâ dentatâ; secundâ arcuatâ, subinterruptâ; tertiâ marginali subrectâ.* Palpæ, Antennæ, Caput, Abdomen *et* Pedes *obscurè lutei; punctum fuscum commune inter basin alarum et fascias.* Alæ *posticæ fuscæ griseo marginatæ.* — *Habitat in Europâ* (1). »

Il ajoute à cette description, qu'il ne sait pas si l'on doit regarder comme une variété deux individus éclos chez lui, et qui diffèrent de ceux qu'il a décrits, par l'absence totale des bandes. On verra que Fabricius signale aussi cette absence de bandes aux Ailes, dans sa description de la *Pyralis Pilleriana.* Nous démontrerons plus loin que ce n'est pas là un trait caractérisant une *variété*, mais seulement une différence individuelle très-fréquente chez les femelles.

Bosc dit ensuite de la Chenille :

« Elle est verte, avec la *Tête* noire et une tache fauve, bordée en partie de noir, au-dessus du premier Anneau du Corps. Elle a seize *Pattes*, une Ligne de diamètre et six Lignes de longueur..... La Couleur verte est produite par les alimens contenus dans le canal intestinal. »

L'abbé Roberjot n'a pas énoncé, en 1787, les caractères de la PYRALE DE LA VIGNE dans une Phrase Linnéenne. Il l'a décrite cependant avec assez d'exactitude, mais avec moins de précision que Bosc.

(1) Mémoire de la Soc. royale d'Agr. de Paris, année 1786, trimestre d'été, p. 22.

« Cette PHALÈNE, dit-il, a la figure d'un triangle équilatéral, dont le côté est de six lignes de longueur. Le Mâle est d'un fauve doré ondé de brun, et la Femelle d'un gris argenté; elle a le *Ventre* plus gros que le Mâle....

» ....La CHENILLE a dans sa plus grande force un Pouce de longueur. Elle a la *Tête* écailleuse et noire, le *Dos* d'un vert nuancé, les *Côtés* d'une Couleur citrine, et le *Ventre* d'un gris fauve (1). »

Fabricius, en admettant, dans le tome III de son *Entomologia systematica*, publié en 1794, la PYRALE DE LA VIGNE de Bosc, lui imposa le nom de *vitana*, et lui assigna pour caractères :

« Alis *fusco-virescentibus : fasciis tribus obliquis fuscis; tertia marginali.*

» *Habitat in Galliæ Vite folia destruens. Mus. D. Bosc.*

» Caput *fuscum fronte inter palpos prominente.* Thorax *fuscus, viridi nitens.* Alæ *anticæ virescentes, nitidulæ fasciis duabus obliquis margineque postico fuscis. Posticæ fuscæ.*

» Larva *virens* Capite *atro maculaque primi Segmenti flava* (2). »

Cependant Fabricius commettait, avons-nous dit, la faute très-grave de placer dans ce même ouvrage la *Pyralis Pilleriana* comme une espèce parfaitement distincte de la *Pyralis vitana*, et il la décrivait en ces termes :

« Alis *anticis aureis : fasciis duabus obliquis fuscis.*

» *Habitat in Stachys sylvatica Dom. Schieffermüller.*

» *Magna.* Alæ *anticæ aureæ fasciis duabus fuscis. Posticæ fuscæ.*

» *Variat* Alis *fere totis aureis absque fasciis* (3). »

Draparnaud, qui, en 1801, a su reconnaître, dans les insectes nuisibles aux Vignobles de Marseillan et de Florensac (département de l'Hérault), la PYRALE DE LA VIGNE de Bosc, la décrit ainsi :

« Cette PHALÈNE est d'une assez petite stature, elle paraît varier un peu par les couleurs, selon les pays qu'elle habite. La *Tête*, le *Corps*, les *Pattes* sont d'une couleur obscurément jaunâtre, brillante et comme argentée. Les *Ailes supérieures* sont de la même couleur, quelquefois plus foncées; elles sont marquées de trois Bandes transversales brunes dont les deux premières sont obliques, arquées et dentées; la postérieure est courte et presque marginale. A la base de ces Ailes il y a une petite Tache brune qui est commune à toutes les deux. Les *Ailes inférieures* sont grisâtres avec le bord jaunâtre argenté.

» La CHENILLE est verte, avec la *Tête* noire et une Plaque brunâtre au-dessus du premier anneau. Sur chaque anneau on voit huit Poils déliés placés sur huit points pâles et formant deux séries transversales (4). »

Latreille, tout en adoptant la PYRALE DE LA VIGNE de Bosc, n'en a donné

(1) Mémoire de la Soc. royale d'Agr. de Paris, 1787, trimestre de printemps, p. 195.

(2) *Entomologia systematica*, tom. III, pars II, p. 249, n° 26 (1794).

(3) *Entomol. system.*, tom. III, pars II, p. 251, n° 38 (1794). Je dois faire remarquer que dès l'année 1787, Fabricius avait admis et signalé, en se servant des mêmes caractères, la *Pyralis Pilleriana*. (*Mantissa Insectorum*, tom. II, p. 227, n° 28.) Mais alors il n'avait pas connaissance de la PYRALE DE LA VIGNE de Bosc.

(4) Bulletins publiés par la Société des sciences, belles-lettres et arts de Montpellier, t. I, p. 86.

qu'une très-courte description qu'il a empruntée à Fabricius, en traduisant textuellement sa phrase descriptive. Nous ne la reproduisons qu'à cause de l'autorité qui s'attache à l'opinion de ce grand maître qui ne croyait pas que la *Pyrale de la Vigne* de Bosc fût une espèce douteuse, puisqu'il l'a citée dans un ouvrage Classique, le *Règne animal,* comme un des types du genre PYRALE. Voici la description très-laconique qu'il en donne :

« *Ailes supérieures* d'un verdâtre foncé, avec trois Bandes obliques, noirâtres, dont la troisième terminale (1). »

M. Alexis Forel, auquel on doit un Mémoire intéressant sur les *Insectes destructeurs de la Vigne* dans le Canton de Vaud, en Suisse, et où il est surtout question de la *Teigne de la Vigne*, qu'il ne faut pas confondre avec la *Pyrale de la Vigne* (2), signale cependant la présence de celle-ci. Il croit la reconnaître comme l'analogue de la PYRALE DE LA VIGNE de Bosc (*Pyralis vitana*, FABR.).

Il représente le Papillon, la Chenille et la Chrysalide. Quoique ses figures laissent à désirer, elles ne permettent pas de douter de l'exactitude du rapprochement qu'il a fait. Au reste, il décrit l'insecte en ces termes :

« Le PAPILLON varie beaucoup : souvent les Bandes sont seulement ferrugineuses ; quelquefois toutes ou une partie sont nulles.

» La CHENILLE d'abord très-petite, blanche, très-agile, a la *Tête* noire écailleuse, et le premier Anneau du Corps fauve bordé de noir ; elle devient, en changeant de peau, verdâtre, piquetée de quelques points blanchâtres. Le *Corps* est lisse, avec quelques Poils épars, grisâtres ; ses *Pattes* sont au nombre de seize, six écailleuses et dix membraneuses (3). »

M. Foudras, dans le Rapport qu'il a fait en séance publique, le 31 août 1827, à la Société d'Agriculture de Lyon, a reproduit textuellement la description de Bosc citée plus haut avec ces remarques additionnelles :

« La PYRALE de Romanèche et des Thorins constitue une variété à fond des *Ailes* couleur de paille (*helvolæ*). Les Mâles sont uniformes. Les Taches et Bandes sont moins marquées dans les Femelles et dispa-

(1) Hist. nat. des Crustacés et des Insectes (faisant suite au Buffon de Dufart), t. XIV, p. 240, an XIII (1804-1805), et Règne animal de Cuvier, 2e édition, t. V, p. 415 (1829).

(2) Voyez dans notre Planche première la *Pyrale de la vigne* et à notre Planche 21, fig. 1-3, la *Teigne de la vigne* à leur état de Papillon.

(3) Mémoire sur le Ver destructeur de la vigne, présenté à la Société cantonale des sciences nat., le 5 novembre 1824. (Feuille du canton de Vaud, 12e année, février 1825.) — M. Forel avec lequel j'ai l'avantage d'être en relation m'a confirmé, par correspondance et par l'envoi des insectes, l'exactitude de sa détermination.

raissent quelquefois totalement. Une autre variété de la Femelle a les *Ailes* entièrement fauves ou brunes (1). »

M. Treitschke, l'auteur de l'ouvrage classique le plus important qui ait été publié en Allemagne, sur les Lépidoptères, a donné, en 1830, dans le tome VIII de ses *Papillons d'Europe*, cette phrase descriptive qui caractérise assez vaguement notre espèce :

« Alis *anticis aureis, fasciis duabus obliquis fuscis* (2). »

Il ne lui reconnaîtrait donc que deux Bandes aux Ailes; mais on verra, par la description qui va suivre et que nous traduisons sur le texte allemand, qu'il en admet réellement trois.

« Elle est plus grande que les trois espèces précédentes (*Tortrix Gnomana*, Linn., *T. Strigana*, Hubn., *T. Grotiana*, Fabr.) et varie beaucoup pour la couleur; tantôt le fond de cette couleur est entièrement d'un jaune verdâtre, tantôt d'un brun de noisette. Les dessins de la surface des *Ailes* sont quelquefois très-prononcés ; souvent aussi ces *Ailes* sont entièrement blanchâtres. La *Tête*, le *Thorax*, les *Antennes* et les *Palpes* sont bruns. Ces derniers sont longs et écartés. La couleur des *Pattes* et de l'*Abdomen* est d'un jaune brunâtre.

» Sur la *première paire d'Ailes* se trouve d'abord assez près de la base, au côté interne, une Tache brune, et au-delà deux Bandes obliques également brunes, à bords anguleux, enfin une troisième Bande analogue existe en avant de la Frange. Cette Frange est d'un jaune grisâtre.

» Les *Ailes postérieures* sont brunes avec un reflet brun roussâtre; leur Frange est roussâtre et circonscrite par une ligne de la même couleur et une autre ligne grisâtre.

» Le dessous des *premières Ailes* est d'un brun noirâtre, celui des *secondes Ailes* est d'un brun blanchâtre. La Frange et le bord antérieur des *premières Ailes* sont jaunâtres. »

M. Treitschke termine sa description en disant :

« Ce PAPILLON vole assez rarement; on le trouve en Autriche et en Hongrie au mois de juillet. On rapporte dans le *Catalogue des Papillons de Vienne* que la CHENILLE vit sur le *Stachys germanica*, mais on ne fait mention nulle part ailleurs de cet *habitat*. »

M. Duponchel s'est montré assez exact dans la description qu'il a donnée, en 1834, de notre PYRALE DE LA VIGNE, d'après un seul individu pris aux environs d'Hyères, dans le département du Var.

« Les *premières Ailes*, dit-il, sont en dessus d'un jaune clair, avec des reflets dorés ou cuivreux. Elles sont finement réticulées de brun et traversées par trois Bandes étroites, brunes; la première placée obliquement au milieu de l'aile; la seconde à peu de distance du bord extérieur auquel elle est presque parallèle, et la troisième terminant l'aile et précédant immédiatement la frange qui est de la couleur du fond. Les *secondes Ailes* sont en dessus d'un gris brun avec la Frange plus claire.

(1) Rapport à la Soc. royale d'Agriculture de Lyon, dans sa séance du 31 août 1827, sur un Concours ouvert pour la destruction de la *Pyrale de la Vigne* (commissaires MM. de Martinel, Balbis et Foudras, rapporteur). Mémoires de la Soc. d'Agr. de Lyon, années 1825-1827, p. 33.

(2) *Die Schmetterlinge von Europa*. Les Lépidoptères d'Europe, t. VIII, p. 83.

» Le dessous des quatre *Ailes* est entièrement d'un gris jaunâtre.

» La *Tête*, les *Antennes* et le *Corselet* sont de la couleur des ailes supérieures, et l'*Abdomen* de celle des ailes inférieures.

» L'envergure est de neuf lignes.

» Cette TORDEUSE se distingue de toutes les autres par la longueur de ses *Palpes* qui sont légèrement arqués et inclinés vers la terre, comme ceux des *Clédéobies* dans la Tribu des PYRALITES. Sous ce rapport, elle devrait peut-être former le type d'un nouveau Genre dans lequel viendraient se ranger plusieurs espèces exotiques qui présentent le même caractère (1). »

Dès l'année 1809 un officier de santé de Romanèche (Saône-et-Loire), M. Bertrand de Acétis, avait entretenu l'Académie de Mâcon des Insectes nuisibles à la Vigne, et particulièrement d'une PYRALE, dans laquelle il reconnut la *Pyralis vitana* de Fabricius. Ses observations étant restées inédites, je me fais un devoir de le citer et de reproduire sa description qui, sur certains points, ne manque pas d'exactitude :

« La PYRALE DE LA VIGNE, *Pyralis vitana*, de Fabricius, présente pour caractère : *Antennes* sétacées; deux *Palpes* soyeux dépassant le front, dernier Article dilaté et écailleux; un rudiment de *Trompe;* couleur des *Ailes* et du *Corps* jaune-paille-sale, plus pâle en dessous; *Ailes* en Chape ou arrondies à leur base, dépassant l'abdomen, aussi longues que le corps de l'Insecte, de même largeur dans les deux derniers tiers de leur longueur, bord postérieur frangé, coupé presque droit, rentrant seulement un peu, une Tache commune à l'origine des ailes, d'un brun doré et suivies de trois Bandes transversales de même couleur, souvent interrompues et mal prononcées, les deux premières arquées et plus larges que la dernière qui forme un liseré au bord postérieur; *Ailes inférieures* plus pâles, sans Tache ni Bandes transversales. — Sa longueur est de six lignes. »

Peu de temps après la détermination de la PYRALE DE LA VIGNE, par la Société entomologique de France, mon honorable ami M. le professeur Dunal qui, dès l'année 1833, avait commencé la publication d'un travail sur les Insectes nuisibles à la Vigne, a fait paraître, dans les numéros de septembre et octobre 1837 du Bulletin de la Société d'Agriculture du département de l'Hérault, la description suivante de la PYRALE DE LA VIGNE :

« Ce PAPILLON assez petit, de six à huit lignes de longueur, paraît varier un peu par les couleurs, selon les lieux qu'il habite. Dans nos pays, la *Tête*, le *Corps*, les *Pattes* sont d'une couleur gris-jaunâtre, brillante et comme argentée. Les *Ailes supérieures* sont de la même couleur, quelquefois plus foncées. Elles sont caractérisées à leur face supérieure par trois Bandes transversales brunes, dont les deux premières sont obliques, arquées et dentées, et la dernière est droite et presque marginale. A la base de la face supé-

(1) Histoire naturelle des Lépidoptères de France, Nocturnes, t. VI, p. 91, pl. 259, fig. 8. (1834).

rieure de ces ailes, on voit à une ou deux lignes du corselet une petite Tache brune. Les *Ailes inférieures* sont grisâtres, unies, avec le bord jaunâtre, argenté. »

Enfin, vers la même époque, un habile ingénieur des ponts-et-chaussées, M. Maffre, dont nous avons eu l'avantage de faire la connaissance à Pezenas, dans le département de l'Hérault, a transmis à la Société royale et centrale d'Agriculture de Paris un Mémoire sur la PYRALE DE LA VIGNE, resté inédit, et dans lequel il la décrit ainsi :

« Les PAPILLONS ont un double rang d'*Ailes*. Les *supérieures* sont disposées en dos d'âne. Ces dernières sont, sur quelques individus, d'un blanc terne et sans taches, tandis que sur d'autres l'on remarque diverses Bandes obliques rougeâtres. Leur *Trompe* se divise en deux branches que la PHALÈNE tient réunies, de manière à n'en former qu'une seule, si ce n'est dans quelques circonstances rares où elle les sépare. La couleur de cet insecte parfait, vu de près et surtout à travers un microscope, est brillante, dorée ou argentée. A la vue simple et à quelque distance cette couleur paraît plus terne. Deux *Antennes* partent du bord de ses yeux. L'Insecte a enfin six *Pattes* armées de *Griffes*. Sa longueur est d'un centimètre, et sa largeur de six millimètres.

« La CHENILLE parvenue à son dernier degré de croissance a deux centimètres de long et deux millimètres de diamètre. Sa *Tête* est noire, écailleuse et velue. Son *Corps* se compose de douze anneaux, dont le premier présente deux Taches fauves, bordées de noir. Ce premier anneau est légèrement écailleux et luisant et semble destiné à servir d'enveloppe à la tête de la Chenille, dans quelques circonstances de sa vie. La robe du restant du corps est verte par dessus et jaunâtre par dessous (1). »

---

(1) Mémoire sur la PYRALE DE LA VIGNE, présenté à la Société d'Agriculture de Paris, dans la séance du 20 juin 1838, et daté par l'auteur du 30 août 1837.

§ VII. *Des caractères propres à la* Pyrale de la Vigne *dans ses quatre états, de* Papillon, *d'*Œuf, *de* Chenille *et de* Chrysalide.

A. Caractères du Papillon.

PHRASE DIAGNOSTIQUE.

Papilio *flavescens*, *plùs minùsve aureo micans;* Palpis *elongatis*, *compressis*, *incurvis*, *in medio inflatis;* Antennis *flavescentibus*, *Squamis nigris instructis;* Alis *anticis pallidè flavis*, *viridi-aureo micantibus*, *Maculâ ad basin*, *Fasciisque tribus fuscis : primâ præsertim*, *secundâque obliquis*, *sinuatis ultimâque apicis ferè rectâ. Maculâ Fasciisque in Maribus manifestis; in Feminis obsoletis vel nullis.* Alis *posticis concoloribus cinereo-violaceis;* Pedibus Abdomine*que flavo-cinereis.*

Papillon jaunâtre, à reflets plus ou moins dorés; *Palpes labiaux* allongés, comprimés, infléchis et renflés dans leur milieu; *Antennes* jaunâtres garnies de petites Écailles noirâtres; *Ailes* antérieures d'un jaune pâle, à reflets d'un vert doré, avec une Tache près de leur base et trois Bandes transversales brunes : la première surtout et la seconde obliques et sinuées; la dernière, placée au sommet, presque droite. Cette Tache et ces Bandes très-marquées dans les Mâles, affaiblies ou même nulles dans les Femelles. *Ailes* postérieures de couleur grise violacée, uniforme. *Pattes* et *Abdomen* d'un jaune grisâtre.

Dimensions.	De l'extrémité des Palpes à l'extrémité des Ailes (le Papillon étant au Repos)	11 à 16 millimètres.
	id. id. de l'Abdomen id.	10 à 14 millimètres.
	Envergure des Ailes	20 à 24 millimètres.

a. Description du Papillon *Mâle.*

Les Mâles (Pl. 1, fig. 1 *e*, et fig. 2) sont en général d'une taille plus petite que les Femelles; j'en possède des individus qui n'ont pas dix millimètres de longueur [1].

La Tête est entièrement couverte de Poils d'un jaune fauve, plus foncés sur les côtés et en avant qu'en dessus et en arrière. Les *Palpes labiaux* (Pl. 1, fig. 6, 7 *a*, et Pl. 2, fig. 1, 2 *e*, *e*, et fig. 19, 19'), qui se font remarquer par leur longueur et par le renflement de leur partie moyenne, sont couverts de longs Poils; la couleur de ces poils est brune, à reflets violacés en dehors du palpe, et jaune pâle à son côté interne, ainsi qu'à son bord supérieur. — Les *Antennes*, composées de 50 à 60 articles, et quelquefois même de deux ou trois de plus (Pl. 2, fig. 3) ont leur fond d'un jaune clair et sont garnies de longs Poils très-pâles; cependant elles paraissent foncées à cause d'un grand

(1) La mesure étant prise de l'extrémité des Palpes à l'extrémité des Ailes et dans l'état de repos; c'est-à-dire les Ailes fermées.

nombre de très-petites Écailles noires ou d'un brun noirâtre, disposées en collerette autour de chacun de leurs articles (Pl. 2, fig. 4, 5 *a, a, a*).

L'Article basilaire ou le premier Article de l'Antenne (*Ibid.*, fig. 3 *a*) manque de cette sorte d'ornement; il est couvert d'Écailles ou de Poils (*Ibid.*, fig. 9, 10), fauves ou bruns à la face supérieure de l'Article et d'un jaune blanchâtre en dessous. — Les *Yeux* sont d'un vert olive assez foncé (Pl. 1, fig. 6 *c* et *c', c'*). Ils deviennent bruns ou noirs après la mort.

Le Thorax est garni de Poils d'un jaune doré, à reflets plus ou moins verdâtres et métalliques, suivant l'incidence de la lumière à sa surface.

Les *Ailes* de la première Paire ont en dessus, particulièrement dans leur moitié antérieure, un fond de même couleur et à reflets semblables, sur lequel se dessinent une Tache et trois Bandes d'un brun rougeâtre ou fauve souvent très foncé (Pl. 1, fig. 1 *e*, et fig. 2). La Tache occupant le bord postérieur [1] de chacune des Ailes se réunit, à l'état de repos (*Ibid.*, fig. 1 *e*), à celle du côté opposé, et constitue sur la ligne moyenne, immédiatement en arrière du Thorax, une Tache bilobée.

La première des trois Bandes qui vient ensuite est très-oblique, sinueuse et même anguleuse ou dentelée, surtout à son bord postérieur. Réunie à la Bande du côté opposé, dans la position du Papillon au repos, elle figure un Arc et même quelquefois une sorte de V à branches très-ouvertes (*Ibid.*).

La deuxième Bande, plus sinueuse que la première, et de forme un peu semi-lunaire, s'élargit près du bord antérieur de l'Aile en une sorte de Tache quelquefois semi-elliptique ou carrée (*Ibid.*, fig. 1 *e*, et fig. 2).

La troisième Bande, moins marquée que les deux autres, a sa partie la plus large près du bord antérieur de l'Aile ; elle s'atténue ensuite vers son bord postérieur et s'y termine en pointe (*Ibid.*, et fig. 1 *k* [2]).

---

[1] Il est nécessaire, pour que le lecteur comprenne les dénominations dont nous faisons usage, qu'il sache que, supposant le Papillon dans l'action du Vol, nous nommons Base de l'Aile la partie qui s'insère au Thorax, Sommet l'extrémité opposée, Bord Antérieur le contour antérieur, et Bord Postérieur le contour postérieur. En supposant l'Insecte au Repos, les dénominations ne changent pas, seulement le bord antérieur deviendra externe et le bord postérieur interne.

[2] Voyez l'individu placé en dessus et qui est le Mâle.

Les *Ailes* de la première Paire sont en dessous d'un gris jaunâtre plus ou moins foncé, uniforme. Cependant l'examen attentif de cette surface inférieure fait remarquer qu'il existe, dans sa partie postérieure, une Bande blanchâtre argentée, et que son bord antérieur est parcouru, dans toute sa longueur, par une sorte de Bandelette colorée en jaune avec des Taches brunâtres qui se continuent avec la première et la seconde Bande du dessus de l'Aile. Elles en marquent la terminaison ou, si l'on veut, l'origine. Cette particularité curieuse est visible dans nos planches (Pl. 1, fig. 1 *c*, *d*) sur deux Papillons représentés à la sortie de leur Chrysalide, au moment où ils relèvent leurs Ailes pour les étendre.

Le Sommet, ou la partie tronquée de la première Paire d'Ailes, est garni d'une sorte de Frange jaune pâle formée par des Écailles longues, parmi lesquelles on en distingue, à l'aide d'une loupe, une série de plus courtes, d'un jaune grisâtre, et formant un Filet délié qui se dessine sur la Frange, plus nettement en dessous qu'en dessus.

Enfin cette première Paire d'Ailes présente un autre caractère qu'il n'est pas indifférent de noter; l'épaisseur de son bord antérieur est fortement colorée en brun, entre l'insertion au Thorax et l'origine de la première Bande (*Ibid.*, fig. 2).

Les *Ailes* de la deuxième Paire sont en dessus d'un gris uniforme à reflet plus ou moins violacé; cependant, tout le long du bord antérieur il règne un Espace de couleur plus pâle ou même blanchâtre. Cet espace reste toujours caché, même dans l'extension des Ailes, par le bord postérieur de la première Paire, et il est facile de reconnaître qu'il correspond à cette Bande blanchâtre et argentée que nous avons signalée en décrivant le dessous de ces Ailes antérieures. La Frange qui borde la deuxième Paire d'Ailes est formée d'Écailles allongées d'un jaune pâle, tranchant avec la couleur grise de son fond. En observant cette même Frange avec quelque attention, on ne tarde pas à s'apercevoir qu'elle est parcourue dans toute son étendue par un Filet très-étroit, grisâtre (*Ibid.*, fig. 2), analogue à celui que nous avons indiqué à la Frange de la première Paire d'Ailes. Nous démontrerons ailleurs qu'il est formé par des Écailles ou des Poils de même longueur entre eux, et de beaucoup plus courts que ceux de la Frange.

Le dessous de la seconde Paire d'Ailes est d'un gris pâle, jaunâtre, lustré comme certaines étoffes de soie, avec la Frange d'un ton blanc légèrement jaunâtre.

Les *Pattes* de la première et de la deuxième Paire ont leur face antérieure colorée en brun à reflets gris ou violacés, et leur face postérieure, celle qui pendant le repos est appliquée contre le corps, d'une couleur jaune blanchâtre.

La troisième Paire de *Pattes* est ordinairement de cette dernière couleur. Un examen plus scrupuleux, fait à l'aide d'une loupe, montre quelques autres détails de coloration importans à signaler. Ainsi les deux Paires de *Pattes* de la première paire, bien qu'elles soient brunes à leur surface antérieure, montrent aux articulations de la hanche avec la cuisse, de la jambe avec le tarse, et des articles des tarses entre eux, des parties plus claires formant des espèces d'Anneaux, et qui sont dues à la présence de Poils colorés en jaune blanchâtre. Elles sont surtout apparentes chez les individus encore vivants ou nouvellement morts, et s'effacent plus ou moins sur ceux conservés dans les collections.

L'Abdomen, ou le *Ventre*, est gris ou d'un gris noirâtre en dessus, et d'un gris jaunâtre ou jaune sale en dessous. Les Écailles allongées ou Poils qui en garnissent l'extrémité sont toujours de cette dernière couleur.

b. Description du Papillon *Femelle.*

Les Femelles (Pl. 1, fig. 1 *f*, *g*, *h*, *i*, et fig. 3, 4 et 5, et Pl. 5, fig. 1 A *a*)[1] ont une taille supérieure à celle des Mâles; certains individus atteignent 15 à 16 millimètres de longueur[2]. Cependant j'en ai rencontré qui n'avaient pas plus de 11 millimètres; mais ce cas est rare.

Au caractère de la taille s'en ajoutent plusieurs autres qui établissent entre les deux sexes des différences tranchées.

La principale différence consiste dans l'affaiblissement et même la disparition plus ou moins complète de la Tache et des Bandes qui sont dessinées si nettement à la surface de la première Paire d'Ailes chez les Mâles. Ainsi la Tache brune

---

[1] Les figures 1, *f*, *g*, *h*, *i*, et les figures 4 et 5 sont des variétés. La figure 5 doit être seule considérée comme représentant une Femelle ayant les caractères normaux.

[2] La mesure étant prise à l'état de repos de l'extrémité des Palpes à l'extrémité des Ailes. Pl. 1, fig. 1, *i*.

antérieure située en arrière du Thorax s'efface le plus souvent chez les Femelles, ou si elle persiste, elle est réduite à deux petits Points peu apparens et distans l'un de l'autre. La première Bande est ordinairement étroite, avec des bords, le postérieur surtout, sensiblement ondulés et même denticulés (Pl. 1, fig. 3). Quelquefois elle est interrompue de manière à constituer deux ou trois Taches (*Ibid.*, fig. 1 *i*). Dans tous les cas, sa couleur brune s'affaiblit beaucoup. La deuxième et la troisième Bande sont encore moins marquées; elles se subdivisent en Taches vaguement circonscrites ou en Lignes fines, souvent interrompues et confondues entre elles. Enfin, il est très-ordinaire de voir les Bandes et les Taches s'effacer, au point de ne laisser aucune trace de leur présence; alors l'Aile paraît tout unie. On remarque aussi une grande diversité dans la coloration de la surface des Ailes antérieures; tantôt leur fond est d'un jaune doré clair, un peu mat, comme chez les Mâles : c'est l'état le plus ordinaire; tantôt il est d'un jaune doré verdâtre métallique; d'autres fois il offre une teinte brune rougeâtre, nuancée de violet et de vert obscur. Ces différences constituent autant de Variétés sur lesquelles nous allons revenir.

Les *Antennes* sont sensiblement plus grêles que dans le Mâle. L'*Abdomen*, toujours plus gros que celui du Mâle, s'en distingue encore par une teinte verdâtre, visible surtout en dessous, et qui est due à la coloration des œufs contenus à l'intérieur. Des Écailles couvrent l'abdomen; elles sont d'un gris violacé à sa face dorsale et d'un blanc jaunâtre à sa face ventrale; enfin, son extrémité se termine par une sorte de Disque membraneux entouré d'Écailles allongées d'un jaune pâle.

c. Variétés du Papillon.

Les Variétés de la Pyrale de la Vigne, à son état de Papillon, sont très-nombreuses, et elles présentent quelquefois des caractères tellement tranchés que si le naturaliste considérait isolément les individus pour les décrire, il s'exposerait à créer beaucoup d'espèces qui n'existent pas. Je crois utile de passer en revue les Variétés les plus remarquables auxquelles toutes les autres me paraissent se rattacher.

C'est dans la coloration de la surface des Ailes de la première Paire que résident les principales différences que je signale; elles peuvent être groupées ainsi :

1° Différence dans le fond de la couleur de l'Aile ; 2° différence dans la couleur des Taches et des Bandes ; 3° différence dans leur forme. Je dois dire ensuite que ces différences peuvent s'associer les unes avec les autres, et même toutes trois ensemble sur un même individu.

* Variétés du Papillon Mâle.

Les Papillons Mâles varient beaucoup moins entre eux que les Femelles. La couleur du fond de la surface de leur première Paire d'Ailes, que nous avons dit être d'un jaune doré, à reflets verdâtres, existe sur tous les individus, seulement les teintes sont plus ou moins vives. Chez presque tous aussi le premier ou même les deux tiers antérieurs de l'Aile, ont une teinte plus claire que le tiers postérieur. Celui-ci est généralement un peu rosé ; mais, dans quelques cas, la nuance rosée se prononce davantage, s'étend à la partie antérieure, et même envahit toute l'aile. Cette dernière particularité m'a été offerte par un individu dont la Chenille avait vécu de feuilles de Fraisier dans le jardin de M. Desvignes aîné, à Romanèche.

La Tache et les Bandes éprouvent aussi des modifications assez sensibles dans leurs couleurs. Généralement leur fond est brun ; mais il offre quelquefois des teintes d'un brun ferrugineux, et plus souvent encore, d'un brun jaunâtre ou rougeâtre assez vif. L'examen à la loupe montre, que dans le cas où le fond des bandes est d'une seule couleur, les Écailles qui le constituent sont toutes uniformément colorées, tandis que, s'il existe des teintes ferrugineuses ou d'un brun soit jaunâtre, soit rougeâtre, elles dépendent de la présence d'un assez grand nombre de petites Écailles ayant ces diverses couleurs et s'élevant un peu à la surface de la Bande.

Sous le rapport de la forme, la Tache varie peu ; mais les Bandes présentent des différences assez grandes qui dépendent de ce qu'elles sont plus ou moins larges, plus ou moins dentelées à leurs deux bords, surtout au bord postérieur. J'ai observé des Pyrales Mâles dont toutes les Bandes étaient très-larges, et d'autres qui les avaient rétrécies à tel point qu'elles figuraient des traits linéaires. Cependant je n'ai vu sur aucun ces Bandes s'effacer entièrement, tandis que leur disparition est très-fréquente chez les Pyrales Femelles.

Si l'on cherche ensuite à connaître les principaux changemens de forme que chacune des trois Bandes offre à la surface des ailes du Papillon mâle, on reconnaîtra : 1° que la première Bande est quelquefois réduite à une ligne sinueuse, mais qu'elle n'est pas interrompue de manière à constituer des Taches; 2° que la seconde Bande, au contraire, se divise dans certains cas et forme alors deux Taches, dont l'une, plus forte, est concentrée près du bord antérieur de l'aile, et dont l'autre, souvent virgulaire ou en forme de croissant, occupe la partie moyenne de l'aile et se prolonge ordinairement jusqu'à son bord postérieur; 3° qu'enfin la troisième Bande, moins prononcée que les précédentes, peut être réduite à quelques traits linéaires formés par de petites écailles plus colorées, ce qui les fait paraître ponctués.

**. Variétés du Papillon Femelle.

On a vu que les Papillons mâles de la Pyrale de la Vigne variaient fort peu entre eux; le contraire a lieu chez les femelles : il nous sera facile de le démontrer.

Le fond de la couleur des ailes antérieures est tantôt d'un jaune doré un peu mat comme dans les mâles, et tantôt d'un jaune-paille satiné ou soyeux; d'autres fois il a une teinte d'un brun plus ou moins foncé tirant sur le roussâtre. Ces couleurs sont en outre remarquables par les reflets verts, violacés, plus ou moins changeans et plus ou moins vifs dont elles brillent, suivant l'inclinaison que l'on imprime à la surface des ailes en les regardant (Pl. 1, fig. 1, *h*).

J'avais d'abord pensé que la couleur foncée des ailes antérieures constituait une variété propre à certaines localités; mais depuis j'ai rencontré des individus offrant ce caractère, aux environs de Perpignan, de Montpellier, de La Rochelle, de Mâcon, de Nuits, de Paris, et l'on m'en a envoyé tout récemment plusieurs des environs de Châlons-sur-Marne.

Toutes les fois que la couleur obscure, brune ou roussâtre envahit toute la surface de l'aile, il devient difficile d'apercevoir les bandes, qui se confondent alors avec le fond; l'on n'y parvient qu'en faisant jouer la lumière à la surface de l'aile. Au contraire, ces bandes se distinguent très-bien, et l'on saisit facile-

ment toutes les petites modifications qu'elles éprouvent, chez les individus dont le fond des ailes est resté d'un jaune clair.

Souvent les bandes se divisent pour former des taches angulaires distinctes (Pl. 1, fig. 1 *i*) ou de petites lignes brunâtres, légèrement sinueuses, parcourant transversalement la surface de l'aile (Pl. 5, fig. A, *a*). Quelquefois même ces lignes sont formées par une série de petits points qui donnent à la surface de l'aile une apparence ponctuée (Pl. 1, fig. 1 *g*).

Les bandes, les taches et les lignes peuvent même disparaître complétement; la surface est alors unicolore, quelquefois d'un brun-jaunâtre violacé (Pl. 1, fig. 4), mais le plus ordinairement d'un jaune-paille soyeux, ou légèrement verdâtre, avec des reflets métalliques (Pl. 1, fig. 5).

Enfin, parmi les nombreuses variétés que m'ont offertes les papillons femelles, j'ai toujours remarqué que la couleur de la tête, du thorax, des pattes et de l'abdomen s'harmonisait avec celle des ailes antérieures. Ainsi, lorsque ces dernières sont d'un jaune clair, toutes ces parties prennent la même nuance et se rembrunissent d'autant plus que les ailes prennent une couleur plus foncée.

B. Description de l'OEuf.

Ovi *conglomerati imbricatique, in pagina superiore foliorum agglutinati; ovales, compressi, primum virides, deinde flavi, cinerei, fuscive, ultimoque nigro maculati; albi erucis exclusis.*

OEufs réunis en masse et imbriqués, agglutinés sur la face supérieure des feuilles; ovales, comprimés, d'abord verts, ensuite jaune-gris, ou bruns, et, en dernier lieu, tachetés de noir; blancs après la sortie des chenilles.

Les œufs ne sont jamais pondus isolément, mais toujours déposés en masse à la face supérieure des feuilles, où ils forment une petite plaque mince (Pl. 5, fig. 1). Quelquefois ils sont au nombre de plus de deux cents, tous imbriqués les uns sur les autres, presque à la manière des tuiles d'un toit, et agglutinés au moyen d'une liqueur visqueuse sécrétée par la femelle au moment de la ponte.

Ces œufs sont de forme ovalaire et légèrement comprimés; leur couleur éprouve des changements depuis le moment de la ponte jusqu'à celui de l'éclosion des Chenilles; ils sont d'abord d'un vert-pomme tendre; puis ils passent insensiblement au vert-jaunâtre; de là, au jaune pur. Ils deviennent ensuite bruns, puis d'un brun grisâtre, et enfin ils sont d'un gris noirâtre quand leur dernière période est arrivée, c'est-à-dire au moment où les petites Chenilles, étant toutes formées dans leur intérieur, sont prêtes à en sortir. Lorsque cette sortie est effectuée, l'enveloppe des œufs reste complétement blanche.

C. Description de la CHENILLE.

ERUCA *viridis, plus minusve flavescens, vittis viridi-flavis, obscurisve, punctisque albis lævibus, pilo instructis; capite nigro, annuloque primo fusco vel nigro.*

CHENILLE verte, plus ou moins jaunâtre, avec des bandes d'un vert jaune ou d'un vert obscur, et des Taches punctiformes lisses et blanchâtres, munies chacune d'un poil; la tête noire, et le premier anneau brun ou noir.

Les Chenilles, au moment de leur sortie de l'œuf, ont deux millimètres de longueur; la tête et le premier anneau sont d'un noir brillant; tout le reste du corps est d'un jaune légèrement verdâtre et couvert de poils de la même couleur, visibles seulement avec un fort grossissement.

Quand ces Chenilles ont acquis tout leur développement, elles atteignent environ deux centimètres et demi à trois centimètres de longueur. Elles sont alors verdâtres en dessus, d'un vert jaunâtre sur les côtés, et quelquefois même d'un jaune assez vif; mais ces couleurs ne sont pas tellement tranchées qu'on puisse les définir bien exactement.

Ainsi, le dessous du corps, souvent entièrement vert, est quelquefois orné de lignes longitudinales d'un jaune verdâtre ou grisâtre. On distingue encore le plus ordinairement de très-petites taches punctiformes, blanches et verdâtres, donnant naissance a un poil d'un vert sale ou roussâtre qui s'élève de leur centre: la tête est toujours plus ou moins noire; mais le premier anneau du corps est quelquefois d'un brun roux ou rougeâtre, avec son bord antérieur d'une nuance plus claire; les côtés du corps ne varient pas moins dans leur nuance verte, qui est tantôt claire, tantôt grisâtre, tantôt jaunâtre; le dessous est souvent nuancé de gris, de vert-jaunâtre ou de vert-grisâtre, mais toujours d'un ton moins foncé que le dessus.

D. Description de la CHRYSALIDE.

CHRYSALIS *castanea, antice paulo prominens, abdominis annulis supra spinis instructis, ultimoque producto, uncinis octo armato.*

CHRYSALIDE d'un brun marron, un peu prolongée en avant, avec des épines implantées sur les anneaux, le dernier prolongé et muni de huit petits crochets.

Les Chrysalides sont brunes, et le brun est d'autant plus foncé que la métamorphose est moins récente. La partie antérieure du corps s'avance en une petite pointe obtuse; les anneaux du thorax sont lisses, ayant seulement quelques petites rides transversales et un poil de chaque côté; le prothorax seul offre une ligne longitudinale un peu élevée; les antennes et les ailes sont lisses, et l'on aperçoit déjà par transparence les articles des antennes et les principales nervures des ailes. Tous les anneaux de l'abdomen présentent en dessus deux rangées transversales de petites épines très-rapprochées les unes des autres; l'une près du bord antérieur, l'autre près du bord postérieur (Pl. 8, fig. 23). Sur chaque segment on remarque encore quatre ou cinq poils fauves, formant dans toute la longueur de l'abdomen une quadruple série longitudinale. Le dernier anneau se termine en une pointe longue et obtuse, munie de huit petits crochets recourbés en dedans, dont deux de chaque côté et les quatre autres à l'extrémité (Pl. 8, fig. 23, 24, 25 [10], *o*). En dessous, les anneaux de l'abdomen présentent seulement quelques poils au milieu et sur les parties latérales.

Au moment où la Chenille vient de se transformer en chrysalide, celle-ci, comme on le remarque chez tous les Papillons nocturnes, est d'un vert jaunâtre (Pl. 8, fig. 18); mais au bout de peu d'instants cette couleur devient un peu plus foncée: puis l'abdomen prend une nuance brunâtre qui s'étend bientôt sur les anneaux du thorax; les bords surtout se colorent plus fortement (Pl. 8, fig. 19 et 20). En dernier lieu, la tête et les ailes perdent aussi leur couleur verte; et après quelques heures, la Chrysalide est entièrement brune (Pl. 8, fig. 21 et 22).

§ VIII. *Comparaison de la* PYRALE DE LA VIGNE *avec les espèces qui ont été placées dans le même genre, et qui s'en rapprochent le plus. — Nécessité d'en former un genre distinct.*

J'ai donné précédemment la liste des genres composant la tribu des *Tordeuses*, telle qu'elle est admise par certains auteurs. A cette occasion, je n'ai pas prétendu aborder la discussion des caractères propres à tous ces genres. Mais maintenant que la PYRALE DE LA VIGNE est connue dans ses divers détails spécifiques, il me semble nécessaire de faire ressortir les caractères qui la distinguent essentiellement des espèces qu'on lui a associées, et de jeter un coup d'œil sur celles-ci, afin de voir si la PYRALE DE LA VIGNE et les espèces qui s'en rapprochent le plus ne devraient pas constituer un genre distinct auquel on conserverait le nom de PYRALE (*Pyralis*).

Après avoir étudié les caractères des espèces diverses de la tribu des *Tordeuses* et notamment du genre *Tortrix*, on est surtout frappé en examinant la PYRALE DE LA VIGNE, de la longueur démesurée des palpes, comparativement à ceux de toutes les autres espèces placées dans ce genre par les auteurs.

En effet, les palpes de la PYRALE DE LA VIGNE ont au moins le quart de la longueur du corps; ils sont parfaitement contigus, et forment une sorte de bec légèrement courbé inférieurement. Au contraire, dans les espèces voisines, telles que les *T. Bergmanniana*, Linn., *Lecheana*, Linn., etc., les palpes n'ont guère plus d'une fois la longueur de la tête; ils sont légèrement écartés; leur second article est hérissé de poils en dessus, et le dernier est fort court et obtus. Par leur forme allongée, les palpes des espèces du genre *Xanthosetia* ont bien une certaine analogie avec ceux de la PYRALE DE LA VIGNE; mais ils en diffèrent très-notablement par leur dernier article, qui est linéaire, très grêle, entièrement nu, et inséré à la partie supérieure de l'article précédent de manière à en paraître détaché.

En comparant ensuite la PYRALE DE LA VIGNE avec les autres genres de la famille des Pyralides, les différences deviennent beaucoup plus frappantes.

Dans les genres *Peronea*, *Penthina*, *Sericoris*, *Pædisca*, etc., le corps est beaucoup plus grêle ; les ailes sont généralement moins larges, serrées contre les côtés du corps pendant le repos, et non pas en toit aplati comme dans le genre *Pyralis* proprement dit.

Ainsi nous voyons que la PYRALE DE LA VIGNE présente, dans la forme des ailes et dans l'ensemble général de l'insecte, une certaine analogie avec les espèces placées à la fin du genre *Tortrix* dans l'ouvrage de M. Duponchel, mais qu'elle s'en distingue complétement par la structure des palpes. D'autre part elle offre aussi une analogie générale de forme avec les *Xanthosetia*, dont le principal caractère distinctif est encore tiré de la structure des palpes, bien qu'ils offrent cependant quelque ressemblance avec ceux de la Pyrale elle-même.

Laissant de côté maintenant les caractères zoologiques de la PYRALE DE LA VIGNE, nous examinerons jusqu'à quel point elle se rapproche ou s'éloigne des autres *Pyrales* par ses habitudes.

Dans les ouvrages de MM. Treitschke et Duponchel, ainsi qu'on l'a vu précédemment, la PYRALE DE LA VIGNE est placée dans le genre *Tortrix*. Or, les Chenilles de toutes les autres espèces qui composent ce genre, contournent les feuilles en cornet à l'aide de quelques fils, et s'en forment une retraite pour y passer leur vie et y subir leur transformation en Chrysalides ; habitude qui leur a valu la dénomination de TORDEUSES, *Tortrices*. Ce nom ne convient nullement à la PYRALE DE LA VIGNE ; les mœurs de sa chenille sont fort différentes.

La PYRALE DE LA VIGNE à l'état de Chenille ne roule jamais les feuilles, mais elle les réunit en paquet au moyen de fils, ainsi que les grappes, et se place entre elles pour y vivre et s'y métamorphoser en Chrysalide, comme le font la plupart des espèces appartenant aux divers genres de la même tribu. Sous ce rapport, la Chenille de la Pyrale a beaucoup d'analogie avec celles des espèces de la plupart des autres genres de la tribu des *Tordeuses* qui ne tordent pas les feuilles pour se métamorphoser. La tribu des *Tordeuses* est donc désignée par une dénomination vicieuse, puisque celle-ci ne peut s'adapter qu'à un nombre d'espèces fort restreint, tandis qu'elle se trouve en contradiction avec les habitudes du plus grand nombre d'entre elles. Nous n'attachons pas toutefois à ce caractère plus de valeur qu'il n'en mérite, car les espèces qui ont les mêmes habitudes que la PYRALE DE LA VIGNE s'en éloignent par des caractères zoologiques qui ne permettent pas de les placer dans le même genre.

Mais en résumé, d'après l'examen des Palpes, qui fournissent le caractère le plus important dans tous les genres de la tribu des PYRALIDES (*Tordeuses*), ainsi que dans plusieurs autres tribus de l'ordre des Lépidoptères, la PYRALE DE LA VIGNE n'offre d'affinité bien frappante avec aucune espèce indigène. Jusqu'à présent, quelques espèces exotiques seules nous ont présenté des caractères analogues qui ne permettent pas de les en éloigner.

Cependant elle paraît se rapprocher davantage des *Xanthosetia* par la longueur proportionnelle des Palpes, bien que la forme de chaque article soit notablement différente. En outre, le corps de la PYRALE DE LA VIGNE, comme celui des *Tortrix*, est toujours plus robuste que dans la plupart des autres *Pyralides*. Par les habitudes de la Chenille, nous avons vu qu'elle n'avait presque aucun rapport avec les espèces du genre *Tortrix*, parmi lesquelles l'ont placée MM. Treitschke et Duponchel, et qu'en cela elle offrait une véritable analogie avec les espèces de plusieurs autres genres.

Or, ces faits montrent clairement qu'il est impossible de laisser la PYRALE DE LA VIGNE dans aucun des genres admis par MM. Treitschke et Duponchel. Je n'hésiterai donc pas à la regarder comme le type d'un genre distinct, auquel viendront s'ajouter plusieurs espèces exotiques, entre autres les *Pyralis fulgidipennana*, Bl., de la Géorgie américaine, et *Hottentotana*, Bl., du cap de Bonne-Espérance.

Quant à la place que devra occuper ce genre, pour lequel on conservera le nom de PYRALE, *Pyralis*, je n'hésiterai pas davantage à la fixer entre les genres *Tortrix* et *Xanthosetia*.

Le genre PYRALE se rapproche des *Tortrix* par l'épaisseur du Corps, par la forme des Ailes et par l'aspect général; il s'en éloigne par la longueur des Palpes et par la forme de chaque Article, ainsi que par les habitudes des Chenilles.

Le genre PYRALE se rapproche des *Xanthosetia* par la longueur des Palpes et par les habitudes des Chenilles ; il s'en éloigne par la forme des Articles des Palpes et par l'épaisseur du Corps, qui est beaucoup plus considérable.

Toute comparaison détaillée de la Pyrale de la Vigne avec la totalité des genres de la tribu des *Pyralides* eût été superflue, la plupart d'entre eux offrant des caractères parfaitement tranchés ; c'est donc seulement avec ceux qui s'en rapprochent le plus que j'ai dû mettre en parallèle ce nouveau genre, pour faire ressortir les rapports qui les unissent et les différences qui les séparent.

CHAPITRE DEUXIÈME.

De la PYRALE DE LA VIGNE à l'état de PAPILLON.

Avant d'aborder les faits relatifs aux ravages causés par la PYRALE DE LA VIGNE, je crois essentiel de décrire toutes les particularités importantes de sa structure et de son organisation, à ses quatre états de *Papillon*, d'*OEuf*, de *Chenille* et de *Chrysalide*, et de faire connaître ensuite tous les détails relatifs à ses mœurs, à son accouplement, à sa ponte, car une simple description spécifique ne paraîtrait pas suffisante dans une histoire complète de cet insecte.

§ 1er. *De la structure extérieure de toutes ses parties.*

La TÊTE (Pl. 2, fig. 1 et 2) est assez convexe, presque orbiculaire, beaucoup plus étroite que le prothorax (Pl. 1, fig. 6 A), ayant son bord postérieur arrondi, et son bord antérieur un peu sinueux et très-légèrement avancé entre les palpes. Toute la surface de cette tête est couverte d'une masse innombrable d'écailles, superposées les unes sur les autres et de dimensions différentes, les unes assez courtes, recouvertes par les plus longues, qui généralement sont presque linéaires, et terminées par deux ou trois dentelures.

Les *Antennes*, insérées sur la partie frontale de la tête et très-près des yeux (Pl. 2, fig. 1 *f*), sont composées le plus ordinairement de cinquante-quatre articles; quelquefois seulement de cinquante-deux ou cinquante-trois, et d'autres fois de cinquante-cinq à cinquante-six. C'est un fait qui doit surprendre au premier abord, de voir que le nombre des articles composant les Antennes peut varier chez des individus appartenant à la même espèce; mais c'est ce que l'on observe chez beaucoup d'Insectes quand le nombre d'articles aux Antennes est très-considérable, et même cette différence numérique peut exister d'une

8

Antenne à l'autre dans un même individu : c'est en effet ce qui a lieu pour la PYRALE et pour bien d'autres Insectes.

Le premier article des Antennes (Pl. 2, fig. 3 *a*) de la PYRALE DE LA VIGNE est extrêmement développé, trois fois plus gros que les autres, et aussi long que les six suivants réunis; il est fortement arqué au côté externe, légèrement cintré et sinueux au côté interne, plus mince à sa base que dans tout le reste de sa longueur, et un peu échancré à son extrémité.

Le deuxième article est arrondi, un peu plus gros que les suivants, et prolongé en arrière dans l'échancrure de l'article basilaire. Les douze suivants sont presque cylindriques ; les trois premiers plus courts que les autres, et ceux-ci presque tous de la même longueur entre eux. Les treizième, quatorzième, quinzième, seizième, dix-septième et dix-huitième articles sont un peu plus gros que les précédents, et leurs angles sont chez tous un peu tronqués au côté interne. Les articles suivants sont plus dilatés, principalement les premiers; et chacun d'eux est fortement tronqué à l'angle supérieur interne, de manière que tous ces articles se trouvent disjoints dans leur plus grande étendue.

Chez les Femelles tous les articles sont plus cylindriques que chez les Mâles, et leur angle supérieur est peu tronqué (Pl. 2, fig. 11 et 12). Dans les Mâles le dernier article (Pl. 2, fig. 7) est presque aussi épais que les précédents, et tronqué carrément à son sommet; mais dans les Femelles (fig. 13) il est extrêmement grêle et presque filiforme.

Dans les deux sexes les Antennes sont couvertes dans toute leur longueur de poils assez longs (Pl. 2, fig. 3 et 6) et un peu recourbés, beaucoup plus abondants au côté interne que partout ailleurs. Chaque article est en outre garni d'une rangée d'écailles disposées circulairement en manière de collerette (Pl. 2, fig. 4 et 5), et implantées presque à l'extrémité de l'article dans de très-petites fossettes transversales (fig. 6, *a'a'a*). Ces petites écailles, qui présentent des stries longitudinales, sont fort étroites sur le premier article, et terminées par trois dentelures (Pl. 2, fig. 9 et 10); mais sur tous les autres articles elles sont fort élargies vers le sommet, presque triangulaires, et terminées par huit à douze dentelures assez semblables à celles d'un feston (Pl. 2, fig. 8).

Les *Yeux*, situés exactement sur les parties latérales de la tête (Pl. 1, fig. 6 *c*, et Pl. 2, fig. 1 et 2 *g*), sont semi-circulaires; leur bord interne présente seulement, dans son milieu, une légère saillie en dehors. Dans l'état de vie, leur couleur est d'un vert tendre (Pl. 1, fig. 6 *c'c'*); mais elle disparaît complétement après la mort de l'insecte. Ces yeux, comme tous les yeux composés des insectes, présentent une infinité de petites facettes (Pl. 2, fig. 2 *g*), qui ne sont autre chose, comme on le sait, qu'une quantité immense de petits yeux réunis sous la même cornée.

Les facettes des yeux de la Pyrale de la Vigne sont en trop grand nombre pour que l'on puisse en donner le chiffre, même d'une manière approximative. Certains naturalistes évaluent le nombre des facettes que l'on observe sur les yeux des insectes, à plus de quinze à vingt mille chez plusieurs Mouches et Libellules, chez le Papillon du ver à soie, etc. Dans la Pyrale de la Vigne, les facettes des yeux (fig. 14) sont parfaitement hexagonales et disposées comme les cellules d'un nid d'Abeille ou de Guêpe.

Les *Ocelles* ou petits yeux simples, que l'on nomme aussi Stemmates (Pl. 2, fig. 1, *h*, *h*), sont au nombre de deux, presque orbiculaires, placés sur le sommet de la tête et très-rapprochés des yeux à facettes.

La *Lèvre supérieure* (Pl. 2, fig. 15 *a*) recouvre la base de la trompe, elle est triangulaire, fort large, légèrement cintrée à son origine, et terminée en une pointe obtuse; elle est membraneuse, d'un blanc sale, et paraît entièrement glabre.

Les *Mandibules* (Fig. 15, *b*) très rudimentaires, comme chez tous les Papillons, sont situées sur les parties latérales de l'orifice buccal, et leur côté interne est à son origine fixé aux angles basilaires de la lèvre supérieure. Ces mandibules sont fortement aplaties, assez élargies à leur base, où elles se dilatent vers l'angle externe. Dans leur moitié supérieure elles se rétrécissent considérablement, sont un peu dentelées et inégales, et munies d'une dizaine de longs poils, fort épais comparativement à la petite dimension des mandibules, qui se terminent en pointe obtuse.

La *Trompe* (Pl. 2, fig. 2, 16 et 17) est membraneuse, enroulée dans l'état de repos (Pl. 1, fig. 7, *a*), et constituée par les deux mâchoires, qui chez tous les

Lépidoptères acquièrent une longueur plus ou moins considérable, et chez le papillon de la PYRALE DE LA VIGNE dépassent la longueur de la tête. Ces deux mâchoires sont rapprochées et soudées sur la ligne médiane; mais leur déhiscence s'effectue facilement.

Quand on examine cette trompe en dessus, on reconnaît que chaque mâchoire présente presque au milieu une petite crête. Dans la partie externe (fig. 16', *i*) la mâchoire offre des plis transversaux, très-rapprochés, et dans l'intervalle on remarque encore de très-petites épines ou plissures dans le sens longitudinal. Dans toute la longueur de la trompe, des poils longs et très-roides, écartés les uns des autres (Pl. 2, fig. 16', *m*, *m*), prennent naissance contre la crête, et de très-petits poils fort serrés tout le long du bord externe, qui est en outre légèrement dentelé; la partie interne de la mâchoire (fig. 16', *k*) est garnie d'une infinité de très-petites dentelures, et, au bord, d'épines fort aiguës presque imperceptibles.

Depuis son milieu jusqu'à l'extrémité, chaque partie de la trompe présente de fortes pointes (fig. 16' *l*, *l*) bifides ou trifides que l'on pourrait prendre aussi pour deux ou trois épines complétement accolées. La trompe diminue d'épaisseur à l'extrémité, où elle est terminée par quelques épines assez fortes (fig. 16"). Quand on examine chaque mâchoire intérieurement, on retrouve dans sa partie externe (fig. 17', *i*), qui est presque plane, les mêmes plis transversaux que l'on observe en dessus; et dans la partie interne (fig. 17' *k*), on remarque des plis longitudinaux correspondant aux épines de la face supérieure: cette partie interne est concave; de manière que par le rapprochement des deux mâchoires, il existe une véritable pompe propre à aspirer les sucs végétaux.

Les *palpes maxillaires* (Pl. 2, fig. 18) sont membraneux, tout à fait rudimentaires, fixés de chaque côté à la base de la trompe (Pl. 2, fig. 15, *d*; 16, *d*; 17, *d*). On ne peut les apercevoir qu'à l'aide d'un très-fort grossissement; ils sont un peu renflés en forme de bouteille, et terminés par deux ou trois petites dentelures et une forte soie roide deux fois aussi longue que le palpe lui-même.

La *lèvre inférieure* ne consiste qu'en une petite languette imperceptible, ne servant que de point d'insertion aux palpes.

Les *palpes labiaux* (Pl. 2, fig. 1 et 2, *e*) ont une dimension très-grande comparativement aux autres parties de la bouche, et aux mêmes parties dans la plupart des espèces qui ont de l'affinité avec la PYRALE DE LA VIGNE. Ces palpes ont quatre fois la longueur de la tête (Pl. 1, fig. 6, *a*). Leur premier article (Pl. 2, fig. 19, *a*) est fort court, très-grêle à sa base, fortement renflé à l'extrémité, et, vers son milieu, il forme presque un coude. Le deuxième article (fig. 19, *b*) a les deux tiers de la longueur du palpe; il est légèrement arqué, très-épais dans toute sa longueur, mais surtout au milieu, et tronqué carrément à son extrémité. Le dernier article (fig 19, *c*) a un peu plus du tiers de la longueur de l'article précédent; il est deux fois plus grêle, presque conique, terminé en pointe obtuse, et légèrement rétréci à sa base.

Mais ces palpes, dans toute leur longueur, sont couverts d'une infinité de poils ou petites écailles qui ne permettent pas de distinguer les articles (fig. 19').

Ces écailles sont plus ou moins longues, selon la place qu'elles occupent. Ainsi, celles de la surface du palpe vers le milieu (fig. 19", *f*, *g*) sont peu allongées, légèrement courbées, et terminées par trois ou quatre dentelures. Celles de l'extrémité (fig. 19", *h*, *i*) sont généralement plus courtes et presque toutes symétriques. Mais quant à celles qui garnissent les bords (fig. 19", *a*, *b*, *c*, *d*), elles sont une ou deux fois plus longues que les autres, souvent linéaires, et terminées par deux ou trois dentelures seulement.

Quand toutes ces écailles sont enlevées à la surface du palpe, on distingue parfaitement les trois articles dont il est composé; et l'on remarque en outre une infinité de petites cavités donnant insertion à chaque poil ou écaille, le premier article présente même à sa base quelques véritables poils.

Le THORAX, ou corselet, du papillon de la PYRALE DE LA VIGNE (Pl. 1, fig. 6, B) est large et fortement convexe. Les trois anneaux qui le composent (fig. 7, *l*, *m*, *n*) sont très-obliques d'avant en arrière. En dessus l'on aperçoit (fig. 6, *e*) l'écu ou scutum du mésothorax, ou deuxième anneau du thorax; il est très-développé, et son bord postérieur est rentré au milieu et cintré de chaque côté. Après l'écu on distingue l'écusson, ou scutellum (fig. 6, *f*), ayant la forme d'une losange, se prolongeant sur les parties latérales. L'écu ou scutum du métathorax, ou troisième anneau du thorax (fig. 6, *h*), est très-resserré dans son milieu et arrondi de chaque côté. Enfin l'écusson du métathorax (fig. 6, *i*) est court et coupé carrément en arrière. Il existe encore de chaque côté du thorax une petite pièce aplatie réniforme (fig. 6, *d*) que l'on nomme paraptère et quelquefois ptérygode ; elle est insérée à la base de l'écu du mésothorax, et vient recouvrir l'insertion des ailes antérieures. Tout le thorax, comme les autres parties du corps de la *Pyrale*, est couvert d'une couche épaisse de petites écailles qui masquent complétement les sutures des diverses pièces composant le thorax. Ces écailles ressemblent à celles de la tête, elles sont généralement allongées et terminées par deux ou trois dentelures. Les écailles latérales et celles qui bordent les paraptères sont toujours les plus longues.

Les *Ailes antérieures* (Pl. 1, fig. 6 *g* ; et Pl. 3, fig. 1) ont, comme dans la plupart des Insectes, trois nervures principales, qui se divisent ensuite en plusieurs rameaux : la première nervure (fig. 1 *a*), c'est-à-dire la plus rapprochée du bord extérieur, s'étend en ligne légèrement courbée, dans la direction du bord extérieur, presque jusqu'aux deux tiers de la longueur de l'aile. Là, elle se réunit à la deuxième nervure par de petites nervures transversales ; l'une et l'autre se divisent ensuite en plusieurs rameaux aboutissant à l'extrémité. Cette première nervure, dès sa base, donne naissance à un long rameau très-renflé à son origine, et qui aboutit au bord extérieur, assez près du milieu. Quatre autres rameaux partent encore de la même nervure et vont aboutir au bord extérieur en se dirigeant obliquement ; le dernier est même bifurqué, et ses deux branches se terminent de chaque côté de l'angle externe de l'aile.

La deuxième nervure (fig. 1 *b*), qui s'étend presque dans la partie médiane de l'aile, présente un rameau aboutissant à l'angle interne, et rejoignant à son extrémité, par une nervure transversale, la première nervure principale. On remarque encore quatre rameaux, à partir du rameau bifide, qui tous aboutissent à l'extrémité de l'aile. L'espace compris entre la première et la deuxième nervure, que les lépidoptérologistes nomment la Cellule discoïdale, se trouve ainsi fermé de toutes parts. Enfin la troisième nervure (fig. 1 *c*), bifide à sa base, se réunit bientôt en une seule tige, et, en se courbant légèrement, vient se terminer au bord interne, un peu avant l'angle de l'aile. Ces ailes sont recouvertes d'écailles qui ne sont autre chose que la poussière colorée des ailes de tous les papillons, qui s'enlève au moindre contact.

J'ai reconnu que la poussière écailleuse qui recouvre les ailes des Pyrales était formée par des couches superposées au nombre de trois au moins, et non d'une seule. On peut en reconnaître l'existence en enduisant très-légèrement une lamelle de verre d'un peu de gomme liquide ; et, appuyant l'aile sur cet enduit, on obtient, par la pression, l'empreinte de l'aile sur la lamelle de verre. Cependant la surface de l'aile n'est pas encore dépouillée de toutes ses écailles, ce qui le prouve, c'est que si l'on répète l'opération avec la même aile, on obtient une deuxième empreinte, puis enfin une troisième. Je me suis assuré par l'examen microscopique que ces écailles avaient des dimensions différentes, qu'elles étaient d'autant plus petites qu'elles appartenaient à une couche plus profonde; de sorte que ces écailles se recouvrant les unes les autres, le liquide gommeux ne touche jamais que les plus extérieures : le fait s'explique ainsi facilement.

Les écailles de la couche la plus profonde sont fort courtes, et leurs dentelures peu prononcées (Pl. 3, fig. 14 et 15); celles de la couche intermédiaire sont plus longues et terminées par quatre à six dentelures parfaitement distinctes (fig. 10, 11, 12 et 13), enfin celles de la couche supérieure sont beaucoup plus longues et généralement plus étroites (fig. 8 et 9). Les écailles qui constituent la frange (fig. 16 et 17) sont d'une longueur extrême, comparativement aux autres; elles sont linéaires dans une grande partie de leur longueur et dilatées vers leur extrémité, où leurs stries longitudinales sont très-saillantes et leurs dentelures très-longues et inégales.

Les écailles de la face inférieure des ailes sont moins nombreuses que celles de la face supérieure; elles ont une forme très-analogue, mais leurs stries sont généralement plus prononcées (fig. 18 et 19) : vers l'extrémité de l'aile les écailles ont leurs stries beaucoup plus saillantes encore, et leurs dentelures sont plus longues et plus aigües (fig. 20).

Quand on a enlevé toutes les écailles de la surface de l'aile, il n'existe plus qu'une simple membrane, entièrement diaphane, qui cependant est elle-même composée de deux membranes unies intimement l'une à l'autre. Ces ailes, dénudées de leurs écailles (Pl. 3, fig. 1), sont criblées d'une infinité de petites cavités disposées en séries transversales parfaitement régulières, légèrement arquées et très-rapprochées les unes des autres; tous ces petits points, ou plutôt toutes ces petites cavités, que l'on ne saurait apercevoir qu'à l'aide d'un fort grossissement, sont autant de points d'insertion pour les écailles (fig. 7 *a*, *b*).

Les *Ailes postérieures*, toujours plus courtes que les antérieures, et plus larges, sont coupées un peu obliquement à l'extrémité et leurs angles sont parfaitement arrondis. Elles ont deux nervures principales : la première (fig. 2 *b*), presque droite, vient aboutir au-dessous de l'angle externe de l'aile, et fournit, dans son trajet, deux rameaux, l'un vers le tiers, l'autre vers les deux tiers de sa longueur; ils aboutissent tous les deux près de l'angle externe.

La seconde nervure (fig. 2 *c*), qui n'est liée en aucune façon à la première, est un peu oblique et se divise vers les deux tiers de sa longueur en trois rameaux aboutissant à l'extrémité, près de l'angle interne; elle émet encore, presque dans son milieu, un autre rameau aboutissant au bord interne.

Au-dessous de cette seconde nervure on remarque encore deux autres nervures sans ramifications, partant de la base de l'aile et aboutissant au bord interne.

Les ailes postérieures sont, comme les ailes antérieures, garnies d'écailles disposées de la même manière. Quand on les enlève, la membrane pellucide offre aussi une infinité de petites cavités qui servaient de points d'insertion à ces écailles; seulement elles ne sont pas disposées en séries régulières, mais bien plutôt parsemées dans toute l'étendue de l'aile (Pl. 3, fig. 2).

Les écailles qui couvrent la surface des ailes postérieures ont la même forme et sont disposées de la même manière que celles des ailes antérieures; seulement, près du bord interne, on en remarque un grand nombre qui sont parfaitement arrondies à leur extrémité (Pl. 3, fig. 20), et la frange, à la base de l'aile est formée par des écailles longues presque piliformes.

En dessous, on remarque à la base de ces ailes un appareil destiné à maintenir l'aile antérieure et l'aile postérieure dans la même direction. Cet appareil (Pl. 3, fig. 3 et 4), que l'on retrouve au reste dans tous les Papillons nocturnes, consiste dans un crin fort épais (fig. 5), composé lui-même d'une dizaine de crins intimement unis prenant insertion à la base de la première nervure des ailes postérieures, et venant s'engager dans un anneau ou petit tube (Pl. 3, fig. 4, *b*) aminci vers le bout et fixé presque à la base de la première nervure des ailes antérieures, dont il fait partie. Ce crin est supporté par un tubercule (fig. 5, *a*) qui émet un poil latéral (fig. 5 B).

Dans le Mâle, il n'existe qu'un seul frein formé par la réunion d'une dizaine de crins fortement unis; mais, dans la Femelle, on en trouve le plus ordinairement trois, et quelquefois quatre disjoints (fig. 6, *a*), qui partent du même tubercule et s'engagent dans le même anneau. Cet appareil est en partie caché par les écailles de l'aile, principalement l'anneau dans lequel s'engage le crin (fig. 3); mais on peut parfaitement en reconnaître la forme en enlevant les écailles qui garnissent la surface inférieure des ailes, comme on le voit dans la fig. 4.

Les *Pattes* (Pl. 3, fig 21, 22, 23) sont de différentes longueurs; celles de la première paire (fig. 21), plus courtes que les autres, ont la Cuisse (fig. 21, *a*) presque cylindrique, très-légèrement renflée dans son milieu, et munie en dessous de quelques petits poils. La Jambe (fig. 21, *b*), un peu plus courte que la cuisse, et plus mince à sa base que dans le reste de sa longueur, offre au côté interne, vers le milieu, une petite échancrure donnant origine à une petite lame (fig. 21, *b'*) légèrement recourbée et pointue au bout, qui dépasse tant soit peu l'extrémité de la jambe; cette lame (fig. 21, *b'*) est garnie à son côté interne d'une rangée de dentelures extrêmement fines et rapprochées les unes des autres.

Le Tarse est presque une fois plus long que la jambe, assez grêle, composé d'articles cylindriques garnis de quelques poils raides. Le premier article est presque aussi long que les quatre autres réunis; le deuxième et le troisième sont de la même épaisseur que le premier; le quatrième est plus grêle; enfin le cinquième, très-légèrement dilaté à son extrémité, supporte un petit appendice légèrement poilu (fig. 24, *d'*), terminé par deux Crochets (fig. 24''' et 25'''), épais et légèrement arqués. Entre ces crochets, le petit appendice terminal supporte encore une Pelote vésiculeuse (fig. 24'' et 25 *d'''*) garnie de quelques petits poils. Cette Pelote, comme on le sait, a la propriété de permettre aux insectes qui en sont pourvus de marcher sans difficulté sur des corps parfaitement lisses; c'est ainsi que les mouches marchent avec facilité en montant sur les vitres.

Les Pattes intermédiaires ou de la seconde paire (fig. 22) sont beaucoup plus longues que les pattes antérieures; la Cuisse (fig. 22, *a*) est plus mince proportionnellement vers le bout; la Jambe (fig. 22 *b*), au moins aussi longue, est grêle à sa base et se renfle assez notablement à partir du milieu; elle est terminée à l'angle interne par deux fortes épines (*b'*), dont l'une, l'inférieure beaucoup plus longue que l'autre.

Le Tarse et tous ses articles ont dans ces pattes les mêmes proportions de longueur que dans les pattes antérieures; seulement le premier article y est un peu plus dilaté, vers le bout; le quatrième et le cinquième sont proportionnellement un peu plus courts que le deuxième et le troisième.

Les Pattes postérieures (fig. 23) sont au moins d'un tiers plus longues que les pattes intermédiaires. La Cuisse (fig. 23, *a*) y est plus épaisse et plus arquée. La Jambe est au moins une fois plus longue que la cuisse, presque cylindrique, très-légèrement amincie à sa base et à son extrémité; elle offre à son côté interne deux petites échancrures situées, l'une un peu au delà du milieu et l'autre à l'extrémité, et donnant naissance chacune à deux longues épines (fig. 23, *b' b''*), dont l'une, supérieure, plus longue que l'autre. Le Tarse est plus court que la jambe; le premier article, qui forme la moitié de sa longueur totale, est assez large et fortement aplati; le deuxième, le troisième et le quatrième article, un peu plus minces tous trois, vont aussi en décroissant de longueur; le cinquième et dernier article est plus long et plus grêle que le précédent. La Pelote et les Crochets du tarse (fig. 23, *d*) ne diffèrent en rien de ceux des pattes antérieures et intermédiaires.

Les Pattes du papillon de la PYRALE DE LA VIGNE ne m'ont offert aucune différence appréciable chez les individus des deux sexes. Toutes sont couvertes d'écailles très-serrées et imbriquées les unes sur les autres; ces écailles sont généralement plus grandes sur la cuisse et la jambe (fig. 30, *c' c''*) que sur le tarse (fig. 31, *b'*). Les Pattes antérieures sont pourvues dans toute leur longueur d'écailles assez longues et denticulées (fig. 26, 27, 28); mais sur les bords on observe des écailles pointues (fig. 32, 33). Les Pattes intermédiaires sont garnies sur les cuisses d'écailles denticulées, et sur les jambes d'écailles longues et arrondies à l'extrémité (fig. 29); celles du côté interne seules sont pointues; sur le tarse, toutes les écailles sont également pointues. Les Pattes postérieures sont garnies encore d'écailles denticulées sur la cuisse et la jambe. Dans le Mâle, on remarque aussi des écailles denticulées sur le premier article du tarse; mais dans la Femelle tout le tarse est couvert d'écailles pointues (fig. 32, 33, 34, 35, 36, 37, 38).

L'Abdomen est composé de sept anneaux distincts, et dans la femelle on aperçoit en outre un huitième anneau très-rudimentaire, et l'on peut dire tuberculiforme. Dans les individus mâles, l'Abdomen diminue sensiblement de grosseur de la base à l'extrémité (Pl. 1, fig. 8); dans les individus femelles, il est au contraire assez épais dans toute sa longueur, et surtout au delà du milieu (Pl. 1, fig. 7).

Quand l'Abdomen est dénudé de ses poils ou écailles, on distingue parfaitement les Stigmates, petites ouvertures respiratoires, donnant introduction à l'air qui pénètre dans les trachées; ces Stigmates (Pl. 1, fig. 7 *o*, 8 *o*,) situés sur les parties latérales de chaque anneau, sont ovalaires, et le rebord qui les circonscrit, désigné par les Zoologistes sous le nom de *péritrème*, est fort peu saillant.

Ainsi que toutes les autres parties du corps de la Pyrale de la vigne, l'abdomen est couvert d'écailles disposées par couches, commes celles qui garnissent la surface des ailes.

En dessus, ces écailles sont généralement assez longues, mais toutes n'ont pas exactement la même forme. La plupart sont assez larges et terminées par trois ou quatre dents obtuses (Pl. 1, fig. 10 et 12); mais d'autres sont infiniment plus étroites et terminées par des dentelures plus aiguës et plus irrégulières (Pl. 1, fig. 11). On remarque en outre au bord de chaque anneau, des écailles beaucoup plus longues que toutes les autres et presque sans dentelures à leur extrémité.

Les écailles qui couvrent la face inférieure de l'abdomen sont plus courtes que celles de la face supérieure, et parmi ces premières on distingue mieux les diverses couches; les écailles de la couche la plus profonde sont souvent assez larges et presque sans dentelures (Pl. 1, fig. 13). Quelques-unes à la base sont fort minces, très-larges et presque rondes (fig. 16); mais le plus grand nombre, et notamment celles de la couche superficielle, sont plus longues et terminées par quatre ou cinq dentelures aiguës et quelquefois irrégulières (Pl. 1, fig. 14 et 15).

A l'extrémité de l'abdomen, les écailles sont assez longues et bifides, principalement celles qui garnissent le bord postérieur du dernier anneau (Pl. 4, fig. 1 *a*); celles-ci, très-grêles dans la moitié de leur longueur, sont dilatées en forme de spatule vers le bout, où elles se terminent par deux dentelures; dans la femelle, ces écailles ont toujours un peu moins de longueur que dans le mâle.

L'extrémité de l'abdomen offre dans la Pyrale de la vigne, comme chez le plus grand nombre des insectes, de très-grandes différences entre les deux sexes; je vais donner successivement la description des parties qui la composent dans le mâle et dans la femelle.

Dans le Mâle, le dernier anneau (Pl. 4, fig. 3 *b*, *b'*) est, en dessus, un peu prolongé en arrière, et l'arceau supérieur (fig. 3 *b*) est ainsi coupé obliquement à son extrémité, tandis que l'arceau inférieur (fig. 3 *b'*), qui n'est nullement prolongé, est terminé carrément.

Ce dernier anneau vu en dessus (Pl. 4, fig. 4 *b*) est un peu cordiforme, légèrement rentré sur les parties latérales vers le haut, et très-peu cintré à sa base.

L'Abdomen est terminé par deux grandes Valves verticales (Pl. 4, fig. 3 *c c*) rapprochées l'une de l'autre pendant le repos, et cependant susceptibles de s'écarter; mais ce n'est qu'après avoir entièrement dépouillé l'extrémité abdominale de ses écailles que l'on peut en distinguer toutes les parties.

Dans l'état naturel, les écailles du dernier anneau de l'abdomen recouvrent totalement les valves en dessus (Pl. 4, fig. 1), et elles les dépassent même, comme on peut le voir en considérant l'abdomen en dessous (Pl. 4, fig. 2 *b*). De ce côté, on distingue parfaitement les deux valves (fig. 2 *c c*); mais les écailles dont elles sont garnies ne permettent pas encore de suivre exactement leur contour. Les poils ou écailles qui recouvrent en dessous le dernier segment abdominal sont médiocrement allongées, grêles, et terminées par trois dentelures (Pl. 4, fig. 2 A); celles du bord sont plus longues et seulement bifides comme celles que l'on remarque en dessus (Pl. 4, fig. 2 B).

Le écailles qui recouvrent les valves sont plus larges, oblongues et terminées par deux ou trois dentelures (fig. 2 C, 2 C'). Au contraire, celles qui garnissent les bords de ces valves sont fort longues, presque linéaires, seulement un peu élargies en spatule vers le bout et terminées par deux dentelures (Pl. 4, fig. 2 D); quelques-unes même sont très-fortement recourbées (fig. 2 D').

Les Valves complétement dénudées de leurs écailles (Pl. 4, fig. 4 *c c*, fig. 6 *c c*, et fig. 7) sont un peu oblongues, arrondies à leur extrémité, ayant leur bord inférieur légèrement arqué. Elles sont lisses et assez convexes extérieurement, où elles offrent seulement quelques poils; près de leurs bords (fig. 6 *c c*) elles sont concaves intérieurement et garnies de poils épars (fig. 7). Leur bord inférieur présente en outre à sa base une petite dentelure triangulaire (fig. 7 *c'*). Ces deux valves, dans l'état naturel, étant garnies de longues écailles, paraissent se toucher sur la ligne médiane; mais quand elles sont complétement dénudées, on voit qu'il existe entre elles un espace assez considérable (fig. 4 *c c* et 6 *c c*) qui est rempli par une lamelle foliacée se prolongeant autant que l'extrémité des valves elles-mêmes (Pl. 4, fig. 4 *e*, 5 *e*). Cette Foliole est composée de deux pièces, l'une, supérieure (fig. 5 *e*), est lisse, semicornée, large à sa base, puis notablement rétrécie en forme de demi-cercle, et enfin prolongée en une longue pointe styloïde qui est la seule partie visible quand la foliole entière n'a pas été détachée de l'abdomen, le dernier anneau de l'abdomen la recouvrant en dessus en grande partie (fig. 4 *d e*). La pièce inférieure de cette foliole (fig. 5 *d*, et 6 *d*) est cordiforme; vue en dessus, elle dépasse latéralement la pièce supérieure et n'est guère moins longue que sa pointe styloïde. Cette pièce, garnie de petits poils très-fins, épars sur toute sa surface, est divisée dans la moitié de sa longueur en deux lobes allongés, et dans leur intervalle vient s'engager la pointe styloïde de la pièce supérieure (Pl. 4, fig. 10 *e*); mais quand on l'enlève on reconnaît parfaitement la séparation des deux lobes (Pl. 4, fig. 11). Cette pièce, vue en dessous, est complétement cordiforme (fig. 6 *d* et fig. 9), et ses deux lobes supérieurs offrent chacun une lanière en forme de rebord (fig. 7 *d'*); elle est légèrement convexe au milieu, garnie de petits poils très-fins et en outre d'une quantité assez considérable de poils ou écailles (fig. 9 *d'*) dilatées en forme de hache, vers le bout; ces écailles (Pl. 4, fig. 12) sont d'une ténuité extrême, et complétement diaphanes; toute leur partie élargie (fig. 12 *d'*) présente des stries longitudinales assez apparentes et analogues à celles que l'on remarque sur les écailles qui garnissent les ailes, et en général sur toutes les parties du corps de la PYRALE DE LA VIGNE.

A la base et au-dessous de cette double foliole, il existe encore un petit appendice transversal (Pl. 4, fig. 6 *f*) circonscrivant la cavité qui donne passage au pénis (fig. 6 *g*) pendant l'accouplement. Cet appendice (Pl. 4, fig. 8) est fort court et très-large à sa base (fig. 8 *f*), et il se prolonge seulement un peu au milieu en forme de lobe arrondi; ce lobe (fig. 8 *f'*) est muni d'une quantité considérable de petites pointes acérées: celles de la base sont les plus petites, et celles de l'extrémité sont au contraire les plus longues.

Dans la Femelle, le septième anneau de l'abdomen (Pl. 4, fig. 17 *a*) est presque aussi épais que les précédents, et son arceau supérieur n'offre point de prolongement analogue à celui que l'on remarque dans le mâle; il existe en outre dans la femelle un huitième anneau distinct, mais très-rudimentaire et presque semi-circulaire (fig. 17 *b*). L'Abdomen est enfin terminé par une foliole membraneuse ou plaque vulvaire (fig. 17 *c*) plus large que le dernier anneau, surtout à son extrémité où elle est arrondie latéralement et cintrée au milieu. Cette foliole est couverte de petites tubercules donnant naissance à de petits poils très-fins. On ne peut l'apercevoir qu'après que les écailles des derniers anneaux de l'abdomen ont été enlevées, car de même que chez le mâle les écailles qui garnissent les bords des anneaux sont fort longues et masquent entièrement les appendices terminaux de l'abdomen; elles sont en forme de spatule allongée et bifides à leur extrémité (Pl. 4, fig, 17 A): celles qui recouvrent la face inférieure des anneaux sont plus courtes et terminées le plus généralement par trois ou quatre dentelures (fig. 18 A et 18 A').

Quand on examine l'abdomen en dessous, la Plaque vulvaire se montre en entier (fig. 18 *c*); elle est profondément bilobée à sa base, et toute sa surface est garnie comme en dessus de petits tubercules piligères : sur sa ligne moyenne elle présente une petite gouttière dont les bords sont relevés et membraneux (fig. 18 *c'*); cette gouttière est assez élargie à sa base, mais elle se rétrécit bientôt en une simple rigole dont l'extrémité dépasse un peu la foliole membraneuse (fig. 17 *c*, fig. 18 *c'*).

Il existe encore à la base de cette même foliole deux plaques (fig. 18 *dd*) hérissées de poils qui circonscrivent une cavité (fig. 18 *e*) au fond de laquelle paraît se trouver l'ouverture de l'oviducte.

§ II. *De la structure intérieure.*

Je n'entrerai pas dans de très-longs détails sur la structure intérieure de la Pyrale de la vigne; je me bornerai à donner une simple description des organes principaux : un examen détaillé et vraiment approfondi de l'anatomie interne de cet insecte ne présenterait un véritable intérêt qu'autant qu'il serait posible d'établir une comparaison directe entre les organes de la *Pyrale* et ceux des espèces qui constituent les genres voisins. Alors seulement on pourrait tirer des analogies et des différences que l'on aurait observées, des caractères qui permettraient probablement d'assigner sa valeur exacte à chaque genre de la tribu des Pyralides. Mais un tel travail aurait une étendue beaucoup trop grande pour être développé ici, et nous éloignerait de notre sujet principal; je serai donc bref sur ce point; mais je ferai seulement ressortir, relativement à la copulation, un fait que j'ai trouvé l'occasion d'étudier de nouveau chez la Pyrale de la vigne, et que j'avais observé, du reste, chez beaucoup d'insectes.

Le *Canal digestif* ou *Canal intestinal* de la Pyrale est environ d'un tiers plus long que le corps. L'*OEsophage* et le *Jabot* sont grêles et linéaires, sans aucun renflement qui puisse fixer à chacun leur point de démarcation. Le *Ventricule chylifique* qui succède au jabot est un peu plus élargi et à peu près cylindrique dans toute sa longueur; il présente un petit renflement à sa jonction avec le jabot, et une petite bourse ventriculaire conique fortement ridée. L'*Intestin* est plus long que le ventricule chylifique auquel il succède; il s'engage entre les organes génitaux et paraît aller en diminuant de grosseur jusqu'au point où il s'élargit pour former le gros intestin ou *rectum*. Celui-ci est notablement renflé et de forme ovalaire; chez la femelle il s'accole à l'oviducte (Pl. 4, fig. 21 *i*) près de l'extrémité, mais il ne s'ouvre pas dans son intérieur.

Le *Système nerveux* de la PYRALE DE LA VIGNE, comme celui de tous les autres insectes, se compose de ganglions liés entre eux par un double cordon médullaire. Le premier ganglion qui occupe le centre de la tête, désigné sous le nom de *ganglion céphalique*, est légèrement aplati et un peu bilobé antérieurement. Il fournit des nerfs très-déliés qui se rendent aux yeux et aux antennes. Il est suivi d'un petit *ganglion post œsophagien* qui envoie des rameaux aux diverses parties de la bouche. Les ganglions renfermés dans l'intérieur du thorax sont distingués d'après les trois anneaux du Thorax, en *prothoracique*, *mésothoracique* et *métathoracique*. Le ganglion *prothoracique* est situé à la base du prothorax, près de sa jonction avec le mésothorax, et uni au ganglion post-œsophagien par le cordon nerveux qui est simple dans toute sa longueur; ce ganglion prothoracique est ovalaire et se termine de chaque côté par un cordon nerveux qui le lie au ganglion mésothoracique; il émet deux nerfs qui aboutissent aux pattes antérieures et quelques autres presque imperceptibles qui paraissent se perdre dans les couches musculaires. Le ganglion *mésothoracique* est globuleux, plus arrondi et un peu plus gros que le prothoracique. Le ganglion *métathoracique* est très rapproché du précédent et exactement de la même forme et de la même grosseur; l'un et l'autre émettent des nerfs qui aboutissent aux ailes et aux pattes. Après les ganglions thoraciques, le système nerveux ne consiste plus qu'en un seul cordon linéaire; de distance en distance on aperçoit de petits filets nerveux qui indiquent la présence des ganglions abdominaux, mais ils ne se distinguent du cordon nerveux par aucun renflement appréciable, même à l'aide d'un assez fort grossissement. Le dernier ganglion abdominal seul est au moins aussi volumineux que les ganglions thoraciques, et il donne naissance à des filets nerveux qui vont aboutir aux différentes parties des organes de la génération.

Les *Organes générateurs* du Mâle se composent de Testicules, de Conduits déférents, de Vésicules séminales, d'un Canal éjaculateur, et d'une Armure copulatrice. Les *Testicules* dans la PYRALE DE LA VIGNE (Pl. 4, fig. 16 *a*) sont réunis en une seule agglomération située au milieu de la cavité abdominale ; cet aggloméral est de forme arrondie, seulement un peu acuminé en avant. Il est revêtu par une tunique musco-adipeuse d'une délicatesse extrême ; d'une couleur rosée diaphane, laissant entrevoir un peu au travers de son épaisseur, la réunion des deux Testicules; mais ce n'est qu'après l'avoir complétement enlevée que l'on peut séparer ces deux Testicules qui adhèrent seulement par leur extrémité antérieure.

Les *Conduits déférents* (Pl. 4, fig. 16 *b b*) prennent naissance à la base de chacun des Testicules; ils sont à peu de distance de leur origine renflés en forme de vésicules oblongues, puis ils se rétrécissent et immédiatement après s renflent encore en vésicules, et enfin ils se réunissent sur la ligne médiane et constituent un cordon (fig. 16 *c c*) décrivant de nombreuses circonvolutions, et laissant apercevoir sur sa ligne médiane la soudure des deux tubes. A son extrémité on remarque deux conduits (fig. 16 *d d*) que tout porte à regarder comme les Vésicules séminales; ces deux conduits sont intimement réunis par leurs extrémités et constituent de cette manière une sorte d'anse.

Le *Canal éjaculateur* (fig. 16 *e e*) prend naissance au même point que les deux vésicules; il est très-long, fortement contourné sur lui-même, un peu renflé avant son extrémité (fig. 16 *e'*), où il se rétrécit ensuite en aboutissant à l'armure copulatrice renfermée dans le dernier anneau de l'abdomen (fig. 16 *f*).

L'*Armure copulatrice*, ainsi que l'appelle M. Léon Dufour, se compose de pièces cornées assez dures. On reconnaît facilement l'existence de deux pièces terminales acuminées entre lesquelles on découvre la gaîne du *Pénis*.

Cet organe (Pl. 4, fig. 13) consiste en un canal cylindroïde, courbé, et de consistance cornée (fig. 13 *g*). Il renferme la verge dans son intérieur, mais on ne l'aperçoit que très-peu au travers de la gaîne (fig. 13 *). Celle-ci est précédée d'un tube charnu (fig. 13 *h*), qui paraît suivre immédiatement le canal éjaculateur.

Cette gaîne étant rompue, on peut distinguer parfaitement la structure de la verge : elle est munie de pièces cornées semblables à de petites lamelles tranchantes et aiguës, fortement accolées entre elles de manière à constituer un faisceau (fig. 13 A *).

Ces petites lamelles (Pl. 4, fig. 14 et 15) sont légèrement arquées, terminées en pointe aiguë, et amincies également à leur origine; elles offrent au côté externe une petite dentelure triangulaire bien prononcée.

Les *Organes générateurs* de la Femelle se composent des Ovaires, d'une Poche copulatrice, d'un Oviducte.

Les *Ovaires*, dans la PYRALE DE LA VIGNE (Pl. 4, fig. 22), forment deux masses oblongues repliées sur elles-mêmes et parfaitement distinctes l'une de l'autre (fig. 22 *g*, *g'*). Mais quand on détache chacune de ces masses ovigères, on reconnaît qu'elles sont formées par quatre tubes distincts diminuant sensiblement de grosseur en partant de leur base; ces tubes ne sont unis intimement entre eux qu'à leur extrémité (fig. 22 *g*), et tous renferment dans leur intérieur les œufs qui y sont placés à la suite les uns des autres, comme les grains d'un chapelet.

Ces deux organes se réunissant à leur base constituent un canal commun, qui est l'*oviducte;* celui-ci (fig. 22 *h'*) est presque droit, très-légèrement ondulé; il reçoit sur son trajet deux appareils sécréteurs (glandes sébacées) (fig. 22 *k*, *k*) renflés près de leur insertion en une sorte de réservoir (fig. 22 *k'*).

Outre ces deux Glandes sébacées, on remarque au-dessus une petite Vésicule (fig. 22 *m*) qui offre deux petits conduits dont l'un (*m'*) aboutit directement à l'Oviducte, et l'autre (*m''*) au tube de la *poche copulatrice* dont elle n'est qu'un réservoir. Celle-ci (fig. 22 *l* et fig. 23 beaucoup plus grossie) est légèrement ovalaire, presque ronde, ayant un canal (fig. 22 *l'*) replié en hélice, dans l'intérieur duquel pénètre la verge du mâle, qui s'avance jusque dans l'intérieur de la poche copulatrice.

J'avais depuis long-temps reconnu, en disséquant des Hannetons pendant l'acte de l'accouplement, l'usage de cette poche, que M. Léon Dufour nomme dans ses ouvrages la glande sébifique. En étudiant la PYRALE, je me suis assuré que toutes mes observations précédentes étaient parfaitement exactes.

En effet, comme je l'ai déjà avancé dans une séance de la réunion des naturalistes au congrès de Pise, il est évident que les femelles ne pondent pas leurs œufs aussitôt après avoir reçu l'approche du mâle; mais quelquefois plusieurs jours, plusieurs semaines, et peut-être plusieurs mois après. Souvent aussi, cette ponte s'effectue à plusieurs reprises. Or, il serait impossible d'expliquer ce phénomène si l'on admettait que les œufs se trouvent fécondés dans l'intérieur des ovaires de la femelle au moment même de l'accouplement. D'un autre côté, comment comprendrait-on que les œufs placés souvent en si longue série dans l'intérieur des tubes ovigères, et par conséquent de différentes grosseurs, pussent être fécondés à ces divers degrés de développement?

Mais en admettant même qu'ils fussent tous fécondés au moment de l'accouplement, on ne saurait expliquer de quelle manière il se fait que la ponte des uns ait lieu presque immédiatement, tandis que celle des autres ne s'effectue que beaucoup plus tard.

Dans les parties génitales du *Hanneton commun* que j'ai étudié, il y a longtemps, sous ce rapport, j'ai reconnu que la femelle de cet insecte est munie d'un réservoir qui reçoit l'organe du mâle pendant l'acte de la copulation. C'est là que la liqueur prolifique est versée. S'écoulant ensuite dans l'oviducte, pendant la ponte, elle fécondait les œufs à leur passage. Depuis lors j'ai renouvelé cette observation sur un grand nombre d'insectes, et il en est peu qui m'aient présenté une structure aussi bien adaptée à ce mode particulier de fécondation que la PYRALE DE LA VIGNE.

Son Oviducte n'est pas, en effet, chargé du double usage de recevoir l'organe du mâle, et de donner ensuite passage aux œufs pour leur sortie. Il ne remplit que cette dernière fonction; un autre canal distinct reçoit l'organe du mâle, et chacun d'eux présente une ouverture particulière à l'extrémité de l'abdomen (Pl. 4, fig. 22 *l'* et *c*). On retrouve la même disposition chez tous les Lépidoptères, mais dans la PYRALE DE LA VIGNE il existe plusieurs particularités importantes. Cet organe, comme je l'ai dit plus haut, se compose 1° d'un canal (fig. 22 *l* et 23 *l*) donnant passage à l'organe du mâle; 2° d'une poche ou vésicule désignée sous le nom de *vésicule copulatrice* à laquelle aboutit le canal; 3° d'un réservoir (fig. 22 *m*) dans lequel s'épanche la liqueur prolifique, et enfin 4° de deux petits canaux qui établissent la communication d'une part entre la vésicule copulatrice et le réservoir (fig. 22 *m''*), et de l'autre entre le réservoir et l'oviducte (fig. 22 *m'*). C'est dans cet oviducte, près de l'orifice du canal partant du réservoir, que se fait la fécondation de l'œuf. Cette disposition rend compte de tous les phénomènes que présente la ponte chez ces insectes, et montre clairement que les œufs ne sont fécondés qu'après avoir acquis tout leur développement.

D'un autre côté, il est constant que l'accouplement ne saurait avoir lieu qu'une fois chez la PYRALE DE LA VIGNE; car après que le pénis a pénétré dans la vésicule copulatrice (fig. 23 *n*), il ne peut plus en sortir : nous avons vu qu'il était muni de plusieurs lamelles ou épines cornées, réunies en faisceau avant l'intromission (fig. 13 A*); or, dès que l'organe du mâle a pénétré dans la vésicule, toutes ces pointes s'écartent en rosace (Pl. 4, fig. 24 ***), de sorte qu'après l'accouplement cet organe se trouve arrêté et se brise dans sa partie membraneuse. Ce fait s'applique non-seulement à la PYRALE, mais encore à beaucoup d'autres Insectes.

Tout ce que je viens de dire relativement à la fécondation de la PYRALE se trouve encore corroboré par une observation facile à faire. Si l'on tue immédiatement la femelle au moment de la ponte, et qu'on ouvre l'oviducte, tous les œufs pris au-dessous de l'orifice du canal partant du réservoir seront fécondés, et au bout de quelques jours il en sortira de petites chenilles, tandis qu'au contraire tous ceux qui seront pris au-dessus de cet orifice resteront inféconds.

Ainsi, il ne saurait rester aucun doute sur la manière dont s'opère la fécondation chez la PYRALE DE LA VIGNE et ce doute ne saurait exister davantage pour tous les Insectes en général.

§ III. *Des Mœurs.*

L'apparition des Papillons de la PYRALE DE LA VIGNE a lieu ordinairement du 10 au 20 juin. Mais il est des individus qui éclosent souvent plus tôt et d'autres plus tard. Dans les parties méridionales de la France, comme à Marseillan, dans le département de l'Hérault, il n'est pas rare de voir des Papillons éclos à la fin de juin, surtout après des pluies chaudes; car la chaleur, accompagnée d'humidité, tend toujours à avancer les éclosions. Dans le département des Pyrénées-Orientales, les Papillons éclosent toujours plus tôt que dans le Mâconnais; le

5 juillet 1838, j'observai déjà un grand nombre de Papillons dans les vignes : plusieurs étaient accouplés, et déjà même des œufs étaient déjà déposés sur les feuilles. A La Rochelle, quelques Papillons paraissent souvent aussi du 1er au 5 juillet ; mais c'est toujours du 15 au 20 qu'on en trouve le plus.

Dans le Mâconnais, c'est dans le courant de juillet qu'ils apparaissent ; le plus ordinairement du 15 au 20, et quelquefois du 25 au 30, selon la température. A la fin de juillet 1836, j'observai beaucoup de Papillons dans les propriétés de M. Desvignes. En 1837, on n'en voyait déjà plus au 14 août.

En 1838, au 12 juillet, M. de La Hante m'écrivait qu'il n'y avait pas encore de Papillons, mais que l'on commençait à voir des Chrysalides.

Au 20 juillet, dans les vignobles d'Argenteuil, aux environs de Paris, on ne trouve encore que très-peu de Pyrales à l'état de Papillons : la plupart sont encore en Chrysalides. Ce n'est guère qu'au 30 qu'on les rencontre en grande abondance.

Les périodes pendant lesquelles l'Insecte se montre à ses divers états sont plus longues qu'on ne le pense, certains individus étant précoces, tandis que d'autres sont retardataires.

D'après toutes mes observations et celles qui ont été faites par M. Desvignes, les éclosions de Papillons se succèdent pendant environ vingt-deux à vingt-cinq jours.

C'est toujours sur les Vignes les plus hâtives qu'on voit les Papillons les plus précoces, ce qui doit porter les cultivateurs à être attentifs à signaler leur présence. Le 15 août 1837, plusieurs Papillons, provenant de Chrysalides qui m'avaient été apportées peu de jours auparavant, vinrent à éclore chez moi, et le 16 au matin j'en trouvai encore deux autres nouvellement éclos.

La durée moyenne de la vie de la Pyrale à l'état de Papillon est d'environ dix jours. On a remarqué que beaucoup de ces insectes périssaient très-peu de temps après leur accouplement, souvent deux, trois ou quatre jours après leur sortie de la Chrysalide. Mais, d'après toutes les observations faites tant par moi que par M. Maffre, M. Desvignes, etc., les Papillons ne vivent pas au delà de douze jours.

Au moment de l'éclosion, le Papillon, après avoir rompu sa Chrysalide

(Pl. 1, fig. 1 *a*), s'en dégage peu à peu : ses Ailes sont alors fripées, beaucoup plus courtes que le corps (Pl. 1, fig. 1 *b*) ; mais au bout d'une à deux minutes, elles s'étendent, et ont alors la longueur de l'Abdomen ; le Papillon les redresse bientôt l'une contre l'autre (Pl. 1, fig. 1 *c*, *d*), absolument comme le font les Papillons diurnes pendant le repos ; puis, après être demeuré ainsi quelques instants, il les rabat dans la position naturelle (Pl. 1, fig. 1 *e*, *g*, *h*, *i*). Le Papillon est encore mou ; il marche alors un peu, en traînant son Abdomen, qui est gonflé par un liquide comparable au *Meconium*, mais qu'il rejette bientôt. Il reste ensuite immobile pendant plusieurs heures, et il ne prend son essor qu'après s'être complétement raffermi.

Le liquide rejeté par le Papillon, au moment de son éclosion, est de couleur blanchâtre, et ressemble assez par l'aspect à de la craie délayée dans de l'eau. Ayant placé une gouttelette de ce liquide sur le papier de tournesol, je reconnus qu'il est très-acide, le papier étant fortement rougi.

Pendant le repos, les Pyrales ont le Corps un peu plus élevé en avant qu'en arrière ; les Ailes sont en toit et repliées postérieurement un peu l'une sur l'autre : tantôt c'est l'Aile gauche qui recouvre l'Aile droite, tantôt c'est le contraire. Les Palpes sont souvent un peu écartées au bout ; les Antennes sont repliées sur les parties latérales du corps, en partie cachées sous les Ailes, et les Pattes sont peu écartées : les antérieures et les intermédiaires seules peuvent être aperçues ; les postérieures, étant très-rapprochées du corps, se trouvent toujours cachées par les Ailes.

Les Pyrales, dans l'action du vol, s'élèvent peu au-dessus du sol ; c'est pourquoi les feux allumés dans les vignes pour les brûler ne remplissent le but proposé qu'autant qu'ils sont placés assez bas. Leur vol n'est jamais non plus de longue durée : elles partent d'un cep pour aller se poser sur un autre qui n'en est pas bien éloigné. C'est au coucher du soleil que les Pyrales volent en plus grand nombre, et leur vol ne cesse qu'après que la nuit est tout à fait close, à moins que les lueurs de la lune n'éclairent encore un peu. Le matin, au crépuscule, on voit encore beaucoup de Papillons voltigeant d'un cep à l'autre ; mais il est assez rare d'en voir voler pendant le jour, et surtout au moment de l'ardeur du soleil, à moins qu'ils ne soient effrayés par quelque mouvement. Quand il fait beaucoup de vent, les PYRALES se cramponnent sur les feuilles et les tiges, et se déplacent très-peu.

Le 9 août 1837, par un vent violent, nous étant rendu dans les vignes au coucher du soleil, à l'heure la plus favorable pour le vol des Papillons, presque tous étaient au repos; nous en apercevions seulement quelques-uns allant d'un cep à l'autre, et, si on les obligeait à quitter le cep où ils étaient posés, ils ne volaient pas à grande distance, mais s'arrêtaient au plus près.

J'ai remarqué, dans tous les vignobles que j'ai eu l'occasion de visiter, que les PYRALES affectionnent principalement les bas-fonds et les versants des coteaux; elles deviennent sensiblement moins abondantes dans les endroits élevés.

§ IV. *De l'accouplement.*

Peu de temps après leur éclosion, les Papillons cherchent à s'accoupler. Mais c'est seulement pendant quelques jours, peut-être de trois à cinq, que la plupart des Papillons se montrent plus ardents et voltigent en grand nombre au crépuscule. Ce moment est probablement déterminé par l'état de l'atmosphère, comme on voit les Éphémères, à certains jours de l'année, se montrer en immense quantité; ce serait là le cas de faire des feux, car alors ils seraient très-efficaces.

Quand un Mâle poursuit une Femelle pour s'accoupler, ces insectes viennent se poser sur une feuille, se plaçant bout à bout, la Tête dirigée à l'opposé l'un de l'autre, comme M. Maffre le dit dans son Mémoire, les Ailes du Mâle recouvrant en partie celles de la Femelle (Pl. 1, fig. 1 *k*). La jonction des deux individus s'opère alors, et ils demeurent dans cette position souvent pendant près de vingt-quatre heures, dans une immobilité complète.

Le 10 août 1837, à onze heures du matin, étant à Chenas, on m'apporta dans une boîte un Mâle et une Femelle accouplés. Les Ailes du Mâle étaient appliquées sur celles de la Femelle; ces deux insectes étaient immobiles sur une feuille, leurs Antennes rapprochées du Corps et renversées en arrière. Au bout de quelque temps, la Femelle fit un mouvement, ses Ailes se soulevèrent et vinrent s'appliquer sur celles du Mâle. Une heure après, environ, le Mâle à son tour souleva ses Ailes et les replaça sur celles de la Femelle. A quatre heures du soir, ils étaient toujours immobiles; à minuit, ils n'avaient pas encore changé de position; mais le lendemain, à cinq heures du matin, ils étaient désunis. et ne paraissaient avoir en rien perdu de leur agilité, car ayant entr'ouvert la boîte, le Mâle s'échappa aussitôt.

C'est le plus ordinairement au crépuscule du soir que s'effectue l'accouplement; mais il n'est pas rare de le voir se prolonger pendant tout le jour suivant.

Il est très-difficile de désunir deux individus accouplés : souvent j'ai tenté de le faire, et jamais je n'y ai réussi sans rompre quelque organe; en les plongeant dans l'alcool, il est assez ordinaire de les voir encore accouplés même après qu'ils ont cessé de vivre.

Ayant fait l'anatomie d'une Femelle prise dans l'acte de la copulation, et m'étant assuré que le Pénis du Mâle pénétrait dans la vésicule copulatrice, qu'il y était même profondément engagé, cette Femelle, disséquée immédiatement après avoir été séparée du Mâle, m'a présenté un fait curieux. Les tubes ovigères ne renfermaient pas d'OEufs; il n'en restait que quelques-uns à leur base, tous bien formés, remplissant seulement sept à huit loges. J'ai dû en conclure que cette Femelle avait déjà pondu la plupart de ses OEufs. Or, comme je l'ai prise accouplée, on aurait pu croire que ces Femelles pouvaient recevoir plusieurs fois l'approche du Mâle, mais tout porte à supposer que celle-ci n'a pu trouver à s'accoupler qu'après avoir déjà pondu des OEufs inféconds.

§ V. *De la Ponte.*

Ainsi que M. Maffre l'a observé, c'est toujours à la face supérieure des feuilles que les Femelles déposent leurs OEufs; je n'ai jamais trouvé une seule plaque d'OEufs à la face inférieure des feuilles, bien que dans le Mâconnais j'aie souvent offert des récompenses à ceux qui m'en apporteraient : une ou deux fois seulement on crut avoir gagné la prime; mais le pétiole de la feuille était contourné de manière que la feuille se trouvait renversée.

J'ai été très fréquemment dans le cas d'observer des Femelles pendant la ponte

(Pl. 5, fig. 1 *a*), et j'ai toujours remarqué que ce n'était pas en avançant, mais bien en reculant, qu'elles déposaient leurs OEufs; cependant elles font peu de mouvements, et se bornent à allonger ou à raccourcir leur abdomen, en changeant à peine de place. Tous les OEufs sont ainsi réunis en une seule masse en forme de plaque, et, pendant leur expulsion, ils sont tous protégés par le corps du papillon, aucun ne se trouvant à découvert. L'opération s'achève en quelques minutes, car trois ou quatre secondes suffisent pour le dépôt de chaque OEuf; la femelle l'ayant fait sortir l'applique, sans le lâcher, contre le corps sur lequel elle repose, puis l'y fixe en passant dessus plusieurs fois l'extrémité de son abdomen et l'arrosant avec un liquide gommeux qui suinte de cette partie. Elle place de la sorte ses OEufs par rangées, en les appuyant latéralement un peu les uns sur les autres, comme le sont les tuiles d'un toit; puis au bord de chaque rangée elle fait couler une petite quantité de matière gommeuse; et lorsque la dernière rangée est déposée, elle emploie plusieurs secondes à couvrir le tout de cette même matière. L'opération étant achevée, le Papillon reste deux à trois minutes sur ses OEufs, puis s'envole à quelque distance.

Les Femelles semblent rechercher les surfaces parfaitement lisses pour y effectuer leur ponte; c'est sans doute une des raisons pour lesquelles les OEufs ne se trouvent jamais ni sur les tiges, ni sur le tronc, ni même sur la partie inférieure des feuilles. J'ai renfermé plusieurs fois des Pyrales dans des boîtes, et celles qui y ont pondu ont toujours déposé leurs OEufs sur les parois de leur prison plutôt que sur les feuilles qui leur avaient été données, et même, lorsque le couvercle était vitré, elles le préféraient aux feuilles et aux parois en carton. Cette expérience nous prouve aussi que les Pyrales peuvent pondre, au moins en captivité, dans toutes les positions, et même en se tenant complétement renversées.

La ponte a lieu très-peu de jours après l'éclosion des Papillons; mais l'époque varie nécessairement selon les localités. Aussi, on trouve des plaques d'OEufs dans le département des Pyrénées-Orientales dès le 25 juin, et elles sont encore fort rares à Argenteuil près Paris et aux environs de La Rochelle vers le 20 juillet. Dans le Mâconnais, la ponte était presque complétement terminée le 7 août

1837, et le 29 du même mois tous les OEufs étaient vides aux environs de Beaune. On conçoit, du reste, que ces dates dépendent aussi de la température atmosphérique de l'année.

CHAPITRE TROISIÈME.

De la PYRALE DE LA VIGNE à l'état d'ŒUF.

Les Œufs de la PYRALE DE LA VIGNE ont un peu moins d'un millimètre de longueur (Pl. 8, fig. 1 *a*), et sont de forme un peu ovalaire, amincis vers le haut.

Immédiatement après la ponte, ils sont d'un vert-pomme tendre (Pl. 5, fig. 1 A *a*, *b*); au bout de quelques jours, cette couleur perd de sa fraîcheur (fig. 1 A, *c*); elle devient bientôt un peu grisâtre (fig. 1 B, *d*); le vert disparaît peu de temps après (fig. 1 B, *e*, *f*); ils passent ensuite promptement au jaune (fig. 1 B, *g*), puis au brun (fig. 1 B, *i*); des taches paraissent alors (fig. 1 C, *k*); en dernier lieu ces taches deviennent totalement noires, et l'on aperçoit par transparence la tête et le corps du jeune animal (fig. 1 C, *l*). Enfin, après la sortie des Chenilles, l'enveloppe des Œufs reste d'un blanc de neige argentin; leur surface présente une sorte de réseau à mailles angulaires, complétement invisible à l'œil nu, mais très-distinct à l'aide du microscope, et qui est formé par une multitude de petites divisions, dont les unes sont hexagonales, d'autres pentagonales, et d'autres encore plus ou moins irrégulières (Pl. 5, fig. 2 et 3).

Plusieurs fois j'ai suivi jour par jour les divers changements de nuances dont nous venons de parler, et j'ai toujours observé les mêmes transitions. Ainsi, en 1837, ayant conservé dans une boîte des Œufs pondus du 2 au 4 août, je ne découvris aucun changement jusqu'au 12 du même mois; mais le 13 ils prirent une teinte jaunâtre; le 14, des taches parurent déjà indiquer la tête et le premier anneau du corps; le 15, ces taches étaient plus apparentes, et le 17 l'éclosion eut lieu. Le 9 août de la même année, je fis une ample récolte d'OEufs de PYRALE dans les Vignes du Mâconnais; ils étaient tous récemment pondus, et par conséquent de couleur verte; le 10, la nuance était exactement la même; le 11, elle avait fort peu changé; le 12, elle tirait un peu sur le brun de rouille; le 13, tous ces OEufs avaient pris une couleur grisâtre; le 14, des taches noires se manifestaient d'une manière très-sensible, et enfin l'éclosion eut lieu le 15. Il arrive pourtant parfois que les plaques ne suivent pas régulièrement ces divers changements; ainsi j'en ai vu qui étaient déjà d'un jaune verdâtre au moment de la ponte, qui brunissaient fort peu et qui ne prenaient qu'en dernier lieu une teinte grisâtre. Enfin, j'ai même remarqué une fois, sur une seule ponte, des OEufs de nuances diverses, ce qui semblerait annoncer qu'ils n'avaient pas été tous pondus en même temps.

Si l'on examine un de ces OEufs avec un fort grossissement, peu de jours après la ponte, on y distingue l'enveloppe, qui est entièrement blanche (Pl. 8, fig. 1 *a*), puis à l'intérieur une matière verte (fig. 1 *b*), qui est surtout abondante quand l'incubation est peu avancée; au milieu de cette matière verte, on aperçoit alors la Chenille (Pl. 8, fig. 1 *c*) qui offre une nuance un peu jaunâtre dans toute son étendue; elle est repliée sur elle-même, et déjà l'on distingue faiblement les anneaux du corps et ses trois paires de pattes antérieures. Peu de temps avant l'éclosion, la matière verte a complétement disparu (Pl. 8, fig. 2); la Chenille est alors d'un jaune brunâtre, et la tête et le premier anneau du corps sont d'un brun plus ou moins noirâtre; les parties de la bouche se colorent en dernier lieu.

Cette description détaillée des OEufs de la PYRALE pourra, au premier abord, paraître minutieuse; mais on verra plus loin que la connaissance des phénomènes qui se passent à l'intérieur de l'OEuf n'est pas une chose indifférente, même pour la pratique agricole, et que nous y avons puisé des enseignements utiles dans la grande question de la destruction de la PYRALE.

La plupart des auteurs qui ont écrit sur la PYRALE ont commis quelques erreurs en parlant de l'époque où a lieu l'éclosion des OEufs. Bosc[1], Drapar-

---

[1] *Mémoire de la Société d'Agriculture*, 1786, pag. 24.

naud [1], Gougeaud-Bonpland [2], Faure-Biguet et Sionest [3], Dunal [4], avaient établi que ces OEufs, déposés par le Papillon au mois de juillet, n'éclosaient que le printemps suivant. On conçoit très-bien, en effet, que les Chenilles ne commençant leurs ravages qu'à cette époque, on fût porté à croire que c'était aussi celle de leur naissance; et il fallait des observations précises pour soutenir une opinion contraire. Nous ne trouvons, dans les auteurs un peu anciens, que l'abbé Roberjot qui donne comme certaine l'hibernation de l'insecte à l'état de Chenille : « Les OEufs, dit-il, éclosent vingt jours après la ponte [5]. » Mais, d'après nos propres observations, c'est généralement le neuvième jour que les petites PYRALES sortent de l'OEuf. Quelquefois pourtant cette éclosion a lieu au bout de huit jours, et quelquefois aussi l'incubation se prolonge deux ou trois jours de plus. Nous avons même observé des éclosions qui n'avaient lieu qu'au bout de quinze ou seize jours. Ainsi, ayant recueilli une ponte le 26 juillet, à six heures du matin, je n'ai vu les petites Chenilles en sortir que le 11 août, à neuf heures du matin, par conséquent au bout de quinze jours d'incubation; et cependant la température moyenne était alors entre 22 et 25 degrés centigrades. Une autre ponte, placée dans les mêmes conditions, fut déposée le 29 juillet au matin, et les Chenilles n'éclorent que le 14 août au matin : par conséquent seize jours après.

L'état de l'atmosphère peut aussi apporter quelque modification dans la durée de l'incubation des OEufs. Ainsi, dans les premiers jours du mois d'août, un tas assez considérable de feuilles, portant toutes des OEufs, ayant été placé dans une grande serre, nous nous aperçûmes au bout de trois jours que l'intérieur de ce tas avait pris une température fort élevée; celle de l'air était de 25 degrés, et dans l'intérieur du tas de feuilles le thermomètre marquait 36 degrés centigrades; or, sous l'influence de cette température, l'incubation avait marché beaucoup plus vite qu'à l'ordinaire; pour s'en convaincre, il suffisait d'avoir

---

(1) *Bulletin de la Société des Sciences et Belles-Lettres de Montpellier*, t. I, p. 86 (1815).
(2) Mémoire lu à la Société d'Agriculture de La Rochellé, le 8 novembre 1801.
(3) Mémoire sur quelques Insectes nuisibles à la vigne. In-4°. Lyon, an X.
(4) *Bulletin de la Société d'Agriculture de l'Hérault*, septembre et octobre 1837, pag. 568.
(5) *Mémoire de la Société royale d'Agriculture*, 1787, pag. 198.

égard aux changements de couleur des OEufs, dont plusieurs Chenilles étaient déjà sorties. La température chaude et humide peut donc hâter l'éclosion des Chenilles, et ce point, important à noter, m'a été d'un puissant secours pour bien faire connaître les OEufs aux vignerons, et pour les convaincre que c'était bien eux qui donnaient naissance aux Chenilles. Si l'on prend une plaque d'OEufs au moment où l'on aperçoit par transparence la tête et le premier anneau du corps des petites larves, il suffit d'une légère insufflation avec l'haleine pour déterminer presque immédiatement l'éclosion. A peine le souffle chaud s'est-il fait sentir, que bientôt l'on distingue à l'intérieur de l'OEuf, en l'examinant avec une loupe, la petite Chenille qui se meut lentement à sa partie antérieure. Il se manifeste presque aussitôt une petite élévation qui paraît se remplir par une bulle d'air. On voit alors la Chenille se dresser et ratisser l'enveloppe de l'OEuf jusqu'à ce qu'elle l'ait rompue; ses mandibules paraissent bientôt au dehors, et achèvent de pratiquer une petite ouverture transversale par laquelle l'animal sort en s'inclinant et s'ondulant plus ou moins, opération qui ne dure guère plus de trois ou quatre secondes. A peine une petite Chenille a-t-elle commencé à soulever sa coque, qu'on voit aussitôt toutes celles qui composent la même plaque se mettre à l'œuvre simultanément, comme si une étincelle électrique les eût frappées en même temps.

Beaucoup de personnes croient qu'outre les OEufs déposés à la face supérieure des feuilles, il y en a encore sur la souche, sous l'écorce et sous les échalas. Cette opinion a même été partagée par la plupart des auteurs cités précédemment, lesquels, n'admettant l'éclosion qu'au printemps, ne pouvaient en effet supposer que les pontes existassent uniquement sur des feuilles qui se trouvaient détruites à l'automne. Mais c'est une erreur évidente pour tous ceux qui ont vraiment étudié les mœurs et les habitudes de la PYRALE; et il est bien positif que jamais une Femelle ne dépose ses OEufs ailleurs que sur les feuilles, et toujours, comme je l'ai déjà dit, à leur face supérieure.

Les OEufs ne semblent pas être déposés indifféremment par les Femelles sur telles ou telles feuilles; car sur un même cep on remarque souvent des feuilles couvertes d'un grand nombre de pontes, tandis que d'autres sont complétement épargnées. Cette préférence semble provenir essentiellement de l'état plus ou moins sain des feuilles. Ainsi, le 22 août 1838, j'observai, en examinant les propriétés de M. Desvignes, à Saint-Lager, que, bien que toutes les feuilles eussent été enlevées à la fin de juin dans l'espoir d'arrêter ainsi le fléau, celles de la nouvelle pousse se trouvaient toutes couvertes de pontes; tandis que dans les vignes du voisinage, où cette précaution avait été négligée, il en existait fort peu. Il est positif, dans ce cas, que les Papillons éclos dans d'autres vignobles quittant des feuilles de la première pousse, dures et en partie rongées, étaient venues, peut-être même d'assez loin, déposer leurs OEufs de préférence sur des feuilles fraîches et tendres.

Une des causes principales qui, pendant longtemps, avaient empêché les entomologistes de reconnaître dans la *Pyralis pilleriana* (Denis et Schiffermuller) l'analogue de la *Pyralis vitana* (Bosc), c'est que la première se trouvait indiquée dans tous les ouvrages allemands comme vivant à l'état de Chenille sur le *Stachys germanica*, tandis qu'on n'avait observé la seconde jusqu'à présent que sur la Vigne. Or, il est constant que la PYRALE DE LA VIGNE peut se trouver aussi accidentellement sur des plantes appartenant à des familles fort différentes. J'ai trouvé souvent, dans le voisinage des Vignes, des OEufs de PYRALE déposés en assez grande quantité sur de petits saules, des aubépines, des églantiers, ainsi que sur des luzernes, des liserons, des haricots, des pommes de terre et des laitues. Il est bien évident que ce ne sont pas encore là toutes les plantes sur lesquelles on pourrait trouver des OEufs ou même des Chenilles de PYRALE; par conséquent l'indication donnée par Denis et Schiffermuller, et que nous venons de mentionner, n'est probablement pas erronée. On doit encore remarquer que ces OEufs, quelle que soit la plante sur laquelle ils sont déposés, se trouvent toujours placés, comme sur la Vigne, à la face supérieure des feuilles.

Le nombre des plaques d'OEufs dispersés sur une même feuille est plus ou moins considérable. Quelquefois il n'en existe qu'un ou deux; mais il n'est pas rare d'en trouver quatre, cinq, six ou sept, et l'on a rencontré des feuilles qui en portaient jusqu'à dix ou onze; mais ceci est fort rare.

La forme de ces plaques d'OEufs est aussi très-variable; il en est de presque rondes (Pl. 5, fig. A, *a b*), d'autres ovalaires (fig. 1 A, *c*), et très-souvent elles sont assez irrégulières (fig. 1 B, *g, h, f, i*).

La position de ces plaques sur la feuille varie; on en remarque souvent sur la nervure médiane, qu'elles débordent de chaque côté (Pl. 5, fig. B, *d*). Dans d'autres cas, les plaques sont posées sur les nervures latérales (fig. 1 B, *f*), et de la même manière que sur la nervure médiane; souvent encore elles sont placées entre les nervures, et parfois adossées à l'une d'elles par une de leurs extrémités (fig. A, *c*, B, *g*).

Quant au nombre de pontes déposées sur chaque cep, on conçoit qu'il varie selon les années et qu'il peut, jusqu'à un certain point, donner la mesure de ce que sera le fléau l'année suivante.

En parcourant, en 1838, des vignobles du Mâconnais, où l'on avait fait cependant l'enlèvement des Chenilles et des Chrysalides, je reconnus que chaque cep présentait de quinze à vingt plaques d'Œufs. En 1837, le nombre des pontes était encore plus considérable à Saint-Lager, dans le Beaujolais; car j'avais calculé qu'il y avait plus de trois mille Œufs sur quelques ceps.

Les plaques d'Œufs sont bien loin d'avoir toutes la même étendue. Ainsi, il y en a de fort petites qui en contiennent tout au plus une douzaine, tandis que d'autres en renferment, au contraire, jusqu'à cent cinquante ou deux cents; mais ces deux cas sont presque exceptionnels, et le plus habituellement ces plaques sont composées de cinquante à soixante Œufs.

On voit, d'après tout ce qui précède, que les taches formées sur les feuilles par les Œufs de Pyrale sont faciles à distinguer. Les vignerons peu expérimentés s'y trompent pourtant quelquefois, et, croyant m'apporter des Œufs de Pyrales, on m'a remis souvent des feuilles de Vigne couvertes d'une petite plante cryptogame, connue des botanistes sous le nom d'*Erineum Vitis*. Cette espèce de moisissure, qui ressemble à un duvet blanchâtre, forme à la surface des feuilles des taches plus ou moins étendues; mais, après le plus léger examen, on reconnaît facilement que ces taches n'ont aucun rapport avec les plaques d'Œufs de la Pyrale.

CHAPITRE QUATRIÈME.

De la Pyrale de la Vigne à l'état de Chenille.

Les dénominations employées par les cultivateurs pour désigner la Chenille de la Pyrale varient selon les localités. A Argenteuil, près Paris, elle est connue sous le nom de *Ver blanc*, sans doute par opposition avec une autre Chenille, celle de la Teigne, que les vignerons appellent le *Ver rouge*. A Aï, en Champagne, on nomme la première *Ver de l'été*, et la dernière *Ver de la vendange*. Dans le territoire d'Agde, département de l'Hérault, le nom vulgaire de la Chenille de la Pyrale de la Vigne est *Babota*. Cette dénomination paraît avoir été appliquée quelquefois à l'*Altise*, que nous décrirons plus loin; mais cependant la plupart des vignerons désignent cette dernière sous le nom de *Babo*, et la Pyrale sous le nom de *Babota*. Enfin, dans les environs de Perpignan, elle est appelée *Couque*.

§ I. *De la structure extérieure.*

La Tête de la Chenille (Pl. 6, fig. 1 *a*) est convexe, arrondie antérieurement, coupée presque carrément sur les côtés, et arrondie en arrière en forme de double lobe. Toute sa surface est parfaitement lisse, mais on y distingue cependant, à la partie antérieure, deux sillons obliques qui viennent se joindre de manière à figurer une sorte de V très ouvert; de ce point naît encore un sillon qui occupe la ligne médiane, et qui se prolonge jusqu'à la partie postérieure de la tête. Cette dernière présente des poils rares, plus nombreux cependant sur les bords et tous fort longs.

Les *antennes* (Pl. 6, fig. 3 *a*) rudimentaires, comme chez toutes les larves, et de consistance peu solide, sont situées sur les parties latérales de la tête, tout à fait à la base des mandibules; elles sont composées de quatre articles : le premier est épais comparativement aux autres, surtout à sa base; le second (fig. 4 *a*) est beaucoup plus mince, une fois plus long et presque cylindrique; il présente au côté externe, vers les deux tiers de sa longueur, un poil épais, et à son sommet un filet terminal (fig. 4 *d*) une fois plus long que l'antenne entière; on distingue encore, entre ce filet et le point d'insertion du troisième, article, deux petites pointes coniques (fig. 4 *e*); le troisième article (fig. 4 *b*) est trois fois moins long et plus mince que l'article précédent; il est presque cylindrique et présente à chaque angle de son sommet une très-petite pointe conique. Enfin le dernier et quatrième article (fig. 4 *c*), encore plus court et beaucoup plus grêle, paraît supporter un petit poil terminal.

Les *yeux* (Pl. 6, fig. 3 *b*) sont au nombre de six de chaque côté et occupent les parties latérales et antérieures de la tête, où ils sont disposés à peu près en demi-cercle. Ils sont analogues aux ocelles ou stemmates des insectes parfaits, et ne sont pas tous exactement de la même grosseur : celui qui est situé le plus en arrière est le plus gros; les trois suivants, en se rapprochant de la partie antérieure, vont en diminuant de grosseur; le cinquième est cependant un peu plus gros que le précédent, et le sixième est de la même dimension que le quatrième, au-dessous duquel il est placé. Tous ces yeux lisses sont parfaitement arrondis. Il est inutile de dire ici que les Chenilles n'ont que des yeux lisses, et qu'on ne retrouve pas chez elles des yeux composés ou à facettes analogues à ceux des insectes parfaits.

La tête est encore garnie d'une série d'appendices qui entourent la bouche, et qui constituent l'*appareil masticateur;* on y remarque, en effet, outre la lame transversale connue sous le nom de labre, une paire de mandibules, une paire de mâchoires et une lèvre inférieure.

La *lèvre supérieure*, ou *labre* (Pl. 7, fig. 3), est large, assez saillante et recouvre en entier les mandibules. Elle est arrondie latéralement et profondément échancrée dans son milieu, de manière à former deux lobes arrondis; enfin, sa surface est garnie de quelques poils épars (fig. 3 *d*) beaucoup plus courts que ceux de la tête (fig. 3 *a*).

Les *mandibules* (Pl. 7, fig. 4) sont très-larges, lisses en dessus, un peu convexes, arrondies au bord externe, et formant à leur base un double lobe (fig. 4 *a*); elles sont terminées par cinq dentelures ressemblant un peu aux dents d'un feston; la plus rapprochée du bord externe est la plus étroite; les trois suivantes sont à peu près de la même largeur entre elles et terminées en pointe aiguë; la dernière, celle qui termine le bord interne, est très-arrondie; on remarque encore, sur les mandibules, deux poils près de leur bord externe; en dessous, les mandibules sont concaves dans leur moitié interne (Pl. 7, fig. 5); les quatre dents aiguës, que l'on a observées en dessus, sont fortement concaves en dessous, et semblent former autant de rigoles distinctes les unes des autres.

Les *mâchoires,* très-petites, peu consistantes, et divisées en plusieurs anneaux, sont terminées par une sorte de mamelon qui supporte quatre petites dentelures (Pl. 7, fig. 6 *o*).

Les *palpes maxillaires* sont assez grêles et composés de deux articles; le premier (Pl. 7, fig. 6 *p*) est beaucoup plus grêle et plus petit que le second.

La *lèvre inférieure* (Pl. 7, fig. 6 et 7 *f*) est fort grande, et dépasse très-sensiblement les autres parties de la bouche; elle est très-oblongue, notablement renflée, et terminée par deux lobes arrondis; enfin elle supporte à son extrémité la *filière*, qui est conique et prolongée en une sorte de museau (fig. 6 *i* et 8 *i*).

Les *palpes labiaux* (Pl. 7, fig. 6 *g*, 8 *g*) sont situés à l'extrémité de la lèvre inférieure et à la base de la filière; ils sont grêles et allongés; leur premier article est large et fort court; le second est long et plus mince à son extrémité qu'à sa base; le troisième article, très-petit et presque carré, supporte un long poil latéral, et enfin le dernier article est long et grêle comme une forte soie.

Le Corps, comme celui de toutes les larves, est composé essentiellement de douze anneaux. Le premier (Pl. 6, fig. 1-I) est lisse et de consistance solide comme la tête, à laquelle il ressemble par sa couleur et sa texture; comme elle aussi, il supporte quelques longs poils. Tous les segments suivants sont de consistance molle, et, à l'exception du dernier, qui est plus court que les autres, ils ont à peu près le même développement. Sur chacun d'eux il existe deux petits plis transversaux et deux plis longitudinaux qui sont situés latéralement, et qui semblent indiquer les limites entre l'arceau dorsal et l'arceau ventral de ces anneaux.

Toute la surface de la peau de la Chenille est couverte d'une infinité de petites pointes triangulaires excessivement rapprochées les unes des autres et visibles seulement à l'aide d'un très-fort grossissement (Pl. 6, fig. 11 *a* et 12 *a*); on y aperçoit aussi de petits espaces lisses, parfaitement circonscrits, les uns presque ronds (fig. 12 *b*), les autres plus ou moins irréguliers (fig. 11 *b*), et donnant naissance chacune à un ou deux longs poils cernés à leur base par un petit rebord saillant. Ces espèces de disques pilifères sont disposés avec une grande régularité, et leur nombre aussi bien que leur position sont à peu de chose près les mêmes, non-seulement sur les différents anneaux, mais encore sur les deux arceaux de chacun de ces segments (fig. 1, 2 et 7). Leur nombre normal est de quatre paires par arceau, et conséquemment de huit paires par anneau; deux paires appartiennent à la portion médiane, soit dorsale, soit ventrale de chaque arceau; et deux paires à la portion latérale ou aux flancs de l'animal; les premiers ne varient que peu, si ce n'est sur le premier et le douzième anneau, et les anomalies qui se remarquent portent principalement sur les plaques pilifères de la portion latérale de l'arceau inférieur. Les quatre disques dorsaux circonscrivent un quadrilatère inéquilatéral et ne manquent que sur le premier anneau (fig. 1); ceux de la portion latérale de l'arceau supérieur, également au nombre de deux paires par segment, sont situés, l'un en avant et au-dessous du stigmate correspondant, l'autre au-dessus et plus ou moins en arrière de cet orifice (fig. 2); les deux paires appartenant à la portion ventrale sont disposées sur une ligne transversale tantôt droite, tantôt courbe (fig. 7); et, lorsque les deux paires de la portion latérale de l'arceau inférieur existent, elles se voient à peu de distance du sillon longitudinal; mais l'une d'elles manque sur tous les anneaux pédigères, et quelquefois même on n'en aperçoit aucune trace au-dessus des pattes écailleuses. Enfin, il est encore à noter que les poils auxquels ces disques servent de base ne varient guère, si ce n'est par leur longueur un peu plus ou un peu moins considérable, et ressemblent aussi à des soies qui naissent sur d'autres points de la peau et qui n'offrent dans leur position rien de constant.

Les *stigmates* sont très-visibles dans les Chenilles de la PYRALE DE LA VIGNE; le premier, placé sur le premier anneau, immédiatement au-dessous de la plaque dorsale noire, est entouré par un petit rebord noirâtre qui le met en évidence plus que tous les autres. Ces derniers, situés sur les parties latérales des quatrième, cinquième, sixième, septième, huitième, neuvième, dixième et onzième anneaux, consistent en une petite ouverture, qui se détache comme un point noirâtre sur la peau de la Chenille; tous sont contigus à une de ces petites plaques pilifères dont il vient d'être question. On sait que chez les Chenilles, de même que dans toutes les larves, le deuxième, et le troisième anneaux, qui supporteraient des ailes chez l'insecte parfait, sont toujours privés de stigmates, ainsi que le douzième et dernier.

Les *pattes* de ces larves sont de deux sortes et ont été distinguées par les entomologistes sous les noms de *pattes écailleuses* et de *pattes membraneuses*. Les premières, au nombre de trois paires, naissent des trois anneaux qui suivent la tête et qui représentent le thorax de l'insecte parfait; ces membres correspondent aussi aux pattes du Papillon et sont composés de cinq articles; quant à leur forme et aux proportions de leurs diverses parties, on en prendra une idée plus exacte en jetant les yeux sur les figures que nous en donnons (Pl. 6, fig. 2, 5 et 6) qu'à l'aide de la description la plus minutieuse; nous nous bornerons, par conséquent, à dire qu'ils sont tous terminés par un ongle corné fort étroit et acéré (fig. 5 *e*), à la base duquel on remarque une sorte de talon disposé de façon à pouvoir se cacher dans les parties charnues voisines (fig. 5, 6).

Les *pattes membraneuses*, ou *pattes abdominales*, que l'on appelle aussi des *pattes en couronne* à raison de la disposition des crochets dont leur extrémité est garnie, occupent la portion moyenne et l'extrémité postérieure du corps, et n'ont pas de représentant chez l'insecte parfait; on en compte cinq paires, dont les quatre premières s'insèrent aux sixième, septième, huitième et neuvième anneaux; elles sont séparées de celles de la cinquième paire par deux segments apodes. Cette cinquième paire naît du dernier anneau du corps et se dirige obliquement en arrière. Les unes et les autres ont la forme de mamelons charnus, tronqués à leur sommet, où l'on distingue une petite excavation contractile en forme de cupule, qui est armée d'une multitude de petits crochets et qui sert à l'animal pour se fixer aux corps sur lesquels il marche (fig. 9, 9 *a* et 9 *b*). Ces crochets, qui varient entre eux par leur longueur et le degré de leur courbure, sont tous dirigés en dehors, et par conséquent sur la ligne médiane ils se trouvent opposés les uns aux autres (fig. 9 *b*).

Le douzième anneau post-céphalique donne insertion, près de son bord postérieur, aux pattes membraneuses de la cinquième paire, qui sont très-rapprochées entre elles vers leur base; mais, du côté dorsal, ce segment ne termine pas le corps et se continue avec un lobe conique qui simule un treizième anneau (fig. 1 et 2) et qui porte, caché sous son extrémité postérieure, un petit tubercule aplati et semi-circulaire dont le bord libre est garni d'une série d'épines disposées de manière à représenter une sorte de râteau à dents divergentes (fig. 8 et 8 *a*). Enfin, il est encore à remarquer que ces épines diffèrent des poils ordinaires par leur structure aussi bien que par leur forme, car elles paraissent être composées d'une gaîne semi-cornée dans l'intérieur de laquelle seraient renfermées un certain nombre de baguettes ou de soies plus grêles (fig. 8 *b*).

§ II. *De la structure intérieure.*

Le *canal digestif* (Pl. 7, fig. 10), comme celui de la plupart des larves, est droit et ne forme aucune circonvolution (fig. 10 *b*). L'œsophage (fig. 10 *c*), qui en constitue la portion antérieure, se renfle aussitôt en un jabot pyriforme plus ou moins prononcé, suivant qu'il est plus ou moins rempli d'aliments, et on y remarque intérieurement des plis ayant l'aspect de stries transversales. L'estomac (fig. 10 *d*) occupe la plus grande partie de la longueur du corps; il consiste en un tube droit, de forme cylindroïde, limité en arrière par l'insertion des vaisseaux biliaires, Cet organe est recouvert de trachées, au moins dans les deux tiers de sa longueur, et, dans sa partie postérieure seulement, il présente des plis transversaux assez visibles, et séparés sur la ligne médiane par une sorte de cordon ou de *raphé*. L'intestin (fig. 10 *h*) est fort court et fait suite à l'estomac; d'abord légèrement renflé, il se rétrécit bientôt (fig. 10 *e*), puis se renfle de nouveau à son extrémité; il est complétement recouvert par les circonvolutions des vaisseaux biliaires, tandis que l'estomac est en grande partie à découvert.

Les *vaisseaux biliaires* naissent par deux points d'insertion à la jonction de l'estomac et de l'intestin. Chacun de ces canaux, d'abord un peu renflé à sa base, se divise bientôt en deux rameaux fort grêles qui montent le long de l'estomac, auquel ils sont accolés. L'un de ces rameaux reste simple; après s'être élevé jusqu'à la hauteur du jabot, il se replie sur lui-même et redescend ensuite jusqu'au rectum. L'autre rameau monte dans la même direction; mais, vers les deux tiers de son trajet, il se subdivise encore en deux branches, qui, parvenues à la hauteur du jabot, se recourbent sur elles-mêmes, et descendent jusqu'au rectum, où elles forment de nombreuses circonvolutions. Ces vaisseaux, de couleur blanchâtre, sont peu variqueux à leur base, mais le deviennent extrêmement vers leur extrémité. Chaque branche m'a paru avoir un point d'insertion sur le rectum; s'il en est ainsi, il y aurait par conséquent six insertions distinctes (fig. 10 *e*).

Les *vaisseaux soyeux* (fig. 10 *l*) prennent naissance à la base de la bouche; ils présentent trois parties distinctes qui se succèdent sans démarcation bien précise. L'une sécrète la liqueur qui sert à former la soie; l'autre la tient en réserve, et la troisième constitue le canal excréteur qui lui donne passage pour s'écouler. Ces vaisseaux ont presque deux fois la longueur du corps, et forment ainsi plusieurs circonvolutions. Leur extrémité n'est pas libre, mais vient adhérer au canal intestinal en arrière de l'insertion des canaux biliaires (fig. 10 *l'''* et 10 *b, l'''*); je ne pense pourtant pas qu'il y ait entre eux aucune communication.

La partie la plus renflée des vaisseaux soyeux, qu'on peut considérer comme le réservoir (fig. 10 *l''*), est parfaitement lisse; mais celle qui la précède (fig. 10 *l'''*) et qui sécrète le liquide, ainsi que celle qui la suit (fig. 10 *l'*), et qui sert à porter la liqueur jusque dans les filières, sont un peu variqueuses. En examinant au microscope les vaisseaux soyeux sur des Chenilles conservées dans l'alcool, j'y ai aperçu des divisions en forme de losange (fig. 10 *a*) qui ressemblent aux loges des gâteaux d'abeilles vues de profil; mais ces divisions ne sont apparentes qu'à l'aide d'un très-fort grossissement.

Le *système nerveux* de la PYRALE à l'état de larve a beaucoup d'analogie avec celui des Chenilles, qui a été décrit et représenté par Lyonnet et Ramdohr. Les plus grosses Chenilles que j'ai choisies de préférence pour la dissection ne m'ont présenté que onze ganglions, outre le cerveau, ou *ganglion céphalique*. Ce dernier (fig. 11, 1), composé de deux petits corps oblongs faiblement accolés entre eux, est placé immédiatement au-dessus de l'œsophage. Il présente de chaque côté deux rameaux nerveux (fig. 11 *a a*) qui se subdivisent en plusieurs petites ramifications, et se distribuent aux parties antérieures de la tête En arrière, deux cordons nerveux (fig. 11 *x*), partant de cette espèce de cerveau, servent à le lier avec le premier ganglion thoracique. Celui-ci (fig. 11, 2) est ovalaire, un peu évasé, et légèrement échancré en avant; il fournit quatre rameaux nerveux (fig. 11 *b b*). Le deuxième ganglion, plus petit et beaucoup plus arrondi que le précédent, lui est accolé immédiatement en arrière; il émet deux rameaux en avant (fig. 11 *c*) et deux en arrière (fig. 11 *c'*).

Le troisième ganglion (fig. 11, 4), plus petit que les précédents, est de forme oblongue, et donne naissance à deux rameaux de chaque côté; enfin il est uni au ganglion qui le précède et à celui qui le suit par un double cordon médullaire (fig. 11, 5). Mais, à partir du quatrième ganglion, les deux cordons médullaires ne sont plus distincts qu'à leur origine, et ils paraissent simples dans presque toute leur longueur. Le cordon qui unit le quatrième et le cinquième ganglion est fort court; mais tous les autres ont à peu près la même longueur jusqu'au dixième ganglion.

Les cinquième, sixième, septième, huitième et neuvième ganglions sont à peu près de la même dimension et présentent des angles aux points où ils donnent naissance aux filets nerveux; on en remarque ordinairement une paire en avant de chaque ganglion et deux paires en arrière.

Le dixième ganglion (fig. 11 [11]) est petit, arrondi, et sans ramification apparente. Le dernier (fig. 11 [12]), intimement uni au précédent et beaucoup plus gros, est terminé par une quantité considérable de longs filaments (fig. 12 *k*) offrant des subdivisions à leur extrémité.

On voit combien le système nerveux de la Chenille diffère de celui du Papillon. Chez ce dernier, les ganglions céphalique et thoracique sont les seuls qui soient très-développés, ainsi que le dernier ganglion abdominal, tandis que dans la Chenille tous les ganglions ont, à peu de chose près, le même volume entre eux. Ceux de la partie antérieure du corps ne sont pas beaucoup plus considérables que les suivants; et cette modification, amenée par les progrès du développement organique de la PYRALE, s'accorde avec tous les faits du même ordre observés jusqu'ici, et fournit une nouvelle preuve de la vérité de ce principe, que le perfectionnement des animaux articulés est, toutes choses égales d'ailleurs, en raison de la dissemblance des divers segments dont leur corps se compose.

§ III. *Des mœurs de la Chenille. — De ses changements de peau. — De sa transformation en Chrysalide.*

A peine sorties des Œufs, on voit les Chenilles se disperser sur les feuilles et marcher rapidement dans toutes les directions, même à reculons; ce n'est pourtant pas dans le but de chercher leur nourriture qu'elles déploient tant d'activité, et leur vie destructive n'est pas encore près de commencer. Bien que nous ne soyons qu'au mois d'août, et que la chaleur s'élève quelquefois jusqu'à vingt ou vingt-cinq degrés, bien que la Vigne soit couverte de feuilles vertes, fraîches et tendres, les petites Chenilles s'occupent uniquement alors à chercher un abri convenable à leur hivernation, qui doit se prolonger jusqu'au printemps suivant; et ce n'est qu'à cette époque que l'insecte, sortant de sa retraite, commencera enfin à prendre quelque nourriture.

Ce long jeûne, de neuf mois au moins, cette hivernation prématurée, n'avaient été jusqu'à présent admis que difficilement par les cultivateurs et

13

même par quelques observateurs. Les uns croyaient que la Chenille ne naissait qu'au printemps; d'autres, tout en connaissant mieux l'époque de l'éclosion des Œufs, supposaient que l'insecte devait manger aussitôt après sa naissance, et que sa faiblesse seule rendait à cette époque ses dégâts peu sensibles. Mais on ne peut actuellement conserver le moindre doute sur cette particularité de la vie de la PYRALE; et s'il est positif que la Chenille ne touche pas aux feuilles avant de gagner sa retraite d'hiver, il l'est également qu'elle ne peut trouver sous les écorces où elle passe toute la saison froide aucune nourriture à sa convenance : sa taille, qui ne varie pas depuis le moment de sa naissance jusqu'au mois de mai, vient à l'appui de cette opinion, maintenant généralement répandue, et que toute observation faite avec soin ne peut que confirmer.

Après s'être promenées quelque temps sur la feuille, les petites Chenilles se rapprochent du bord; alors, se laissant tomber, et soutenues par un long fil soyeux qu'elles sécrètent, on les voit suspendues dans l'air, attendant souvent assez long-temps qu'un vent favorable vienne les lancer sur le cep même de la vigne (Pl. 5, fig. 1 *n, n, n*). Quelquefois, mais rarement, et seulement lorsque leur position ne leur semble apparemment pas convenable, elles remontent à l'aide de leur fil jusqu'à la feuille où il est fixé. Je vis un jour une Chenille qui parcourut de cette manière un fil de cinq centimètres, et qui mit un peu plus de six minutes à se hisser de nouveau jusqu'à la place d'où elle était partie.

Lorsqu'elles ont une fois gagné le cep, c'est dans les fissures du bois ou sous l'écorce que les petites Chenilles cherchent à se réfugier; la moindre anfractuosité, la plus légère séparation entre l'écorce et le bois va leur fournir un sûr abri; mais la racine ne paraît pas leur convenir, non plus que la partie inférieure du tronc, et on ne commence guère à en trouver dans celui-ci qu'à quelques pouces au-dessus des premières branches. Les endroits qu'elles adoptent de préférence sont les cornes, ou extrémités des sarments, et surtout les parties coudées et par cela même doublement abritées. Dans les vignobles où l'on emploie des échalas pour soutenir les vignes, ces supports servent aussi de refuge à beaucoup de jeunes larves. Enfin l'on assure même que la terre en reçoit un certain nombre; mais cette opinion, qu'aucun fait n'est venu jusqu'à présent confirmer, me semble dénuée de toute probabilité; et, en effet, n'est-il pas difficile de supposer qu'un insecte puisse indifféremment hiverner sous les écorces et dans la terre?

Lorsque les larves ont enfin trouvé le lieu de refuge où doivent se passer les trois quarts de leur existence, elles se filent chacune un petit cocon, long de cinq à six millimètres, ovoïde, formé d'une soie grisâtre et ténue; c'est dans cet étroit fourreau qu'elles restent blotties, jusqu'à ce que les premiers rayons du soleil viennent les tirer de leur sommeil léthargique et leur faire sentir le besoin de nourriture.

Dans certaines années précoces, on voit, dès la fin d'avril, quelques petites Chenilles se diriger vers les bourgeons; mais c'est généralement durant la première quinzaine de mai qu'elles sortent en plus grand nombre de leur retraite d'hiver : ce phénomène s'observe pendant vingt à vingt-cinq jours, et dure quelquefois même plus long-temps. Cette lenteur dans la sortie des Chenilles fait que souvent le propriétaire est loin de s'attendre à des dégâts aussi considérables que ceux qu'il va bientôt éprouver, et qu'il ne les connaît dans toute leur étendue qu'à une époque plus avancée de la saison. Dès que les jeunes Chenilles ont gagné les extrémités des pousses, leur premier soin est de tendre des fils, et de rapprocher autant que possible l'une de l'autre les feuilles et les petites grappes qui constituent le bourgeon, afin de s'en former une enveloppe. Nous ferons observer ici que jamais, pendant toute la durée de leur vie, les Chenilles de Pyrale ne commencent à manger sans s'être ainsi mises à l'abri sous une espèce de fourreau qu'elles se filent. J'ai cherché, mais vainement, à leur faire prendre leur nourriture hors de ce fourreau; et lorsqu'elles sont obligées de quitter le lieu de leur habitation, soit parce qu'elles y ont été inquiétées, soit parce qu'il ne leur offre plus de nourriture, leur premier soin, dès qu'elles se sont transportées sur un autre point, est de s'y construire une nouvelle enveloppe soyeuse, en enlaçant ensemble, au moyen de leurs fils, comme nous l'avons dit plus haut, les feuilles et les grappes.

Lorsque les feuilles commencent à se développer, et que les petites Chenilles ont atteint une longueur d'environ un centimètre, elles quittent l'extrémité des pousses et descendent au milieu des tiges. C'est du 15 au 20 mai (du moins dans le Maconnais) qu'elles commencent à prendre cette nouvelle position; mais de même qu'elles ne sont pas sorties toutes en même temps de dessous l'écorce, de même aussi ce changement s'opère graduellement, et pendant une quinzaine de jours on en rencontre simultanément dans ces deux places. Lorsque les Chenilles ont gagné les grandes feuilles et les grappes, elles recommencent à travailler; et cette fois le champ étant plus vaste, l'ouvrage devient aussi plus compliqué. Voici comme elles s'y prennent. Une fois posée sur une des feuilles qui doit faire partie de son espèce de nid, la Chenille jette des deux côtés de son corps des fils étroitement bridés et entre-croisés entre eux de manière à former au-dessus d'elle une espèce de toit surbaissé (Pl. 9, fig. 5); puis elle grimpe sur cette bâtisse comme sur un échafaudage pour aller construire un second étage à sa demeure. Ce nouveau travail s'exécute, comme le premier, à l'aide de fils entre-croisés, et, lorsque la trame est suffisamment épaisse, la Chenille détruit avec ses mandibules les premières brides devenues inutiles, et rend ainsi sa retraite assez spacieuse. Enfin elle tapisse de fils la portion de la surface de la feuille qui constitue le plancher de sa loge.

Tous ces fils ont des insertions distinctes, et adhèrent entre eux par le milieu, soit qu'ils se collent ensemble au moment où la Chenille les secrète et où ils sont encore mous, soit que celle-ci favorise cette adhérence au moyen de ses pattes, qui, pendant qu'elle travaille, suivent tous les mouvements de sa tête et s'appuient sur les fils qui s'échappent de sa filière. Quoique ce travail, au moyen duquel la Chenille replie la feuille et se construit une loge, exige plusieurs heures, il est bien rare qu'elle l'abandonne avant qu'il ne soit complétement terminé, et ce n'est qu'alors, du moins en apparence, que commence la destruction de la Vigne; mais cette destruction peut être attribuée au moins autant aux actes qui précèdent qu'à la voracité de la Chenille. En effet, ces fils innombrables jetés dans toutes les directions, entravant la végétation, arrêtent complétement la floraison et la fructification des grappes qui s'y trouvent mêlées; et de cet enchevêtrement des grappes, des feuilles et des vrilles résulte l'aspect de désolation qu'on trouve fidelement représenté dans les planches 11 et 12, et qui donne aux vignobles envahis par la PYRALE un caractère tout particulier. Tant que les larves sont très-jeunes, elles ne mangent pas les grappes de raisin, qu'elles se contentent d'entailler; et ces grappes, en se fanant, leur servent simplement de retraite et présentent un soutien à leurs fils. Mais lorsque les Chenilles acquièrent plus de force, et qu'il s'en montre aussi une plus grande quantité, elles ne se bornent plus à inciser les pédoncules de la Vigne, elles attaquent jusqu'aux grains en les coupant et souvent en les rongeant; pourtant, alors même, il reste prouvé qu'elles continuent à préférer beaucoup les feuilles aux fruits, car il est très-rare de voir les PYRALES se loger dans des grappes isolées et sans y être attirées par les feuilles environnantes. Voulant néanmoins m'assurer qu'à défaut de feuilles, elles pourraient se contenter de fruits comme nourriture unique, je plaçai quelques larves dans un bocal, avec une grappe dont la floraison ne faisait que commencer et dont les grains n'étaient pas encore formés. Ces animaux se réfugièrent bientôt dans la grappe, et, étant parvenus à la fixer aux parois du bocal au moyen de leurs fils, se mirent à se construire des demeures; pour cela, chaque Chenille, cramponnée sur la grappe au moyen de ses pattes membraneuses, tenant la partie antérieure de son corps relevée et portant sa tête de droite et de gauche, jeta des fils qui lui formèrent bientôt un abri. Une fois cachées de cette façon, elles se mirent à attaquer les fleurons tantôt par le sommet, tantôt, et même plus souvent, par le côté et en-dessous. Dans beaucoup de cas, elles se contentaient de manger le pédicelle; et alors le grain coupé restant attaché aux fils, venait leur présenter de nouvelles retraites; mais plusieurs rongèrent complétement l'intérieur même des petites baies.

A quelques jours de là je renouvelai l'expérience sur une grappe dont les grains, quoique petits, étaient pourtant complétement formés : les Chenilles employèrent la même industrie pour la fixer, et finirent par attaquer et manger un grand nombre de grains; ce qui acheva de me prouver que, malgré la préférence donnée aux feuilles par les Chenilles de la PYRALE, elles pourraient au besoin se nourrir également des grains. Dans cette occasion, comme dans bien d'autres, je pus remarquer combien ces Chenilles sont prodigues de leur soie. Ainsi toutes les fois que leurs anciens fourreaux ou ceux des autres Chenilles semblent gêner leurs mouvements, elles les détruisent sur-le-champ pour en former de nouveaux; elles emploient souvent aussi un grand nombre de fils uniquement dans le but de rapprocher des feuilles et des grappes qui ne leur servent que d'abri momentané; enfin elles se construisent dans le même but, et seulement à ce qu'il parait pour s'y réfugier à chaque changement de peau et lors de leur transformation en Chrysalides, des fourreaux blancs à parois distinctes au milieu des fils qui les enlacent déjà.

Quant au nombre de Chenilles qu'un seul cep peut receler, on conçoit qu'il dépend uniquement des années et des localités : en **1837**, par exemple, année désastreuse dans le Mâconnais, on a compté jusqu'à cent soixante Chenilles dévastant à la fois le même pied de Vigne.

Quoique les Chenilles de la PYRALE quittent rarement le lieu où elles sont nées, ces sortes d'émigrations ont pourtant lieu parfois, et dans des circonstances particulières : ainsi je rencontrai à Chenas, sur de nouvelles Vignes de l'année (nommées chapons), un assez grand nombre de larves, qui, n'ayant pu trouver dans ces écorces fines un abri durant l'hiver, n'avaient dû y être transplantées qu'au printemps et à l'état de Chenille, soit que cette émigration eût été volontaire de leur part, soit (et cette supposition me semble la plus croyable) que le vent les eût enlevées suspendues à leurs fils, pour les transporter violemment dans cette nouvelle résidence.

On pense assez généralement que les dégâts de la PYRALE ont lieu surtout pendant la nuit : en effet sa Chenille parait rechercher l'ombre et craindre la chaleur du soleil lorsqu'elle doit s'y trouver exposée sans abri. Cependant j'ai observé des larves qui, même au milieu du jour et à l'ardeur d'un soleil du mois de juin, se transportaient activement d'une feuille à l'autre suspendues à leurs fils, et se livraient à toute leur voracité. Mais c'est surtout de grand matin, ou à la chute du jour, que ces Chenilles, comme celles de la plupart des Lépidoptères, redoublent d'ardeur; et l'on assure que, dans les Vignes où elles commettent leurs dégâts, on entend distinctement, à ces heures du jour, le bruit qu'elles font en mangeant, et que le calme qui règne alors dans les champs contribue peut-être aussi à faire plus facilement observer.

Nous avons déjà vu plus haut que le Papillon de la PYRALE déposait ses OEufs dans le voisinage des Vignes, sur beaucoup d'arbustes et de fleurs diverses; les petites Chenilles qui en sortent y trouvent également une nourriture convenable; ainsi : les feuilles de Frêne, de Ronce, d'Althea, de Sarrette, de Fraisier, de Luzerne et de Pommes de terre semblent leur convenir presque aussi bien que les feuilles de la Vigne. Quelques cultivateurs, espérant faire tourner au profit de leurs vignobles l'attrait que la PYRALE manifeste pour certains végétaux, avaient essayé de planter dans le voisinage des Vignes des Pois, des Choux et surtout des Fèves de marais, afin d'attirer sur eux les attaques des Chenilles qu'ils auraient ensuite détruites avec les plantes qui leur servaient de pâture; d'autres agriculteurs, tendant vers le même but par un moyen contraire, au lieu de se guider d'après le goût de la PYRALE pour certains aliments, pensaient pouvoir se servir de ses antipathies pour l'écarter de leurs Vignes, en y plantant divers végétaux, tels que le Chanvre, le *Madia sativa*, le Lupin, etc.; mais les uns et les autres ont également échoué dans leurs tentatives, et les PYRALES ont continué, en dépit de tous leurs soins, à dévorer avec une ardeur presque égale toutes les plantes mises à leur portée, même celles qu'on croyait être l'objet de leur aversion, sans que la Vigne en eût pour cela moins à souffrir.

Il nous paraît donc prouvé que la Chenille de la PYRALE est essentiellement polyphage, et qu'on ne peut compter, soit pour l'éloigner, soit pour l'attirer exclusivement, sur la présence d'aucune plante; il nous serait même difficile de déterminer quelle était celle qui devait particulièrement lui servir de nourriture avant que la culture de la Vigne fût répandue comme elle l'est actuellement dans toute l'Europe méridionale et tempérée. Quant aux préférences qu'au dire de quelques agriculteurs elle accorde à certains plants de Vigne ou à certaines couleurs de raisin, nous en parlerons avec détail au chapitre consacré à cette partie de l'histoire de la PYRALE.

J'ai observé avec le plus grand soin la marche de la Chenille de la PYRALE. Lorsqu'elle est placée sur une surface plane, comme une feuille par exemple, son corps est d'abord complétement étendu, et toutes ses pattes adhèrent à cette surface; mais bientôt elle soulève ses pattes anales et les porte en avant; puis s'arc-boutant sur ces organes et lâchant prise avec ses autres pattes membraneuses, elle s'allonge par un mouvement d'ondulation, et semble pousser en avant la partie antérieure de son corps à l'aide de sa partie postérieure : prenant alors son point d'appui sur les quatre premières paires de ses pattes membraneuses, elle détache de nouveau ses pattes anales, et recommence le manége que nous venons de décrire. Quand elle marche avec vitesse, et on a observé que les Chenilles de PYRALE, lorsqu'elles avaient acquis tout leur développement, pouvaient dans l'espace d'une minute parcourir ainsi environ cinquante centimètres, ces ondulations se succèdent rapidement et deviennent très-difficiles à suivre.

Lorsqu'on inquiète une Chenille et qu'on veut la faire sortir de ses toiles, elle se contracte aussitôt et saute pour ainsi dire sur elle-même; puis fixant l'extrémité de son corps au moyen de ses pattes postérieures, et soulevant ses pattes membraneuses, elle se courbe en arrière. Les pattes écailleuses semblent glisser sur le sol et ne participer en rien au mouvement. Si l'excitation devient plus vive, on voit aussi la Chenille se renverser brusquement tantôt sur le flanc droit, tantôt sur le flanc gauche, et toujours en reculant; la rapidité de ces mouvements de contraction est telle qu'elle peut en exécuter plusieurs en quelques secondes; mais bientôt épuisée, elle tombe dans une immobilité presque complète.

Les Chenilles rejettent par la bouche, mais seulement lorsqu'on les inquiète, un liquide d'un vert foncé. Ce liquide, qui s'échappe sous forme de gouttelettes, n'a aucune odeur : placé sur du papier de tournesol soit rouge soit bleu, il n'a produit aucun effet sensible; le vert a paru seulement un peu plus vif sur le papier bleu, et d'un bleu grisâtre sur le papier rouge; sur le papier blanc la tache est restée d'un vert bouteille, et a seulement jauni un peu en se desséchant.

Ce fait tend à prouver que ce liquide est fourni par quelque organe sécréteur particulier; s'il était contenu dans l'œsophage et directement extrait de la Vigne, il produirait un tout autre effet : car tout le monde sait que lorsqu'on frotte une feuille de vigne avec du papier de tournesol, ce réactif passe immédiatement au rouge. Au contraire, les excréments sont très-acides et le papier de tournesol qui en a été touché rougit aussitôt.

On sait que beaucoup d'insectes peuvent vivre pendant long-temps privés de toute nourriture : la PYRALE jouit à un haut degré de cette faculté. Ainsi, en 1838, j'ai conservé dans un tube, du 20 mai au 17 juin, sans qu'elle prît aucune espèce d'aliment, une petite Chenille qui venait de changer de peau. J'ai conservé également, depuis le 6 juillet jusqu'au 17 du même mois, des Chenilles ayant atteint tout leur développement : au bout de ce temps, quoiqu'elles eussent sensiblement diminué, elles existaient encore. Quelquefois le manque de nourriture accélère leur transformation en Chrysalide; c'est ce que j'observai sur deux Chenilles qui avaient atteint à peu près la moitié de leur taille, et qui furent renfermées dans une boîte le 15 juillet : je retrouvai, le 1er septembre, l'une d'elles desséchée; mais l'autre, qui avait subi toutes ses métamorphoses, était alors parvenue à l'état de Papillon, seulement ce Papillon était sensiblement plus petit que ne le sont d'ordinaire ceux de la PYRALE. Du reste, des faits analogues avaient déjà été observés dans des circonstances semblables.

On remarque quelquefois tout à coup dans les vignes les plus ravagées par la PYRALE, un arrêt complet dans les progrès du mal; mais l'espoir que le cultivateur peut en concevoir n'est pas de longue durée, et au bout de peu de jours le fléau recommence à sévir avec une nouvelle violence. Ces interruptions dans les ravages ne sont dus qu'au repos forcé que ces insectes doivent prendre au moment où ils subissent leur mue; car la Chenille de la PYRALE, comme la plupart des larves de Lépidoptère, est soumise à quatre changements de peau successifs, et on peut diviser en cinq périodes la durée de son existence. La *première période*, beaucoup plus longue que les autres, comprend tout le temps qui s'écoule depuis le moment où la larve sort de l'Œuf jusqu'à sa première mue, qui a lieu au printemps, quelques jours après qu'elle a gagné les bourgeons.

La *deuxième période* commence immédiatement après la première mue. La Chenille a alors environ 4 millimètres. Cette période se termine après le deuxième changement de peau, et pendant sa durée l'insecte croît d'environ 2 millimètres.

La *troisième période* s'étend jusqu'après le troisième changement de peau; la Chenille atteint alors 7 ou 8 millimètres de longueur.

La *quatrième période* commence après cette troisième mue et dure jusqu'après la quatrième; la longueur de la Chenille est de 8 à 10 millimètres.

Enfin la *cinquième période* finit à l'époque où la Chenille se métamorphose en Chrysalide.

Lorsque les larves sont au moment de changer de peau, on remarque dans les vignes des fils bien plus nombreux que d'ordinaire et disposés en fourreaux; retirées dans l'intérieur de ces fourreaux, elles y restent quelques jours immobiles et sans prendre aucune nourriture; leur corps est contracté et leurs couleurs ternies; enfin leur peau se fend longitudinalement sur le dos, et, se refoulant en arrière, laisse apercevoir une nouvelle enveloppe plus brillante que la précédente. A peine cette transformation a-t-elle eu lieu, que les larves recommencent à manger jusqu'à ce qu'une nouvelle mue ramène les mêmes phases.

Comme les Chenilles augmentent chaque jour de grosseur et qu'elles consomment par conséquent de plus en plus de nourriture, les dégâts vont toujours croissant pendant toute la durée de leur vie; et ils n'ont atteint toute leur intensité que lorsque les larves ayant accompli les diverses périodes de leur existence active, sont au moment de passer à l'état de Chrysalide. Cette transformation s'opère graduellement depuis le 20 juin jusqu'au 10 juillet; car la sortie des souches n'ayant pas été simultanée, les Chenilles ne peuvent avoir acquis toutes en même temps leur développement complet.

Quand le moment de leur métamorphose est arrivé, elles vont chercher un abri dans les feuilles recoquillées, desséchées et entrelacées de fils qui leur ont déjà servi précédemment de refuge et en partie de nourriture. Mais si les Vignes n'ont pas été fortement ravagées, et que les Chenilles n'y trouvent pas suffisamment de nids convenables, elles s'en font de nouveau en incisant au moyen de leurs mandibules les pétioles de quelques feuilles, qui ne tardent pas à se faner, et qui, desséchées et réunies à d'autres feuilles et même quelquefois à des grappes au moyen de fils, leur offrent des lieux de retraite convenables, au milieu desquels elles se cachent. Cette habitude curieuse de la Chenille explique parfaitement l'observation qu'on avait faite, que les feuilles brunes et sèches étaient plus nombreuses proportionnellement dans les vignobles qui n'avaient été que médiocrement ravagés.

La Chenille, une fois blottie dans ce réduit, ne prend plus aucune nourriture, et c'est au bout de deux ou trois jours qu'a lieu sa transformation : à quelques mouvements de contraction succède bientôt une immobilité complète, pendant laquelle on distingue sous la peau, et par transparence, quelques mouvements analogues à ceux d'une Chenille qui marche; mais ces mouvements ne sont qu'intérieurs, et, à travers la peau, qui n'y participe pas, on aperçoit les pointes dont la Chrysalide va être garnie.

Les formes et les couleurs de la Chenille ont déjà subi à cette époque de grands changements : son corps est légèrement conique, et la partie antérieure est devenue beaucoup plus large que la partie postérieure. Les pattes écailleuses sont toutes ramassées vers la tête, et les pattes membraneuses, au lieu d'être saillantes, sont, au contraire, rentrées dans la peau et comme contractées. Le tubercule terminal du corps paraît entièrement détaché des derniers anneaux et prend une teinte d'un jaune-rosé pâle; le deuxième et le troisième anneau sont d'un beau vert-tendre, mais tous les autres ont une teinte olivâtre plus pâle en dessous qu'en dessus.

Des plis nombreux ne tardent pas à se former à la partie postérieure du corps; aussitôt les pattes écailleuses, changeant de direction, se redressent de manière à former angle droit avec le corps. Celles de la troisième paire sont généralement plus distendues que les autres, et dirigées un peu en arrière; ce qui les éloigne de la deuxième paire plus que celle-ci ne l'est de la première.

En même temps, la partie antérieure du corps continue à s'élargir; et on voit se former tout d'un coup une fente médiane le long de la tête et des trois premiers anneaux, ainsi qu'une petite déchirure transversale entre la tête et le premier anneau. Cette fente, qui permet de distinguer le thorax de la Chrysalide, la base des ailes et le commencement de l'abdomen, s'élargissant progressivement, ces parties font bientôt saillie, et la Chrysalide semble se gonfler sans que pourtant sa partie antérieure se dégage encore de la dépouille de la

Chenille, qui se plisse de plus en plus à sa partie postérieure, tandis que les pattes écailleuses continuent à s'écarter les unes des autres; mais enfin l'enveloppe de la Chenille se détache entièrement à la partie antérieure, et la Chrysalide, se redressant, refoule en arrière cette dépouille transparente et plissée, que quelques légers mouvements de contraction suffisent pour faire tomber complétement.

CHAPITRE CINQUIÈME.

De la PYRALE DE LA VIGNE à l'état de CHRYSALIDE.

Au moment où la Chrysalide vient de sortir de la peau de la Chenille, elle est dans toute son étendue d'une couleur vert-pomme tendre. Mais bientôt le thorax et l'abdomen passent au jaune-pâle, et le bord de chaque segment se colore en brun; la tête et les ailes restent verts plus long-temps, et ce n'est qu'au bout de quelques heures que la totalité de la Chrysalide a acquis la couleur brun-chocolat qu'elle doit toujours conserver.

Renfermée dans l'intérieur du cocon ou fourreau que la Chenille a filé avant de se métamorphoser, la Chrysalide s'y trouve soutenue par les épines recourbées qui garnissent l'extrémité de son abdomen, et qui, s'accrochant dans les fils qui l'entourent, la maintiennent en place malgré les secousses occasionnées par le vent. Elle y reste habituellement immobile; mais pourtant lorsqu'on l'ébranle, elle contourne son abdomen en dilatant et contractant tour à tour tous les anneaux de son corps. Ces mouvements deviennent d'autant plus rapides et plus violents, qu'on l'excite davantage, et dans ce cas on la voit quelquefois se retourner en entier.

Nous avons dit que c'était surtout du 15 au 30 juin qu'avait lieu la métamorphose des Chenilles en Chrysalides. L'abbé Roberjot, Bosc, Draparnaud, Dunal avaient établi que cet état se prolongeait pendant vingt à vingt-cinq jours, tandis que d'autres auteurs avaient avancé, au contraire, que le Papillon sortait de la Chrysalide du huitième au dixième jour. Mes propres observations, d'accord sur ce point encore avec celles de M. Maffre, m'ont prouvé que la durée la plus habituelle de l'état de Chrysalide était de quatorze à seize jours, et que les cas exceptionnels n'amenaient jamais d'éclosion de Papillon avant le douzième jour ni passé le dix-huitième.

Lorsque le moment est arrivé où le Papillon doit quitter la Chrysalide, celle-ci se fend sur les parties latérales aux sutures formées par les éminences des ailes et des antennes. Le Papillon passe alors ses pattes, dégage ensuite sa tête complétement, et finit par sortir tout son corps de l'enveloppe de la Chrysalide, qui, souvent entraînée hors du cocon par les efforts que fait le Papillon pour s'en dégager, reste quelquefois fixée par son extrémité aux fils de son fourreau soyeux. Le Papillon étant une fois débarrassé de ses entraves, nous voyons se renouveler la série successive d'actions que nous venons d'essayer de décrire et qui constitue l'existence de la PYRALE à ses quatre états.

La description détaillée que nous venons de donner de la PYRALE DE LA VIGNE pourra peut-être paraître superflue à bien des praticiens. Nous n'avons pourtant pas été guidés dans nos recherches par des motifs purement scientifiques, et bien qu'une partie de ces observations minutieuses n'ait pas en effet une application agricole, le plus grand nombre se rattache essentiellement à la grande question qui a occupé si long-temps nos pensées. Avant de chercher à combattre notre ennemi, nous avons jugé nécessaire d'étudier ses traits caractéristiques, ses mœurs, ses ruses, semblable sur ce point au médecin qui doit parfaitement connaître la constitution, les habitudes, le caractère même de son malade avant d'essayer de le guérir. Nous allons actuellement appeler à notre aide des considérations d'un autre genre, mais dont les résultats ne nous semblent pas moins importants.

DEUXIÈME PARTIE.

HISTOIRE DES DIVERSES INVASIONS DE LA PYRALE; DISTRIBUTION GÉOGRAPHIQUE DE CET INSECTE; CIRCONSTANCES NATURELLES QUI PEUVENT FAVORISER SON DÉVELOPPEMENT OU AMENER SA DISPARITION.

CHAPITRE PREMIER.

Époques auxquelles le fléau s'est montré. — Sa durée. — Ses alternatives. — Importance des pertes causées par la PYRALE.

Lorsqu'on voit des myriades de PYRALES envahir nos vignobles les plus riches et y détruire des récoltes tout entières, on est naturellement porté à demander si ce fléau frappe pour la première fois notre pays, ou bien si nos aïeux ont eu à souffrir de phénomènes analogues. Cette curiosité est trop légitime pour que nous ne cherchions point à y satisfaire. Mais ce n'est pas seulement dans cette vue que nous nous sommes livrés aux recherches historiques dont nous allons essayer de rendre compte dans ce chapitre. Il nous a semblé aussi que la connaissance du passé pourrait fournir à l'avenir d'utiles enseignements, et nous aider dans l'examen de quelques-unes des questions les plus importantes dont la pratique agricole, aussi bien que la science entomologique, réclame la solution.

Ainsi, quand on réfléchit à la prodigieuse fécondité des insectes et à la rapidité avec laquelle les générations se succèdent parmi ces êtres destructeurs, on se demande quel pourra être le terme des désastres dont nous sommes témoins, et comment la nature viendra arrêter de si grands ravages. Les documents historiques pourront en partie résoudre ces questions; ils nous apprendront si l'apparition et la disparition des PYRALES est assujettie à une périodicité d'après laquelle nos vignerons, en se voyant condamnés à perdre pendant quelques années les fruits de leurs travaux, pourraient au moins prévoir le terme de leurs souffrances; ou si, au contraire, ce fléau n'offre dans sa marche rien de régulier. Nous devrons chercher encore dans l'histoire du passé tout ce qui peut jeter quelque lumière sur les circonstances dans lesquelles la PYRALE se montre, rassembler avec soin les observations relatives aux influences qui ont favorisé ou entravé ses ravages, et examiner de quelle manière de pareilles invasions se terminent d'ordinaire, ne fût-ce que dans l'espoir de découvrir les causes qui ont amené la destruction de l'insecte, afin de chercher ensuite à imiter la nature dans nos procédés agricoles.

C'est aussi en compulsant les annales de nos pays de vignobles que l'on pourra savoir si la PYRALE prend naissance indifféremment dans toutes les localités, ou s'il existe des lieux dans lesquels cet insecte destructeur se multiplie de préférence, pour se répandre ensuite au loin comme se répandent les miasmes qui se dégagent d'un foyer permanent de contagion, lieux où l'agriculteur aurait à concentrer ses efforts afin de combattre le mal à sa source. Les récits de nos devanciers doivent nous apprendre encore si effectivement, comme le pensent quelques cultivateurs, le fléau porte avec lui son remède et ne cesse que lorsque ses ravages sont à leur comble; car dans ce cas les tentatives du vigneron pour en arrêter les progrès ne feraient qu'ajouter de nouvelles pertes à celles qu'il est destiné à subir, et ne serviraient qu'à retarder l'espèce de crise dont la suite naturelle doit être la destruction de l'ennemi.

Envisagées sous ce point de vue, les recherches historiques sur la PYRALE prennent un intérêt tout nouveau; malheureusement les documents nous manquent pour en faire l'objet d'une étude aussi approfondie que nous l'aurions désiré : l'irrégularité qui existait jadis dans la tenue des archives de nos provinces, le peu d'importance qu'on attachait alors aux sciences agricoles, l'ignorance des cultivateurs et l'indifférence des entomologistes pour tout ce qui touchait à l'industrie, sont autant d'obstacles à une connaissance complète des envahissements successifs de notre ennemi, et nous osons à peine espérer que d'autres, plus habiles ou plus laborieux que nous, puissent arriver à constater la présence de cet insecte à toutes les époques où il a dû se montrer. Mais considérant les diverses invasions de PYRALES mentionnées dans nos chroniques comme autant d'expériences dont il y aurait quelque profit à tirer, nous nous sommes simplement appliqué à les enregistrer ici, non pour faire un vain étalage d'érudition, mais dans l'espérance que les faits réunis dans nos recherches historiques permettront de résoudre plusieurs questions encore en litige et dont l'importance est évidente pour la pratique agricole aussi bien que pour les spéculations de la science.

Si nous n'avions pensé devoir borner à la France l'histoire des invasions de la PYRALE, nous aurions pu trouver dans les anciens auteurs grecs et latins des indications assez positives des ravages exercés par cet insecte à des époques très-reculées. En effet, éclairé par les savantes recherches de M. Walckenaer, nous ne pouvons guère douter que l'insecte désigné par Plaute, dans une de ses comédies, sous le nom d'*Involvorum*, et par Marcus Portius Cato, dans son traité *De re rusticâ*, sous celui d'*Involvulus*, ne soit le même que nous appelons actuellement PYRALE. Il n'aurait pas été sans intérêt d'entrer dans quelques détails sur ce sujet, de rapporter les recettes préconisées par l'ignorance ou les préjugés pour la destruction des ennemis de la Vigne, etc., etc. Mais des recherches de ce genre n'auraient fourni que des résultats bien vagues, et d'ailleurs elles nous auraient conduit trop loin du cadre que nous nous sommes tracé. Nous avons donc cru devoir envisager notre sujet d'une manière moins vaste.

La PYRALE est loin d'avoir laissé en France des traces aussi anciennes de son passage. Quelques recueils judiciaires, quelques pièces conservées dans les archives de certaines villes, nous relatent bien de bizarres procès intentés à des Chenilles nuisibles aux biens de la terre, à une époque où nos pères croyaient devoir soumettre à l'action de la justice tous les faits condamnables, même lorsqu'ils étaient accomplis par des animaux. Ces procès, où les juges et le curateur jouaient un rôle fort sérieux, se terminaient ordinairement par l'ordre exprès donné aux Chenilles, sous peine d'excommunication, de quitter le pays et de se retirer dans un lieu particulier qu'on leur désignait.

Mais rien n'indique d'une manière positive, dans ces diverses pièces, que ce fut des Chenilles de la PYRALE qu'on voulût parler, et ce n'est que vers la fin du seizième siècle que nous acquérons la preuve positive de la présence de cet insecte dans des vignobles où il existe encore de nos jours.

15

La première invasion de la PYRALE, ou au moins la première qui nous soit bien prouvée, eut lieu aux environs de Paris, dans le même canton qui est encore attaqué de nos jours, sur le territoire d'Argenteuil enfin. « Les habitants de cette commune, dit l'abbé Lebœuf dans son *Histoire du diocèse de Paris*, regardèrent, en 1562, comme un fléau de Dieu les divers insectes qui gâtaient leurs Vignes dans le printemps. L'évêque de Paris ordonna qu'ils feraient des prières publiques pour la diminution de ces insectes où ils seraient nommés, et qu'on y joindrait des exorcismes sans sortir de l'église. L'ordonnance les appelle : *Besianos seu diablotinos luysetas becardos.* » On pourrait s'étonner de l'importance qu'on attachait alors à la conservation des vignobles d'Argenteuil, si on ne se rappelait que les vins de ce canton, si peu recherchés actuellement, jouissaient à cette époque d'une haute réputation. Les dîmes du vin formaient alors la partie la plus importante des revenus de l'abbaye de Saint-Denis, et il fut même soutenu, dans une thèse publique des écoles de médecine de Paris, que les vins de ce terroir devaient avoir la préférence sur ceux de Bourgogne et de Champagne.

Cinquante ans plus tard, nous retrouvons dans ces mêmes vignobles de nouvelles traces de la PYRALE. Selon un vieux manuscrit, un ver destructeur vint, en 1629, établir son séjour dans les Vignes de Colombes, près Argenteuil, et y commit d'affreux ravages. A cette époque, on ne pouvait avoir recours, pour extirper le mal, aux expédients qu'un siècle plus éclairé semble devoir indiquer. Une population simple, et même superstitieuse, ne voyait de ressource contre un fléau envoyé de Dieu que dans cette même volonté toute-puissante : la main qui les avait frappés pouvait seule les guérir, et n'essayant pas de lutter par des moyens puisés dans leur propre intelligence, ce n'était que dans la prière qu'ils cherchaient la fin de leurs maux. Une procession pour obtenir la cessation du fléau destructeur de la Vigne fut donc fondée, à la demande des habitants de Colombes, par M. de Gondi, alors archevêque de Paris; et cette procession, dont l'origine est généralement inconnue, a encore lieu tous les ans, au mois de mai, à l'entour de ce village et dans les Vignes environnantes.

La PYRALE se représente de nouveau au bout de cent ans sur un point qui a conservé de nos jours toute son importance, sur le territoire d'Aï, en

Champagne. Une délibération du conseil de cette commune, datée du 19 avril 1733, vient nous prouver l'effroi que ce fléau inspirait aux habitants, qui, à ce qu'il paraît, avaient déjà eu à en souffrir précédemment. « Depuis quelques » jours, y est-il dit, les Vignes du terroir d'Aï et circonvoisins sont fatiguées » et mangées *dans leurs bourgeons* par des vers qu'on y voit en quantité con- » sidérable. Les soins qu'on pourrait y donner par la main de l'homme seraient » inutiles, ainsi qu'on l'a éprouvé l'année dernière; en sorte qu'il ne reste » d'autre ressource que d'implorer la miséricorde de Dieu par les prières » publiques et l'*exorciment* des insectes. Les habitants doivent d'autant plus y » avoir recours, qu'en pareille occasion ils en ont été délivrés, notamment » en 1717. » L'année suivante, une seconde délibération nous apprend que : « les habitants ont donné pouvoir aux maire et syndics de se transporter en la » ville de Reims pour demander permission à monseigneur l'archevêque de » prier Dieu et faire des processions pour les *vermissiaux*. » Et enfin on voit plus loin que la somme de quinze livres fut donnée aux syndics pour ledit voyage fait à Reims.

Nous ne trouvons plus jusqu'à la fin du dix-huitième siècle de documents publics relatifs aux dégâts occasionnés par la Pyrale dans le département de la Haute-Marne; mais nous en puisons d'également dignes de foi et d'aussi positifs dans les témoignages particuliers d'un propriétaire vigneron du canton d'Aï, qui avait l'habitude de se rendre compte annuellement des principaux événements qui avaient lieu dans ses vignobles. Dans cette espèce de journal, il parle du *ver de l'été* comme ayant dévasté fortement les Vignes de son canton depuis 1779 jusqu'en 1785. « Au printemps de cette dernière année, dit-il, la paroisse » d'Aï dirigea ses processions des Rogations sur les limites du mal, dans la » pieuse pensée de circonscrire le territoire d'une ligne de défense pour l'ave- » nir. » Cette année fut la dernière où le fléau se montra dans ce département. Nous ne croyons pas que jusqu'en 1820 la Pyrale y ait occasionné de nouveaux dommages.

Le Mâconnais et le Beaujolais vont devenir à leur tour le théâtre principal des ravages de la Pyrale. Il paraît que dès 1746 Romanèche et ses environs formaient déjà, comme aujourd'hui, le foyer principal des dégâts de l'insecte destructeur, et la convention suivante, que nous trouvons insérée dans les registres de la paroisse de cette commune à la date de 1767, nous prouve que le mal y avait persisté long-temps, ou qu'au moins il s'y renouvelait fréquemment : « Les habitants, y est-il dit, ont représenté qu'ils désiraient que le » sieur curé fût invité à faire tous les ans avec eux un voyage à la paroisse » d'Avenas pour y célébrer la messe en l'honneur de la Sainte-Vierge, et pour » obtenir par sa sainte et puissante protection auprès de Dieu la délivrance du » fléau des vers qui affligent cette paroisse depuis plusieurs années. » La procession qu'ils demandaient fut en effet établie à cette époque, et elle a encore lieu actuellement à Romanêche sous le nom de Procession d'Avenas ou de Notre-Dame des Vers.

Vingt ans plus tard, l'abbé Roberjeot, curé de la petite commune de Saint-Verrand, consignait, dans un mémoire lu à la Société d'agriculture de Paris en 1787, ses observations sur la Pyrale et les moyens qu'il avait tentés pour la détruire. Il y parle de cet insecte comme l'ayant observé dès le commencement de son séjour à Saint-Verrand, c'est-à-dire depuis huit ans, et une partie de ses expériences, datée de 1783, nous prouve qu'au moins à cette époque le fléau avait déjà assez d'intensité pour que les moyens de s'en rendre maître eussent occupé ses loisirs.

En voyant Roberjeot citer spécialement l'année 1785 comme une des plus désastreuses pour le Mâconnais, nous devons nous rappeler que cette même année les Vignes d'Aï étaient violemment ravagées, et nous ajouterons que c'est aussi en 1785 que des dégâts semblables, causés par le même insecte sur le territoire d'Argenteuil, fixaient l'attention de Bosc. « Au mois de juin, dit-» il, les Vignes d'Argenteuil présentaient l'aspect le plus hideux : il n'y avait » pas une feuille entière; les grappes étaient peu fournies, les grains petits, » mous; et les habitants n'espéraient pas en retirer le quart du produit de » l'année précédente. »

Pendant cette longue période de 1746 à 1786, où la Pyrale semblait fixée d'une manière presque permanente dans les vignobles du Mâconnais, le fléau ne s'en faisait pas moins sentir aussi dans diverses autres parties de la France.

Le père Arcère, de l'Oratoire, dans son *Histoire de la ville de La Rochelle* qui parut en 1756, parle de cet insecte comme ravageant déjà depuis plusieurs années les vignobles de la province d'Aulnis, et, en 1780, nous voyons une partie du Languedoc gémir à son tour sous le poids du même fléau. Nous en trouvons encore la preuve dans une pieuse fondation qui remonte à cette époque. Au moment où les cultivateurs des cantons attaqués se disposaient par découragement à arracher leurs Vignes, et à achever par là la ruine du pays, un ecclésiastique révéré propose de faire un vœu à Saint Simon, patron de la paroisse, qui dès cette époque était la plus ravagée. Cette proposition est acceptée avec foi et enthousiasme. Toute la population, ne voyant de ressource que dans une céleste intercession, se rend processionnellement à Toulouse, dans la basilique de Saint-Saturnin, dont les catacombes renferment le corps de Saint Simon, et, peu de jours après, disent encore les vieux paysans, la Chenille disparut. Aussi la reconnaissance envers Saint Simon s'est-elle maintenue jusqu'à nos jours, et, sauf les quelques années de la tourmente révolutionnaire, chaque printemps a vu se renouveler dans cette localité, souvent soumise au fléau, la procession de *Los rucos*, ou Procession des Vers.

La fin du siècle dernier ne nous fournit plus de nouvelles indications relatives à la Pyrale, bien que, très-probablement, elle n'ait jamais cessé complétement de faire son séjour dans les cantons où nous l'avons signalée jusqu'à présent. Ne trouvant pourtant durant ces années aucun renseignement positif qui nous permette de suivre sa trace, aucun rapport dans les journaux périodiques qui relate ses ravages, aucune demande de dégrèvement aux autorités, aucune invocation aux puissances célestes ou humaines, nous en pouvons conclure avec probabilité que si, à cette époque, l'insecte existait, entomologiquement parlant, dans plusieurs parties de la France, l'agriculture au moins n'en souffrait que faiblement. Il n'en sera plus ainsi à compter de 1800, et de nombreux témoignages ne nous permettront qu'avec trop de certitude de suivre la marche de notre ennemi, non-seulement dans les lieux où nous l'avons déjà rencontré, mais encore dans quelques autres vignobles qu'il va bientôt envahir.

En voyant la permanence avec laquelle le fléau s'est établi, surtout depuis vingt-cinq ans, dans la plupart des vignobles importants de la France, on pourra facilement apprécier combien les mesures prises en 1837 pour aviser sérieusement à la destruction de l'insecte étaient devenues nécessaires.

C'est donc à partir de cette époque que notre travail acquiert toute son importance, et, désirant suivre avec quelques détails les diverses phases du fléau durant ces quarante dernières années, nous croyons devoir nous occuper séparément de chacun des neuf départements attaqués, et des invasions plus ou moins longues que la PYRALE y a faites, nous réservant de décrire plus loin les localités précises où elle a établi son séjour dans chacun de ces départements.

Quant aux pertes qu'elle y a occasionnées, il nous sera parfois difficile de les préciser d'une manière positive; mais, les plaintes mêmes des propriétaires, les efforts de l'autorité pour arrêter le fléau, les expériences ou les recherches des agriculteurs, prouveront, souvent mieux que ne le pourraient faire des chiffres, toute l'importance et toute la gravité du mal.

En effet, des chiffres, quelque exacts qu'ils soient, ne peuvent encore donner qu'une idée très-imparfaite du tort que fait la PYRALE, puisque cet insecte diminue non-seulement les récoltes, mais exerce encore une influence marquée sur la qualité des produits.

On conçoit, en effet, que des grappes qui ont résisté en partie aux attaques de l'ennemi, mais dont les bourgeons ont été fanés, froissés, appauvris par le séjour des Chenilles, ne peuvent plus fournir les mêmes vins que des grappes fraîches et vigoureuses, dont aucune influence étrangère n'est venue entraver la fructification.

Or, ces pertes, qui sont du nombre de celles qu'il est presque impossible de préciser, aggravent beaucoup le mal lorsqu'il s'agit de crus habituellement recherchés. On ne pourrait en outre s'arrêter complétement aux totaux de ces sommes et chercher à les comparer entre elles, car l'importance des dégâts est toute relative, et tel département, qui possède pour toute richesse un sol propre à la culture de la Vigne, se verra promptement réduit à la misère par un fléau qui attaque la source même de la richesse, tandis que tel autre, qui trouvera dans des cultures variées un dédommagement à ses pertes, pourra en supporter de beaucoup plus considérables.

Nous nous occuperons d'abord du Mâconnais et du Beaujolais, puisque c'est la partie de la France que nous avons été appelés à visiter la première, c'est aussi celle où la PYRALE s'est maintenue avec le plus de ténacité durant ces dernières années.

§ I. *Département de Saône-et-Loire.*

En 1808, les mêmes Vignes qui, en 1786, avaient été l'objet des recherches de Roberjeot, étaient encore une fois ravagées et le pays menacé d'un nouveau fléau, dont Romanêche était toujours le centre, mais qui s'étendait actuellement sur bien d'autres points. Nous trouvons dans un manuscrit de Bertrand d'Acêtis, daté de 1809, et conservé dans les archives de l'Académie de Mâcon, un triste tableau de l'état de ces vignobles à cette époque. « La récolte, dit-il, » est presque entièrement perdue par la PYRALE DE LA VIGNE. La propagation du » fléau est effrayante; il couvre annuellement de grandes surfaces sans aban- » donner celles qu'il occupait anciennement; les cantons qu'il envahit ne pour- » ront bientôt plus nourrir leurs nombreux habitants; et si l'on n'applique à » ce mal un remède efficace, des milliers de cultivateurs seront incessamment » en proie aux horreurs de la misère, car le sol du pays ne convient en général » qu'à la culture de la Vigne. Dans plusieurs communes, les vendanges n'ont » même pas eu lieu cette année. »

Cet état de choses éveilla enfin l'attention de l'autorité, et, au mois de juin 1810, un arrêté du préfet vint remettre en vigueur la loi sur l'échenillage du 26 ventôse an IV. Je parlerai, dans une autre circonstance, du peu d'efficacité de ce procédé, et même des inconvénients qu'il présente; mais je ne mentionne quant à présent cette ordonnance que comme preuve positive de l'importance des dégâts. Du reste, cette période touchait déjà à sa fin, car, après une gelée printanière qui semblait menacer encore d'une autre façon la récolte prochaine, les vignes reprirent leur riche aspect et une récolte peu abondante, mais d'une qualité supérieure, vint dédommager le propriétaire découragé. On avait pu regarder 1810 comme une des années les plus désastreuses, et 1811 fut l'année dite de la comète, qui laissera de si longs souvenirs parmi les connaisseurs et les propriétaires.

Quatorze années s'écoulent ensuite sans ramener le fléau dans le département de Saône-et-Loire; puis, en 1825, les meilleurs crus du Mâconnais sont encore une fois menacés par la PYRALE. Elle reparaît en très-petite quantité à la vérité, mais enfin elle reparaît, et on ne tente rien pour la détruire à une époque où, à peu de frais, on aurait pu obtenir un résultat avantageux. On la laisse établir de plus en plus sa puissance, étendre de plus en plus son domaine. Chaque année le mal augmente d'intensité, et le cultivateur, qui n'avait d'abord cru qu'à une période de trois années, comme celle de 1808, est bientôt forcé d'en supposer une de sept, comme celle de 1767 si l'on en croit la tradition ; enfin cette espérance est bientôt elle-même déçue; la huitième année tombe en 1833, et le mal est bien loin d'être détruit.

Déjà, en 1828, les pertes avaient été assez considérables pour qu'on crût nécessaire d'accorder un dégrèvement aux communes ravagées. On vit ces secours, de plus en plus indispensables, se renouveler les années suivantes; et enfin, en 1833, un arrêté du préfet, demandant encore une fois l'intervention de la loi sur l'échenillage et attestant que « depuis plusieurs » années la PYRALE, ou Chenille de la vigne, se multiplie d'une manière » effrayante et cause les ravages les plus nuisibles aux récoltes, » vient témoigner de nouveau de l'importance des dégâts soufferts à cette époque par une grande partie des vignobles du département. Le fléau parut se ralentir un peu en 1834; mais il reprit bientôt une vigueur toujours croissante, et, en dépit des essais tentés par plusieurs propriétaires éclairés, il était arrivé en 1837 à une intensité réellement effrayante.

D'après un calcul basé sur des renseignements positifs et dans lequel on s'est efforcé de rester bien au-dessous de la vérité, les pertes éprouvées durant ces dix dernières années dans vingt-trois communes, comprises tant dans ce département que dans le département du Rhône (car il nous est impossible de séparer le Mâconnais du Beaujolais, puisque leurs produits, connus également sous le nom de vins de Mâcon, s'expédient ensemble), les pertes, dis-je, se sont élevées annuellement, sur les 3,000 hectares qu'on peut regarder comme complétement envahis, au moins à 75,000 hectolitres de vin. Or, en ne supposant ce vin qu'à 20 francs l'hectolitre, prix fixé par le cadastre, on voit que chaque année a amené déjà, pour les propriétaires seuls, une perte de 1,500,000 fr. Si on y ajoute les fournitures de tous genres que ce grand nombre de pièces de vin aurait nécessitées, les droits de circulation, d'entrée, de débit, qu'elles auraient dû payer, les transports par terre ou par eau qui auraient également amené des recettes pour le trésor, enfin les dégrèvements accordés pendant sept années dans le département de Saône-et-Loire, et, en 1837, dans le département du Rhône, et qui se sont élevés à un total de plus de 100,000 fr., on verra que les ravages de la PYRALE ont amené dans ces deux départements une perte annuelle de 3,408,000 fr., qui, au bout de dix ans, produit le total énorme de 34,080,000 fr. Encore faut-il reconnaître que, quelque effrayant que soit ce chiffre, nous sommes pourtant bien loin de la vérité, puisqu'une grande partie des Vignes ravagées produisent des vins recherchés, dont la haute valeur est bien différente de celle fixée par le cadastre (1).

On voit par cet aperçu combien des mesures répressives étaient devenues indispensables. Aussi craignant, avec juste raison, les conséquences de cette position inquiétante, le préfet de Saône-et-Loire se détermina, dans l'intérêt de ses administrés, à adresser, en juin 1837, au ministre de l'agriculture et du commerce, la lettre que j'ai déjà citée plus haut, et où il requérait l'appui de la science pour venir au secours d'une population découragée. Chargé, comme on l'a vu, de cette mission importante, je me rendis immédiatement sur les lieux, et, le 4 août 1837, j'étais à portée de reconnaître la vérité du triste tableau qu'en avait tracé le préfet. Heureusement, l'expérience des vignerons venant confirmer mes propres observations, je pus bientôt concevoir l'espérance d'arrêter enfin le fléau qui pesait depuis tant d'années sur nos plus riches vignobles. Nous verrons, dans le chapitre consacré à cette partie de l'histoire de la PYRALE, par quels moyens, tirés uniquement de la connaissance des habitudes de ce petit insecte, nous sommes parvenu à éteindre presque complétement ses ravages sur tous les points où le zèle des propriétaires est venu seconder nos efforts. Nous nous réservons aussi de donner plus loin le tableau

(1) Voir pour plus de détails aux pièces justificatives.

succinct des oscillations du fléau durant ces trois dernières années, tant dans ce département que dans tous ceux où nous allons suivre la PYRALE. Mais nous avons cru devoir actuellement ne traiter la question que jusqu'à l'époque d'où commencent à dater nos observations personnelles.

§ II. *Département du Rhône.*

La partie du département du Rhône attaquée par la PYRALE, connue anciennement sous le nom de Beaujolais, étant limitrophe de celle que cet insecte occupe dans le département de Saône-et-Loire, ils ont dû nécessairement être soumis tous deux simultanément aux mêmes désastres. Nous voyons, en effet, la PYRALE empiéter presque également sur ces deux départements, et, chaque fois que l'insecte dévastateur se montre dans les environs de Romanêche (Saône-et-Loire), nous le retrouvons également dans l'arrondissement de Villefranche (Rhône). Aussi la triste période de 1808 à 1811 a-t-elle amené, dans les deux départements, les mêmes plaintes de la part des propriétaires et des cultivateurs, les mêmes inquiétudes et les mêmes mesures de la part de l'autorité. En 1809, le fléau augmentant toujours, le préfet du Rhône invita la société d'agriculture du département à lui fournir quelques renseignements sur l'insecte cause de tant de désastres, et sur les moyens de les arrêter. Nous trouvons dans le rapport que la société lui adressa, en réponse à sa demande, le récit affligeant de la position de ce canton. « Un fléau destructeur, » y dit-on, se fait sentir dans la majeure partie des vignobles de l'arrondisse» ment de Villefranche; depuis trois ans, il se propage avec rapidité. Les » ravages que la PYRALE a occasionnés cette année sont incalculables. La plupart » des communes ont été sans récolte et même sans espoir d'en faire l'an pro» chain; ces insectes ont dévoré feuilles et bois, de manière qu'un grand nombre » de propriétaires sont dans la nécessité d'arracher leurs Vignes ou de les receper.»

La société concluait en demandant qu'il fût nommé des commissaires chargés de surveiller les vignerons, afin que l'échenillage, le fumage des terres, l'enlèvement des vieux bois, etc., eussent lieu d'une manière régulière. Ces diverses demandes furent prises en considération, et, le 6 février 1811, un arrêté du préfet prescrivit à tous les propriétaires ou fermiers de faire écheniller les Vignes avant le 5 mars, sous peine d'une amende de trois à dix journées de travail; il enjoignait aux maires de faire exécuter cette besogne aux frais des négligents et défendait la chasse aux filets.

L'on ignore si l'arrêté fut fidèlement exécuté, mais enfin le fléau cessa cette année dans ce département, comme il cessait en même temps dans le Mâconnais, et il ne reparut également sur les deux points que 14 ans plus tard, c'est-à-dire en 1825. Les propriétaires, justement effrayés de cette nouvelle invasion, firent encore un appel aux sociétés savantes et aux agronomes, réclamant de toute part des préservatifs pour l'avenir, et des moyens d'arrêter le nouveau désastre qui les frappait. La société d'agriculture de Lyon, dans cette circonstance, ne crut pouvoir mieux faire que d'établir un concours pour résoudre cette question importante, et un prix de 600 fr., destiné à récompenser celui qui découvrirait un moyen de destruction autre que l'échenillage, ou au moins un mode d'échenillage facile et peu dispendieux, fut fondé, en 1827, par MM. Coubayon et Gourd, négociants de Lyon. Les conditions n'ayant pas été remplies dans le courant de l'année 1828, la question fut remise de nouveau au concours et le prix porté à une valeur de 1,000 francs, mais toujours sans plus de succès.

Le mal pourtant était loin de s'arrêter, et, en 1833, le préfet du Rhône publia un nouvel arrêté relatif à l'échenillage, et s'adressa aussi à l'autorité pour demander quelques dégrèvements en faveur des communes les plus dévastées. Nous avons vu que dès 1828 on en avait accordé dans le département de Saône-et-Loire; mais le département du Rhône, encore plus malheureux sur ce point, n'obtint quelque allégement à ses immenses pertes qu'en 1837.

Pourtant, ces douze années de désastres avaient amené dans les deux départements limitrophes des pertes à peu près semblables, et, lorsque je les parcourus en 1837, je trouvai sur tous les points dévastés le même aspect de désolation, et, parmi les vignerons, le même abattement, la même misère et la même apathie. Le découragement était tel qu'on avait vu sur plusieurs points, et notamment à Julienas, des propriétaires vendre des vignobles importants, uniquement parce qu'ils étaient soumis aux attaques de la Pyrale. Aux

Thorins, sur une propriété qui rapportait ordinairement 5000 hectolitres de vin, on n'en avait récolté que 22. Enfin, le mal était devenu incalculable.

« Le dégât occasionné dans nos contrées par la PYRALE DE LA VIGNE, m'écri- » vait M. Delahante peu de jours avant mon départ de Paris, est plus grand » encore cette année que les années précédentes; il va toujours en augmen- » tant et s'étend sur une plus grande quantité de Vignes. Le centre du mal » se trouve précisément à la limite des deux départements, aux Thorins, » et tout près de Chenas, où je suis. » Ce fut aussi sur ce point que, grâce à l'obligeante hospitalité de M. Delahante, je dirigeai mes essais et mes expériences; son zèle infatigable, ses conseils pleins de jugement et les facilités de tous genres qu'il a pu me donner n'ont pas peu contribué à les rendre fructueux.

§ III. *Département de la Côte-d'Or.*

Il est difficile d'expliquer comment un département éminemment vignicole, touchant pour ainsi dire à des localités infestées par la PYRALE depuis un temps immémorial, a pu rester jusqu'à nos jours à l'abri de ce fléau. Il paraît pourtant positif que les vignobles du département de la Côte-d'Or, exposés fréquemment aux ravages de la teigne de la Vigne, n'avaient jamais été dévastés anciennement par la PYRALE, et que ce n'est qu'en 1837 qu'ils commencèrent à souffrir d'un fléau qui pesait déjà depuis plusieurs siècles sur les départements voisins. Les dégâts ne prirent même jamais sur ce point une grande intensité, et s'ils fixèrent dès 1838 l'attention des propriétaires de ces riches vignobles, on doit l'attribuer surtout aux tristes exemples que leur fournissaient depuis long-temps les départements voisins, et on ne peut que louer la sage prévoyance qui, en leur faisant pour ainsi dire devancer le fléau, l'a sans doute empêché de se fixer sur leurs vignobles. Bien que les progrès du mal eussent été très sensibles en 1838, époque où je parcourus ce département, les pertes ne pouvaient guère s'évaluer, dans les trois cents hectares environ où se montrait la PYRALE, à plus d'un quinzième de la récolte. Mais toute personne qui connaîtra la grande valeur de la terre dans ce département, et par conséquent celle de ses produits, comprendra facilement combien les moindres dégâts deviennent importants. Pour en donner une idée, nous dirons que les Vignes du territoire des Porrets (canton de Nuits) se vendent au moins 20,000 fr. l'hectare, celles de Saint-Georges et du clos Vougeot 25,000 fr., et que des Vignes situées à Romanée ont été vendues jusqu'à 36,000 fr. l'hectare. Quoique ces cas sortent de la ligne ordinaire, ils suffisent pour prouver à quel point la richesse de ce département dépend de cette importante culture, et on ne s'étonnera plus de l'effroi qu'a dû y causer l'approche d'un de ses ennemis les plus redoutables.

§ IV. *Département de la Marne.*

Quoique la PYRALE n'ait jamais exercé ses ravages dans ce département que sur un point très-limité, nous avons dit plus haut qu'elle s'y était montrée fort anciennement, et il nous paraît même bien prouvé qu'à l'époque des premières invasions de l'insecte, le mal avait une gravité qu'on ne lui a jamais vu atteindre depuis. C'est en 1820 que la PYRALE se montra de nouveau sur le même territoire qu'elle avait occupé jadis; mais, quoiqu'elle y occasionnât alors des pertes sensibles, le fléau fut tout à la fois et moins étendu et moins intense que dans le siècle précédent, et nous ne voyons pas que les habitants aient jamais réclamé aucune indemnité de la part du gouvernement.

Après un séjour de dix ans dans les Vignes d'Aï, la PYRALE disparut presque complétement, et depuis 1830 ce n'est plus qu'à l'état d'insecte isolé qu'on l'a rencontrée sur ce territoire. Même les années 1837 et 1838, généralement si funestes aux vignobles assaillis par la PYRALE, n'ont été marquées en Champagne que par la présence multipliée de la teigne de la Vigne, et un fait digne de remarque, c'est que ce dernier insecte, quoiqu'il dévaste presque sans exception toutes les Vignes de ce département et qu'il y amène des pertes bien autrement graves que celles de la PYRALE, n'a pourtant jamais envahi comme fleau les localités qui semblent spécialement convenir à celle-ci. Long-temps on a confondu ces deux insectes, qui offrent en effet beaucoup de points de ressemblance extérieure, mais dont les habitudes, complétement distinctes, motivent parfaitement les deux noms de *ver du printemps* et de *ver de la vendange* que les vignerons leur donnent dans ce département. Les observations positives de

M. Dagonnet [1] sont venues complétement éclaircir cette question, et j'ai pu constater moi-même l'identité de ces deux insectes avec ceux dont j'avais observé les ravages sur d'autres points de la France.

§ V. *Département de Seine-et-Oise.*

Malgré sa préférence habituelle pour les bons crus, la PYRALE est loin pourtant d'avoir abandonné le canton d'Argenteuil depuis que ses vins ont perdu de leur réputation, et à compter de 1783, époque à laquelle Bosc signalait sa présence dans ce lieu, jusqu'en 1837, où ses ravages fixaient de nouveau l'attention d'un corps savant, nous la voyons à deux reprises dévaster ces vignobles. Les années qui suivirent 1807 furent surtout marquées par de grands dégâts, et, si le fléau cessa ensuite de se montrer pendant quinze ans, c'est-à-dire de 1816 à 1831, ce ne fut que pour sévir au bout de ce temps avec une vigueur toujours nouvelle et sur une plus grande étendue de terrain.

Effrayé de l'intensité et de la continuité d'un fléau qui allait toujours croissant, le maire d'Argenteuil crut devoir s'adresser, en 1837, à l'Académie des sciences pour lui demander des conseils et l'indication de quelques procédés qui pussent obvier à la récidive de pareils malheurs. « Les dommages » que cet insecte a causés dans le cours de cette année, écrivait-il, ne peuvent » pas être évalués à moins de cinq à six cent mille francs; et, en outre, la » PYRALE, en détruisant la feuille au printemps, arrête le développement de » la végétation, les ceps restent rabougris, et cette funeste influence se fait » sentir durant les années qui suivent. »

Bientôt une commission choisie au sein de l'Académie pour aller observer les lieux dévastés put se convaincre de la réalité des plaintes des habitants et de la gravité du mal. « Sur une surface de terrain de près de trois quarts » de lieue de longueur, dit M. Duméril dans son rapport, et sur une largeur

[1] *Notice sur les dégâts occasionnés dans le cours de l'année* 1857 *par quelques insectes, etc.* — *Id.*, 1858. — *Id.*, 1859 (Châlons).

» moindre de moitié, nous avons été frappés, même à une fort grande di- » stance, de l'aspect des échalas noircis par le temps, dont aucun n'était » dominé par des feuilles, de sorte que cette vaste superficie semblait avoir » été charbonnée par l'action du feu. Les limites étaient indiquées, à droite » et à gauche, par le contraste de la plus belle végétation, dont les pampres » verdoyantes dépassaient de beaucoup les supports. » Lorsqu'en 1838 je visitai à plusieurs reprises les lieux infestés, les dégâts n'étaient pas moins considérables et le pays présentait encore ce même aspect de désolation qui l'année précédente avait frappé les membres de la commission de l'Académie des sciences.

Je poursuivis dans cette localité les observations et les expériences que j'avais commencées précédemment dans le Mâconnais, tout en ne me faisant pourtant pas illusion sur les difficultés d'exécution que présenteront toujours les divers modes de destruction dans des vignobles du genre de ceux d'Argenteuil. Dans les riches terroirs du Mâconnais, dans ceux encore plus précieux de la Côte-d'Or, le propriétaire ne doit reculer devant aucun procédé réellement destructif, car, si les frais sont considérables, l'importance des produits qu'il veut sauver l'est encore plus. Mais, à Argenteuil, il n'en est plus de même, et on en est à se demander si, en face de semblables désastres, il ne serait pas plus sage, au lieu de chercher à lutter contre le fléau, de renoncer plutôt à une culture aussi peu productive sur un terrain qui, placé aux portes mêmes de la capitale, pourrait être exploité d'une manière si avantageuse. Arracher les Vignes dans ce cas ne serait peut-être pas un signe de découragement, mais plutôt une marque de prévoyance. En persistant, au contraire dans cette culture, on voit diminuer chaque jour la valeur des propriétés de près des deux tiers. Ainsi, sur toutes les parties du territoire dévastées par la PYRALE, la terre ne se vend plus que 78 francs l'are, bien que la valeur ordinaire, dans le reste du canton, soit de près de 150 francs, et encore, malgré cette énorme diminution, ne trouve-t-on que difficilement des acquéreurs.

§ VI. *Département de la Charente-Inférieure.*

Nous avons vu dans la première partie de ce chapitre que la PYRALE était connue très-anciennement dans ce département, et qu'elle y avait exercé ses ravages antérieurement à 1756. Mais, faute de documents positifs, nous ne pouvons ensuite suivre sa marche pendant la fin du siècle dernier, et ce n'est qu'en 1801 que le mémoire de Gougeaud Bonpland, que nous avons déjà eu occasion de mentionner et dans lequel on ne trouve citée aucune localité positive, vient au moins nous prouver que la PYRALE existait à cette époque dans ce département. Nous ne savons si elle continua de s'y montrer les années suivantes, mais dans une supplique adressée en 1833 au préfet de la Charente-Inférieure par le conseil municipal de Saint-Sauveur-de-Nuaillé, l'une des communes les plus dévastées, nous trouvons la preuve de l'ancienneté et de la permanence du fléau à cette époque; « depuis dix-huit ans, sans interruption, y est-il dit, les propriétés en vignes de nos administrés sont atteintes de vers qui les dévorent... » Jamais calamité n'a été plus destructive. Les hommes n'ayant que cette ressource, la terre n'étant propre à aucune autre culture, ils ont persévéré long-temps à entretenir les propriétés; mais actuellement leur épuisement est tel, que les uns arrachent leurs vignes et que les autres ont cessé de les cultiver. » Le conseil municipal terminait en demandant que quelques secours fussent accordés aux malheureux habitants de Saint-Sauveur. On fit droit à cette requête, et cette commune, qui avait déjà obtenu en 1826 quelques légères indemnités, reçut encore, durant les années 1833, 1834, 1836 et 1837, une somme totale de 7,501, somme bien faible si on la compare aux pertes de ces quatre années, qui furent évaluées à 139,107 fr. (1). En effet, la progression du mal avait été effrayante durant ces dernières années, et, en comparant les pertes de 1833 avec celui de 1837, on s'aperçoit qu'elles avaient encore presque triplé.

D'après le calcul dressé par des commissaires délégués à cet effet par le pré-

(1) Voir le tableau détaillé aux pièces justificatives.

fet de la Charente-Inférieure, les pertes éprouvées depuis 1815 jusqu'à 1838 ont formé annuellement une moyenne de 41,912 fr., ce qui produirait par conséquent, pour les vingt-deux années durant lesquelles le fléau a sévi, un total de 922,064 fr.; encore nous ne parlons ici que des pertes éprouvées par les propriétaires, et on sent que si nous y joignions toutes les dépenses et frais accessoires tels que nous les avons mentionnés en parlant du Mâconnais, bien que le fléau soit loin de peser sur des vignobles aussi précieux, nous arriverions pourtant à une somme immense, car le commerce important d'eaux-de-vie que fait ce département donne une certaine valeur à ses produits, et les Vignes bien exposées se vendent, aux environs de La Rochelle, jusqu'à 2,500 fr. l'hectare, tandis que celles du territoire de Saint-Sauveur envahies par la Pyrale n'ont guère une valeur au-dessus de 1,500 à 1,800 fr.: aussi verrons-nous plus loin que l'espérance de délivrer le pays d'un fléau aussi désastreux a fortement préoccupé les agriculteurs zélés de ce département, et qu'il y en a peu où on ait fait autant d'essais dans ce but.

En 1837, une somme de 500 fr., destinée à tenter diverses expériences dont nous détaillerons plus loin les résultats, avait été mise à la disposition de la Société d'agriculture de La Rochelle; mais, en 1838, le mal continuant toujours, M. le ministre de l'agriculture, à la demande des habitants, jugea utile que je me transportasse dans ce département pour y poursuivre les travaux que j'avais déjà entrepris dans le Mâconnais.

§ VII. *Département de la Haute-Garonne.*

Quoique les ravages de la Pyrale n'aient jamais acquis une très-grande gravité dans ce département, sa présence y a pourtant été signalée plusieurs fois, et, à chaque invasion, les dégâts qu'elle y a causés ont été de nature à fixer l'attention du cultivateur. Nous avons déjà parlé de sa première apparition à la fin du siècle dernier. L'insecte reparut ensuite en 1808, et prit de nouveau possession du même terrain qu'il avait déjà occupé jadis, mais sans y amener des désastres aussi graves qu'en 1780. En 1814, le mal cessa tout à coup sans cause connue, quoique un grand nombre de crédules vignerons attribuassent cette fuite à l'influence des armées ennemies qui, à cette époque, envahissaient la France. La PYRALE fut ensuite quinze années sans reparaître dans ce département, et ce n'est qu'en 1829 que la commune de St-Simon devint de nouveau le foyer principal d'une infection qui, jusqu'en 1838, n'avait fait que gagner chaque année une plus grande étendue de terrain.

Bien que les produits de ces Vignes n'aient pas une très-grande valeur, puisque le vin se vend au plus dix à douze francs l'hectolitre, les dégâts avaient pourtant été considérables, les récoltes se trouvant réduites sur certains points de plus des quatre cinquièmes, aussi, en 1838, une commission désignée par la Société royale d'agriculture de Toulouse fut-elle appelée à aller examiner sur les lieux les désastres et les moyens d'y porter remède. Cete année fut, au reste, la dernière où le fléau se montra, et, depuis cette époque, la PYRALE a complétement disparu de cette localité.

§ VIII. *Département des Pyrénées-Orientales.*

Si l'on en croit les vieux vignerons de ce département, la PYRALE, ou la *couque*, comme ils l'appellent, a toujours existé, à ce qu'ils ont entendu dire à leurs pères, dans les parties du territoire où on la trouve aujourd'hui. Mais ce ne sont là que des traditions, et, malgré nos recherches dans les archives des mairies et dans celles des églises, nous n'avons pu trouver aucune preuve positive des dégâts que la PYRALE a pu y occasionner avant 1816. On trouve bien dans le rituel du diocèse de Perpignan, pour l'année 1650, des bénédictions et des prières pour la *destruction des Chenilles*, *des Sauterelles et des autres insectes qui dévorent les récoltes*, mais il ne contient rien de plus spécial, et nous ne pouvons par conséquent avoir la certitude que notre insecte fût dès lors dans cette province au nombre des ennemis de l'agriculture.

Aussitôt que nous pouvons suivre les traces de la PYRALE, c'est dans les Vignes du Vernet et de Pia que nous la trouvons établie, et le premier indice qui nous prouve positivement son séjour, sans doute déjà ancien, dans cette localité, est une procession qui eut lieu en 1815 ou 1816. Saint Gauderic, patron des agriculteurs, et que la population roussillonnaise invoque ordinairement comme dispensateur de la pluie, fut promené processionnellement de Perpignan à Pia, où on lui fit faire le tour des vignobles dévastés; mais le fléau n'en persista pas moins, et l'insecte, prenant de plus en plus possession du terrain qu'il avait occupé en premier, et étendant en outre ses ravages sur les vignobles environnants, les avait dévastés sans interruption depuis vingt-cinq ans, lorsqu'en 1838 la série de mes travaux m'appela dans le département des Pyrénées-Orientales.

Nous n'avons pu connaître d'une manière certaine les diverses oscillations du fléau durant ce laps de temps [1], car elles n'ont été consignées nulle part; mais, ce qui est positif, c'est que le mal y régnait encore à cette époque dans toute sa plénitude, et que même, en 1837, les pertes avaient dépassé celles des années les plus désastreuses. Malheureusement nous n'avons pas pu obtenir de renseignements positifs qui nous permettent de préciser l'étendue de ces pertes. Mais on pense pourtant généralement que les dégâts occasionnés par la Pyrale enlèvent, année commune, à la récolte, 14,000 hectolitres de vin, ce qui, en le supposant à huit francs l'hectolitre, forme un total de 112,000 francs, et, par conséquent, pour vingt-cinq ans, une somme de 2,800,000 francs [2]?

§ X. *Département de l'Hérault.*

Le siècle dernier ne nous fournit aucun renseignement sur les ravages que la Pyrale a pu causer dans ce département, quoique quelques personnes assurent qu'elle y soit connue depuis plus d'un siècle. Ce qu'on peut au moins supposer, c'est que, lorsque Draparnaud communiqua, en 1801, à la Société d'agriculture du département de l'Hérault, un mémoire relatif aux dégâts occasionnés par cet insecte dans les communes de Marseillan et de Florensac, petites villes de l'arrondissement de Béziers, le fléau y sévissait déjà depuis plusieurs années. Ce

[1] A défaut de renseignements positifs, nous avons cherché à y suppléer par d'autres documents, et les livres où certains propriétaires indiquent les journées d'ouvriers prises pour écheniller leurs vignes nous ont prouvé d'une manière positive que les dégâts avaient été à peu près les mêmes pendant ces vingt-cinq années.

[2] Le prix actuel de l'hectolitre de vin récolté dans les terrains de plaine est d'environ onze francs; mais jusqu'en 1836 il ne s'élevait guère au-dessus de six à huit. Nous avons donc dû prendre une valeur moyenne.

mémoire, qui fut imprimé et répandu dans le département par ordre du préfet, semblerait même prouver que les désastres, quoique ne se manifestant que sur les deux communes que je viens de nommer, avaient dès lors quelque importance.

Vers 1818, l'insecte se montra de nouveau sur le même territoire, et, en 1820, le mal avait pris assez d'accroissement pour que le conseil municipal de Marseillan se vît dans la nécessité de recourir à des secours à la fois pécuniaires et scientifiques : il sollicita du ministre non seulement une indemnité en faveur des communes atteintes par le fléau, mais encore une prime d'encouragement pour quiconque trouverait un moyen efficace de détruire la PYRALE. « Cet insecte s'est multiplié à un tel point cette année, dit le préfet » dans la lettre qu'il adressa à cette occasion au ministre de l'intérieur, que les » propriétaires, afin de conserver une partie de leurs récoltes, ont été obligés » de dépenser 90,000 fr. pour faire écheniller, tandis que, les années précé- » dentes, ils avaient remédié au mal avec une dépense d'environ 25,000 fr.... » « Le même insecte a encore paru cette année, ajoute-t-il dans une seconde » lettre adressée également au ministre l'année suivante; il commence à éten- » dre ses ravages sur toutes les communes riveraines de la mer. Cet insecte est » une calamité tellement affligeante, que plusieurs propriétaires, désespérant » de sauver leurs récoltes, veulent prendre le parti d'abandonner leurs Vignes » au troupeau. » Le ministre, ayant consulté à ce sujet la Société d'agriculture, Bosc y lut un rapport, où il indiquait quelques moyens à employer pour la destruction de l'insecte; mais les prévisions des propriétaires n'étaient pas trompeuses; la PYRALE gagna encore du terrain les années suivantes, et nous voyons bientôt le fléau, qui d'abord n'avait été connu qu'à Marseillan et à Florensac, s'étendre successivement sur toutes les communes voisines, et s'y maintenir jusqu'en 1823.

A partir de cette époque, la PYRALE, quoiqu'elle n'ait jamais cessé de se trouver individuellement sur ces divers points, cessa d'y pulluler en grand nombre; et lorsqu'en 1838 je parcourus ce département, ce n'est que dans une seule localité fort peu étendue que je retrouvai des Vignes présentant le même aspect que celles du Mâconnais.

Nous aurions voulu pouvoir donner ici un aperçu des pertes que la PYRALE a occasionnées dans ce département durant les années désastreuses, ainsi que des dégrèvements qui sans doute lui ont été accordés à diverses époques; mais la plus grande intensité du fléau datant d'une époque déjà assez ancienne, nous n'avons pas pu recueillir des renseignements assez positifs pour oser les transcrire ici. Du reste, les frais même d'échenillage mentionnés dans la lettre du préfet suffiraient pour témoigner de la gravité du dommage. Il paraît, en effet, que les dégâts ont enlevé à certaines époques, dans les localités infestées, jusqu'aux neuf dixièmes des récoltes et nous verrons bientôt que l'étendue en est considérable.

Tels sont les seuls documents historiques que nous sommes parvenus à réunir. En rapprochant les différentes dates, on verra que depuis une vingtaine d'années le fléau a été à peu près permanent dans six départements; et qu'à l'exception du département de l'Hérault, les dégâts ont toujours été en augmentant d'intensité. Le chapitre suivant prouvera que, durant ce laps de temps, le fléau n'a pas moins gagné en étendue qu'en force.

CHAPITRE DEUXIÈME.

Distribution géographique de l'insecte. — Sa présence constatée dans neuf départements. — Étendue qu'il occupe sur chaque point.

S'il nous a semblé important de fixer les diverses époques où la Pyrale a fait sentir sa présence d'une manière funeste dans certaines contrées vignicoles de la France, il ne nous paraît pas moins essentiel de déterminer actuellement d'une manière précise les localités qu'elle semble avoir particulièrement affectionnées dans chacun des neuf départements où nous venons de la signaler.

Quand on voit la Vigne cultivée dans plus de la moitié de la France, on a lieu de s'étonner que la Pyrale n'ait jamais envahi qu'une si petite partie de son territoire; et, en jetant les yeux sur la carte (Pl. 23), on s'aperçoit en outre que cette préférence ne peut provenir de certaines limites déterminées par le climat et que cet insecte ne saurait dépasser, car les divers départements où nous venons de le voir sont pour ainsi dire éparpillés sur la surface de la France, et placés dans des positions tout à fait différentes les uns des autres : en outre, ces départements sont souvent entourés d'autres pays de vignobles où la Pyrale n'est jamais entrée, ou bien, au contraire, ils circonscrivent presque complétement d'autres départements qui restent privilégiés contre le mal qui les environne. Ainsi, l'Anjou et la Touraine sont à l'abri du fléau qui envahit à la même latitude le Mâconnais et le Beaujolais, le département de la Charente-Inférieure et celui de la Haute-Garonne entourent pour ainsi dire le Bordelais, ou la Pyrale est inconnue; le cours du Rhône semble borner au sud-est les limites du fléau, quoique les Vignes soient nombreuses dans les deux départements voisins; enfin, nous trouvons la Pyrale presque également aux environs de Paris et dans ceux de Perpignan, c'est-à-dire aux limites nord de la culture de la Vigne et dans la zone la plus chaude de la France; nous la trouvons à La Rochelle et à Montpellier, sur les bords de la mer; dans le Mâconnais et le Beaujolais, à peu de distance des montagnes, etc., etc. : il est donc impossible de penser à établir des rapports généraux de position entre les diverses parties de la France où ce fléau s'est développé. Mais l'ensemble ne nous fournissant aucune donnée satisfaisante, nous allons voir si une description plus détaillée des localités infestées ne pourrait pas nous conduire à découvrir, entre ces lieux en apparence si différents, quelques points de rapports par lesquels nous pourrions expliquer, jusqu'à un certain point, la préférence de la PYRALE pour tel ou tel vignoble.

Ce chapitre ne pourra offrir quelque intérêt dans ses détails qu'aux habitants de chaque localité, car on ne peut s'attendre à trouver, dans une description de lieux et dans une nomenclature de noms, une lecture fort attrayante, mais il était indispensable de déterminer, aussi clairement que possible, la situation de chaque point infesté, et de suivre géographiquement l'extension ou la diminution du fléau aux diverses époques où il a sévi. Cette espèce de tableau auquel nous aurions voulu pouvoir donner une forme moins sèche, et dans lequel nous nous bornerons à présenter uniquement les faits, servira pour ainsi dire de préambule aux questions d'un intérêt plus général que nous essaierons de traiter plus loin.

§ I. *Département de Saône-et-Loire et département du Rhône.*

Nous avons déjà dit que dans toute l'étendue du département de Saône-et-Loire, la PYRALE ne s'était jamais montrée que dans les vignobles qui avoisinent le département du Rhône; jamais non plus dans ce dernier elle n'a dévasté d'autres terrains que ceux qui touchent à l'ancien Mâconnais, et qu'on distinguait autrefois sous le nom de Beaujolais. Il était donc difficile de séparer, soit sur la carte, soit dans la description, deux départements, qui ne présentent aucune ligne de séparation naturelle à l'insecte destructeur, et nous avons jugé convenable de traiter ensemble ces localités, qui n'ont eu que trop de rapport dans leurs pertes. Elles en offrent aussi de complets dans leur position physique, comme le montre la carte ci-jointe, qui représente les parties de ces deux départements attaquées par la PYRALE.

Nous avons vu qu'à chaque époque où l'insecte s'est montré dans cette partie de la France, c'est toujours à Romanèche qu'on a remarqué les premières

Chenilles; c'est également le lieu qu'elles se décident à quitter en dernier à la fin de chaque invasion.

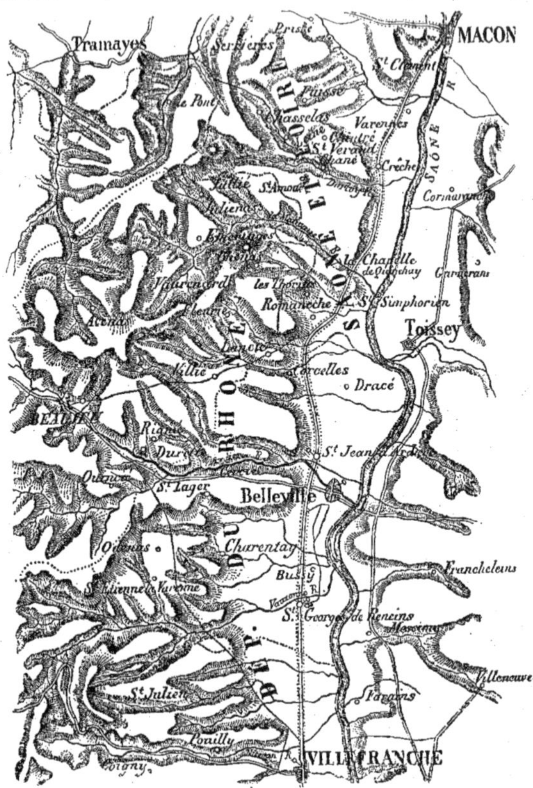

Anciennement le fléau ne s'était propagé, en outre, que dans les vignobles de La Chapelle, de Saint-Symphorien, de Saint-Verrand et de Saint-Amour; mais, en 1825, et durant les années qui suivirent, on le vit atteindre successivement Leynes, Chane, Cheintré et Crêche, quoique Romanèche conservât toujours sur toutes ces localités sa triste préséance. En 1837, les sept huitièmes de la récolte de cette dernière commune avaient été détruits par la PYRALE, et on concevra l'étendue de cette perte si on se rappelle que le hameau des Thorins, renommé surtout par les excellents vins des crus du Moulin-à-Vent, des Craquelins, etc., fait partie de son territoire.

Quant au département du Rhône, le fléau, qui n'avait été connu autrefois que dans quatre ou cinq communes de l'arrondissement de Villefranche, s'était aussi progressivement étendu durant ces dernières années, et, en 1837, il sévissait sur dix à douze communes, toutes comprises dans les cantons de Belleville et de Beaujeu. Dans le premier de ces cantons, Lancié était le point le plus attaqué; puis ensuite venaient Corcelles, Saint-Jean d'Ardière, Cercier, Saint-Lager, Charentay, Odenas et Saint-Etienne-Lavarenne. Dans le canton de Beaujeu, des dégâts presque aussi considérables avaient lieu dans les communes de Chenas et de Fleurie, d'où le mal s'étendait ensuite sur celles de Villié, de Jullienas, de Reignier et de Durette.

Tous les vignobles que nous venons de nommer, dans l'un et dans l'autre de ces deux départements, longent une chaîne de montagnes qui, partant d'un plateau situé à l'ouest, vient se terminer à l'est sur la rive droite de la Saône; de ces montagnes principales, formant amphithéâtre, descendent en autant d'espèces de gradins très-surbaissés et fort étendus, des collines ou monticules aplatis en dos d'âne, qui s'avancent en s'abaissant successivement jusqu'à la plaine, qui ne se termine elle-même qu'aux bords de la Saône. Entre chacun de ces monticules serpentent des ruisseaux, et les parties tout à fait basses forment de petites prairies. C'est sur ces nombreuses collines que sont situés les vignobles ravagés par la PYRALE, et les Vignes les plus attaquées, c'est-à-dire celles de Romanèche, des Thorins et de Saint-Symphorien, forment le dernier échelon qui s'avance à l'entrée de la plaine.

Ainsi, les domaines de la PYRALE sont circonscrits : au nord, par la rivière de Darlois, près Crêche; à l'est, par la Saône, et à l'ouest par les sommets des mêmes collines dont nous venons de parler, et qui s'étendent jusqu'à Villefranche. Le dernier point attaqué au midi est Saint-Étienne-Lavarenne.

L'étendue totale du territoire ravagé forme environ 4500 hectares, dont 2000 font partie du département de Saône-et-Loire, et 2500 de celui du Rhône.

§ II *Département de la Côte-d'Or.*

Le département de la Côte-d'Or, si riche en vignobles précieux, est surtout cité pour ses deux séries de coteaux connus sous le nom de *côte de Nuits* et de *côte de Beaune*. Nous avons vu que pendant long-temps ces vignobles importants avaient été complétement à l'abri des attaques de la PYRALE, et que ce n'était même qu'en 1838 que le mal avait pris une importance provenant plutôt encore de la valeur des produits qu'il compromettait, que de l'étendue ou de l'intensité des dégâts.

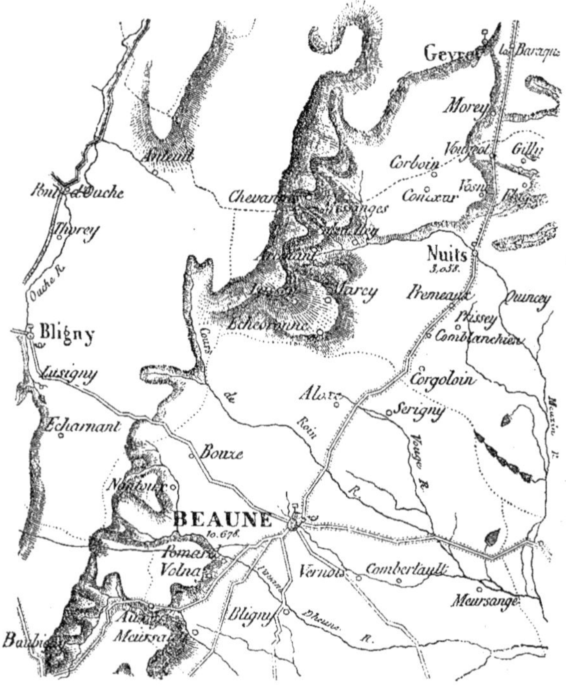

Les vignobles attaqués sur la première de ces côtes sont surtout ceux de Nuits, qui comprennent les clos des Porrêts et de Saint-Georges; puis, au nord, Vosnes, Flagey, Vougeot, Chambolle, Morey; et au sud, Premeaux. Tous ces vignobles ou climats, comme on les appelle dans ce département, fournissent les vins les plus recherchés de toute la Bourgogne, et sont situés sur une série de petites collines qui regardent l'est et le sud. A moitié de leur élévation, on remarque une sorte de dépression ou d'arrêt dans la pente, et les crus les plus recherchés, tels que ceux des Porrêts, de Saint-Georges, du clos Vougeot, etc., sont situés dans cette espèce de vallée intermédiaire, qui rappelle la disposition en bassin dont nous avons parlé en décrivant les Vignes attaquées du Mâconnais. On remarque également ici que les vignobles à mi-côte sont toujours les plus ravagés, tandis qu'au contraire les Vignes d'un produit ordinaire, qui couvrent généralement la plaine ou les sommets des coteaux, ont bien moins à se plaindre des attaques de la Pyrale.

Quoique quelques vignerons assurent avoir vu des Pyrales dans certaines Vignes du canton de Beaune, dès l'année 1825, les dégâts y ont été toujours à peine sensibles; et en 1838, où la côte de Nuits était assez fortement attaquée, celle de Beaune ne présentait quelques Vignes ravagées qu'aux environs de Volney et de Pomard, et encore les dégâts étaient-ils peu considérables.

L'étendue totale des Vignes où la Pyrale s'est montrée dans ce département, est d'environ 300 hectares, et les pertes ne se sont guère élevées au delà du quinzième de la récolte; mais, ainsi que nous l'avons dit plus haut, ce quinzième même forme une somme importante.

§ III. *Département de la Marne.*

La Pyrale, n'exerçant ses ravages dans ce département que sur les Vignes d'Aï, et sur celles de Dizy et de Mareuil, qui leur sont contigués, nous n'avons pas jugé nécessaire d'en tracer les limites sur la carte. Cette localisation de la Pyrale sur un point aussi circonscrit, et dans un département où, au contraire, la teigne de la Vigne est presque universellement répandue, ne paraît guère pouvoir provenir que de la disposition particulière qu'affecte le terrain sur ce point. En effet, les collines couvertes des vignobles qui produisent les vins de Champagne les plus estimés, et qui, commençant un peu au delà de Reims, se prolongent en ligne droite vers le midi, jusqu'à la route de Châlons à Paris par Montmirail, changent tout à coup de direction à peu de distance d'Aï, et, s'avançant brusquement vers le levant, viennent former deux espèces de corbeilles inclinées au midi, l'une près de Dizy, l'autre du côté de Mareuil. Ces deux bassins, où le soleil réfléchi de toutes parts maintient une température élevée, comprennent les vignobles dévastés par la PYRALE, et se trouvent séparés des Vignes de Hautvillers par la montagne et le ravin qui encaissent la route d'Épernay à Reims, de celles d'Avenay par la sommité de Mutigny, et de celles d'Épernay par le cours de la Marne. On conçoit jusqu'à un certain point que l'insecte, une fois emprisonné, pour ainsi dire, dans ces vignobles, ait pu difficilement étendre progressivement ses ravages, comme il l'a fait dans la plupart des autres localités. Pourtant, malgré les obstacles que devaient lui présenter une grande plaine, le cours de la Marne et celui d'une autre petite rivière, M. Dagonet a trouvé, en 1839, quelques larves de PYRALE dans les Vignes d'Avize et dans celles de Cramant. Mais ces insectes isolés n'avaient pas exercé de ravages assez marqués pour que les vignerons les eussent observés quoiqu'ils reconnussent parfaitement en eux le *ver d'Aï*, lorsqu'on le leur eut fait remarquer.

Aux environs d'Aï, comme au reste dans tous les pays de vignobles, les Vignes de plant fin sont cultivées à mi-côte, et là aussi, comme dans toutes les localités où la PYRALE existe, elle affectionne particulièrement ces Vignes, soit que cette disposition du terrain lui convienne mieux, soit que la nature même de ces plants favorise davantage ses opérations.

§ IV. *Département de Seine-et-Oise.*

Dans ce département, de même que dans celui de la Marne, la PYRALE ne s'est jamais montrée que sur un terrain très-circonscrit. Mais pourtant, quelque borné que soit encore aujourd'hui le théâtre de ses ravages, il s'est sensiblement agrandi à chaque invasion de l'ennemi, et nous voyons le fléau, qui autrefois n'était connu que dans une très-petite partie des Vignes d'Argenteuil, s'étendre progressivement sur tout le territoire de cette petite ville, atteindre Épinay, Saint-Gratien, Sanois et Cormeil, et enfin couvrir, en 1837, année si cruellement marquée dans les divers pays de vignobles dont nous nous occupons, une superficie de 600 à 700 hectares.

Le territoire d'Argenteuil offre, par son aspect topographique, une analogie frappante avec celui des principales communes infestées du Mâconnais, mais seulement l'échelle en est bien différente. A Argenteuil, nous trouvons également vers le nord une chaîne de collines longeant le territoire attaqué et s'élevant en amphithéâtre dans cette direction; puis, en avant, une plaine qui, légèrement ondulée ou relevée en monticules surbaissés, présente les ceps de Vigne à toutes les expositions; enfin la Seine, qui coule au pied de ces vignobles, vient former ici la limite de la culture, comme la Saône la termine dans le Mâconnais.

Nous trouvons aussi sur le territoire d'Argenteuil certaines portions de terrain qui ont toujours eu le triste privilége de former en quelque sorte le foyer de l'infection, où le fléau, à chaque invasion, s'est montré en premier et qu'il a quittées en dernier. Mais dans une localité aussi peu étendue que l'est celle dont nous parlons, ce ne sont plus des communes que nous pouvons signaler, mais seulement certains clos ou vignobles d'où le fléau semble toujours sortir; tels sont principalement ceux de Soulzard, de Coudray et de Maully. Enfin nous ferons remarquer qu'à Argenteuil aussi les sommets des collines paraissent être à l'abri des attaques de l'ennemi, et que ce n'est que dans les années particulièrement désastreuses qu'on voit le fléau, qui est généralement circonscrit dans les Vignes à mi-côte et dans celles de la plaine, atteindre enfin les parties élevées.

§ V. *Département de la Charente-Inférieure.*

C'est à Saint-Sauveur de Nuaillé que la Pyrale s'est montrée le plus anciennement dans ce département. C'est là que le fléau s'est renouvelé chaque fois avec le plus d'intensité; et, encore aujourd'hui, quoiqu'il se soit étendu sur plusieurs autres points, ce premier berceau de la Pyrale reste toujours le centre du mal, et celui où la dévastation est le plus sensible.

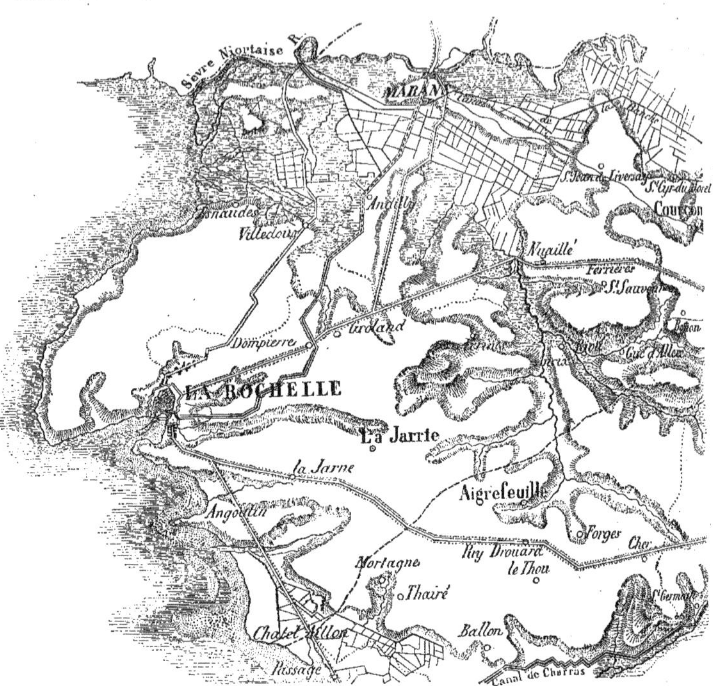

Cette petite ville, située au nord-est de La Rochelle et à peu de distance de la route de Paris, n'est séparée que par cette même route du village de Ferrières, qui, ainsi que Saint-Jean de Liversay, était, il y a une vingtaine d'années, une des communes les plus fortement attaquées par la Pyrale. Mais après y avoir établi son séjour pendant dix à douze ans, cet insecte a quitté ensuite complétement cette localité, et n'y a reparu, encore très-faiblement, qu'en 1837, époque où, au contraire, le mal avait une grande gravité à Saint-Sauveur de Nuaillé. Dans cette dernière commune, les vignobles, qui sont situés en plaine ou sur des coteaux très-surbaissés, ne paraissent nullement abrités contre le vent du nord; mais la plaine même est composée d'une série de petites ondulations à peine sensibles, qui forment une succession de bassins légèrement creux, et c'est généralement dans la partie déprimée de ces bassins que les dégâts sont le plus sensibles.

Outre les localités dont nous venons de parler et qui sont toutes assez rapprochées les unes des autres, la PYRALE s'est montrée récemment dans plusieurs parties du canton de Rochefort, où on ne l'avait jamais vue. Les Vignes des communes d'Aigrefeuille et de Thairé, principalement celles qui, situées au nord, se rapprochent davantage du canton de La Rochelle, ont été attaquées en 1837; et les dégâts se sont étendus en 1838 jusqu'à Forges, et même assure-t-on sur le territoire de Saint-Jean-d'Angély. Pourtant, d'après les renseignements fournis par les maires de ces communes, le mal a eu peu de gravité sur ces nouveaux points attaqués. Enfin, durant ces deux dernières années de progression, l'île de Ré, qui de tout temps avait eu à souffrir des attaques de notre insecte, mais seulement dans une partie de ses vignobles, a vu le fléau se répandre dans toutes les localités sablonneuses de son territoire, telles que Sainte-Marie, La Flotte, le Bois, La Couarde et Ars.

D'après ce relevé, nous voyons qu'il y a peu de pays vignicoles où la PYRALE se soit montrée sur autant de points isolés, et où elle ait exercé des ravages aussi étendus que dans le département de la Charente-Inférieure; mais la dispersion même de ces terrains rend difficile d'en évaluer l'étendue, et en outre le mal est trop récent dans certaines localités pour qu'on puisse précisément les comprendre dans les domaines habituels de cet insecte.

§ VI. *Département de la Haute-Garonne.*

L'étendue de terrain envahi par la PYRALE, dans ce département, est assez limitée, et le village de Saint-Simon, qui, en 1780, était déjà le foyer du mal, est toujours resté le centre de l'infection. Depuis plus de dix ans, la PYRALE n'a point quitté les vignobles de cette localité, et partant de ce point elle a rayonné ensuite dans toutes les communes environnantes, attaquant avec plus ou moins de violence les vignes qui en dépendent.

Le territoire attaqué forme une espèce de triangle dont Toulouse est le sommet, l'arrondissement de Muret la base, et dont les deux côtés se trouvent formés par la rive gauche de la Garonne et par la rive droite de la Touch, jusqu'au confluent de ces deux rivières.

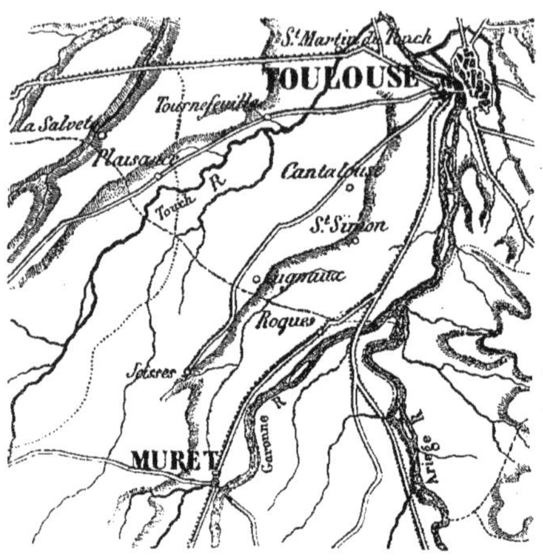

Les villages enfermés dans cette enceinte, qui comprend environ cinq lieues, sont Saint-Simon, Portet, Cugnaux, Lardenne, Tournefeuille et Plaisance. Ce n'est qu'en **1838** que la Pyrale, paraissant se diriger vers les Pyrénées, a commencé à se montrer dans les immenses vignobles de l'arrondissement de Muret. Heureusement son séjour dans ces Vignes, dont les produits sont les meilleurs du département, n'a pas été de longue durée, et, en **1839**, on ne la retrouvait sur aucun point à l'état de fléau.

§ VII. *Département des Pyrénées-Orientales.*

L'arrondissement de Perpignan est le seul de ce département qui ait été exposé aux ravages de la Pyrale; mais le fléau a sévi généralement sur les points attaqués avec une grande intensité.

Au nord-est de cette ville, dans une espèce de bassin circonscrit au nord et à l'ouest par la chaîne de montagnes nommée les Corbières; à l'est, par l'étang de Salses et par la mer, et au sud par les Pyrénées, s'étend une vaste plaine que les Corbières dominent en amphithéâtre. C'est dans les vignobles qui la couvrent que la Pyrale exerce ses ravages. Ils sont traversés dans toute leur longueur par la route de Perpignan à Narbonne, et transversalement par le torrent appelé la Llabanère.

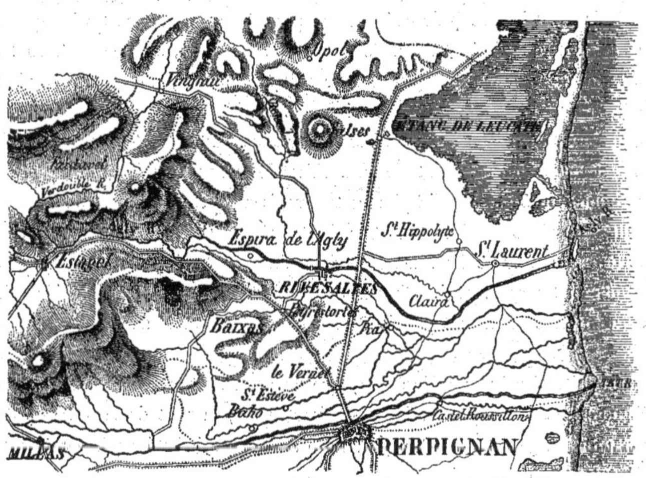

Les vignobles dévastés font partie de deux cantons, celui de Perpignan et celui de Rivesaltes. Le premier comprend les deux localités qui, à toutes les époques, ont toujours été les plus maltraitées, et qui continuent encore à l'être davantage, Pia et le Vernet. Les vignobles de la Poudrière, de la Llabanère, de Saint-Estève, sont d'autant moins dévastés qu'ils s'éloignent davantage de Pia, et qu'ils se rapprochent au contraire davantage des collines; au midi, les rives de la Tet semblent former les limites du fléau, qui n'a jamais existé au delà de cette rivière.

Le canton de Rivesaltes est attaqué d'une manière encore plus complète. Toutes les Vignes du territoire même de cette petite ville, sont dévastées sans exception, et celles des communes de Salses, Peyrestortes et Saint-Hippolyte participent plus ou moins complétement au mal général. Dans ce canton, comme dans celui de Perpignan, on est frappé de la diminution progressive du mal à mesure que les Vignes se rapprochent des montagnes, et on peut faire la même observation relativement à celles qui avoisinent l'étang de Salses.

Mais il est beaucoup de cas où on ne peut s'expliquer ces sortes de caprices dans la marche de la PYRALE. Souvent un cours d'eau, ou même une route, semble interrompre ses progrès. Le ruisseau de Pia, par exemple, vient couper en deux une pièce de Vigne, et les dégâts sont circonscrits à une seule de ses rives; la route communale qui conduit à Saint-Laurent, semble opposer également un obstacle infranchissable aux ravages de l'insecte, et les vignobles de Baixas et d'Espira restent seuls affranchis du mal commun au milieu de vignobles dévastés. On raconte même que les habitants de Peyrestortes, jaloux du bonheur de leurs voisins d'Espira, tentèrent de leur inoculer le mal en transportant des Chenilles dans leurs Vignes, mais qu'en dépit de ces tentatives on ne vit pas de Papillons l'année suivante dans ce lieu privilégié.

On voit, d'après ce qui précède, que bien que l'Attelabe et la Teigne de la Vigne soient fort répandus dans ce département, la part de la PYRALE y est aussi fort large, et, en 1838, l'étendue des Vignes infestées par cet insecte était de plus de 5000 hectares.

§ VIII. *Département de l'Hérault.*

Pendant long-temps, la PYRALE ne fut connue dans ce département qu'à Marseillan et à Florensac (arrondissement de Béziers), et uniquement même dans une très-petite partie du territoire de ces deux communes. Mais, à compter de 1820, le fléau, sans quitter complétement ces deux localités, gagna successivement Agde, Pomerols, Pinêt, Mèze, et enfin Gigean,

Poussan, Montbazon et Villeneuve-les-Maguelonnes (arrondissement de Montpellier).

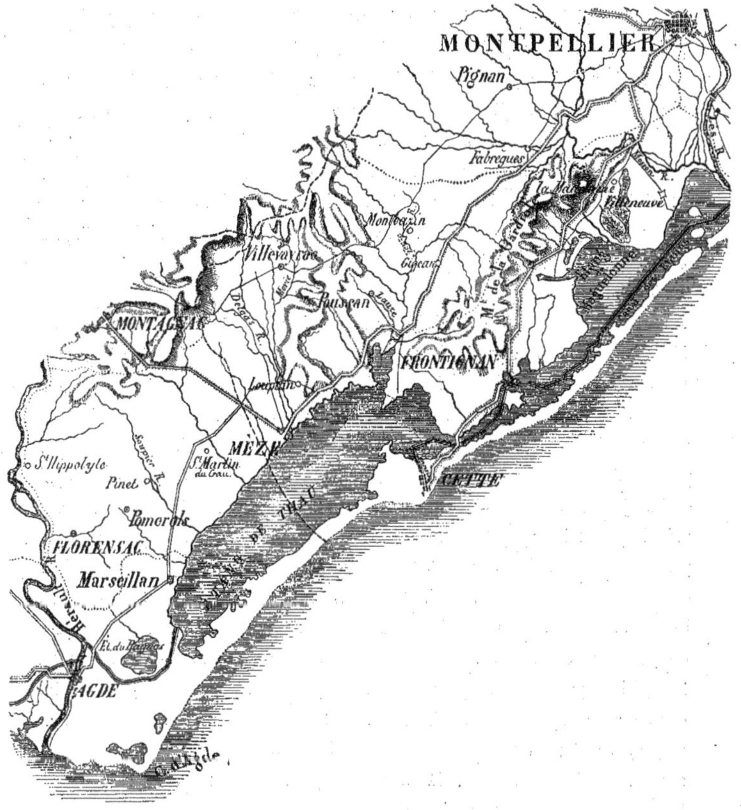

Le territoire le plus anciennement infecté, celui de Marseillan et de Florensac, est assez loin des montagnes, qu'on n'aperçoit qu'à l'horizon au nord.

Mais le sol lui-même est légèrement monticulé; ce n'est pas une plaine plate, mais une suite de petits bassins, de corbeilles légèrement relevées, et dont la partie la plus creuse est toujours la plus dévastée. Jamais l'insecte n'a dépassé la rivière de l'Hérault à l'ouest de Florensac, et il s'est établi de préférence dans les plaines déprimées qui avoisinent la mer. Du reste, nous avons dit précédemment que le fléau avait complétement disparu dans ce territoire depuis 1823. En effet, en le parcourant le 9 juin 1838, je n'y trouvai que quelques rares Pyrales, et encore uniquement dans le voisinage du *Rec*, ou ruisseau de Bragues, qui est le point d'où le mal semble toujours sortir, et où il reste en dernier. Les dégâts ont été si considérables autrefois sur ce territoire, qu'un grand nombre de propriétaires ont arraché leurs Vignes ou les ont vendues à vil prix.

En 1838, la Pyrale n'existait plus comme fléau dans ce département que sur un seul point fort éloigné de son ancien berceau. C'était aux environs de Montpellier, dans la partie du territoire de Villeneuve qui avoisine le plus la mer, ou, pour mieux dire, l'étang salé de Maguelonne. Là, les Vignes ne sont pas préservées non plus par les montagnes; mais elles ont la température moyenne du bord de l'eau, et la disposition du terrain rappelle complétement, par ses légères excavations ou bassins, celle du territoire de Marseillan. A l'époque où je parcourus le département de l'Hérault, en 1838, on ne pouvait rien voir de plus triste que l'aspect de ce vignoble. On pourra, au reste, en juger par la Pl. 11, qui donne une idée très-exacte de la manière dont les Chenilles opèrent à cette époque de l'année. Les dégâts heureusement étaient très-limités, ils ne s'étendaient que sur environ 500 hectares, et, à peine sorti de cette espèce de petite vallée, on ne trouvait plus que de rares individus de cet insecte. Mais, bien que la Pyrale puisse paraître aujourd'hui un ennemi peu à craindre dans un département où l'Altise et l'Attelabe causent de bien autres dommages, on n'en doit pas moins craindre de le voir prendre de nouveau possession des lieux qui lui ont été si long-temps soumis, et que l'importance de leurs produits rendent doublement précieux. En outre, la culture a pris une telle extension sur les divers points où la Pyrale s'est montrée anciennement, que si elle s'y établissait de nouveau elle se trouverait dévaster au moins

15000 hectares de Vignes. Ces diverses considérations prouvent combien il est important d'arrêter de suite les dégâts de notre insecte dans des localités qui paraissent lui convenir si bien, afin d'empêcher le mal de redevenir ce qu'il a été durant les fatales années 1821 et 1822.

§ IX. *Localités diverses où la* PYRALE *a été trouvée, mais en petit nombre.*

Nous venons de passer en revue les diverses parties de la France où la PYRALE se multipliant à l'infini durant des périodes plus ou moins longues, est devenue l'un des fléaux les plus désastreux pour l'agriculture. Mais, outre ces lieux d'une prédilection qu'on pourrait appeler maudite où elle est devenue une cause d'effroi pour le cultivateur, la PYRALE existe encore sur beaucoup d'autres points; seulement son nombre y est trop limité pour attirer l'attention ou pour causer de grands dommages. A vrai dire, on peut la rencontrer à peu près partout, bien qu'elle ne pullule que dans certaines localités, où sans doute certaines circonstances, ignorées pour la plupart, viennent contribuer à son accroissement.

Ainsi, par exemple, j'ai recueilli moi-même des PYRALES dans les Vignes qui bordent la route de Vermanton à Auxerre, quoique nulle part aux environs on ne se plaignît de cet insecte. J'en ai trouvé également près de La Rochelle, en très-petit nombre, dans des vignobles qui avaient la plus belle apparence, et où on ne s'était jamais douté de leur existence, etc., etc. Il est donc probable que si on examinait toutes les Vignes avec une égale attention, il y en aurait peu où on ne pût découvrir quelques PYRALES isolées, à la vérité, mais que quelque circonstance fortuite pourrait peut-être amener promptement à l'état de fléau. La nature du sol, l'exposition du terrain, le genre de culture des Vignes ou la qualité de leurs fruits, sont-ils au nombre des causes qui exercent quelque influence sur cette reproduction, plus ou moins abondante? c'est ce que nous allons essayer de développer.

Quoiqu'il n'entre pas dans notre plan, ainsi que nous l'avons déjà dit, de suivre la PYRALE hors de France, nous rappellerons seulement que la même espèce a été trouvée à diverses époques dans le canton de Vaud en Suisse, ainsi que nous l'apprend M. Forel ; que M. Walckenaër pense l'avoir vue à Braubach, sur les bords du Rhin (État de Nassau); enfin, qu'on croit qu'elle a été également signalée à Aix en Savoie.

Après avoir fixé les époques successives et les lieux divers où la PYRALE s'est montrée, nous allons actuellement tâcher de nous rendre compte des causes naturelles qui ont pu amener des désastres analogues sur des parties de la France si éloignées les unes des autres et placées à des latitudes si différentes. Nous verrons en même temps si l'absence de ces mêmes causes, favorables au développement de la PYRALE, ne pourrait pas expliquer jusqu'à un certain point la non-existence de l'insecte dans des localités vignicoles très-voisines de celles où le fléau a maintes fois sévit violemment.

CHAPITRE TROISIÈME.

Influence qu'exerce sur la PYRALE la nature, la forme et l'exposition du sol. — Modifications que les phénomènes atmosphériques peuvent apporter au fléau. — Préférence que l'insecte accorde à certaines variétés de vignes et à certains modes de cultures

§ Ier. *Nature, forme, exposition du sol dans les divers territoires attaqués par la* PYRALE.

Lorsqu'on veut chercher à s'expliquer la ténacité de la PYRALE à choisir toujours de préférence certaines localités, d'où elle ne sort presque jamais, quoiqu'elle y manifeste plus ou moins ostensiblement sa présence; lorsqu'on observe également que dans ces localités le fléau est toujours sorti à toutes les époques d'un même foyer, souvent très-circonscrit, d'où il s'est ensuite propagé dans un rayon plus ou moins étendu, la première pensée qui se présente à l'esprit, est que la nature même du sol a pu déterminer ou au moins avoir quelque influence sur cette préférence. Ce genre d'observation a donc dû commencer par fixer mon attention; mais les résultats que j'ai obtenus n'ont pas été de nature à confirmer ces présomptions.

En effet, les vignobles qui ont été atteints de la manière la plus grave et sur lesquels mes recherches se sont d'abord portées, ceux des environs de Romanèche et des autres crus les plus estimés du Mâconnais, sont plantés dans un sol qui repose sur un granite rouge porphyroïde, et qui est formé lui-même par la désagrégation et l'altération de cette roche. Ce granite, décomposé, véritable kaolin très feldspathique, et le sol végétal qui le recouvre, examinés par M. Malaguti, n'ont offert à cet habile chimiste aucune trace de chaux, ou des traces si faibles de cette substance, que peu de sols cultivés en sont aussi complétement dépourvus [1].

La nature de ce sol paraissait ainsi, au premier abord, former une exception

---

[1] Voici les résultats des analyses que M. Malaguti a bien voulu faire sur ma demande dans le labo

au milieu des vignobles de la Bourgogne généralement établis sur des coteaux calcaires, et on aurait pu supposer que l'action de ce sol sur la végétation de la Vigne avait quelque influence sur les dégâts causés par la PYRALE; mais l'examen de la nature du sol, dans les autres départements où ce fléau a sévi plus ou moins violemment, montre les Vignes qui y ont été exposées croissant sur des sols d'une nature toute différente. Ainsi, dans la Côte-d'Or, les vignobles des côtes de Beaune et de Nuits sont tous plantés dans des sols calcaires, reposant sur le calcaire jurassique qui constitue toute cette contrée; les vignobles attaqués, et ceux qui n'ont pas été atteints par la PYRALE sont cultivés sur des coteaux de même nature.

Aux environs d'Épernay, dans la Haute-Marne, c'est sur la craie et dans les sols argileux qui la recouvrent vers le sommet des collines, que les Vignes sont plantées; et les vignobles qui sont exposés particulièrement aux ravages des PYRALES sont cultivés à mi-côte de coteaux de craie pure, à laquelle les vignerons mêlent des terres argileuses provenant des parties plus élevées.

A Argenteuil, près Paris, le sol des Vignes attaquées par la PYRALE repose en partie sur le calcaire grossier, en partie sur le gypse et sur les argiles qui en dépendent, et, dans quelques points, vers les sommets, sur des terrains sablonneux supérieurs au gypse. Suivant les années, les Vignes cultivées sur ces divers terrains ont été plus ou moins attaquées, sans qu'on puisse reconnaître aucune influence positive de la part de la nature du sol.

Dans la Charente-Inférieure, les vignobles envahis par la PYRALE, aussi bien

---

ratoire de la Manufacture royale de porcelaine de Sèvres, auquel il était alors attaché; il m'a paru intéressant de les consigner dans cet ouvrage :

Analyse d'une substance blanche pulvérulente tirée du granite mâconnais.

Silice	58,50
Alumine	24
Potasse	7,50
Eau	5,85
Magnésie	2
Fer et Manganèse	1,50
	99,35

Analyse de la terre cultivée en vignes qui repose sur le granite mâconnais.

Silice	68
Alumine	14
Eau	5
Potasse	5
Fer, manganèse	2
Magnésie	4
Chaux	0,5
	98,5

que ceux que ce fléau a épargnés, reposent sur un sol calcaire dépendant de la formation jurassique et sur les terrains d'alluvion qui environnent ces coteaux.

Dans la Haute-Garonne, l'espace sur lequel les ravages de la PYRALE se sont étendus est occupé par de basses collines de terrain d'alluvion ancienne; mais cette nature de sol s'étend beaucoup plus loin dans des lieux où les Vignes n'ont point eu à souffrir de la multiplication de cet insecte.

Les Vignes des Pyrénées orientales atteintes par la PYRALE sont en général cultivées, comme celles de la Haute-Garonne, sur des terrains d'alluvion caillouteux, dont les cailloux quartzeux, souvent de la grosseur du poing et même plus gros, sont réunis par un limon argileux; mais dans d'autres localités plus restreintes, le sol d'alluvion, plus fin, sablonneux et fertile, nourrit des Vignes également dévorées par les Chenilles de la PYRALE.

Enfin, dans le département de l'Hérault, la plus grande partie des Vignes du littoral, et particulièrement celles des communes où la PYRALE s'est propagée d'une manière redoutable, sont plantées sur un terrain d'alluvion, au milieu duquel s'élève, près de Cette et de Frontignan, quelques coteaux de calcaire jurassique plus élevés dont les vignobles ne paraissent pas avoir été atteints par ce fléau.

On voit qu'il n'y a rien de général dans la nature du sol des Vignes attaquées par la PYRALE; que ce sol est d'origine granitique et argilo-siliceux, sans trace de calcaire, dans les vignobles situés au midi du département de Saône-et-Loire; qu'il est, au contraire, essentiellement calcaire dans ceux de la Côte-d'Or, de la Marne et de la Charente; que les Vignes d'Argenteuil sont généralement cultivées dans un sol argilo-calcaire; que celle de la Haute-Garonne, des Pyrénées-Orientales et de l'Hérault qui ont été ravagées par la PYRALE sont plantées sur un terrain d'alluvion ou de transport, tandis que celles qui, à peu de distance, sont cultivées sur les coteaux calcaires un peu plus élevés, n'ont pas été attaquées par cet insecte; enfin que, la nature du sol ne présente pas, en général, de différence appréciable quand on compare les espaces essentiellement et constamment attaqués par la PYRALE avec les localités voisines où cet insecte ne s'est jamais propagé d'une manière assez grave pour compromettre la culture des Vignes.

Ne devant donc attacher aucune importance à la partie géologique de la question, et ne pouvant en déduire aucune considération générale, nous avons cherché s'il n'existait pas quelque autre point d'analogie entre les vignobles dévastés. La même *exposition*, et surtout la même *disposition* de terrain, ne pouvaient-elles pas permettre d'établir une certaine unité entre tous ces vignobles dispersés sur la surface de la France? Cette question était d'autant plus facile à résoudre, qu'en visitant presque tous les points attaqués j'avais été promptement frappé des rapports qui semblaient exister entre ces diverses localités.

En effet, l'on a pu remarquer également, en lisant la description des lieux où le fléau a principalement sévi, que dans chaque département, quelle que soit d'ailleurs sa latitude, l'insecte a presque toujours choisi de préférence, pour s'y établir, des coteaux exposés au midi ou à l'est, et abrités contre les vents du nord par des montagnes élevées, ou au moins par des séries de mamelons ou collines. Quand les vignobles sont situés sur des coteaux, comme cela a lieu dans les départements de Saône-et-Loire, du Rhône, de la Côte-d'Or, de Seine-et-Oise, les sommets de ces coteaux restent toujours intacts, et les dégâts, qui ne commencent qu'à mi-côte, s'étendent ensuite sur la plaine. Si, au contraire, les Vignes sont situées en plaine, comme aux environs de Montpellier et de La Rochelle, les dégâts cessent aussitôt que le terrain commence à s'élever.

Cette préférence de l'insecte pour les lieux abrités peut s'expliquer assez facilement, non par les habitudes de la Chenille, mais par celles du Papillon qui, cherchant un lieu calme pour s'accoupler et pour pondre, se trouve entraîné vers les parties basses. Par suite, on obtient nécessairement, dans les vignobles ravagés, des produits en sens inverse de ceux qu'on en devrait attendre dans d'autres circonstances, car il résulte des dégâts de l'insecte que les Vignes situées sur les hauteurs rapportent plus que celles qui, dans une position abritée, semblaient promettre davantage. Du reste cette prédilection est si prononcée qu'il n'y a pas de localité où elle n'ait été remarquée par les vignerons. Bosc, Draparnaud l'avaient également mentionnée dans leurs écrits, et, dans chaque département que j'ai visité, j'ai moi-même été frappé de la différence que l'insecte semblait établir entre des portions du même terrain que rien ne divisait, mais dont l'exposition seule variait. Une chose également digne de remarque, c'est que les terrains dévastés, soit qu'ils s'étendent à mi-côte, soit qu'ils se trouvent en plaine, ne sont jamais complétement plats, mais sont formés, au contraire, par une multitude de petits bassins ou corbeilles souvent à peine sensibles et dont le fond est toujours la partie la plus infestée. Nous avons décrit plus spécialement cette disposition en bassin dans les départements de l'Hérault, de la Charente-Inférieure et des Pyrénées-Orientales. Mais les espèces d'échelons que forment les coteaux dans les autres départements rendent la forme du terrain à peu près semblable. On serait donc presque tenté de conseiller de renoncer, dans certains pays, à cultiver en vignes les terrains qui offrent cette disposition, si on ne se rappelait en même temps que les bassins renferment toujours les meilleurs crus.

On voit donc bien positivement qu'il existe un grand rapport entre tous les lieux adoptés par la Pyrale pour y exercer ses ravages; rapports de conformité dans la forme du terrain, qui est toujours mamelonné et abrité, et rapports relatifs dans l'exposition de ce même terrain. Je dis rapports relatifs, car on ne peut établir d'une manière positive que la Pyrale tienne à un climat chaud, lorsqu'on la voit se développer à peu près également aux environs de Paris, et dans le Languedoc et le Roussillon; mais il n'en est pas moins vrai que sur chacun de ces points elle semble rechercher les localités où la température est le plus élevée; et si nous la trouvons à Perpignan et à Argenteuil, nous ne pouvons nous en étonner complétement, puisque certains produits du midi, les figues par exemple, ne réussissent bien aussi à cette latitude que sur le seul territoire de cette petite ville

Outre ces dispositions générales du terrain, qui semblent jouer un rôle important dans la propagation de la Pyrale, il est encore un grand nombre de circonstances qui en dépendent et qui exercent quelque influence sur l'augmentation ou la diminution du mal.

Ainsi, on a remarqué que le centre des pièces de Vigne était toujours la partie la plus dévastée, tandis qu'au contraire les Chenilles se trouvaient en moins grand nombre sur les ceps rapprochés des haies ou des chemins. Plusieurs causes peuvent expliquer ce fait. Ainsi, les haies servent souvent d'asile à un grand nombre d'oiseaux qui trouvent leur nourriture dans les larves dispersées sur le cep; elles portent ombre aussi sur les Vignes qui en sont rapprochées, et cette circonstance peut éloigner les Papillons d'y venir pondre leurs Œufs. Quant aux Vignes placées le long des routes, les bestiaux, en passant, mangent souvent une partie de leurs feuilles avec les Chenilles qu'elles recèlent; les Papillons, troublés par le mouvement des passants, vont ailleurs déposer leurs Œufs; enfin la Vigne, s'y trouvant plus aérée, y végète mieux, et, la végétation étant plus vigoureuse, les dégâts y sont naturellement moins sensibles.

On peut donc conclure de ces diverses observations que les Vignes exposées au midi, abritées contre les vents du nord, disposées sur un sol montueux, ou, pour mieux dire, sinueux et peu entrecoupé par des divisions, sont celles qui conviennent le mieux à la PYRALE et qui favorisent le plus son développement; tandis qu'au contraire le fléau sera toujours moins à craindre sur les collines élevées, exposées à l'agitation de l'air et couvertes de petites pièces de Vigne.

§ II. *Des influences météorologiques.*

C'est une habitude assez généralement répandue dans le vulgaire que d'attribuer à l'influence du *temps* tous les événements physiques qu'on ne sait comment expliquer, et les gelées ou les vents, l'humidité ou la sécheresse jouissent depuis long-temps du privilége de voiler l'ignorance où nous sommes de certains secrets de la nature. On conçoit, en effet, que les agriculteurs surtout, qui voient dans tant de circonstances leurs espérances détruites par des influences de ce genre, soient fortement tentés de leur donner une puissance au delà de la réalité; mais, à mesure que l'entomologie deviendra une science d'application agronomique, ils s'apercevront facilement que, outre ces grandes calamités qu'il est hors de la puissance humaine de prévoir ou d'empêcher, il existe encore des causes infiniment petites en apparence, qui pourtant exercent une influence non moins grave sur les destinées agricoles. Ces agents cachés, qui agissent dans l'ombre, qui n'acquièrent de la force que par leur multiplicité, qui détruisent tout à la fois les arbres des forêts et les plantes utiles à l'existence de l'homme ou à la richesse d'un pays, deviendront alors le sujet de leurs recherches et de leurs observations, et, pour cette fois, ils auront affaire à des ennemis sur lesquels l'industrie humaine, la patience et l'intelligence pourront avoir une grande prise.

Nous ne pensons donc pas que les variations atmosphériques aient autant d'influence sur les invasions de la PYRALE qu'on le croit généralement, non que je prétende dire pourtant qu'elles n'en exercent aucune. Mais cet insecte, passant huit mois de l'année presque complétement à l'abri des injures de l'air, ne court nécessairement que des chances de destruction très-bornées.

Ainsi, les plus fortes gelées de l'hiver ne me paraissent pouvoir diminuer que bien faiblement le nombre des Chenilles. Enfermées à cette époque dans leurs cocons soyeux, cachées sous une écorce rugueuse et épaisse, elles peuvent difficilement souffrir de la température extérieure. Aussi ne voyons-nous à aucune époque les hivers rigoureux amener une diminution sensible dans le fléau. Les fortes gelées de 1819, qui causèrent tant de dommages aux Oliviers et aux Vignes dans le département de l'Hérault, n'empêchèrent pas la PYRALE de se montrer au printemps suivant avec encore plus de force que l'année précédente; les froids excessifs de l'hiver de 1830, qui, dans le Mâconnais, firent descendre le thermomètre jusqu'à dix-neuf degrés, ne produisirent aucun effet sur les Chenilles, qui se montrèrent au printemps en grand nombre. Enfin, nous les voyons au mois de février 1838 résister sur les mêmes points à une température presque aussi rigoureuse : « Nous venons d'avoir » une gelée qui a duré vingt-deux jours, et où le froid a été de 17 degrés, me » mandait M. Desvignes, nos Vignes ont beaucoup souffert, mais ce grand » froid n'a pas tué une seule Chenille; j'ai fait couper des mères-branches » et j'ai trouvé des vers dans toutes et jusqu'à cent dans une seule. » Quelques autres propriétaires firent la même observation en faisant recéper leurs Vignes à la suite de cette gelée dévastatrice, et, si on remarqua cette année une diminution du fléau sur certains points, on doit plutôt l'attribuer à cette opération, qui enleva un grand nombre de larves, qu'à la gelée qui les avait laissées partout pleines de vie. Cet enlèvement des branches mortes, conséquence nécessaire des grandes gelées, serait le seul moyen de les rendre fructueuses, et nous verrons plus loin qu'il a, en effet, été employé avec succès dans certains cas. Nous concevons aussi que la gelée peut avoir une influence destructive sur la PYRALE, si elle retarde jusqu'à un certain point la végétation, qui ne fournit plus alors au printemps une nourriture suffisante à l'avidité des jeunes larves. Mais habituellement, les gelées d'hiver se bornent à fatiguer les Vignes sans les retarder sensiblement, et leur végétation pauvre et épuisée vient encore donner gain de cause à la PYRALE, qui ne lutterait quelquefois qu'avec difficulté contre une Vigne saine et vigoureuse.

Quant aux gelées du printemps, leur influence me paraît devoir être tout autre, et l'expérience semble nous prouver qu'elles ont un effet bien marqué sur l'existence des PYRALES. A cette époque, les Chenilles, sorties en grande partie de leur retraite d'hiver, attirées par les premiers rayons du soleil, deviennent aussi sensibles au froid qu'elles l'étaient peu auparavant; ayant en outre commencé à prendre de la nourriture, elles ne peuvent plus s'en passer : de telle sorte que ces gelées tardives doivent leur être fatales de deux façons; car si elles résistent au froid, ce n'est que pour périr bientôt d'inanition, les nouveaux bourgeons, flétris par ce second hiver, ne pouvant plus leur offrir la nourriture qui leur est devenue indispensable.

C'est à une cause de cette nature qu'on attribua la brusque disparition de la PYRALE, en 1811, dans le Mâconnais; en effet, aux premiers jours du printemps, les Chenilles avaient commencé à se montrer en grand nombre dans les nouveaux bourgeons, et pourtant, malgré ces funestes pronostics, elles disparurent complétement à la suite de quelques gelées printanières. En 1831, M. Delahante remarqua un effet semblable sur une pièce de terre infestée d'une manière épouvantable l'année précédente; après une petite gelée qui ne fit que friser quelques bourgeons sans même les détruire, cette pièce de terre fut complétement purifiée jusqu'en 1837.

Le mois d'avril 1838 amena dans les mêmes départements un résultat à peu près semblable, et il paraît probable qu'une grande partie des Chenilles qui pendant l'hiver avaient résisté, comme nous l'avons dit plus haut, à 17 degrés de froid, ne purent au printemps supporter une gelée de quelques degrés. Les gelées s'étaient fait surtout sentir dans les parties basses, et ces parties, où le fléau avait toujours eu jusque-là le plus d'intensité, furent, au contraire, cette année, les moins attaquées; aussi assura-t-on que la PYRALE suivait sa marche ordinaire et qu'elle s'en allait en gagnant la montagne. Ce n'est pourtant pas qu'il y en eût plus dans la montagne, cette année, que les précédentes; mais le rapport était changé, et le fléau, au total, par cette cause ou par quelque autre, avait subi une grande modification.

La neige, quand elle séjourne plusieurs jours sans se fondre sur les ceps, semble exercer aussi quelque action sur les PYRALES. Son humidité froide pénètre alors assez profondément sous l'écorce pour arriver jusqu'aux larves, et, selon M. Maffre, la diminution du fléau, en 1823, dans le département de l'Hérault, provint de cette cause. On m'a cité également, aux environs de Perpignan, l'exemple d'une forte grêle qui avait débarrassé pour plusieurs années de ces hôtes nuisibles une Vigne jusque-là infestée de PYRALES.

Si nous nous occupons actuellement de l'influence que peut avoir la pluie sur la diminution des dégâts, nous verrons qu'elle ne paraît nullement agir sur les larves tant qu'elles sont cachées sous l'écorce; et que plus tard, lorsqu'elles se dispersent sur les branches, elle nuit tout au plus un peu à leur agilité et leur ôte une partie de leur pernicieuse activité. Quelques personnes croient pourtant que cet état de la température amène une maladie grave qui enlève un grand nombre de Chenilles; mais cette maladie me paraît plutôt provenir de la présence d'insectes parasites dans l'intérieur de leur corps, circonstance dont nous parlerons plus loin avec détail. Ce n'est donc que durant le temps où l'insecte est à l'état de Papillon que la pluie peut réellement lui devenir funeste. Il n'est pas rare alors de voir, après les orages, la terre jonchée, sous les ceps de Vigne, d'un grand nombre de Papillons qui auparavant voltigeaient à l'entour. M. Maffre, qui avait déjà observé cet effet de la pluie en 1821, en fut encore plus frappé en 1832, dernière année où le fléau se montra dans le département de l'Hérault. L'humidité, durant l'hiver, portée au point de devenir inondation, amène aussi quelques résultats favorables à l'agriculture, et on a remarqué aux environs de

Saint-Sauveur de Nuaillé que des pieds de Vignes qui avaient baigné dans l'eau une grande partie de l'hiver, s'étaient trouvés ensuite complétement purifiés.

Nous avons vu que la PYRALE craignait essentiellement le vent; il n'est pas probable pourtant qu'il nuise positivement à cet insecte à aucune époque de sa vie, mais il facilite peut-être certains déplacements qu'on serait embarrassé d'expliquer autrement. On conçoit, en effet, qu'un vent fort et continu peut entraîner les Papillons dans des localités assez éloignées de celles où ils s'étaient fixés jusque-là. On peut même supposer que le vent emporte aussi quelquefois les petites larves au sortir de l'OEuf, suspendues à leur fil, comme il enlève souvent les araignées; mais il est pourtant plus probable que les émigrations qu'on remarque tout à coup sur certains points se sont opérées lorsque l'insecte était à l'état de Papillon, et que, n'ayant pas observé les pontes, on ne s'est aperçu de la présence de la Chenille que lorsque les Vignes étaient déjà dévastées. C'est sans doute à cette cause qu'on doit attribuer la disparition subite du fléau dans certains points où il sévissait depuis long-temps, et la présence instantanée de l'insecte, sans cause connue, dans d'autres Vignes voisines où on ne l'avait encore jamais vu.

Du reste, ces émigrations sont rares, et habituellement la PYRALE reste, au contraire, tellement fidèle aux vignobles qu'elle a choisis en premier, que ceux-ci perdent une grande partie de leur valeur intrinsèque par la certitude où l'on est qu'ils servent d'asile habituel à cet insecte. Souvent même les traces des ravages de la PYRALE sont limitées de la manière la plus positive, et les dégâts se trouvent arrêtés brusquement par un cours d'eau, une route, etc. Nous avons vu quelquefois, dans ce cas, l'empire d'un second insecte nuisible à la Vigne commencer, là, où finissait celui de la PYRALE. Cette division est particulièrement remarquable dans les départements de la Charente-Inférieure et de la Haute-Marne, où la teigne de la Vigne règne sur presque tous les points où la PYRALE ne se montre pas. Des limites aussi tranchées ne nous semblent pouvoir provenir dans ce cas que d'une influence atmosphérique, qui résulte sans doute elle-même d'une disposition particulière du terrain.

On voit d'après ce que nous venons de dire que quoiqu'on ait souvent exagéré l'influence que pouvaient avoir les variations de la température sur les insectes nuisibles à l'agriculture, on ne peut nier qu'elles n'amènent aussi parfois quelques modifications dans les maux qu'on croyait pouvoir prévoir; mais ces résultats sont tout à la fois et trop incertains et trop incomplets pour qu'on puisse se fier à leur influence pour arrêter les progrès du fléau.

§ III. *Préférence que la* PYRALE *donne à certaines qualités et à certaines variétés de Vignes. — Modes de culture qui semblent favoriser ou empêcher son développement.*

Lorsque la PYRALE a une fois étendu son empire avec une certaine violence dans une localité quelconque, tout devient également sa proie : Vignes vieilles ou jeunes, raisins noirs ou blancs, crus recherchés ou communs, tout est dévasté, tout est détruit.

Mais s'il devient impossible, dans ce cas, d'établir aucune règle, il n'en est pas de même aux époques, ou dans les localités, où le mal n'amène que des pertes modérées; et, bien que les observations que nous avons faites ou qu'on nous a communiquées relativement au choix que fait alors la PYRALE, soient sujettes à des exceptions, elles n'en sont pas moins basées sur des expériences fréquentes.

Dans le Mâconnais et le Beaujolais, dans la Champagne, dans le Roussillon, enfin dans tous les pays vignicoles où la PYRALE existe, on s'accorde à dire qu'elle s'attache de préférence aux meilleurs crus. Nous avons pu remarquer en effet que dans chaque localité, les points infestés sont généralement ceux qui produisent aussi les vins les plus estimés : ainsi les Vignes des Thorins, dans le Beaujolais; celles de la côte de Nuits, dans le département de la Côte-d'Or; les crus de Rivesalte, qui produisent les vins muscats les plus recherchés du Roussillon, etc., etc., sont infiniment plus maltraités que les vignobles d'un rang inférieur qui les entourent; enfin, dans la Champagne, le fléau n'est connu que sur un seul point, et c'est le territoire d'Aï qui est dévasté par la PYRALE. Du reste, cette préférence, qu'on ne peut nier, nous paraît devoir plutôt être attribuée en partie aux dispositions du sol, qui favorisent à la fois et les bons crus et la PYRALE, qu'à une *délicatesse* de goût positive de la part de l'insecte. Elle se manifeste pourtant quelquefois aussi dans des localités où les Vignes qui produisent des vins précieux sont plantées sur les mêmes points que des Vignes de qualité inférieure. Ainsi, sur la côte de Nuits, le plant nommé *noirier*, ou *pineau de Bourgogne*, dont les produits sont très-recherchés, est beaucoup plus attaqué que le plant commun nommé *gamet*, bien que ces deux variétés soient souvent mélangées dans les mêmes Vignes et qu'elles produisent toutes deux des raisins noirs. Dans le département des Pyrénées-Orientales, nous avons fait aussi la même remarque relativement à des pieds de *grenache* et à des pieds de *mataro* qui se trouvaient plantés dans les mêmes vignobles. Parmi ces deux variétés de raisins noirs, la première, qui produit le vin de liqueur connu sous ce nom, était sensiblement plus dévastée que la seconde, dont on n'obtient que des vins ordinaires.

Il est probable, dans ce cas, que la nature des feuilles ou des sarments pourrait donner en partie l'explication de cette irrégularité dans la dévastation d'un même vignoble. On a remarqué, en effet, que les Vignes à feuilles lisses et tendres étaient les plus attaquées, et on sait que cette qualité est une de celles qui caractérisent le plus habituellement les variétés qui produisent des raisins précieux. Les observations faites dans le département de l'Hérault par M. Dunal viennent à l'appui de cette opinion.

« Les cepages qui ont été le plus ravagés dans ce département, m'écrivait-il en 1838, sont généralement ceux à feuilles glabres, à sarments tendres et à entrenœuds très-courts. Ainsi, l'*alicante*, qui réunit ces divers caractères, a été peut-être la variété la plus attaquée; tandis que le cepage nommé *calignane* à Montpellier et *catalan* à Florensac, qui a des feuilles cotonneuses en dessous, un bois très-dur et de longs entrenœuds, n'a presque pas souffert. » On voit que M. Dunal attribue uniquement, dans ce cas, le choix que fait la Pyrale du plant qui produit le meilleur vin, à la constitution même de cette Vigne.

C'est sans doute une cause semblable qui détermine aussi la préférence que la Pyrale semble donner aux Vignes à raisins noirs sur celles à raisins blancs. On sait, en effet, que les feuilles de ces dernières sont presque toujours plus coriaces, qu'elles sont souvent velues, et que leurs tiges ont généralement moins de flexibilité que celles des Vignes à grains noirs. J'ai observé par moi-même sur beaucoup de points cette préférence, que quelques observateurs avaient voulu nier, et j'ai été frappé en même temps du rapport qu'il y avait habituellement entre la nature des feuilles et des tiges, et celle de la couleur des fruits.

Ainsi, à Ferrières (Charente-Inférieure), les raisins rouges, nommés *balzac*, dont les sarments sont longs et flexibles, les feuilles très-vertes et la maturité précoce, sont infiniment plus maltraités que les raisins blancs nommés *folle blanche*, qui ne présentent pas les mêmes caractères. Dans le département des Pyrénées-Orientales, le plant de *grenache*, dont la feuille est remarquablement lisse et d'un vert tendre, le grain rouge, la végétation hâtive, est la variété la plus attaquée; puis vient ensuite le plant nommé *picapoule*, dont les grains sont également rouges; puis enfin, la *blanquette* à feuilles légèrement velues, et dont le nom indique la couleur. On cultive bien encore sur ce point le *mataro*, dont nous avons parlé plus haut, et la *crignane;* mais ces deux variétés ont des feuilles si dures et une maturité si tardive, qu'on ne doit pas être étonné que, malgré la couleur de leur grain, elles soient beaucoup moins attaquées que la *blanquette*. Cette observation ne fait même que confirmer ce que nous avons déjà dit sur la préférence habituelle de la Pyrale pour les Vignes à fruits noirs, préférence qui, selon nous, provient bien moins de la couleur même du raisin que de la nature des feuilles, seul caractère que la Pyrale nous semble devoir apprécier, mais qui se trouve coïncider presque toujours avec une même nature de grain. Du reste, soit par cette cause, soit par quelque autre que nous ignorons, il me paraît à peu près prouvé que notre insecte ne se décide à attaquer les Vignes à raisins blancs que lorsque le fléau est arrivé au point où il ne choisit plus. Ainsi, en 1837, dans le Mâconnais, où le mal était parvenu à son plus haut degré, tout était également dévasté, et on ne pouvait plus établir aucune distinction entre les diverses variétés de Vigne. Mais, en 1838, sur les points où le fléau avait perdu beaucoup de son intensité, à Saint-Verrand, par exemple, j'ai été frappé moi-même de la différence de dévastation qui existait entre les plants noirs et les plants à fruits blancs, et il y a peu de cultivateurs qui n'aient fait la même remarque sur les divers points de la France où la Pyrale s'est montrée.

On a observé aussi que la Pyrale se plaisait beaucoup plus dans les vieilles Vignes que dans les jeunes. Bertrand d'Acétis avait déjà été frappé de cette préférence en 1810. « Les vieilles Vignes, dit-il, souffrent beaucoup de la » présence de la PYRALE, tandis que les plantiers en sont à l'abri. » M. Ducos a fait récemment la même observation dans le département de la Haute-Garonne. « Les vieilles Vignes, celles qui ne sont pas soignées, sont dévo» rées de préférence, remarque-t-il; tandis que les jeunes plantiers, même » au milieu des Vignes les plus ravagées, sont épargnés par la PYRALE. » Ces faits, et beaucoup d'autres du même genre que nous pourrions y ajouter, sembleront d'abord en contradiction avec ce que nous venons de dire relativement à la flexibilité des branches, mais ils s'expliqueront pourtant facilement par les nombreuses anfractuosités, par les fissures multipliées qui couvrent les souches des vieilles Vignes, et qui offrent aux petites Chenilles des retraites d'hiver qu'elles ne sauraient trouver aussi facilement dans de jeunes ceps à tiges plus ou moins lisses.

Les observations qu'on a faites jusqu'à présent sur l'influence que peuvent avoir sur la PYRALE les diverses manières de cultiver les Vignes, sont moins nombreuses et moins positives. La question des engrais en particulier ne nous semble pas résolue et a donné lieu à des opinions opposées. Quelques personnes pensent que les Vignes bien fumées, jouissant d'une végétation plus vigoureuse, doivent pouvoir mieux résister aux attaques des Chenilles. Mais le plus grand nombre de cultivateurs est convaincu que les engrais, et surtout les fumiers récemment sortis des étables, favorisent, au contraire, singulièrement le développement de la PYRALE. Sans rejeter complétement la première de ces opinions, nous sommes disposé à partager plus complétement la seconde, que la pratique semble confirmer. Nous ne pensons pourtant pas, comme quelques personnes l'ont avancé, que ces engrais, déposés à l'automne, puissent servir de retraite d'hiver aux petites Chenilles, car nous avons dit plus haut que cette hivernation n'avait lieu que dans les ceps; mais ils nous paraissent pouvoir contribuer jusqu'à un certain point à leur conservation, en diminuant les chances de mortalité pour celles d'entre elles qui, après s'être laissées choir, veulent se transporter d'un cep à un autre, et en offrant même un refuge aux Chenilles dans les cas de gelées printanières. En outre, cette végétation vigoureuse, et peut-être plus hâtive, qui doit rendre moins sensible les dégâts des

Chenilles, tend au contraire à attirer le Papillon, qui recherche essentiellement, pour déposer ses pontes, des Vignes fraîches et touffues.

Quant à la culture proprement dite, nous ne pensons pas qu'elle ait aucune influence sur la multiplication de la PYRALE. On sait, en effet, que, dans chaque province de la France, les opérations successives qu'exécute le vigneron sont modifiées par les exigences du sol et du climat, et souvent aussi par des habitudes routinières. Elles ne sont donc pas les mêmes sur la plupart des points où la PYRALE s'est montrée. La taille surtout dépend en grande partie des localités : ainsi, dans le Mâconnais, on laisse arriver la Vigne à une hauteur de plus de trois pieds, et on lui donne, au moyen des échalas, dont on ne se sert pour la soutenir que lorsqu'elle est jeune, une forme de quenouille ou d'arbrisseau.

Dans la Côte-d'Or, on en agit à peu près de même pour les plants communs; mais les plants *pineau*, ayant peu de force, conservent toujours leurs échalas placés à quelque distance du cep, qui se dirige d'abord horizontalement, pour se redresser ensuite le long de ce support.

Dans les Vignes d'Aï et dans celles des environs de Paris, les ceps, qui s'élèvent tout au plus à deux pieds et demi, sont plantés très-près les uns des autres et toujours soutenus par des échalas.

Les Vignes du département de la Charente-Inférieure ont une souche excessivement grosse, courte et droite, qui se termine au-dessus du sol par une espèce de tête en forme de chou, d'où sortent les branches; mais, dans l'île de Ré, où la PYRALE se montre aussi, les sarments, au contraire, assez longs, se replient en arceaux et vont ainsi reprendre racine à quelques pieds de distance.

Enfin, dans les départements méridionaux, la Vigne s'élève peu, rampe même souvent complétement, et ne reçoit aucun appui étranger.

Toutes ces diverses manières de traiter la Vigne ne semblent pourtant apporter aucune modification au fléau qui, ainsi que nous l'avons vu, sévit à peu près également sur tous ces points.

Les travaux de labour ne sont pas sujets à moins de variations : tantôt ils sont faits au moyen d'une houe, tantôt à l'aide d'une charrue. Souvent on se contente, comme *façons* données à la Vigne, de deux labours et de la taille; tantôt, au contraire, comme cela a lieu en Champagne, le vigneron repasse sept à huit fois dans ses Vignes, et y exécute, outre les trois labours, les diverses opérations du rognage des repousses, du rechaussage et du déchaussage des ceps, du provignage, etc.

On doit remarquer aussi que malgré la variété des méthodes usitées en France pour cultiver la Vigne, chacun de ces modes de culture est uniformément suivi dans tous les vignobles d'une même province; tandis qu'au contraire dans chacune d'elles, la PYRALE ne se montre que sur une portion de terrain très-limitée. Or, il est impossible d'attribuer une influence positive à une circonstance qui se présente également dans les Vignes dévastées et dans celles que le fléau respecte. Toutefois, quoique nous ne croyions pas que la présence de la PYRALE nécessite aucune modification notable dans les divers procédés employés sur chacun des points où on voudrait la détruire, nous pensons néanmoins qu'il est des modes de culture qui peuvent favoriser jusqu'à un certain point sa multiplication, en offrant aux jeunes Chenilles un plus grand nombre d'abris.

Ainsi, les Vignes où on laisse subsister une grande partie de l'ancien bois, celles surtout qu'on soutient à l'aide d'échalas, se trouvent doublement exposées aux ravages des insectes. J'ai remarqué, en effet, que ces supports en contiennent toujours un grand nombre. Cette observation, que j'ai faite la première fois à Argenteuil, m'a été suggérée par l'aspect tout particulier que présentaient les Vignes de ce territoire. Là, souvent, au milieu de pièces fortement dévastées, on remarquait un certain nombre de ceps complétement intacts, quoiqu'ils fussent soumis aux mêmes influences d'exposition, de température, de culture, que tous ceux de la même espèce qui les environnaient. Cherchant à me rendre compte de cette particularité, que je n'ai observée au même point dans aucun autre département, j'ai été conduit à observer que ces espèces d'oasis, où la végétation avait gardé presque toute sa fraîcheur, se faisaient remarquer aussi par l'emploi des échalas de bois neuf, tandis que, dans les parties dévastées, la couleur grise de ces supports annonçait leur vétusté. Une fois mis sur la voie de cette explication, que la connaissance des mœurs de l'insecte rendait facile à adopter, une infinité d'autres faits sont venus confirmer ma première observation, et me prouver d'une manière positive que ces morceaux de bois, lorsqu'ils sont anciennement dans les Vignes, contiennent pour le moins autant de larves de PYRALE que les ceps eux-mêmes. La grande augmentation de dégâts que nous avons également remarquée dans les parties de Vignes qui avoisinaient les endroits où on avait déposé durant l'hiver les tas d'échalas, est venue encore à l'appui de cette opinion. Enfin de nouvelles observations nous ont même appris que c'était de préférence dans la partie inférieure de ces échalas que les Chenilles cherchaient leur abri d'hiver, l'habitude qu'on a de les ranger parallèlement et dans le même sens, lorsqu'on les dispose en tas, permettant de reconnaître une différence de dévastation très-sensible entre les ceps de Vignes qui avoisinent l'une ou l'autre extrémité de ces supports.

Ces monceaux, placés aussi quelquefois dans le voisinage de Vignes qui n'avaient pas encore été atteintes ou dans des champs d'autres plantes, ont été la cause de l'envahissement de l'ennemi, qui dans ce cas se jette sur ce qui est le plus près de lui. C'est dans des circonstances semblables que nous avons remarqué un champ de luzerne complétement ravagé par des Chenilles de PYRALE, qui, ainsi que nous l'avons dit, ne franchissent que difficilement une certaine étendue de terrain.

Nous savons parfaitement que ces observations, quelque importantes qu'elles soient, ne peuvent amener aucun changement de culture sur les divers points où on emploie des échalas; nous savons que ces supports sont souvent exigés par une température peu élevée, qui force d'exposer le plus possible le cep aux rayons du soleil, tandis que dans les localités à Vignes rampantes il faut, au contraire, soustraire le sol aux ardeurs d'un ciel brûlant; nous savons que la faiblesse de certaines variétés de Vigne exige ce genre de soutien; nous savons enfin que, dans les terrains précieux, il permet de rapprocher davantage les ceps, et de multiplier ainsi les revenus; aussi n'avons-nous cru nécessaire d'appeler l'attention du propriétaire sur cette source de mal que parce qu'il est en son pouvoir, avec du soin, d'en détruire complétement les inconvénients, et même peut-être, en employant certaines précautions, de faire tourner à son profit cette habitude de l'insecte, qui vient pour ainsi dire se prendre au piége.

Nous finirons par une dernière observation, qui n'a aucune importance dans nos vignobles de France, mais qui mérite pourtant d'être notée. Les Vignes élevées et palissadées en treille nous ont paru presque toujours à l'abri du fléau. J'ai particulièrement remarqué ce fait, à Chenas, sur une treille haute de huit pieds, qui, bien qu'exposée au midi et complétement entourée de Vignes infestées, était restée parfaitement intacte. Du reste, les variétés blanches étant plus habituellement employées en France à cet usage, la nature de la Vigne peut entrer pour autant dans l'éloignement de la PYRALE que son genre de taille.

CHAPITRE QUATRIÈME.

Des divers animaux ennemis de la PYRALE et surtout des insectes. — Services importants qu'ils peuvent rendre à l'agriculture.

Avant de nous occuper des divers essais qu'on a tentés successivement pour maintenir dans des bornes plus étroites la multiplication de la PYRALE, nous pensons devoir mentionner avec quelques détails les nombreux moyens de répression qu'une main sage et prévoyante a su répandre au milieu même des désastres. Cet admirable accord entre les diverses productions de la nature aurait même sans doute suffi dans beaucoup de cas pour maintenir un juste équilibre, et empêcher les progrès du mal, si une civilisation toujours croissante n'était venue, en augmentant nos besoins, multiplier aussi les sources de ce fléau. En effet, de même qu'une population nombreuse entraîne à sa suite des calamités et des maladies qui ne viendraient pas assaillir des individus isolés ou en petit nombre, de même aussi une industrie ou une culture quelconque, multipliée sur certains points, amène nécessairement à sa suite une foule de maux qui, placés en dehors des combinaisons ordinaires de la nature, nécessitent l'emploi de remèdes puisés dans les connaissances humaines. On conçoit dès lors que la culture de la Vigne prenant annuellement plus d'importance en France, on ait vu par la même raison ses ennemis grandir dans une proportion trop effrayante pour qu'on pût se reposer uniquement, pour rétablir l'équilibre, sur des causes naturelles de destruction, quelque puissantes et quelque nombreuses qu'elles fussent.

Bien que ce soit surtout dans la classe des insectes que la PYRALE trouve un grand nombre d'ennemis et nous de puissants auxiliaires, quelques animaux d'un ordre plus élevé viennent pourtant aussi entraver jusqu'à un certain point la multiplication de son espèce; et sans parler des moutons, des poules, des dindons, dont on a cherché à tirer quelque parti en les lâchant dans les terrains dévastés, et qui ont toujours causé plus de dommages aux Vignes qu'aux Chenilles, nous citerons particulièrement les oiseaux insectivores, qui s'emparent d'un grand nombre de larves en donnant un coup de bec sur la feuille où elles se trouvent, et en saisissant l'insecte en l'air au moment où il va tomber. Ces oiseaux, dont on devrait essentiellement favoriser le développement dans les pays de vignobles, au lieu d'en diminuer le nombre chaque année par des chasses de tous genres, ont déjà été signalés comme fort utiles aux vignerons par la plupart des auteurs qui ont écrit sur la PYRALE; et nous voyons même dans plusieurs circonstances l'autorité prohiber, ou au moins blâmer ces chasses, si répandues aujourd'hui, surtout dans les départements méridionaux, et pourtant si contraires à l'agriculture.

Quant aux insectes qui vivent aux dépens de notre ennemi, ce n'est qu'assez récemment que leurs actes ont attiré l'attention de quelques cultivateurs éclairés; et quoiqu'on commence aujourd'hui à comprendre le profit qu'on peut tirer de ces utiles auxiliaires et les précautions dont on doit user à leur égard, ils ne sont pas encore assez connus pour que le vigneron soit à l'abri des méprises funestes qui lui font journellement sacrifier involontairement des animaux destinés à alléger ses maux.

C'est donc essentiellement dans le but d'éviter ces erreurs que nous nous attacherons à faire connaître les particularités distinctives de ces nombreux insectes qui appartiennent à quatre ordres : les Coléoptères, les Névroptères, les Hyménoptères et les Diptères. Ayant donné précédemment les principaux caractères de ces grandes divisions, il nous suffira actuellement, dans nos descriptions, de désigner l'ordre dont fait partie l'insecte dont nous parlerons.

COLÉOPTÈRES.

L'ordre des Coléoptères, surtout, comprend un très-grand nombre de familles, qui elles-mêmes se subdivisent en genres et en espèces, et renferme particulièrement beaucoup d'insectes bien connus par les torts immenses qu'ils causent aux biens de la terre, soit lorsqu'ils sont à l'état de larve, soit lorsqu'ils ont atteint celui d'insecte parfait [1]. Mais il en est aussi plusieurs qui, par suite de leurs habitudes carnassières, rendent, au contraire, de grands services à l'agriculture en délivrant nos champs et nos forêts d'une partie de leurs ennemis. Ne devant nous occuper ici que des insectes qui attaquent la PYRALE, nous n'aurons à citer que quelques espèces de la famille des Carabiques et de celle des Malacodermes.

FAMILLE DES CARABIQUES.

Cette famille appartient à la section des COLÉOPTÈRES PENTAMÈRES (ainsi nommés parce qu'ils ont les tarses de toutes les pattes composés de cinq articles (Pl. 19, fig. 7 *c*); elle se distingue des autres divisions du même groupe par des antennes simples en forme de fil ou de soie (Pl. 19, fig. 7 *b*); par des mâchoires terminées par une pièce écailleuse et crochue, et pourvues de deux palpes (Pl. 19, fig. 7 *a*), tandis que dans toutes les autres il n'en existe qu'un seul; par des pattes longues, dont les antérieures sont portées sur une grande rotule, et dont les postérieures offrent à leur base un trochanter très-grand.

Plusieurs espèces n'ont point d'ailes sous leurs élytres, et dans la plupart d'entre eux les tarses des pattes antérieures sont dilatés chez les mâles.

Les CARABIQUES, ou Carnassiers, sont des insectes très-agiles et qui courent avec une grande rapidité; ils se nourrissent de proie vivante, qu'ils saisissent à la course; et, soit à l'état de larve, soit à l'état d'insecte parfait, ils n'emploient aucune ruse pour s'en emparer.

Parmi les insectes de cette famille, je signalerai spécialement le genre CARABE (*Carabus*), composé en général d'espèces assez grosses, que l'on rencontre fréquemment, et que l'on reconnaît à leur corselet cordiforme, à leurs ély-

(1) Tels sont les Charançons, qui rongent le blé; les Scolytes, les Bostriches, etc., qui attaquent le tronc des arbres forestiers; les Chrysomèles, qui dévorent les feuilles du Peuplier, du Saule, etc.; les Phlœotribus, qui font tant de tort aux Oliviers; les Colaspis, les Altises, qui détruisent la Luzerne et les Betteraves; les Hannetons, qui à l'état de larve rongent les racines d'une multitude de plantes, etc., etc.

tres ovales soudées intimement, et à l'absence d'ailes sous ces élytres. L'espèce la plus commune en France est le

CARABE DORÉ. — *CARABUS AURATUS*. (Pl. 19, fig. 7.)

D'un vert doré, avec la bouche, la base des antennes et les pattes d'un rouge ferrugineux ; les élytres offrant trois côtes.

LIN., *Syst. nat.*, tom. 1, pag. 696, n° 7. — FAB., *Syst. eleuth.*, tom. I, pag. 175, n° 3. — OLIVIER, *Entomol.*, tom. III, genre 35, pag. 30, pl. 5, fig. 51. — Le Bupreste doré et sillonné à larges bandes. GEOFFROY, *Hist. des Ins.*, tom. I, pag. 142.

Ce Carabe, long de vingt à vingt-cinq millimètres, est d'une belle couleur vert-doré; le labre, les mandibules, tous les palpes sont d'un rouge ferrugineux très-foncé; les antennes ont leurs quatre premiers articles de cette dernière nuance, et tous les autres noirâtres; la tête et le corselet sont très-finement striés; les élytres présentent trois côtes épaisses et parfaitement lisses; les intervalles sont, au contraire, très-finement granulés; le bord marginal est un peu relevé et sinueux à l'extrémité, où il forme une petite dent, surtout chez la femelle; les pattes sont du même rouge que les parties de la bouche, très-rarement noires; l'abdomen est entièrement noir.

Cet insecte est connu sous les noms vulgaires de *Jardinier* et de *Couturière*; on le rencontre souvent, durant la belle saison, courant à terre à la recherche de sa nourriture; il est très-commun dans toute la France.

Les cultivateurs, au lieu de l'écraser, comme ils le font habituellement, doivent, au contraire, le respecter, car il se nourrit essentiellement d'insectes phytophages, et s'attaque même aux grosses espèces, telles que les Hannetons. J'ai souvent trouvé des Carabes dorés dans les Vignes, et je les y ai vus saisir et dévorer des Chenilles de PYRALE et d'autres espèces d'insectes nuisibles à cette plante.

FAMILLE DES MALACODERMES.

La famille des Malacodermes appartient, comme celle des Carabiques, à la division des COLÉOPTÈRES PENTAMÈRES, mais elle s'en distingue facilement par ses mâchoires qui ne supportent qu'un seul palpe (Pl. 19, fig. 8 *a*) et par plusieurs autres caractères.

Le corps est presque toujours d'une consistance peu solide; la tête est inclinée en avant, et les antennes ne sont pas logées dans des fossettes, comme cela a lieu dans les familles voisines.

La plupart des insectes de cette famille sont regardés comme phytophages; il en est pourtant beaucoup parmi eux qui se nourrissent de proie vivante, surtout à l'état de larve.

Les espèces que j'ai observées dans les Vignes attaquant les **Pyrales** à la manière des insectes carnassiers, appartiennent au genre **Malachie** (*Malachius*), caractérisé par un corps assez long, des antennes sétacées quelquefois un peu en scie (Pl. 19, fig. 8 *b*), des palpes filiformes (Pl. 19, fig. 8 *a*), des élytres flexibles, et enfin par des vésicules rouges, molles, irrégulières et rétractiles, situées sur les parties latérales du thorax et de l'abdomen, dont l'usage est encore ignoré, et qu'on ne retrouve que dans ce genre. L'espèce que l'on rencontre le plus fréquemment dans les Vignes est le

MALACHIE BRONZÉ. — *MALACHIUS ÆNEUS.* (Pl. 19, fig. 8.)

D'un vert cuivreux, avec deux taches rouges sur le thorax ; les élytres rouges, avec les épaules et la suture antérieurement de couleur verte.

Fabricius, *Syst. eleuth.*, tom. i, pag. 306, n° 3. — Oliv., *Entom.*, tom. ii, genre 27, pag. 2, pl. 2, fig. 6.

Cet insecte, long de sept à huit millimètres, est d'un vert-cuivreux brillant; tout le corps est très-légèrement pubescent; la tête est d'une couleur jaunâtre en avant des yeux; les antennes, ainsi que les pattes, sont de la même nuance que le reste du corps; le corselet présente, de chaque côté, une tache rouge située aux angles antérieurs; les élytres, d'un rouge carminé, ont leurs angles huméraux et une large ligne suturale des deux tiers de leur longueur d'une couleur verte cuivreuse, comme les autres parties du corps.

Ce Malachie saisit entre ses mandibules les insectes dont il veut faire sa nourriture, et les dévore aussitôt.

Les autres espèces de ce genre, qui ne diffèrent de celle que nous venons de décrire que par les couleurs, et quelquefois par une taille plus petite, ont des habitudes entièrement analogues.

NÉVROPTÈRES.

Dans l'ordre des Névroptères, qui comprend les Libellules ou *Demoiselles*, les Éphémères, les Fourmilions, etc., il n'y a que les HÉMÉROBES dont l'histoire doive nous occuper ici. Ces insectes appartiennent à la

FAMILLE DES MYRMÉLÉONIENS,

qui a pour type le Fourmilion. On reconnaît ce groupe à ses antennes, composées d'un très-grand nombre d'articles et beaucoup plus longues que la tête, à ses mandibules robustes, à ses palpes maxillaires filiformes, et à ses ailes en toit, réticulées par de nombreuses nervures transversales.

Les insectes de cette famille sont essentiellement carnassiers à l'état de larve. Ceux que nous avons trouvés fréquemment dans les mêmes Vignes que la PYRALE appartiennent au genre HÉMÉROBE (*Hemerobius*), qui se distingue par son corps de consistance molle et par l'absence d'ocelles ou yeux lisses. Les mandibules des insectes qui appartiennent à ce genre sont cornées et fortement échancrées au côté interne; le labre est arrondi et sans échancrure; les antennes sont filiformes, allongées, à articles courts, mais très-nombreux. Les ailes sont grandes (Pl. 16, fig. 2 *a* et 2 *b*) et les pattes grêles, avec des tarses courts terminés par deux petits crochets (Pl. 16, fig. 2 *c*).

Les HÉMÉROBES, connus aussi sous le nom de *Demoiselles terrestres*, ont un vol lourd; et, lorsqu'on les touche, ils exhalent une forte odeur excrémentitielle; les femelles pondent, à la partie inférieure des tiges, dix à douze Œufs de forme oblongue et de couleur blanche, fixés par un pédicule long et grêle; ce qui les a souvent fait prendre pour des plantes cryptogames. Les larves sont ovoïdes, comprimées, pourvues de deux longues mandibules ou grandes pinces, et de deux petites antennes en forme d'alènes.

Ces insectes, lorsqu'ils sont à l'état de larve, se rendent fort utiles aux agriculteurs en détruisant principalement les Pucerons, ce qui leur a fait même donner, par Réaumur et par Geoffroy, le nom de *Lions des pucerons;* mais ils dévorent encore beaucoup d'autres insectes phytophages, et j'ai trouvé souvent l'espèce suivante dans les Vignes.

HÉMÉROBE-PERLE. — *HEMEROBIUS PERLA.* (Pl. 16, fig. 2, 2* et 2**.)

Vert-jaune, avec une ligne rosée ou sanguine, sur la tête, en avant des yeux; les ailes couvertes de petits poils noirs.

LINNÉ, *Syst. nat.*, tom. I, pars II, pag. 911, n° 2. — FABRICIUS, *Entomol. system.*, tom. II, pag. 80, n° 2.— OLIVIER, *Encyclopédie méthod.*, tom. VII, pag. 59, n° 5.— Le Lion des Pucerons. GEOFFROY, *Histoire des Ins.*, tom. II, pag. 253, n° 1, pl. 13, fig. 6.

Tout le corps de cet insecte est d'un vert-jaune tendre, et quelquefois d'une couleur rosée; la tête présente ordinairement, en avant des yeux, une petite bande couleur de chair, et quelquefois d'un rouge sanguin; les antennes sont d'un jaune verdâtre; les yeux, pendant la vie, sont d'un vert-doré éclatant; mais, après la mort de l'insecte, cette belle couleur disparaît par la dessiccation, quoique dans les individus conservés dans l'alcool elle persiste pendant très-long-temps; les ailes sont entièrement hyalines, avec leurs nervures d'un vert tendre, garnies de très-petits poils noirs; les pattes sont de la même nuance que les antennes, avec les tarses ordinairement plus brunâtres.

La larve de l'*Hémérobe-perle* (Pl. 16, fig. 3 et 3*) est d'un jaune sale avec une ligne dorsale très-étroite et deux bandes longitudinales légèrement ondées d'une couleur rosée. Elle présente encore de chaque côté une rangée de petits ronds noirs. J'ai trouvé cette larve fréquemment à Argenteuil et dans le Mâconnais, cachée dans des feuilles de Vigne enroulées, se nourrissant de Chenilles de PYRALE, dont elle dévore également les OEufs. J'ai souvent conservé ces larves en captivité, afin de mieux m'assurer de leur manière d'opérer. Lorsqu'on leur donnait des Chenilles de PYRALE, elles les saisissaient aussitôt, au moyen de leurs longues mandibules, et les retournaient dans tous les sens, tandis que leurs palpes maxillaires vibraient avec rapidité Elles s'en nourrissaient ensuite au moyen de la succion, et l'on voyait la Chenille diminuer graduellement de grosseur jusqu'à ce qu'il ne restât plus que sa peau, ce qui avait lieu au bout de huit à dix minutes; la larve alors retournait cette dépouille et la mordillait comme pour humer tout ce qui pouvait rester encore de liquide, et, durant tout ce temps, si on l'inquiétait, elle ne lâchait pas prise, mais cherchait à fuir avec sa proie. Une larve, que j'examinai le 29 juillet 1839, dévora ainsi seize petites Chenilles qui venaient d'éclore, et, sans aucun doute, elle en eût consommé davantage si j'en avais mis un plus grand nombre à sa disposition. Je lui donnai également plusieurs pontes, qu'elle mangea immédiatement en introduisant successivement, dans chaque Œuf, ses deux longues mandibules.

Il est donc bien positif que l'on doit à cet Hémérobe, qui se trouve assez abondamment dans certaines localités, la destruction d'un grand nombre de Pyrales. Cependant plusieurs observateurs, se méprenant complétement sur les habitudes de cet insecte, l'avaient rangé parmi les ennemis de la Vigne. Roberjot, entre autres, avait dit que sa larve, qui ressemblait beaucoup à celle de la teigne de la Vigne, se logeait, comme celle-ci, dans les grains de raisin. On a pu, en effet, la trouver dans cette position; mais cette larve, éminemment carnassière, n'y était certainement pas entrée pour se nourrir de la substance végétale, mais au contraire pour y devorer les Chenilles de Teigne qui l'habitaient.

HYMÉNOPTÈRES.

Les Hyménoptères ne sont pas en même temps chasseurs et carnassiers, comme les insectes dont nous venons de nous occuper; à l'état parfait, ils ne vivent que de substances liquides et cherchent leur nourriture sur les fleurs; à l'état de larve, ils sont pour la plupart privés de pattes et condamnés à une vie des plus sédentaires; cependant, plusieurs d'entre eux sont pour la Pyrale des ennemis redoutables, et cela à raison d'un des instincts les plus singuliers que l'on connaisse. En effet, ce n'est pas pour eux-mêmes que les Hyménoptères attaquent leurs victimes, mais pour fournir aux besoins futurs de leur progéniture encore à naître; ainsi plusieurs d'entre eux déposent leurs Œufs dans le corps des chenilles afin que leurs larves y trouvent, au moment de leur naissance, non-seulement un abri protecteur, mais encore une provision abondante de matières alimentaires, car ils sont alors carnassiers, et ce n'est qu'après leurs métamorphoses qu'ils changent de régime; d'autres s'emparent de leur proie afin de la mettre en réserve à côté des OEufs qu'ils ont déjà pondus, comme s'ils pouvaient prévoir que de ces OEufs sortiront des larves pour lesquelles le produit de leurs rapines sera un aliment précieux.

C'est surtout dans cet ordre nombreux que l'agriculture peut espérer trouver de véritables auxiliaires; mais nous verrons plus loin comment, au lieu de profiter de ce secours providentiel trop long-temps ignoré, on en a maintes fois détruit les effets par des remèdes mal appropriés.

Les Hyménoptères destructeurs de la PYRALE appartiennent à quatre familles : celle des Ichneumoniens, celle des Chalcidiens, celle des Oxyuriens et celle des Euméniens. Les trois premières prennent place dans la division des HYMÉNOPTÈRES TEREBRANS, caractérisée par l'existence d'une tarière à l'extrémité de l'abdomen chez la femelle; la quatrième est rangée dans la division des HYMÉNOPTÈRES PORTE-AIGUILLON, chez lesquels la tarière est remplacée par un aiguillon.

FAMILLE DES ICHNEUMONIENS.

Les Ichneumoniens sont caractérisés principalement par un corps étroit et linéaire; des antennes vibratiles, longues et grêles, sétacées ou filiformes, souvent enroulées à leur extrémité, et ayant ordinairement au moins la longueur du corps; des ailes très-veinées, offrant toujours des cellules complètes, et enfin un abdomen inséré entre les pattes postérieures, et attaché au thorax par un pédoncule plus ou moins long.

Ces insectes courent et volent avec une extrême vivacité et en agitant continuellement les antennes, ce qui leur a valu la dénomination de *Mouches vibrantes*. Les femelles possèdent presque toutes une tarière plus ou moins longue, composée de trois filets, ce qui leur a fait donner aussi le nom de *Mouches tripiles*. Au moyen de cette tarière, elles introduisent et déposent, dans l'intérieur même du corps des Chenilles phytophages, un ou plusieurs de leurs OEufs. Ceux-ci donnent bientôt naissance à de petites larves, qui se nourrissent aux dépens du tissu graisseux de la Chenille, mais sans attaquer aucun de ses organes importants, par conséquent sans la faire périr immédiatement. Souvent même, malgré les parasites qui la dévorent intérieurement, la Chenille parvient à se métamorphoser en Chrysalide, mais son existence ne se prolonge pas au delà de cette transformation, tandis qu'au contraire la larve d'Ichneumon poursuit le cours de son existence et subit ses dernières métamorphoses, soit dans l'intérieur même du corps de la Chenille ou de la Chrysalide qu'elle a fait mourir, soit dans un petit cocon soyeux blanc ou jaunâtre, qu'elle se file auprès du cadavre abandonné.

Plusieurs espèces d'Ichneumoniens attaquent les Chenilles de Pyrale, et leur présence multipliée amène souvent de grands changements dans la marche du fléau; celles que j'ai observées appartiennent à quatre genres distincts, savoir:

Le genre Ichneumon proprement dit, qui se reconnaît à des mandibules bidentées (Pl. 17, fig. 1 *e*); des ailes de moyenne grandeur, ayant leur première cellule cubitale de forme pentagonale (Pl. 17, fig. 1 *b*); un abdomen convexe pédiculé, à peu près de la même largeur que le thorax, et beaucoup plus long; enfin à la tarière des femelles, très-courte et nullement saillante.

Le genre Pimpla, dont les antennes sont beaucoup plus longues (Pl. 17, fig. 2 *e*), l'abdomen presque sessile, la tarière saillante et souvent très longue.

Le genre Anomalon, que l'on reconnaît à ses antennes filiformes et extrêmement grêles (Pl. 17, fig. 4 *b*), à son abdomen comprimé en forme de faucille, caréné en dessus et pourvu d'un pédicule long et grêle; enfin à ses ailes, dont la cellule cubitale intermédiaire est oblitérée. (Pl. 17, fig. 4 *c*.)

Et le genre Campoplex, très-voisin du précédent, dont il diffère pourtant par la forme de son abdomen, dont le premier segment est globuleux à sa partie antérieure, et par des ailes dont la cellule cubitale intermédiaire est petite et triangulaire. (Pl 18, fig. 1 *a*.)

Voici les noms et les descriptions des espèces que j'ai recueillies.

ICHNEUMON MÉLANOGONE.—*ICHNEUMON MELANOGONUS.* (Pl. 17, fig. 1.)

Noir, avec les antennes noires dans le mâle et tricolores dans la femelle; l'abdomen roux, ayant l'extrémité noire; les pattes rousses; les postérieures avec les genoux noirs, et les cuisses entièrement noires dans le mâle.

Ichneumon melanogonus. Gravenhorst, *Ichneumonologia europæa*, pars I, pag. 581, n° 245; — Ichneumon mutabilis. *Ejusd. loc. cit.*, pag. 599, n° 255.

Cet insecte est long de six à neuf millimètres; sa tête et son thorax sont entièrement noirs; ses mandibules, d'un brun plus ou moins roussâtre, et les palpes, d'un gris jaunâtre, pâle. Les antennes sont entièrement noires dans le mâle, plus brunâtres en dessous qu'en dessus. Dans la femelle, les deux premiers articles sont noirâtres; les troisième, quatrième, cinquième et sixième, d'un roux ferrugineux; les septième, huitième et neuvième, sont seulement d'une couleur un peu plus foncée; les quatre ou cinq articles suivants sont blanchâtres, et tous les derniers d'un brun presque noir; les ailes sont diaphanes, très-légèrement enfumées, avec les nervures et le stigma brunâtres; les pattes sont d'un roux ferrugineux, avec les hanches et la base des trochanters de couleur noire; l'extrémité des cuisses et des jambes des pattes postérieures est également noire, et les hanches sont munies d'une très-petite épine. Dans le mâle seulement, les cuisses postérieures sont totalement noires, et les intermédiaires sont légèrement noirâtres en dessus; l'abdomen est d'un roux ferrugineux, avec son pédicule noir, ainsi que ses trois derniers anneaux. Cette espèce présente quelques variétés dans la couleur de chaque article des antennes, ainsi que dans celle des pattes postérieures, qui, dans certains cas assez rares, deviennent entièrement ou presque entièrement noires. L'abdomen peut aussi devenir roux jusqu'à l'extrémité; quelquefois c'est le contraire: il présente alors un plus grand nombre d'anneaux noirs. Mais ces variétés, tout exceptionnelles, sont fort rares, comparativement au nombre des individus, entièrement conformes à la description que nous venons de donner.

PIMPLE INSTIGATEUR. — *PIMPLA INSTIGATOR.* (Pl. 17, fig. 3, mâle; 3*, femelle.)

Entièrement noir, avec les palpes et les pattes fauves; les hanches et les tarses postérieurs d'un brun noir.

Cryptus instigator. FABRICIUS, *Syst. Piez.*, pag. 85, n° 61. — Ichneumon instigator. PANZER *in* SCHOEFFER, tab. 105, fig. 5. — Pimpla instigator. GRAVENHORST. *Ichneumonologia europæa*, pars III, pag. 216. n° 103.

Cet insecte, long d'environ six à dix millimètres, est entièrement d'un noir tirant plus ou moins sur le brun. Les palpes sont de couleur fauve, et les mandibules noires. Les antennes, presque aussi longues que le corps, sont ordinairement noires; mais, vers l'extrémité, elles tendent à passer au brun ou même au roussâtre. Le thorax, très-gibbeux, ne présente que quelques petits poils noirs extrêmement fins; les ailes sont très-diaphanes, légèrement enfumées, avec leurs nervures et leur stigma brunâtres; les pattes sont d'un fauve plus ou moins roussâtre, avec les hanches et les trochanters d'un noir brunâtre; les tarses postérieurs sont de cette dernière couleur, avec le premier article et quelquefois le second d'une nuance plus roussâtre. L'abdomen est un peu plus long que la tête et le thorax réunis : dans le mâle, il est presque cylindrique et plus étroit que le thorax; dans la femelle, il est au moins aussi large et de forme plus oblongue. La tarière de la femelle a environ la moitié de la longueur de l'abdomen.

PIMPLE ALTERNANT. — *PIMPLA ALTERNANS.* (Pl. 17, fig. 2, mâle; 2* femelle.)

Noir, avec les antennes testacées en dessous; les pattes fauves; les jambes et les tarses des intermédiaires et des postérieures annelés de brun ou de noir.

GRAVENHORST, *Ichneumonologia europæa*, pars III, pag. 201, n° 97.

Ce Pimpla varie pour la taille entre cinq et dix millimètres; son corps est noir. Ses antennes, un peu plus courtes que le corps, sont plus grêles dans la femelle que dans le mâle; elles sont brunes en dessus et testacées en dessous, avec le premier article généralement de couleur noire. Son thorax est lisse, assez globuleux, offrant quelquefois un point jaunâtre à la base des ailes; celles-ci sont diaphanes, très-légèrement enfumées, avec leurs nervures brunâtres, le stigma plus jaunâtre, et les paraptères d'un jaune très-pâle. Les pattes antérieures, roussâtres dans la femelle, avec les hanches noires, sont jaunes dans le mâle, avec la partie supérieure des cuisses rousse et quelquefois les hanches noires; les pattes intermédiaires sont jaunâtres dans le mâle, les hanches noires, la partie supérieure des cuisses roussâtre, et l'on remarque encore un anneau très-pâle à la base des jambes; l'extrémité des tarses est noirâtre. Dans la femelle, ces pattes sont entièrement rousses, avec un anneau pâle à la base des jambes, et les articles des tarses également très-pâles à leur base. Les pattes postérieures ont les cuisses rousses dans les deux sexes, les jambes noires ou roussâtres, avec un anneau d'un jaune pâle un peu au-dessous de la base, les tarses d'un jaune très-pâle, ayant l'extrémité de chaque article brune ou noirâtre. L'abdomen est une fois plus long que le thorax; il est rare qu'il soit complétement noir; habituellement, le bord de chaque segment est roussâtre ou jaunâtre. La tarière de la femelle a environ le quart de la longueur de l'abdomen.

ANOMALON JAUNATRE. — *ANOMALON FLAVEOLATUM.* (Pl. 16, fig. 4 et 4*.)

Noir, avec la face jaune; les antennes noires; les pattes antérieures jaunes; les postérieures rousses, avec l'extrémité des jambes et la base des tarses noires ou brunes; l'abdomen roux, avec l'extrémité et la partie dorsale du second segment noires.

GRAVENHORST, *Ichneumonologia Europæa*, pars III, pag. 664, nº 122.

Cet Ichneumonide, long d'environ cinq à six lignes, a la tête noire, avec la face entière d'un jaune vif, ainsi que les parties de la bouche; il existe encore quelquefois une tache jaune sur le sommet de la tête et près de chaque œil; les antennes sont brunes ou noirâtres, avec le premier article jaune en dessous. Le thorax est noir, et, dans quelques individus, il présente sur le prothorax une petite tache latérale, de couleur roussâtre, ainsi que les sutures latérales; quelquefois il offre, en outre, une tache à la base des ailes; ces dernières sont assez courtes, diaphanes, ayant une légère nuance d'un jaune roussâtre. Les nervures sont brunes, le stigma est jaune, et les paraptères de couleur ferrugineuse. Les pattes antérieures et intermédiaires sont d'un jaune vif ou roussâtre; les pattes postérieures sont rousses, ayant ordinairement les hanches noires ou tachetées de noir, et l'extrémité des jambes noire ou brunâtre, ainsi que la base du premier article des tarses; l'abdomen est roux, avec son extrémité et la partie dorsale du second segment noires ou brunâtres.

CAMPOPLEX DE MAI. — *CAMPOPLEX MAJALIS.* (Pl. 18, fig. 1.)

Noir, avec les antennes entièrement noires; les palpes fauves; les pattes rousses; les hanches noires, avec la base et l'extrémité des postérieures brunes.

GRAVENHORST, *Ichneumonologia*, tom. III, pag. 462, nº 4.

Cette petite espèce est longue d'environ quatre à six millimètres; tout son corps est noir; les mandibules sont jaunâtres au milieu, et noires à la base et à l'extrémité. La lèvre supérieure et les palpes sont entièrement d'un jaune très-pâle; les antennes, ayant un peu plus de la moitié de la longueur du corps, sont totalement noires, légèrement amincies et un peu recourbées à l'extrémité. Les ailes sont diaphanes, très-peu enfumées, surtout dans la femelle; leurs nervures sont d'un brun très-pâle, ainsi que le stigma; la base seule est d'un jaune soufre, comme les paraptères. Les pattes sont d'un roux jaunâtre, avec les hanches noires; dans la femelle, les antérieures sont d'un jaune pâle en dessous, ou presque blanchâtres, et les trochanters sont en totalité de cette nuance. Les trochanters des pattes postérieures sont entièrement noirs dans le mâle; mais dans la femelle, leur extrémité est ordinairement jaune. Les jambes postérieures, dans les deux sexes, sont brunâtres à l'extrémité, et vers la base elles présentent un anneau de la même couleur. Les tarses sont grisâtres, avec la base de chaque article noirâtre. L'abdomen est un peu plus long que la tête et le thorax réunis; très-grêle à sa base; il est un peu comprimé à l'extrémité dans le mâle, et très-légèrement gonflé dans la femelle. La tarière est faiblement recourbée, et a environ la longueur de la moitié de l'abdomen.

FAMILLE DES CHALCIDIENS.

Ces insectes, qui appartiennent aussi à la division des Hyménoptères térébrans, offrent les caractères suivants : antennes coudées, n'ayant jamais plus de douze ou treize articles (Pl. 18, fig. 2 *c* et 4 *a*); palpes fort courts, composés de quatre articles (Pl. 18, fig. 2 *b*); ailes dépourvues de cellule radiale, et ne présentant qu'une cellule cubitale incomplète. (Pl. 18, fig. 2 *d*.)

Les Chalcidiens sont généralement de très-petits animaux, dont les mœurs sont très-analogues à celles des Ichneumoniens; leurs larves, de consistance molle et entièrement apodes, vivent dans l'intérieur du corps des Chenilles ou des Chrysalides; elles y subissent leurs métamorphoses, et l'on voit fréquemment sortir d'un même individu un grand nombre de ces petits insectes.

Beaucoup d'espèces de cette famille vivent aux dépens des Chenilles de la Pyrale de la Vigne; elles appartiennent aux genres :

Chalcis *proprement dit*, dont le corps est épais, les pattes postérieures très-développées et propres au saut (Pl. 18, fig. 2 *e*); ayant les hanches grandes, les cuisses très-renflées, pourvues d'un sillon dans lequel s'applique la jambe; l'abdomen ovalaire, et la tarière à peine saillante.

Diplolepis, caractérisé par un corps élancé, des pattes assez longues, sans renflement (Pl. 18, fig. 4 *b*), un abdomen oblong, une tarière capillaire souvent presque aussi longue que le corps;

Pteromalus, dont le corps est large et assez court, les pattes sans renflement (Pl. 18, fig. 6 *a*), l'abdomen ovalaire plus court que le thorax, et la tarière nullement saillante;

Eulophus, qui se distingue des précédents par ses antennes, qui n'ont que dix articles (Pl. 18, fig. 3 *a*), tandis que les autres en ont treize; par un corps grêle et assez long; un abdomen déprimé, presque linéaire, et un peu plus étroit que le thorax.

Voici la description des espèces qui se rapportent à ces quatre genres

CHALCIDE PETITE. — *CHALCIS MINUTA.* (Pl. 18, fig. 2 et 3.)

Noire, avec les pattes jaunes, variées de noir; les tarses d'un jaune roussâtre.

Vespa minuta. Linné, *Syst. nat.*, t. II, pag. 952, n° 28. — Geoffroy, *Hist. des Ins.*, t. II, pag. 380, n° 15. — Fabricius, *Syst. Piezat.*, pag. 165, n° 23. — Panzer, *Faun. Germ. fasc.* 32, n° 6.

Ce petit insecte est long de quatre à cinq millimètres; tout le corps est noir; la tête et le thorax criblés de gros points enfoncés, très-rapprochés les uns des autres, offrent une légère pubescence blanchâtre; les antennes sont entièrement noires, ainsi que les parties de la bouche. Les ailes sont diaphanes et irisées; seulement, à leur base, elles sont un peu teintées de jaune; les nervures sont brunes, et les paraptères de couleur jaune. Les pattes antérieures et les intermédiaires ont les hanches et la base des cuisses noires, et une tache de la même couleur sur le milieu des jambes; le reste est jaune. Les pattes postérieures sont noires dans presque toute leur étendue; l'extrémité des cuisses, la base et l'extrémité des jambes seules sont jaunes; tous les tarses sont d'un roux jaunâtre; l'abdomen est d'un noir brillant, offrant sur le bord de chaque anneau une rangée de petits poils blanchâtres assez roides.

On trouve ces Chalcides en grande abondance, vers le milieu d'août, dans les Vignes, où elles voltigent au soleil avec beaucoup de vivacité. J'en ai souvent vu aussi à l'état de larves ou de nymphes dans des Chrysalides de Pyrale, et j'ai remarqué avec surprise que leur dernière transformation avait lieu à une époque où il ne restait plus que quelques Papillons retardataires et lorsque les jeunes

Chenilles commençaient à éclore. Ce fait semblerait indiquer que l'OEuf déposé par la Chalcide, dans le corps de la petite Chenille, au commencement de l'automne, n'éclôt qu'au printemps suivant, lorsque la PYRALE sort de sa retraite pour commencer à prendre quelque nourriture.

DIPLOLÈPE CUIVRÉE. — *DIPLOLEPIS CUPREA.* (Pl. 18, fig. 4.)

Vert-bronzé, avec les antennes noires ; les tarses testacés ; l'abdomen très-brillant.

SPINOLA, *Insect. ligur.*, fasc. IV, pag. 212, n° 49, tab. 3, fig. 2. — Torymus cupreus, NÈES von ESENBECK, *Hymenopt.*, *Ichneumon. affinia*, t. II, pag. 67, n° 18.

Cette espèce est longue de trois à quatre millimètres ; tout son corps est d'un vert bronzé légèrement cuivreux ; la tête et le thorax sont fortement ponctués et couverts d'une pubescence blanchâtre assez épaisse ; les antennes sont noires, avec le premier article d'un vert cuivreux en dessous ; les ailes sont extrêmement diaphanes, un peu irisées, ayant leurs nervures brunâtres, ainsi que les paraptères. Les pattes sont de la couleur du corps ; les jambes tendent à passer au brun, en conservant seulement un reflet vert-bronzé ; la base et l'extrémité sont testacées, ainsi que les tarses, qui ont entièrement cette nuance. L'abdomen est d'un vert cuivreux très-brillant et parfaitement poli ; sur le bord des derniers anneaux, il présente seulement une rangée de petits poils roides de couleur blanchâtre ; la tarière de la femelle, guère moins longue que l'abdomen, est noire et très-droite.

J'ai vu souvent cet insecte sortir des Chrysalides de PYRALE, et j'en ai même obtenu une fois quatre individus provenant d'une même Chrysalide, qui avait été percée au côté droit de l'abdomen, immédiatement au-dessous du rebord des ailes. Ce Diplolèpe ne vole guère que pendant l'ardeur du soleil, et il perd une grande partie de son agilité quand il est à l'ombre. Lorsqu'on l'inquiète, il exécute de petits sauts ; mais comme ses cuisses ont peu de force, il retombe quelquefois sur le dos ou sur le côté. Cet insecte, en marchant, explore toujours le sol avec ses antennes ; quelquefois, après avoir sauté, il contrefait le mort pendant un instant, puis se relève bientôt et continue à marcher.

DIPLOLÈPE OBSOLÈTE. — *DIPLOLEPIS OBSOLETA*. (Pl. 18, fig. 5.)

Vert-bronzé avec les antennes noires, les jambes et les tarses entièrement d'un testacé pâle, et l'abdomen brillant, d'un vert bleuâtre.

FABRICIUS, *Syst. piezat.*, pag. 150, n° 10. — SPINOLA, *Insecta ligurica*, fasc. III, pag. 159; et fasc. IV, pag. 213, etc.

Cet insecte est extrêmement voisin du précédent, la couleur générale du corps et des antennes, la ponctuation, la pubescence sont identiques; sa taille est à peu près la même, mais généralement un peu moindre. La *Diplolèpe obsolète* ne diffère presque de la *Diplolèpe cuivrée* que par la couleur des pattes. En effet, dans l'espèce que nous décrivons ici, elles sont presque totalement jaunâtres; les antérieures et les intermédiaires ont seulement les hanches de la couleur du corps, et c'est à peine si l'on remarque une petite nuance verte sur les cuisses: quant aux pattes postérieures, elles ont, au contraire, les cuisses entièrement d'un vert bronzé. L'abdomen offre aussi une nuance un peu plus bleuâtre dans la *D. obsolète* que dans la *D. cuivrée*, surtout dans le mâle.

Cette espèce a les mêmes habitudes que la *Diplolèpe cuivrée*, dont elle est si voisine.

PTÉROMALE COMMUN. — *PTEROMALUS COMMUNIS*. (Pl. 18, fig. 8).

Vert-bronzé obscur avec le premier article des antennes et les pattes testacés et les hanches vertes.

NÈES VON ESENBECK *Hymenopt. Ichneumon. affinia*, t. II, pag. 103, n° 17.

Ce petit insecte, long de deux à trois millimètres, est d'un vert-bronzé obscur; la tête et le thorax sont criblés de petits points enfoncés, serrés très-régulièrement; les antennes sont d'un brun noirâtre avec leur premier article testacé, et le second participant un peu de cette couleur; les ailes sont extrêmement diaphanes, très-légèrement irisées. Toutes les pattes sont d'un jaune-testacé pâle, les hanches seules ont la couleur du corps. L'abdomen est d'un vert-bronzé tirant quelquefois sur le noir; il est assez brillant, surtout à sa base.

Ce *Ptéromale* se trouve abondamment dans les Chrysalides de la PYRALE; les mâles sont ordinairement plus petits que les femelles, et sont moins communs.

Dans toutes les éclosions que j'ai observées, j'ai remarqué qu'il y avait pour un seul mâle quatre à cinq femelles, terme moyen.

Ainsi une Chrysalide me donna quatre individus dont trois femelles et un mâle; une autre m'en donna sept dont un seul mâle.

Enfin je recueillis jusqu'à vingt-trois individus de ce petit Hyménoptère, tous sortis de la même Chrysalide, et sur ce nombre on ne comptait que quatre mâles.

PTÉROMALE CUIVRÉ. — *PTEROMALUS CUPREUS.* (Pl. 18, fig. 6)

Cuivreux avec le premier article des antennes, la base et l'extrémité des jambes et les tarses testacés, l'abdomen d'un cuivreux violacé.

NÉES von ESENBECK, *Hymenopt. Ichneumon. affinia*, tom. II, pag. 102.

Cette espèce, longue de quatre millimètres, est d'un vert-cuivreux rougeâtre; la tête et le thorax sont couverts d'une ponctuation fine et très-serrée, les antennes sont brunes avec le premier article testacé, les ailes sont parfaitement hyalines et légèrement irisées; les pattes sont d'un bronzé obscur avec la base et l'extrémité des jambes d'un testacé jaunâtre, les tarses sont aussi de cette couleur; l'abdomen est conique, d'un cuivreux violacé au milieu avec les bords plus verts.

Cet insecte est aussi abondant que le précédent dans les Chrysalides de PYRALES.

PTÉROMALE OVALE. — *PTEROMALUS OVATUS.* (Pl. 18, fig. 7.)

Bronzé avec le premier article des antennes et les pattes testacés; ayant la massue des cuisses brunâtre, l'abdomen ovale cuivreux.

NÉES von ESENBECK. *Hymenopt. Ichneumon. affinia*, tom. II, pag. 103, n° 18.

Cet insecte, qui est très-voisin du précédent, ne s'en distingue que par sa taille plus petite, qui ne dépasse guère deux à trois millimètres; par sa couleur bronzée, son abdomen moins conique, et surtout par ses pattes, qui sont presque entièrement testacées avec la massue des cuisses brune et le milieu des jambes légèrement brunâtre.

Il est aussi abondant que les *Ptéromales commun* et *cuivré*.

PTÉROMALE DES LARVES. — *PTEROMALUS LARVARUM.* (Pl. 19, fig. 1.)

D'un vert vif avec le premier article des antennes et les pattes jaunes, l'abdomen brun, bronzé, bordé de vert.

Diplolepis Larvarum. SPINOLA. *Insecta ligurica*, fasc. III, pag. 162, n° 16.—Pteromalus larvarum. NÈES von ESENBECK. *Hymenopt. Ichneumon. affinia*, t. II, pag. 93, n° 3.

Ce *Ptéromale*, long de deux à trois millimètres, est d'un vert-brillant extrêmement vif; la tête et le prothorax sont fortement ponctués, les antennes sont d'un brun foncé avec leur premier article jaune; les ailes sont complétement hyalines, ayant un léger reflet irisé; les pattes sont en totalité d'un jaune pâle : dans le mâle seulement, la partie supérieure des cuisses postérieures est d'un noir bronzé et les crochets des tarses sont noirs; l'abdomen est d'un vert brillant avec une grande tache d'un noir bronzé au milieu.

PTÉROMALE APLANI. — *PTEROMALUS DEPLANATUS.* (Pl. 19, fig. 2.)

Bronzé assez déprimé avec le premier article des antennes et les pattes jaunes; ayant les cuisses bronzées à la base, l'abdomen arrondi d'un brun doré.

NÈES von ESENBECK. *Hymenopt. Ichneumon. affinia.*, tom. II, pag. 110, n° 23.

Ce petit insecte, long d'environ deux millimètres, est remarquable par son corps aplati et assez large, ce qui le fait distinguer facilement des autres espèces du même genre; la tête est large, couverte d'une fine ponctuation très-serrée, ainsi que tout le thorax; les antennes sont d'un noir brunâtre avec leur premier article jaunâtre, les ailes sont complétement hyalines, les pattes d'un jaune pâle avec les hanches et souvent les cuisses d'un noir bronzé; l'abdomen est presque orbiculaire, il a à peu près la longueur du thorax et est sensiblement plus large, les angles des derniers segments étant assez saillants; il est d'un brun-doré très-brillant, surtout à la base.

EULOPHE DES PYRALES. — *EULOPHUS PYRALIDUM.* (Pl. 19, fig. 3.)

Entièrement d'un bronzé noir avec les ailes hyalines et les tarses testacés.

Cet Hyménoptère n'a pas même deux millimètres de longueur; tout son corps est d'un bronzé fort obscur; les antennes sont noirâtres; la tête et le thorax sont couverts d'une ponctuation très-serrée et d'une légère pubescence. On remarque en outre un poil raide de chaque côté du prothorax. Les ailes sont diaphanes, très-légèrement irisées; l'abdomen, oblong et terminé en pointe, est de la même nuance bronzée que le reste du corps, et très-luisant; les pattes sont de la couleur générale du corps avec les tarses d'un fauve testacé.

Chez cette espèce, que j'ai trouvée en assez grande quantité, les mâles étaient toujours moins communs que les femelles.

Ce sont les OEufs de la PYRALE, et non pas leurs Chenilles ni leurs Chrysalides, qu'attaque ce petit Hyménoptère; il se développe dans leur intérieur, et au moment d'en sortir il perce l'enveloppe de l'OEuf d'un trou circulaire.

FAMILLE DES OXYURIENS.

Les insectes de cette famille ressemblent beaucoup à ceux de la précédente. Mais pourtant leurs palpes maxillaires, longs et pendants; leurs antennes filiformes ou peu épaissies vers l'extrémité, et composées de dix à quinze articles; leur abdomen terminé dans les femelles par une tarière tubulaire et conique, quelquefois interne et sortant à volonté, comme l'aiguillon des abeilles, et quelquefois saillante, ne permettent pas de les confondre avec les Chalcidiens, bien que leurs mœurs présentent avec celles de ces insectes une grande analogie.

La seule espèce de cette famille que je puisse citer parmi les ennemis de la PYRALE appartient au genre *Bethylus*, qui est caractérisé par des antennes coudées composées de treize articles, des mandibules longues arquées et quadridentées (Pl. 20, fig. 6), des palpes maxillaires filiformes (fig. 7, *d*), un thorax allongé, des ailes offrant deux cellules à la base et une cellule radiale fort grande, des pattes assez fortes avec les cuisses renflées et les jambes droites, et un abdomen ovalaire ayant un pédoncule très-grêle.

L'espèce qui attaque la PYRALE est le

BÉTHYLE FOURMI. — *BETHYLUS FORMICARIUS.* (Pl. 20, fig. 1, 2 et 3.)

Noir avec les antennes et les pattes testacées, ayant les hanches et les cuisses noires.

Ceraphron Formicarius. PANZER, *Faun. Germ.*, fasc. 97, tab. 16.—Omalus Formicarius. JURINE. *Hymenopt.*, pag. 301.

Cet insecte, long de quatre à cinq millimètres, a tout le corps entièrement noir et parfaitement lisse. Les antennes sont généralement d'un jaune testacé, avec leur premier article noirâtre et les derniers souvent bruns; mais quelquefois aussi elles sont testacées jusqu'à leur extrémité. Les ailes sont diaphanes, un peu irisées et très-légèrement enfumées, avec leurs nervures brunâtres; les pattes sont testacées avec les hanches et les cuisses noires, l'abdomen est d'un noir très-brillant.

Ces petits insectes, qui sont très-nombreux dans certains vignobles, sont remarquables par la vivacité avec laquelle ils courent sur les ceps. Au printemps de 1838, dans le Mâconnais, j'en avais trouvé une grande quantité dans les jeunes pousses et dans les bourgeons déjà infestés de jeunes PYRALES, et j'avais eu l'occasion de me convaincre qu'à l'état parfait ils attaquaient souvent les Chenilles de PYRALES, et qu'après les avoir saisies par la partie antérieure du corps ils les tuaient immédiatement. Mais je n'avais pu découvrir encore la larve de cet insecte, lorsque, au mois de juillet 1838, j'observai dans des Vignes aux environs de La Rochelle une Chenille de PYRALE couverte de huit petites larves apodes, d'un vert tendre (Pl. 20, fig. 8 et 9), et de la taille d'une grosse tête d'épingle; chacune d'elles avait son ouverture buccale enfoncée entre les anneaux du corps de la Chenille. Ayant détaché une de ces larves, je vis, en la plaçant sous le microscope, qu'elle était complétement réniforme (Pl. 20, fig. 10). On distinguait dans l'échancrure l'orifice buccal, qui était peu saillant; les ouvertures stigmatiques, parfaitement arrondies, étaient peu apparentes, et l'on apercevait sous la peau, par transparence, les vaisseaux trachéens partant des stigmates.

Au bout de six jours, ces larves, outre qu'elles étaient sensiblement grossies, avaient complétement changé de forme et de couleur; toute la partie antérieure de leur corps avait pénétré dans le corps de la Chenille, qui était fortement contractée (Pl. 20, fig. 12), et elles avaient pris une forme oblongue et une couleur d'un jaune vif. Deux jours après, ces larves avaient encore changé de nuance; elles étaient alors d'un brun-clair vineux, avec des taches blanchâtres, et l'extrémité de leur corps présentait une tache brune (Pl. 20, fig. 14).

Le 2 août toutes ces larves, ayant abandonné le corps de la Chenille, commencèrent chacune à se filer, sur les parois de la boîte où elles étaient enfermées, un petit cocon d'un blanc sale, dans l'intérieur duquel elles se métamorphosèrent en nymphes (fig. 15 *b*). On reconnaissait distinctement dans ces nymphes la forme de l'insecte parfait, dont on apercevait aisément la tête, le thorax, l'abdomen, les ailes et les pattes; les yeux prirent promptement une couleur brunâtre, mais tout le reste du corps de l'insecte était presque blanc, et ce n'est que peu de temps avant l'éclosion que ces nymphes devinrent noirâtres. Le 15 août il sortit de ces cocons des *Béthyles fourmis*, semblables en tous points aux petits insectes que j'avais observés précédemment dans le Mâconnais. Les petits cocons, qu'on trouve presque toujours près d'eux, au nombre de quatre, cinq, six, et quelquefois plus, sont ordinairement fixés aux feuilles et réunis entre eux par une bourre brunâtre et soyeuse; ces cocons eux-mêmes deviennent habituellement de la même couleur, et l'on remarque à l'une de leurs extrémités un petit point noir, qui n'est autre que la dépouille de la Chenille, que l'on aperçoit par transparence (fig. 16 *b*).

FAMILLE DES EUMÉNIENS.

Les insectes de cette famille, de la division des Hyménoptères-Porte-Aiguillon, vont encore nous offrir des habitudes tout à fait différentes de celles que nous avons décrites précédemment, et non moins curieuses. Ce n'est plus dans le but de satisfaire un besoin immédiat et personnel que ces insectes s'emparent d'une proie vivante, mais par un esprit de prévoyance qu'on chercherait vainement dans des animaux d'un ordre plus élevé; et s'ils font une guerre acharnée à un grand nombre de larves, ce n'est qu'afin de subvenir à la subsistance d'une progéniture qui n'existe pas encore et qu'ils ne connaîtront jamais.

Ces habitudes remarquables, analogues à celles des Sphégiens et des Craboniens, insectes qui appartiennent également à l'ordre des Hyménoptères, mériteraient d'être décrites avec plus de détails que nous ne pouvons en donner ici. Il serait curieux de suivre l'insecte dans ses diverses opérations, de le voir, saisissant avec ses mandibules la proie qu'il destine à sa future progéniture, la transporter jusqu'au lieu où il a déposé ses Œufs; puis d'observer comment cette mère prévoyante, guidée par un admirable instinct, donne à cette larve un léger coup de son aiguillon, qui, engourdissant ses mouvements et la mettant hors d'état de chercher à fuir, lui laisse pourtant encore assez de vie pour offrir au petit ver, qui ne naîtra que quelque temps après, une nourriture convenable.

Malheureusement nous sommes obligé d'être bref dans tout ce qui ne touche pas positivement au sujet que nous approfondissons. Nous ajouterons seulement que nous avons souvent observé, dans le Mâconnais et aux environs de Perpignan, un *Eumène* qui paraît attaquer spécialement les larves de la PYRALE DE LA VIGNE ; car, une particularité remarquable des insectes de cette famille, c'est que chaque espèce choisit presque toujours aussi les larves d'un même insecte pour nourrir ses petits. Cette espèce appartient au groupe des Euménites, caractérisé par un abdomen dont le premier segment est allongé, étroit et pyriforme, et le second en forme de clochette.

EUMÈNE ZONAL. — *EUMENES ZONALIS.*

Noir avec les ailes enfumées ; l'extrémité du pédoncule de l'abdomen est de couleur jaune, ainsi qu'une bande placée sur le second anneau.

Vespa zonalis. PANZER, *Faun. Germ.*, fasc. 81.

Cet insecte, long de deux centimètres environ, est noir; la tête et le thorax sont rugueux et couverts d'une pubescence grisâtre; l'extrémité du labre est de couleur testacée, ainsi qu'une petite tache que l'on remarque à la base des mandibules; les antennes et les pattes sont entièrement noires; les ailes sont transparentes, mais notablement enfumées; l'abdomen a le premier segment en forme d'entonnoir renversé, avec son extrémité bordée de jaune, et le second très-grand avec une bande médiane de la même couleur, un peu échancrée au milieu.

Nous avons vu souvent l'*Eumène zonal* voltiger dans les Vignes au grand soleil, pénétrer sous les feuilles desséchées, et en ressortir presque aussitôt emportant entre ses mandibules une Chenille de PYRALE.

DIPTÈRES.

Cet ordre est très-nombreux, et se compose de plusieurs familles naturelles bien distinctes; mais nous n'aurons à parler ici que des groupes des Syrphiens et des Musciens, car c'est dans ces deux divisions seulement que nous avons rencontré des Diptères ennemis de la PYRALE.

FAMILLE DES SYRPHIENS.

Cette famille est surtout caractérisée par un corps déprimé ou conique, une trompe courte, membraneuse, à lèvres terminales épaisses; des antennes dont le troisième article est aplati, plus ou moins large, avec un style ordinairement dorsal (Pl. 20, fig.20 a, 21 a, etc.).

La plupart des espèces qui la composent se nourrissent de proie vivante, au moins lorsqu'elles sont à l'état de larve.

Celle qui vit aux dépens de la PYRALE appartient au genre *Syrphus* proprement dit, que l'on peut reconnaître facilement à une tête dont la face est proéminente; à des antennes insérées sur une saillie du front, ayant leur troisième article ovalaire avec un style légèrement pubescent; et à un abdomen fortement déprimé, un peu rétréci à l'extrémité. Cette espèce est le

SYRPHE HYALIN. — *SYRPHUS HYALINATUS.* (Pl. 20, fig. 17 et 18.)

D'un vert bronzé avec les ailes hyalines, l'abdomen orné de deux points et de deux bandes jaunes, les pattes brunes.

MEIGEN, *Diptères d'Europe*, n° 56. — MACQUART, *Insect. dipt.* (*Suites à Buffon*), tom. 1, pag. 543, n° 31.

Cet insecte, long de douze millimètres environ, est d'un vert bronzé, la tête et le thorax, sans aucune tache, offrent une légère pubescence jaunâtre; les antennes sont d'un brun tirant sur le noir et les yeux d'un brun rougeâtre; les ailes, parfaitement hyalines et très-légèrement irisées, ont leurs nervures brunes;

les pattes sont d'un brun testacé avec l'extrémité des cuisses et la base des jambes d'une teinte plus jaune. L'abdomen, d'un vert noirâtre, présente sur le premier segment deux taches arrondies d'un jaune orange; les deux segments suivants offrent chacun une large bande transversale de la même couleur, un peu échancrée dans le mâle, mais complétement interrompue dans la femelle. On trouve souvent les larves de ces Syrphus dans des feuilles de Vigne enroulées, ayant auprès d'elles des cadavres de Chenilles de PYRALES (Pl. 20, fig. 23 et 24). Ces larves, longues de dix à douze millimètres lorsqu'elles ne marchent pas, sont d'un vert tendre, et ornées sur les côtés de lignes blanches irrégulières qui paraissent provenir de rubans graisseux sous-cutanés.

La partie postérieure de leur corps est un peu brunâtre sur la ligne médiane; ce qui est dû au canal intestinal, que l'on aperçoit par transparence. On remarque à son extrémité deux petites saillies d'un jaune roux; ce sont les ouvertures stigmatiques.

J'ai observé avec soin, au mois de juillet 1838, la manière dont ces larves attaquent les Chenilles de PYRALES. Sitôt qu'une d'elles s'est emparée de sa proie, elle allonge presque subitement la partie antérieure de son corps, et vient l'appliquer sur celui de la Chenille, qui est aussitôt couverte d'une matière gluante; alors, malgré les mouvements brusques et réitérés de sa victime, la larve de Syrphus ne lâche plus prise, et, enfonçant l'extrémité antérieure de son corps sous la peau de la PYRALE (Pl. 20, fig. 23) en écartant ses mandibules, elle paraît ratisser pour ainsi dire tout le tissu sous-cutané avec ses crochets cornés, qu'on aperçoit par transparence. J'observai un jour une larve qui fut au moins une heure à dévorer ainsi la partie postérieure d'une Chenille, dont il ne resta bientôt plus que la peau, et je remarquai pendant tout ce temps des mouvements de contraction dans toute la longueur de son canal intestinal. Cette même larve, ainsi que plusieurs autres, se métamorphosèrent en nymphes le 28 juillet. La nymphe (Pl. 20, fig. 25 et 26), d'une forme ovale, arrondie, et légèrement cintrée en dessous, est terminée par un petit prolongement cylindrique qui forme une espèce de queue; c'est par cette extrémité qu'elle est fixée à la feuille au moyen d'une sorte de bourre. Cette nymphe est d'abord complétement verte, comme l'était la Chenille; mais bientôt on distingue quelques taches rougeâtres, dont deux (fig. 25 et 26), en se limitant davantage, marquent les yeux, qui deviennent ensuite d'un rouge assez vif (fig. 27 et 28). On remarque en outre deux petites taches de la même nuance sur le thorax, et une autre, en forme de fer à cheval, à l'extrémité du corps. Au bout de quinze jours, les insectes parfaits sortirent de ces nymphes, dont l'enveloppe resta d'une couleur blanche assez diaphane.

FAMILLE DES MUSCIENS.

Ces insectes, connus vulgairement sous le nom de mouches, sont surtout caractérisés par une trompe très-apparente, toujours membraneuse et bilobée, pouvant se retirer dans la cavité buccale; par des antennes terminées par un article en pelote, pourvu d'un style dorsal (Pl. 19, fig. 5 a); et par des ailes offrant une seule cellule sous-marginale et trois postérieures (Pl. 10, fig. 5 b)

Beaucoup d'insectes de cette famille vivent aux dépens des Chenilles, sur le corps desquelles les femelles pondent leurs Œufs. Les petites larves qui en sortent pénétrant alors dans le tissu graisseux de la Chenille, la dévorent intérieurement, comme le font les larves d'Ichneumons et de Chalcides, et n'en sortent, après l'avoir tuée, qu'au moment de leur transformation en Chrysalides. La Mouche que j'ai observée dans les Vignes du Mâconnais était la

MOUCHE DES JARDINS. — *MUSCA HORTORUM.* (Pl. 19, fig. 5.)

Noir-brillant avec des lignes cendrées sur l'abdomen.

MEIGEN, *Dipt. d'Europe*, tom. 5, pag. 73, n° 39. — MACQUART, *Ins. dipt.* (*Suites à Buffon*), tom. II, pag. 276, n° 5.

Cet insecte, long de sept à huit millimètres, est d'un noir brillant; la tête, pourvue de longs poils noirs, offre sur les parties latérales de la face des reflets d'un cendré argentin; le thorax est noir tirant quelquefois un peu sur le bleuâtre, les ailes sont parfaitement diaphanes, les pattes sont noires et très-ciliées; l'abdomen, hérissé de longs poils, est d'un noir luisant avec trois lignes transversales plus ou moins apparentes et d'un gris-cendré argentin.

Cette mouche est assez commune dans les Vignes, et l'observation suivante m'a convaincu que les PYRALES lui servent de nourriture. Le 27 juin 1838, je remarquai une Chenille de PYRALE qui avait filé sa coque soyeuse entre deux feuilles, et qui, contractée et immobile, semblait être au moment de se métamorphoser en Chrysalide. Je fus donc fort surpris de la retrouver deux jours après dans le même état; seulement la partie antérieure de son corps avait pris une teinte livide, et quelques légers mouvements de contraction prouvaient seuls qu'il y avait encore en elle un reste de vie. Je remarquai bientôt que lorsqu'on touchait la partie antérieure de son corps, il s'y manifestait des ondulations successives, comme si un corps sphérique caché sous la peau se portait alternativement en avant et en arrière. Ces mouvements n'avaient commencé que depuis vingt-quatre heures, et ils avaient coïncidé avec le commencement de décomposition du corps de la Chenille; je supposai donc que quelque larve parasite, vivant dans l'intérieur du corps de cette Chenille et y ayant atteint tout son développement, cherchait quelque issue pour en sortir, et que les ondulations qu'on remarquait étaient produites par son déplacement : en effet, le 1er juillet, je trouvai auprès de la dépouille de la Chenille une Chrysalide de Diptère (Pl. 19, fig. 6), et douze jours après il en sortit une *Mouche des jardins*.

ORTHOPTÈRES.

Parmi les Orthoptères, nous n'aurons à ranger au nombre des ennemis de la PYRALE que le Perce-oreille, *Forficula auricularia*, et quelques autres espèces appartenant au même genre.

Ces insectes sont tellement connus, qu'il serait superflu d'en donner la description; leurs élytres, courtes, qui laissent à découvert la plus grande partie de leur abdomen, les pinces dont est munie l'extrémité de leur corps, les rendront toujours facile à reconnaître. Je m'attacherai d'autant moins à donner une description complète de ces insectes, qu'ils ne peuvent exercer une grande influence sur la multiplication de la PYRALE; et si je les mentionne ici, quoique tous les naturalistes sachent que l'ordre des Orthoptères est généralement composé d'insectes phytophages et que les Forficuliens vivent essentiellement de détritus et surtout de détritus végétaux, ce n'est que parce que beaucoup d'agriculteurs les trouvant souvent dans des feuilles de Vignes enroulées qui avaient évidemment servi précédemment de retraite à des Chenilles de PYRALE, les ont rangés au nombre des ennemis de cet insecte. Il y a, en effet, des relations positives entre les Perce-oreilles et les larves de PYRALES ; mais elles ne me semblent pas de nature à avoir des résultats importants : car, si les Perce-oreille font une sorte de guerre à ces Chenilles, ce n'est pas pour les dévorer, mais uniquement dans le but de les exciter et de leur faire excréter un liquide dont elles sont très-friandes; elles agissent dans ce cas comme les Fourmis le font avec les Pucerons. Un Perce-oreille que j'avais renfermé dans une boîte, le 12 juillet 1838, avec deux Chenilles de PYRALES, m'a permis d'observer cette curieuse industrie. Aussitôt que ces insectes furent mis en présence, le Perce-oreille se jeta assez brusquement devant une des Chenilles, qui, sentant cet obstacle, se contracta et se laissa choir; mais, l'insecte continuant encore de la poursuivre, je la vis dégorger une gouttelette d'un vert jaunâtre, puis, se contractant de nouveau, elle se laissa tomber une seconde fois. Le Perce-oreille ayant obtenu ce qu'il voulait, se mit aussitôt à humer ce liquide avec avidité; mais, au bout de quelques instants, il recommença à exciter la Chenille de la même manière, tantôt se présentant rapidement en face, tantôt touchant délicatement sa bouche, et toujours afin d'obtenir une goutte de cette liqueur désirée.

Il nous paraît évident que c'est essentiellement dans le même but que le Perce-oreille explore les feuilles enroulées où la PYRALE se tient habituellement, et qu'elle abandonne aussi promptement que possible à l'insecte qui vient l'y poursuivre. Mais nous pensons qu'il est peut-être aussi des cas où ces insectes profitent de l'engourdissement des Chenilles qui sont au moment de se métamorphoser pour les attaquer plus directement; effectivement, ayant enfermé une fois une Chenille incapable de se mouvoir avec un Perce-oreille, je vis bientôt celui-ci ouvrir le flanc de la Chenille et humer le liquide qui sortait de son corps.

Toutefois, on ne peut ranger le Perce-oreille parmi les ennemis déclarés de la PYRALE ; et s'il se trouve en détruire un certain nombre, c'est surtout à cause des accidents qui peuvent atteindre la chenille quand elle est une fois sortie de son abri.

ARAIGNÉES.

Toutes les Araignées qu'on trouve dans les Vignes sont, sans exception, utiles au cultivateur; car ces animaux, éminemment carnassiers, font leur unique nourriture des insectes qu'ils y rencontrent, et dont ils s'emparent au moyen de mille ruses. Les unes tendent dans les Vignes des toiles, dans lesquelles elles saisissent les insectes qui viennent s'y jeter, d'autres sautent et s'élancent instantanément sur leur proie. Toutes, en un mot, doivent être protégées par l'agriculteur, qui trouve en elles d'utiles amis.

Mais il est une espèce qu'on rencontre très-fréquemment dans les Vignes et qui mérite d'être signalée particulièrement : c'est le THÉRIDION BIENFAISANT, *Theridion benignum* (Walckenaër). Cet animal, qui rend des services positifs à l'agriculture en détruisant un grand nombre d'insectes vitivores, n'est long que de deux ou trois millimètres; il est noirâtre; son abdomen est ovalaire, de couleur fauve, ayant à la partie dorsale une tache noire de forme carrée; ses pattes sont rougeâtres.

Il établit ordinairement sa toile, qui est irrégulière et très-fine, entre les grains des raisins.

LIMACES.

La PYRALE compte aussi des ennemis dans la classe des Mollusques. On a observé dans quelques localités une petite LIMACE (*Limax agrestis*, Lamarck) qui se nourrit principalement des Pontes de Chenilles; et M. Desvignes a cru remarquer que sur certains points elle avait même amené une diminution assez sensible dans le fléau, particulièrement durant les années pluvieuses. Cet animal habite surtout les lieux bas et humides; on le trouve sur les feuilles de Vigne à l'époque où elles présentent des Pontes, et il faut, en effet, si peu d'instants à une Limace pour dévorer complétement une masse entière d'Œufs, qu'on conçoit que pour peu que les repas se renouvellent souvent, les lieux qu'elle habite doivent singulièrement se purifier.

Cette Limace (Pl. 16, fig. 1) est d'un brun testacé avec des lignes longitudinales plus foncées; ses tentacules sont de la même couleur.

Quelque nombreux que soient les ennemis de la Pyrale, quelque variés que soient leurs moyens d'attaque, la connaissance que nous venons d'acquérir de l'influence positive de plusieurs d'entre eux sur l'intensité du fléau ne doit pas nous conduire à une dangereuse incurie. En effet, quoique cette influence puisse parfois atténuer d'une manière très-sensible les désastres causés par la Pyrale, quoique on ait été souvent frappé de l'extrême réduction du nombre des Papillons comparé à celui des Chenilles (réduction dont on ignorait la cause, mais qu'on doit attribuer généralement à l'action des insectes parasites); la propagation de ces mêmes insectes se trouvant fréquemment arrêtée par d'autres circonstances, il ne faut compter sur eux que pour achever la tâche que notre activité aura en partie accomplie. Nous l'avons dit en commençant ce chapitre, et nous ne craignons pas de le répéter, l'industrie humaine a produit l'excès du mal; c'est à elle qu'il appartient d'y porter remède. Si le cultivateur laisse complétement agir, sans y apporter d'obstacles, les divers ressorts destinés à régler en quelque sorte l'excessive fécondité de la nature, déjà sans doute, grâce aux puissantes causes de destruction répandues dans nos campagnes, le fléau ne pourra pas dépasser certaines limites; mais, par son industrieuse sagacité, il peut même empêcher le mal d'atteindre ces limites, et, en l'attaquant avec activité dès son début, il parviendra à mettre des bornes à des ravages toujours croissants.

Actuellement que nous connaissons parfaitement toutes les causes naturelles qui peuvent, sans le secours de l'homme, amener quelque diminution dans les ravages causés par la Pyrale, nous allons exposer, avec la même exactitude scrupuleuse, les divers procédés destructifs qu'on a successivement tentés, et que la pratique et l'expérience ont fait ou rejeter ou adopter.

TROISIÈME PARTIE.

DES DIVERS MOYENS MIS EN USAGE POUR COMBATTRE LA PYRALE. — CHOIX DU PROCÉDÉ QUI SEMBLE DEVOIR PRÉVALOIR.

CHAPITRE PREMIER.

Préjugés des vignerons relativement aux méthodes de destruction des insectes. — Moyens qu'on pourrait employer pour faciliter la propagation du procédé qu'on adopterait. — Conditions générales qui doivent déterminer le choix de ce procédé.

L'agriculteur, guidé par nos observations, connaît actuellement tous les détails de la vie de son ennemi. Les recherches historiques lui ont appris qu'il ne devait compter en rien sur une périodicité qui pourrait, au bout d'un nombre d'années régulier, amener naturellement la fin du fléau. La connaissance de tous les lieux dévastés en France lui a montré qu'à chaque invasion l'insecte ne faisait qu'agrandir l'étendue de ses domaines ; il a pu reconnaître avec nous que si certaines dispositions du sol favorisent l'intensité du mal, ces mêmes circonstances étant aussi pour lui une source de richesses, il ne peut renoncer à la culture de la Vigne sur les points préférés par la Pyrale ; enfin il s'est vu forcé d'avouer, d'après une foule d'exemples, que les variations de la température jouent rarement un rôle important dans la disparition de la Pyrale, et que les ennemis de cet insecte, quels que soient leur nombre et souvent leur puissance, ne peuvent être regardés comme des agents capables d'arrêter à eux seuls les progrès du fléau.

Convaincus comme nous le sommes de l'insuffisance des moyens naturels de guérison, il ne nous reste donc plus à nous occuper que des divers procédés mis en usage jusqu'à présent pour combattre le mal. Malheureusement, quoique de tout temps la destruction des ennemis de la Vigne ait occupé les agronomes et même quelques administrateurs, leur zèle souvent mal dirigé, et presque toujours faiblement secondé, a rarement amené des résultats avantageux.

On doit attribuer ce peu de succès au moins autant à l'ignorance, aux préjugés, à l'apathie des vignerons, qu'à l'insuffisance même des moyens qu'on a essayés. Car tout homme éclairé qui veut changer les habitudes d'une classe d'ouvriers, modifier leurs travaux, entraver pendant quelque temps leurs gains, quelque faibles qu'ils soient, a toujours besoin, comme on sait, de lutter contre cette force d'inertie, plus difficile encore à détruire que le fléau lui-même.

En effet, pour peu qu'on ait été dans le cas d'observer de près les habitudes et le caractère dominant des cultivateurs, on est étonné du peu de zèle qu'ils déploient dans l'exécution des moyens curatifs qu'on leur indique. Le vigneron, plein de patience, d'activité, de persévérance dans les travaux habituels qu'exige une culture souvent très-compliquée, ne montre plus que de la négligence, souvent même de la résistance, lorsqu'il s'agit de poursuivre avec quelque énergie l'ennemi dont il se plaint pourtant journellement, et les divers procédés par lesquels les propriétaires plus instruits tentent d'arrêter les progrès du fléau ne lui inspirent que méfiance et mécontentement. Quant à lui, il compte essentiellement sur les changements de temps pour opérer la guérison après laquelle il se contente de soupirer : la violence même du fléau devient à ses yeux une cause d'espérance ; le nombre d'années durant lequel il a sévi, un motif de sécurité pour l'année suivante.

Presque tous les procédés qu'on a indiqués auraient eu, nous n'en doutons pas, un résultat avantageux s'ils avaient été suivis avec un certain élan, et surtout avec intelligence et exactitude. Mais, qu'arrive-t-il ? si le cultivateur se décide, à la dernière extrémité, à tenter quelques efforts, il ne suit qu'à moitié les opérations prescrites ; il néglige certaines précautions, faute desquelles le procédé devient illusoire ; il agit, en un mot, avec tant d'apathie et si peu de méthode, que l'inutilité de ces demi-mesures ne sert qu'à augmenter son découragement.

Pourtant, si, d'un côté, nous voyons le vigneron n'adopter qu'avec répugnance les mesures qu'une sage prévoyance semble indiquer, nous le trouvons de l'autre très-disposé à s'emparer avec ardeur de celles qui, par leur nature, éveillent son imagination ou son amour du merveilleux Ainsi, les idées superstitieuses qui, dans le peuple, tiennent de si près aux croyances religieuses, les prétendus *secrets* accrédités par le charlatanisme, qui se plaît à exploiter, en agriculture comme en médecine, la crédulité du vulgaire, trouvent toujours un grand nombre de partisans parmi ces mêmes hommes qui, dédaignant les moyens de guérison dont ils croient pouvoir juger l'insuffisance, sont tout disposés à prêter une puissance illimitée aux agents dont ils ne connaissent pas le genre d'action.

Si la gravité du sujet ne nous l'interdisait, nous aurions pu donner, d'après les renseignements puisés dans les mairies de certaines communes, plusieurs preuves positives de l'ignorance et de la crédulité qui règnent encore dans les campagnes, et de la rapacité de quelques prétendus philanthropes qui consentent à *sauver* la France vignicole au moyen de sommes immenses qu'on les voit bientôt consentir à réduire successivement lorsque l'enthousiasme ne répond pas à leur attente. Ces charlatans, qui se décorent habituellement du titre de chimistes, sont toujours munis de quelque composition infaillible qui doit, à la première application, détruire à jamais le fléau. J'ai pu, au reste, juger par moi-même de la confiance et de l'espérance que ces moyens empiriques inspiraient aux vignerons; car, lorsque j'arrivai dans le Mâconnais, en 1837, plus d'un paysan vint me demander mystérieusement de lui confier le *secret* que j'apportais de Paris; et je m'apercevais facilement que je baissais singulièrement dans son esprit, quand je lui avouais que je n'avais ni fiole, ni onguent; mais seulement de bons yeux, de la patience et de la persévérance, et qu'avec ces mêmes armes il viendrait à bout, à lui seul, de détruire l'ennemi de ses Vignes.

Je dois pourtant ajouter que, quoique ce mélange d'apathie et de crédulité forme le caractère habituel des habitants des campagnes, j'ai rencontré aussi un grand nombre de cultivateurs zélés et intelligents, qui par leur coopération active et leurs observations pratiques m'ont été d'un grand secours; et je ne doute pas que si l'autorité avait été mieux dirigée dans ses tentatives, elle n'eût pu facilement profiter de ces heureuses dispositions, que l'espérance de quelques récompenses, ou même de quelques éloges, n'aurait pas peu contribué à augmenter. Pourquoi, au lieu d'accorder aux communes attaquées des dégrèvements qui ne font qu'alléger pour le propriétaire les pertes déjà éprouvées, mais qui ne préviennent en rien le retour du fléau l'année suivante; pourquoi, dis-je, ne fonderait-on pas plutôt des primes d'encouragement destinées à récompenser les cultivateurs qui seraient venus à bout, quoique entourés de Vignes infestées, de délivrer leurs propriétés du fléau en employant quelque bon procédé de destruction?

L'activité du vigneron trouverait nécessairement un puissant stimulant dans le mode de récompense que nous indiquons; tandis qu'au contraire, en suivant le système adopté jusqu'à présent et auquel on a sacrifié des sommes considérables, les négligents et les paresseux participent bien plus aux faveurs du gouvernement que les cultivateurs zélés et industrieux, qui, à force de peine, sont venus à bout de diminuer dans leurs Vignes le nombre des insectes destructeurs.

Outre cette amélioration, qui nous semblerait aisée à introduire, il serait indispensable aussi, au lieu de remettre sans cesse en vigueur l'ancienne loi sur l'échenillage, de promulguer quelque nouvelle ordonnance applicable aux besoins spéciaux de l'industrie vignicole. En effet, la loi actuelle [1], destinée essentiellement à s'opposer aux dégâts des insectes qui attaquent les arbres forestiers et les arbres fruitiers, ne saurait être applicable, telle qu'elle est, à la destruction de la PYRALE, puisqu'elle prescrit positivement de faire l'opération de l'échenillage à une époque où, même en supposant que le procédé fût bon pour la destruction de l'insecte, il serait impraticable à cause de la petitesse des Chenilles. Quant au procédé qui pourrait faire l'objet de cette ordonnance, nos propres réflexions sur ce sujet, et les renseignements que nous avons pu recueillir, nous ont prouvé d'une manière positive qu'il devait essentiellement répondre à trois conditions principales, hors desquelles on ne saurait espérer de résultats complets et durables.

Le grand inconvénient des moyens de guérison qu'on a tentés jusqu'à pré-

(1) Voir le texte de cette loi aux pièces justificatives.

sent, c'est qu'on ne pouvait en espérer un succès réel que par le concours simultané de tous les propriétaires d'un même canton. Si un cultivateur plus intelligent, plus confiant, plus vigilant, faisait quelques tentatives pour arrêter le fléau dans ses Vignes, l'indolence et l'insouciance de ses voisins l'empêchaient de profiter du résultat de ses travaux, et quelquefois même, comme nous le verrons plus loin, les soins qu'il avait pris ne servaient qu'à aggraver pour lui les désastres de l'année suivante. Or, comme il est impossible d'espérer que tous les propriétaires de Vignes attaquées puissent jamais s'entendre parfaitement sur ce point; comme des tentatives isolées, souvent dispendieuses et presque toujours inutiles, ne peuvent qu'augmenter le découragement et la misère des cultivateurs, nous regardons comme essentiel de choisir un procédé où cette simultanéité ne soit pas complétement indispensable, et où chaque propriétaire, agissant pour son propre compte, puisse rester presque indifférent aux actions de ses voisins. On comprend qu'un mode de destruction qui permettrait ainsi d'isoler en réalité chaque propriété, posséderait déjà par cela seul un grand élément de succès.

Cette première condition, qui nous semble la plus importante de toutes, une fois remplie, nous devons aussi nous attacher à chercher des procédés simples d'exécution et surtout peu dispendieux : simples d'exécution, parce que le vigneron, habitué uniquement à ses pratiques agricoles, sera toujours fort gauche à exécuter des opérations qui s'en écarteraient trop; peu dispendieux (et nous ne voulons parler ici que des déboursés positifs), parce que la moindre mise de fonds en dehors de ses habitudes deviendra à ses yeux un obstacle insurmontable. Vous ne trouverez pas un seul cultivateur qui hésite à consacrer un grand nombre d'heures et même de jours à la guérison de ses Vignes : tout ce qui est main-d'œuvre ne semble pas lui coûter; ses bras, ceux de sa famille, voilà ce qu'il offre avec générosité, même lorsqu'il n'a qu'une confiance douteuse dans les moyens qu'on lui propose; il passe sa vie dans ses Vignes; il est accoutumé à les soigner, à les travailler à plusieurs reprises; que peut lui faire une *façon* de plus, lorsque, dans certains pays, on voit le cultivateur en donner déjà sept ou huit? Vous n'éprouverez pour l'y décider que les difficultés puisées dans cette incurie habituelle dont nous avons parlé. Mais il n'en est plus de même si vous lui proposez le moindre déboursé : le résultat est douteux, la dépense est positive, elle est hors de ses habitudes ordinaires d'économie : en voilà plus qu'il n'en faut pour lui ôter à la fois la confiance et l'activité.

Telles sont les trois conditions qui nous paraissent devoir marcher en première ligne. Un examen attentif des divers procédés pratiqués jusqu'à présent nous apprendra s'il en existe un qui, répondant à ces diverses exigences, puisse agir en outre avec une certaine énergie sur les myriades d'insectes dont il serait si important d'arrêter au moins la grande multiplication.

Cette partie de la question que nous traitons est d'un trop grand intérêt pour que nous ne nous efforcions pas essentiellement de la présenter de la manière la plus claire et la plus complète. Aussi, pour être sûr de ne rien omettre, nous allons suivre encore une fois la PYRALE dans les phases successives de son existence, afin d'apprécier exactement les tentatives plus ou moins fructueuses qu'on a dirigées sur l'insecte à ses différents états de Chenille, de Chrysalide, de Papillon, et enfin d'Œuf.

Si nous décrivons avec un soin égal ces divers procédés, ce n'est qu'avec l'intention de mettre tous les agriculteurs en position de juger par eux-mêmes des inconvénients et des avantages que présente chacun d'eux; car nous ne sommes nullement de l'avis de quelques personnes, qui croient qu'il serait utile de faire marcher de front plusieurs modes de destruction, et de poursuivre pour ainsi dire l'insecte pendant la durée entière de sa vie. Cette variété dans les procédés, outre qu'elle entraînerait beaucoup plus de frais, me semblerait de nature à embrouiller complétement les idées des vignerons, qui, ne sachant à quelle pratique donner la préférence, risqueraient d'abandonner bientôt les plus fructueuses. Il me semble indispensable d'opter d'une manière franche et ensuite de suivre avec rigueur et persévérance la marche qui aura prévalu.

CHAPITRE DEUXIÈME.

Destruction de la PYRALE DE LA VIGNE à l'état de CHENILLE.

§ Ier. *Destruction des jeunes Chenilles pendant leur hivernation.*

En décrivant les mœurs de la PYRALE, nous avons expliqué comment ces petites Chenilles, sortant de l'Œuf au mois de juin ou juillet, au lieu de profiter de la nourriture qui les entourait se dispersaient immédiatement sur la feuille où la Ponte avait été déposée par le Papillon; puis comment, se suspendant au moyen d'un fil soyeux, elles ne se laissaient choir qu'au moment où le vent les portait sur quelque partie rugueuse du cep qui leur offrait un asile sûr pour y passer leurs six mois d'hivernage. Nous avons vu que les jeunes Chenilles se filaient chacune dans cette retraite un petit cocon qui, formant une double enveloppe autour d'elles, les préservait de la rigueur de la saison et leur permettait d'attendre dans cette étroite prison le retour du soleil, qui devait, en faisant verdir les feuilles destinées à leur nourriture, les décider à commencer enfin une vie active et dévastatrice.

D'après ces observations, il est bien évident que, si nous voulons chercher à détruire la Chenille avant qu'elle nous ait encore nui, c'est vers le cep, ou souche, que nous devons diriger nos attaques. Nous allons donc commencer par nous occuper des divers moyens qu'on a tentés successivement pour détruire les Chenilles dans cette première habitation, où nous avons vu qu'elles restaient durant environ huit mois. Les procédés qu'on a proposés sont si nombreux, que nous serons obligé de les diviser ainsi :

1° Enfouissement des souches;

2° Recepage et brossage des ceps;

3° Enduits ou préparations chimiques;

4° Assainissement des échalas.

A. Enfouissement des souches.

Le département de la Charente-Inférieure est jusqu'à présent le seul où on ait essayé de pratiquer l'enfouissement des souches, dans le but de détruire la PYRALE. C'est, du reste, presque le seul aussi, parmi tous ceux qui sont dévastés par le fléau, où on pourrait faire usage de ce procédé, qui exige une taille de Vigne particulière. Cette opération a pour but de faire mourir les jeunes Chenilles, soit en les étouffant au moment où elles veulent sortir du cep, soit en les privant au printemps de la nourriture dont elles ont alors besoin.

L'enfouissage, ou buttage, doit avoir lieu à l'automne, lorsque les feuilles viennent de tomber, ou même plus tard dans la saison. Il faut, pour le faire avec succès, tailler d'abord hardiment toutes les branches de l'année jusqu'à leur origine; puis, au lieu de dégager, comme on le fait ordinairement, les pieds de Vigne, qui dans ce département sont généralement entourés d'une légère excavation, on relève, au contraire, la terre à l'entour, de manière à couvrir complétement la partie du cep située entre la racine, qui ne contient jamais de Chenilles, et la naissance des branches. On conçoit que, pour que ce travail soit exécutable, il faut que les ceps ne soient pas taillés en arbrisseaux, mais qu'ils présentent, au contraire, un tronc droit et unique. La taille connue sous le nom de taille de l'Aunis, et qu'on emploie pour la plupart des Vignes du département de la Charente-Inférieure, répond parfaitement à cette exigence et rend l'enfouissage facile et complet. Ce procédé serait peut-être encore applicable, dans le département de la Côte-d'Or, sur les ceps de plant *pineau*, dont la tige proprement dite ne consiste aussi qu'en une longue branche qu'il serait facile de recouvrir de terre durant l'hiver; mais les cepages du Mâconnais, ceux du Languedoc, du Roussillon, etc., taillés généralement en arbrisseaux, ne pourraient être soumis à ce genre de culture.

Ce n'est qu'en avril 1838 qu'on essaya ce procédé aux environs de La Rochelle. Une commission ayant été chargée par la Société d'agriculture de la Charente-Inférieure de faire, dans quelques Vignes du canton de Saint-Sauveur de Nuaillé, diverses expériences relatives à la destruction de la PYRALE, une partie de ce terrain fut consacrée à l'enfouissage des souches, tandis qu'on essayait sur d'autres points quelques autres procédés. Voici quels furent les résultats de cette tentative, tels que nous les trouvons exprimés dans le rapport qui fut fait à cette Société le 21 juillet de la même année :

« Le 7 juin, nous avons cru convenable de procéder au désenfouissage, et » cette opération a été faite sous nos yeux. Beaucoup de boutons étaient sortis » sous terre. Ils étaient gros, blancs et très-tendres; un grand nombre ont été » cassés, mais il en est cependant resté beaucoup. Nous croyons sans doute » que la perte de ces jeunes pousses, perte inséparable de l'opération, fait du » mal à la Vigne; mais nous sommes persuadés qu'elle lui en fait moins qu'une » gelée printanière, qu'elle évite nécessairement. Il était peut-être un peu de » bonne heure pour procéder au désenfouissage, en ce sens que plus on l'au- » rait retardé, plus on aurait fait attendre la nourriture aux vers enterrés, » et plus on aurait eu de chance de les détruire; mais s'ils étaient déjà » morts, le retard alors devenait nuisible : car plus on attendait, plus on » s'enlevait les chances de récolte pour cette année... En procédant au désen- » fouissage, nous avons attentivement recherché si quelques vers n'étaient pas » dans les boutons que nous découvrions... Mais, quelque soin que nous » ayons apporté à ces recherches, il nous a été impossible d'en apercevoir... » Le 13 juillet, nous nous sommes rendus de nouveau à Saint-Sauveur. Dans » la Vigne qui a été enterrée, il n'y a pas ou presque pas de PYRALES; et il » est évident que celles qui s'y trouvent ne sont que des PYRALES voyageuses, » puisqu'elles sont sensiblement plus nombreuses à mesure qu'on approche des » Vignobles voisins. Au centre nous avons compté jusqu'à sept ceps de file où » nous n'en avons pas trouvé, tandis que dans les terrains environnants il se- » rait impossible de voir un seul cep qui en fût exempt. Du reste, la belle végé- » tation de cette portion expérimentée atteste que la Vigne n'a pas souffert de » l'opération. »

Je visitai ces Vignes le 23 juillet 1838, et je les trouvai, en effet, dans l'état le plus sain, mais en même temps le moins florissant; car, si on n'y trouvait presque plus de PYRALES, il n'y existait malheureusement pas non plus la moindre trace de raisin. Cela pouvait dépendre, il est vrai, de l'époque tardive où on avait rétabli la culture ordinaire, mais n'était-ce pas aussi à cette prolongation de l'enfouissage que nous devions la destruction de l'insecte? Si on se décidait à déterrer les ceps dès le printemps, la récolte ne souffrirait sans doute pas alors de cette opération; mais il est probable que les insectes échapperaient en grande partie à la mort, et que la diminution des PYRALES serait très-faible. Si cette mesure pouvait s'exécuter d'une manière générale, le parti le meilleur serait de faire le sacrifice complet d'une année de récolte : mais malheureusement l'incurie de quelques propriétaires suffirait pour rendre ce sacrifice inutile; et les Papillons des Vignes négligées venant nécessairement, à l'automne, pondre sur les feuilles intactes des Vignes sur lesquelles on aurait pratiqué l'enfouissage, le propriétaire zélé se verrait bientôt forcé de renoncer à une succession d'années sans récoltes, et à des travaux sans résultats.

Ce moyen peut cependant offrir quelques avantages : d'abord il entraîne peu de frais, car l'opération de l'enfouissage, qui peut avoir lieu durant une bonne partie de l'hiver, époque où la main-d'œuvre est le moins précieuse, ne demande qu'un travail modéré. Un homme peut facilement couvrir trois à quatre cents ceps par jour; ce qui porterait les frais à huit ou dix francs pour l'enfouissage d'un tiers d'hectare (mesure nommée *journal* dans le pays), et à la même somme pour le déterrage. Encore cette dépense ne serait-elle pas complétement en surcroît, puisqu'elle éviterait le labourage d'hiver ou *levaille*. Ce procédé aurait aussi l'avantage de détruire les mousses qui poussent sur les ceps ainsi que les herbes qui croissent à leurs pieds, et de donner une utile préparation à la Vigne; puisqu'on l'emploie habituellement, dans le Gâtinais, non dans le but de délivrer la Vigne d'aucun ennemi, mais simplement pour retarder sa végétation, et éviter par conséquent les gelées du printemps.

Toutefois, ces avantages agricoles ne sont pas ce qui doit nous occuper essentiellement; le point capital pour nous est de savoir si, en faisant le déterrage à une époque de l'année où nous pourrions encore espérer une récolte, nous nous délivrerions de la PYRALE, et, nous venons de le dire, ce résultat nous paraît douteux.

L'enfouissage ne nous semble donc devoir être employé, dans les localités où il est praticable, que comme moyen supplémentaire, dans le cas où on voudrait suivre plusieurs procédés à la fois. On doit reconnaître pourtant que dans le département de la Charente-Inférieure il présente un avantage positif, en ce qu'il peut s'exécuter à une époque de l'année où les bras sont peu occupés; tandis que l'opération à laquelle nous donnons généralement la préférence coïncide dans cette localité avec d'autres travaux importants.

B. Recepage et taille des Vignes.

Lorsque le fléau sévit fortement, on entend plus d'un propriétaire parler de raser ses Vignes, mais il y en a bien peu qui se déterminent à cette mesure rigoureuse. On ne peut pourtant se dissimuler que ce parti, en apparence si violent, ne fût un des plus sûrs à employer, et peut-être même un des moins préjudiciables pour le propriétaire. En effet, toute plante vivace qui passe une année sans produire n'en devenant que plus vigoureuse, ce sacrifice pourrait se trouver en partie compensé par la récolte de l'année suivante, si dans ce cas, comme dans le précédent, nous n'avions pas à redouter l'influence pernicieuse des Vignes environnantes qui n'auraient pas été soumises à la même mesure.

Ce moyen a déjà été souvent indiqué, quoiqu'on l'ait rarement employé d'une manière complète. Bertrand d'Acctis conseillait aux vignerons d'y avoir recours dans les années désastreuses; il veut alors qu'on coupe le vieux bois le plus à ras de terre possible, et qu'on ne laisse que les rejets de la base, s'il s'en trouve. Quant aux ceps qui n'en présenteraient pas, il conseille de les *provigner*, c'est-à-dire de les coucher et de ne laisser sortir de terre que le bois d'une ou deux années. « La récolte, dit-il, sera peu de chose la première année, » mais l'an suivant le cultivateur se trouvera amplement dédommagé d'un » sacrifice purement apparent. Ce procédé, ajoute-t-il, a été généralement » employé au printemps de 1789, après de fortes gelées; on l'a tenté aussi » sur quelques points au printemps de 1810, et on a remarqué, à ces deux » époques, une grande diminution dans le fléau; diminution qu'on doit plutôt » attribuer à ce recepage général qu'au froid, qui n'avait pas assez détruit la » sève pour faire périr l'insecte. »

Nous voyons par là que la gelée, cet ennemi redoutable de la Vigne, peut quelquefois amener, d'une manière détournée, un résultat qu'on chercherait vainement à obtenir par tout autre moyen. Aucun propriétaire n'hésite, après un hiver rigoureux, à extirper toutes les branches gelées; le vigneron accoutumé à cette opération, convaincu de son utilité, s'y prête facilement, et, tout en ne cherchant dans ce travail qu'un allégement au nouveau fléau que le ciel lui envoie, il y trouve la fin de celui qui pesait sur lui depuis des années. Nous avons vu la PYRALE disparaître ainsi, en 1811, à la suite des gelées dont parle Bertrand d'Acetis; et l'hiver de 1837 à 1838, en nécessitant les mêmes mesures, amena aussi un résultat favorable. Mais, à cette dernière époque, le remède ne fut pas généralement employé dans toute sa rigueur; on se contenta de tailler largement les Vignes, quoique M. Desvignes et quelques autres propriétaires conseillassent une coupe complète.

« Toutes nos Vignes, m'écrivait cet agriculteur le 23 février 1838, ont » considérablement souffert de la gelée; ce serait certainement le cas de faire » Vignes rases sur toutes celles qui ont des vers, en coupant le tronc des » ceps à trois pouces au-dessus du sol; cet échenillage serait aussi sûr que » complet; je dis complet, parce que toutes les Chenilles sont sous l'écorce » de la partie des branches de trois ans; on n'en trouve ni dans le tronc ni » dans la partie sous terre. Loin de faire du mal à la Vigne en la rasant ainsi, » on faciliterait une végétation plus uniforme et plus vigoureuse, le cep serait » rétabli et bien formé en une seule année, et la récolte de 1839 serait » assurée. Mais nos propriétaires, si ce n'est cinq ou six, ne peuvent se déter- » miner à faire cette opération. »

On put remarquer, en effet, une grande diminution dans le nombre des PYRALES en 1838, sur tous les points où le recepage fut fait avec quelque énergie. Je fus frappé moi-même de ce résultat en parcourant les Vignes de La Chapelle et de Saint-Verrand au mois de mai. Je visitai particulièrement, dans cette dernière localité, un terrain d'environ cinquante coupées où le vigneron, homme observateur et intelligent, s'était décidé à enlever, dès le printemps, tout le vieux bois de ses Vignes, tâchant de se réserver simplement quelques pousses de l'année qui pouvaient lui permettre d'espérer encore une récolte assez abondante. Grâce à cette opération, ses Vignes, qui, l'année précédente, étaient infestées de PYRALES, n'en présentaient presque plus, quoique toutes celles qui l'environnaient en fussent couvertes. Il m'assura pourtant avoir observé, dans les *cornes* ou branches qu'il avait enlevées, un grand nombre de chenilles, ce qui prouverait bien que ce n'était pas le froid rigoureux qui les avait détruites, et que la gelée n'avait agi là que comme moyen déterminant pour décider le propriétaire au recepage. On pourrait toutefois, sans y être forcé par les conditions atmosphériques, se servir avec avantage de ce procédé, uniquement alors dans le but de détruire la PYRALE. Quelques praticiens ont même conseillé de faire cette taille des branches deux fois par an, en novembre et en avril; mais il serait à craindre que la taille de l'automne n'exposât davantage les Vignes aux rigueurs de l'hiver. On comprend qu'il est indispensable, aussitôt ce recepage, d'enlever soigneusement toutes les branches et de les brûler, ou de les enterrer immédiatement.

C. Écorçage et brossage des ceps.

L'écorçage des ceps, qu'on a quelquefois conseillé comme moyen de faire pénétrer les agents chimiques, a été employé aussi isolément par quelques personnes, et les résultats, quoique peu complets, en ont toujours paru assez bons. Bertrand d'Acetis conseille, après avoir enlevé les feuilles mortes qui recouvrent l'écorce, d'en remplir les interstices avec de l'argile, afin d'y renfermer l'insecte. M. Ducos s'est contenté d'opérer l'écorçage simple aux environs de Toulouse, et il a observé quelque diminution dans les ravages de la PYRALE sur les points où il avait expérimenté. Enfin M. Desvignes a mis également en pratique ce procédé, et les Vignes sur lesquelles il l'avait essayé me parurent moins infestées que celles qui les entouraient lorsque je les visitai en 1837.

Toutefois, on doit plutôt considérer cette opération comme un nettoyage des ceps que comme un moyen positif de destruction; car une grande partie des petites Chenilles y échappe nécessairement.

Il en est de même du brossage des ceps, qui demande en outre un travail de main trop considérable pour qu'on puisse y avoir recours dans les Vignes d'une certaine étendue. Cette dernière opération avait été conseillée, en 1811, dans la circulaire du préfet du Rhône; mais je ne sache pas qu'elle ait jamais été exécutée avec régularité.

Au reste, quelques essais que j'ai fait faire à Argenteuil m'ont positivement prouvé que cette opération était trop longue, et par conséquent trop dispendieuse comme main-d'œuvre, pour pouvoir se pratiquer en grand. C'est au moyen de brosses dures et étroites qu'on exécutait ce travail. Un homme agenouillé au pied du cep faisait tomber dans un linge fendu, qui entourait la souche, l'épiderme ligneux que le frottement détachait; tous ces détritus étaient ensuite enlevés et brûlés. Cette opération fit périr à peu près un tiers des PYRALES; mais la dépense avait certainement excédé de beaucoup ce bénéfice [1]; encore le résultat ne pourrait-il jamais être assez complet pour qu'on pût se borner à un seul nettoyage. Ce travail deviendrait aussi impraticable lorsque le cep serait imprégné d'humidité; enfin les Vignes noueuses et tortues ne seraient pas aptes à subir cette préparation, et ce sont celles qui offrent le plus de refuge aux Chenilles.

D. Enduits ou badigeonnage des ceps avec diverses matières.

Préoccupé de l'idée de détruire les Chenilles avant qu'elles aient ravagé la récolte de l'année, j'ai poursuivi avec ardeur tous les procédés applicables au cep à l'époque où il recèle encore les jeunes Chenilles; et quoique n'ayant que peu de confiance dans les préparations chimiques qui peuvent difficilement détruire l'insecte sans nuire à la Vigne et qui entraînent nécessairement quelques déboursés, j'ai voulu toutefois éclaircir d'une manière positive cette partie de la question au moyen d'expériences faites avec soin; car beaucoup de recettes avaient été indiquées, mais bien peu expérimentées d'une manière positive.

Ce genre de traitement est le seul que nous trouvions mentionné dans les auteurs anciens qui se sont occupés des ennemis de la Vigne, et les diverses recettes qu'ils nous ont transmises sur ce sujet consistent uniquement dans des applications de corps gras, et quelquefois de substances vésicantes. Mais bien que beaucoup de procédés de ce genre eussent été vantés successivement, et qu'il y eût dans le public une certaine prédisposition à les bien accueillir, il

[1] Le brossage des ceps contenus dans un terrain de 7 ares a nécessité neuf journées d'homme.

n'est pas à ma connaissance qu'on eût jamais fait à ce sujet d'expériences régulières et sérieuses. Il importait donc d'acquérir sur ce point des connaissances positives, et je ne devais pas plus écouter mes préventions défavorables que me rendre sans examen aux opinions contraires.

J'essayai donc, à Argenteuil, en avril 1838, de badigeonner les ceps de quelques perches de Vignes avec divers enduits, qu'on y plaçait au moyen d'une brosse. Nous employâmes successivement dans ce but :

1° Un mélange d'huile de résine et d'eau de chaux à consistance épaisse;

2° Le même mélange avec addition de colle de farine;

3° Un lait de chaux à consistance sirupeuse, qu'on avait laissé refroidir;

4° Un mélange d'huile de résine et de colle de farine.

Le 7 juillet suivant, une commission, composée des principaux propriétaires d'Argenteuil, étant allée avec moi sur les lieux pour observer les résultats de ces expériences, nous trouvâmes les ceps dans un assez bon état de végétation, à l'exception pourtant de ceux qu'on avait enduits avec la dernière préparation, et dont un grand nombre avait péri; mais les PYRALES, peu dérangées par nos opérations longues et vétilleuses, n'avaient guère diminué que d'un cinquième, ou tout au plus d'un quart.

Ces résultats n'étaient pas de nature à m'engager à continuer ce genre d'observations, d'autant plus que celles que j'avais tentées aussi dans le Mâconnais n'avaient pas eu plus de succès. Ces travaux minutieux exigeaient en outre tant de temps et d'argent, que lors même qu'ils auraient réussi, il était impossible de penser à les employer jamais en grand. J'abandonnai donc bientôt ces tentatives inutiles; et si j'ai cru devoir énumérer succinctement ces divers essais, ce n'est que pour répondre aux doutes qui pourraient s'élever dans quelques esprits sur le plus ou moins d'efficacité de certains procédés. Du reste, on a tenté dans plusieurs autres départements, et spécialement dans celui de la Charente-Inférieure, des expériences analogues; partout les résultats ont été les mêmes et on a employé sans plus de succès l'eau de savon, l'eau de chaux, le brai minéral, l'huile de Cade, etc., etc. Outre ces différentes substances, employées ostensiblement, on a aussi vanté et essayé à diverses époques quelques mélanges inconnus, poudres ou liqueurs, qui généralement n'ont amené aucun résultat. Pourtant, en 1830, deux propriétaires de Romanèche, MM. Raclet et Pont de Vaux, firent faire, au moyen d'un liquide dont la com-position est restée secrète, des lotions sur les ceps d'une Vigne de huit ar... Une commission, nommée par la Société d'agriculture de Mâcon, consta... qu'une partie des Pyrales placées sous l'écorce des ceps mis en expérien... avaient péri, mais que toutes celles qui s'étaient réfugiées dans les parties coudées des branches avaient résisté à cette immersion. Les deux inventeurs ne pouvant sans doute obtenir les indemnités qu'ils réclamaient pour la vente de leurs procédés, ou n'ayant peut-être plus eux-mêmes autant de confiance dans leur découverte, s'en tinrent à ce premier essai.

Au total, toutes les préparations chimiques dont on a cherché à enduire les ceps ont eu les mêmes résultats; les substances peu actives n'ont rien, ou presque rien, changé à l'état des choses; les autres ont fait périr tout à la fois les larves et les Vignes. Mais parvînt-on même à trouver une matière qui ne présentât aucun de ces inconvénients, il y aurait encore à vaincre la difficulté de la faire pénétrer complétement dans tous les lieux de refuge des jeunes Pyrales. L'écorce rugueuse, épaisse et inégale des vieux ceps surtout présente un obstacle insurmontable; les parties coudées ou recourbées restent aussi néces-sairement intactes, et pourtant ce sont les points que les Chenilles recherchent de préférence à tout autre. Enfin il faudrait encore combattre les répugnances des vignerons, qui ne se prêteront jamais avec zèle à des opérations de ce genre, longues, difficiles et dispendieuses.

E. Assainissement des échalas.

Les Vignes du midi de la France rampant toujours à terre sans soutien, et celles du Mâconnais ne conservant de supports que lorsqu'elles sont toutes jeunes, les procédés relatifs à l'épuration des échalas ne se trouvent applicables qu'à une très-petite partie des vignobles attaqués violemment par la Pyrale; mais, quoique les observations relatives à ce genre de culture ne puissent guère intéresser actuellement que les propriétaires des Vignes des environs de Paris, puisque celles de la Champagne et de la Côte-d'Or ne sont que faiblement attaquées, comme notre ennemi peut tout à coup se présenter sur d'autres points de la France où il n'existe pas encore, nous pensons qu'il n'est point inutile d'entrer dans quelques détails relatifs aux procédés de destruction applicables dans les localités où on emploie ces supports.

Convaincu, par les observations que j'avais faites précédemment à Argenteuil, que les échalas recelaient un grand nombre d'insectes, je pensai aussitôt que les Vignes qui en étaient pourvues pourraient être délivrées de leurs ennemis plus facilement que les autres. En effet, nous n'avions plus à craindre dans cette circonstance d'employer des moyens trop énergiques; et les échalas, une fois dépiqués à l'automne, pouvaient se prêter à tous les modes de destruction, quelque actifs qu'ils fussent. Ce n'est pourtant pas que l'insecte, même dans cette retraite, soit aussi facile à détruire qu'on pourrait d'abord se le figurer; car, profondément caché sous les esquilles du bois, il faut des agents bien actifs pour venir l'y détruire. En outre, les moyens qu'on peut employer pour cet assainissement sont généralement longs, embarrassants, et par conséquent dispendieux. Tous ces inconvénients mettent donc ce genre de procédé peu à la portée du petit cultivateur; mais il est beaucoup de cas où le propriétaire aisé fera sagement de les supporter, en envisageant l'immense avantage qu'il trouvera à se délivrer ainsi, d'une manière sûre, d'une grande partie de ses ennemis.

Beaucoup de vignerons croient que les échalas exposés pendant plusieurs mois aux intempéries de la saison froide ne doivent plus contenir de vers vivants lorsqu'on les replace dans les Vignes au printemps. Mais nous avons vu précédemment que les plus fortes gelées ne détruisaient pas les larves cachées sous l'écorce des ceps; elles ne peuvent donc avoir plus d'action sur celles contenues dans les échalas, et j'en acquis la certitude à Argenteuil en fendant un certain nombre de ces supports qu'on venait de repiquer dans les Vignes, après les avoir laissés étendus sur le sol pendant tout l'hiver, et qui contenaient un nombre immense de larves vivantes.

Pourtant espérant pouvoir arriver, par quelques influences d'une autre espèce, à la destruction des petits vers contenus dans les échalas, je tentai successivement, dans ce but, diverses expériences. M. Payen, membre de la Société d'agriculture de Paris, voulut bien dans cette circonstance, comme dans plusieurs autres du même genre, me prêter son utile concours et me faire profiter de son expérience dans ces sortes de travaux.

Nous pensâmes d'abord qu'une température élevée pourrait exercer plus d'action qu'un froid rigoureux sur les petites Chenilles, et nous cherchâmes à nous assurer du degré de chaleur nécessaire pour obtenir un résultat complet. A cet effet, on plaça cinq cents échalas dans l'intérieur d'un four à plâtre couvert, dont la disposition nous parut particulièrement convenable pour ce genre d'expériences, et ils y restèrent pendant vingt-cinq minutes exposés à une chaleur de soixante-cinq degrés centigrades. Au bout de ce temps, ne doutant pas que l'opération n'eût été de nature à donner la mort à toutes les larves, nous retirâmes les échalas du four. Mais, en examinant avec soin quelques-uns de ces morceaux de bois, je remarquai que les Chenilles placées sous de minces esquilles du bois étaient seules mortes, tandis que toutes celles qui étaient cachées dans les fissures plus profondes avaient résisté à cette excessive chaleur et vivaient encore. Voyant par là que nous n'avions pas agi assez énergiquement, je renouvelai le lendemain la même expérience; mais cette fois avec une température de cent degrés; les échalas y restèrent exposés durant une demi-heure; et quand je les fis retirer au bout de ce temps, toutes les larves avaient péri.

On pourrait supposer d'abord que l'épaisseur du bois qui recouvrait les larves empêchait la chaleur de pénétrer jusqu'à elles. Mais, lors de la première expérience, nous avions placé dans le four, près des échalas, un petit morceau de bois fendu provenant de l'un de ces supports, et dans lequel les fourreaux soyeux qui entourent les larves se trouvaient en partie à découvert et même déchirés; nous y avions joint également un petit tube de verre renfermant un certain nombre de Chenilles complétement à nu. Les premières, enveloppées dans leurs cocons, ne moururent qu'après cinq minutes de séjour dans une température de soixante-cinq degrés; les dernières, qui y étaient exposées sans aucun intermédiaire, ne moururent malgré cela qu'au bout de trois minutes. On voit par cette observation que les petites larves sont douées par elles-mêmes d'une singulière résistance aux influences de la température, et qu'il ne faut par conséquent attacher aucune importance aux variations naturelles qu'elle peut éprouver par les changements de saison.

Les cinq cents échalas qui avaient fait le sujet de cette observation furent repiqués, le 7 juillet, dans une portion de Vigne destinée à diverses expériences, et nous pûmes reconnaître au bout de quelque temps que par suite de cette opération les dégâts avaient à peu près diminué d'un tiers sur ce point.

Le procédé de purification que nous venons de décrire atteint sans doute son but essentiel, puisque en employant une chaleur suffisante il amène la destruction complète des Chenilles qui ont cherché asile dans les échalas. Mais il présente des difficultés qu'on peut regarder comme insurmontables pour la culture en grand; je veux parler de l'obligation de transporter souvent à une fort grande distance ces masses d'échalas, qu'on laisse ordinairement en tas dans les Vignes où ils doivent resservir l'année suivante. Sûrement cette opération peut se faire dans une saison où la main-d'œuvre est peu coûteuse; mais les frais et l'embarras de ce transport, de l'enfournement et du défournement, etc., seront toujours trop considérables pour que ce moyen, qui ne détruit encore qu'une petite partie des Chenilles destinées à dévaster la récolte prochaine, soit adopté dans les vignobles éloignés d'un four à plâtre.

Le second procédé que nous employâmes présente un immense avantage sur celui-ci en ce qu'il peut s'exécuter sur le lieu même où les échalas sont déposés. Ce procédé consiste dans des fumigations d'acide sulfureux, administrées au moyen d'un appareil d'un emploi très-simple et qu'on peut aisément transporter successivement auprès de chaque tas d'échalas (1).

---

(1) Voici le moyen le plus économique d'obtenir les mèches soufrées dont on se sert pour pratiquer ces fumigations :

On prépare ces mèches en plongeant dans un bain de soufre fondu de 112 à 125° cent. des bandes de toile sur lesquelles le soufre se solidifie à l'air.

Le soufre le plus économique est celui que dans l'épuration en grand on retire du fond des chaudières après la décantation du soufre clair. Ce soufre commun, et mêlé de substances étrangères, suffit à cette application; il coûte 10 ou 12 fr. les 100 kilog, lorsque le soufre brut ordinaire vaut de 24 à 26 fr.

Les bandes de toile les plus convenables se découpent sur une largeur d'environ 4 centimètres et une longueur de 40; dans les balles d'où l'on a retiré le salpêtre importé en France de l'Inde, le peu d'azotate de potasse que ce tissu grossier recèle favorise la combustion. D'ailleurs, aucune toile commerciale ne

Pour faire les fumigations par l'acide sulfureux, on place les échalas dans l'intérieur d'un cylindre en fer galvanisé assez long pour les recevoir; l'axe du cylindre étant disposé horizontalement, on ferme l'ouverture par laquelle ils ont été introduits au moyen d'un obturateur à tabatière.

A l'un des bouts du cylindre, et au-dessous de lui, se trouve un petit foyer muni de son cendrier; il sert à brûler des mèches soufrées qu'on y introduit.

L'acide sulfureux produit, monte dans le cylindre et s'y distribue, en passant d'abord au-dessous d'une voûte percée de trous, qui le dirige et le divise uniformément; trois ouvertures, ménagées sur les fonds du cylindre et à la partie supérieure, servent à expulser l'air.

Quand on juge l'opération assez avancée, on bouche les trois orifices qui donnaient issue à l'air, et on laisse la combustion du soufre cesser d'elle-même. L'appareil renferme 250 échalas; il consomme environ 250 grammes de soufre pour chaque opération qui dure de dix à quinze minutes.

Toutes les larves que nous trouvâmes dans les échalas qui avaient été soumis à cette fumigation étaient complétement mortes, et la pièce de terre où ils furent repiqués nous parut délivrée de ses fâcheux habitants, à peu près dans la même proportion que celle où on avait placé les échalas passés au four, c'est-à-dire d'environ un tiers (1).

Les autres fumigations que nous essayâmes successivement, avec le chlore gazeux, l'acide sulfhydrique, l'acide carbonique et l'ammoniaque, ne tuaient que les larves exposées sur les petits éclats; mais, même après être restées dans l'appareil une demi-heure, on retrouvait encore vivantes toutes les Chenilles qui étaient protégées par les esquilles, et elles reprenaient bientôt toute leur vivacité.

Nous soumîmes aussi des échalas à des immersions dans divers liquides

---

serait plus économique. Nous employâmes environ 250 grammes de mèches soufrées pour désinfecter les échalas que peut contenir le cylindre.

(1) Les Vignes d'Argenteuil comprenant à peu près 450 ceps par are, chaque hectare renferme environ 45,000 échalas; il y aurait par conséquent 180 opérations à répéter pour épurer les échalas de cette étendue de terrain. D'après le temps que chacune d'elles exige, on pourrait en exécuter 30 dans une journée d'hiver : il faudrait donc six jours pour purifier les échalas d'un hectare, et à peu près 40 à 50 kilogrammes de soufre.

corrosifs, mais nous n'obtînmes aucun résultat avantageux de ce genre de procédé. Ainsi, par exemple, nous retrouvâmes, au bout de quarante-huit heures, des larves vivantes dans des échalas qui étaient restés plongés pendant longtemps dans une dissolution de soude assez concentrée pour que les mains de ceux qui opéraient en fussent toutes sanguinolentes.

Les essais faits avec diverses autres substances corrosives n'eurent pas plus de succès, et les Vignes où on replaça ensuite les échalas qui avaient subi ces opérations, ne nous parurent différer en rien de celles dans lesquelles on n'avait rien tenté. Ces expériences prouvent mieux que tout ce qu'on pourrait dire l'inutilité de toutes les lotions qu'on a cherché à pratiquer directement sur le cep, car on est bien loin, dans ce cas, de pouvoir employer des agents aussi actifs.

Quelques personnes ont conseillé de badigeonner les échalas, avant de les repiquer, avec un lait de chaux assez épais pour boucher toutes les fissures du bois; mais ce procédé offrirait de graves inconvénients, en ce qu'il ferait refluer à l'automne, sur le cep, toutes les larves qui ne trouveraient plus ailleurs d'abri. Aussi, bien loin d'engager à adopter un moyen semblable dans les vignobles où l'usage des échalas doit être considéré comme une ressource précieuse, nous serions plutôt portés à conseiller au vigneron, dans les localités où on ne se sert pas de ces supports, de les remplacer par des morceaux de bois quelconque, tels que des sarments de Vigne, des portions de cerceaux, ou même des nattes de paille ou de foin qui, passés à la lessive bouillante, se purifieraient, et pourraient servir de nouveau. Ces sortes de piéges, placés et liés au pied des ceps, offriraient à l'insecte une retraite pour l'hiver, et, une fois entré dans ces petits réduits, on diminuerait de beaucoup le nombre des PYRALES, en ayant le soin d'enlever et de lessiver ou de brûler toutes ces matières infestées. Cette opération a été essayée par M. Delahante sur un certain nombre de pieds de Vignes, en 1837, et, lorsqu'il fit retirer les vieux échalas qu'il avait placés ainsi près des ceps, il les trouva pleins de petites Chenilles dont il fut aisé de se débarrasser. Ce moyen, exécutable dans de petites pièces de Vigne, est toutefois au nombre de ceux que nous ne ferons qu'indiquer; ne l'ayant pas suivi dans la culture en grand, où la pratique nous prouve que nous pouvons réussir d'une manière plus complète peut-être et avec moins de peine.

En résumé, nous conseillons donc fortement d'épurer les échalas au moyen de la vapeur de soufre, dans toutes les localités où l'importance des produits ne doit faire négliger aucun moyen de guérison, dans les Vignes de la Côte-d'Or, par exemple, si le fléau y prenait quelque gravité. Mais, dans les Vignes de peu de valeur, où on veut diminuer le mal à peu de frais, on devra au moins repiquer les échalas le plus tard possible dans la saison, et les éloigner des Vignes durant l'hiver autant qu'on pourra ; afin que, lorsque les premiers rayons du soleil décideront les jeunes larves à sortir de leur prison, un grand nombre d'entre elles puisse trouver la mort avant d'avoir gagné une nourriture convenable. Ainsi, comme l'époque où les vers sortent de leur retraite est souvent fort tardive, puisque j'ai trouvé encore dans le Mâconnais, le 22 mai, des larves vivantes dans des échalas laissés en tas, il serait convenable, pour accélérer leur sortie, d'exposer les échalas au soleil, de les laisser le moins possible réunis en tas, et surtout de ne les replacer dans les Vignes qu'au mois de juin, ce que les cultivateurs regardent à la rigueur comme possible.

Nous avons vu à Argenteuil quelques vignerons, découragés de faire des dépenses presque sans résultat, renoncer durant une année à garnir leurs Vignes d'échalas, et diminuer sensiblement par là le nombre de leurs ennemis. On conçoit par conséquent qu'un cultivateur qui pourrait ne faire servir les mêmes échalas que de deux années l'une, n'aurait aucune préparation à leur faire subir, et obtiendrait sans aucun doute un résultat avantageux. Mais la mise de fonds encore assez considérable que ce double emploi exigerait, et les difficultés d'emmagasinage que pourraient éprouver beaucoup de vignerons, rendent cette mesure d'une exécution difficile.

§ II. *Destruction des Chenilles au moment où elles sortent du cep pour gagner les bourgeons.*

Anneau agglutinant.

Nous venons de chercher à attaquer la Chenille durant la période inerte de son existence. Nous allons actuellement entamer une guerre encore plus difficile, car voici l'époque où notre insecte commence sa vie active, et dès les premiers rayons du soleil du printemps, sitôt que quelques bourgeons peuvent fournir à sa subsistance, nous le voyons quitter sa retraite d'hiver, et se diriger vers ces nouvelles pousses à peine développées. Il serait sans doute fort important de pouvoir arrêter notre ennemi dès le début de sa carrière dévastatrice, et ce désir m'avait porté à tenter une série d'expériences et d'observations qui auraient peut-être pu amener un résultat satisfaisant, mais mes idées se trouvant bientôt fixées sur le choix d'un moyen tout à la fois et plus simple et plus efficace, j'ai cessé de les poursuivre. Je ne pense pourtant pas inutile d'entrer ici dans quelques détails; ils prouveront qu'avant d'arrêter complétement mes opinions, j'ai cherché à saisir l'insecte aux différentes époques de sa vie, et que ce n'est qu'après des observations nombreuses que j'ai osé porter un jugement, basé tout à la fois sur une connaissance approfondie de la vie de l'insecte, sur ma propre expérience, et sur celle de quelques agriculteurs instruits.

L'insecte, réfugié pendant tout l'hiver dans la partie inférieure du cep, doit nécessairement le traverser dans toute sa longueur lorsqu'il veut se rendre aux bourgeons qui vont devenir sa seconde résidence. Je pensai donc qu'il serait important de fixer pour ainsi dire les limites de son empire, et de lui couper les vivres en le forçant de rester dans la partie inférieure du tronc, où il périrait bientôt d'inanition; car, sitôt que son temps d'hivernation est terminé, ses besoins deviennent très-pressants; j'imaginai donc de lui barrer le chemin au moyen d'un cercle ou anneau agglutinant, qui, entourant le cep près de l'origine des bourgeons, devait en défendre l'approche aux Chenilles. Plusieurs substances pouvaient également atteindre ce but; mais le Caoutchouc fondu, pur ou mêlé d'huile, me paraissant d'un emploi simple et peu dispendieux, je tentai diverses expériences avec cette matière.

Nous en enduisîmes successivement des liens composés uniquement de brins de laine, et des anneaux formés de drap ou de toile; ils furent tous placés sur les différentes branches d'un même cep, sur lequel nous fîmes aussi quelques applications annulaires avec ces matières elles-mêmes, posées directement sur le cep. Le Caoutchouc fondu, mêlé d'huile, amena un résultat moins satisfaisant que le

Caoutchouc pur; celui-ci restait liquide et gluant, quoique exposé à un soleil ardent, tandis que le mélange se desséchait promptement et s'écaillait au soleil. Quant aux anneaux, ceux de laine et de drap étant formés d'une matière trop absorbante, avaient l'inconvénient de se sécher rapidement à leur surface, et de ne présenter à la Chenille que des obstacles, et non une barrière insurmontable. Ceux de toile paraissaient un peu mieux atteindre notre but; mais nous donnâmes surtout la préférence aux anneaux formés uniquement par le Caoutchouc posé sur le cep sans intermédiaire. Ils nous parurent intercepter parfaitement le passage aux Chenilles; mais on pouvait craindre que la matière ne coulât et que les ceps n'en souffrissent. J'ai appris, depuis que j'avais fait ces expériences, que M. Desvignes, en 1818, avait essayé de quelques moyens à peu près analogues en formant aussi des cordons glutineux sur les ceps; mais tantôt la barrière avait été franchie par les insectes; tantôt, formée par une huile empyreumatique, elle avait fait périr le cep. Je crois pourtant qu'il serait possible d'obvier à ces inconvénients, et de rendre le procédé tout à la fois efficace et inoffensif pour la Vigne; mais il présente d'autres inconvénients plus positifs, qui dépendent de la lenteur et de la difficulté matérielle que présente cette opération. Elle exige en outre une adresse qui la rend peu propre à être employée sur une grande échelle.

J'avais le projet de faire encore quelques essais sur ce même sujet au moyen de la mélasse ou de ces mélanges de mélasse et de gélatine qui forment les rouleaux d'imprimerie; mais convaincu, comme je le fus bientôt, des avantages incontestables que présente la cueillette des pontes, je dus concentrer tous mes efforts dans la direction qui me semblait la plus utile, et abandonner pour ce moment des expériences qui n'offraient plus qu'un intérêt de curiosité.

§ III. *Destruction de la Chenille dans les bourgeons et aux extrémités des pousses.*

A. Ébourgeonnage; Écimage; Pincement des pousses.

Si, durant la première quinzaine de mai, on examine avec quelque soin un cep de Vigne attaqué par la Pyrale, on apercevra facilement une multitude de petites Chenilles cheminant le long de son écorce, et on en trouvera en même temps un nombre non moins considérable activement occupées dans l'intérieur des bourgeons, qui, souvent encore à peine entr'ouverts, leur offrent un aliment approprié à la faiblesse de leurs organes (Pl. 9), et qui, bientôt crispés et recoquillés par suite de leurs opérations, prennent un aspect tout particulier.

On a cherché, à cette époque de l'existence des Chenilles, à en débarrasser les Vignes par un moyen simple, rapide et peu dispendieux; je veux parler de l'*Ébourgeonnage*, qui consiste à enlever ou à froisser entre les doigts tous les bourgeons qui ne contiennent pas de grappes. Malheureusement on a été forcé de reconnaître que ce procédé, qui avait été adopté d'abord avec empressement, et auquel je trouvais des avantages réels puisqu'il détruisait la Chenille avant qu'elle n'eût commis aucun dégât, n'offrait que peu de chances de réussite.

En effet, il nous est positivement démontré qu'on ne peut détruire par ce moyen qu'une très-petite partie des Chenilles que recèle le cep; car, ne sortant pas toutes en même temps de leur retraite d'hiver, elles ne gagnent pas non plus les bourgeons toutes à la même époque. Or, comme cette opération n'est pas au nombre de celles qui peuvent se renouveler plusieurs fois dans la même année, il s'ensuit que les Chenilles cachées encore sous les écorces au moment où on ébourgeonne, et que celles qui n'ont alors gagné que les tiges, se trouvent échapper à cette guerre. Il en est de même de toutes les larves contenues dans les bourgeons à fruit; car, bien que quelques personnes aient proposé de ne pas les respecter et de faire un enlèvement complet de tous les bourgeons, nous ne pensons pas que ce moyen violent, et dangereux pour le Cep, fût assez infaillible pour qu'on dût y avoir recours; d'autant plus qu'il faudrait qu'il fût général pour amener quelque résultat.

On voit donc que l'opération de l'Ébourgeonnage, qui se recommande d'abord par son extrême simplicité d'exécution, ne détruirait guère qu'un tiers au plus des insectes destinés à ravager le cep, si on voulait la faire avant que les bourgeons se fussent développés. Mais, si nous tardons davantage, le travail, tout en devenant peut-être un peu plus difficile, pourra conduire au moins à des résultats plus satisfaisants.

Vers la fin de mai, nous voyons les bourgeons se développer de plus en plus, les pousses s'allonger, la grappe se former et se séparer des feuilles qui l'entouraient jusque-là; encore quelques jours, et les Chenilles, réunies alors en grand nombre aux extrémités de ces pousses, vont s'occuper à joindre les grappes aux feuilles, au moyen de fils nombreux, qui, formant des espèces de tentes, doivent les cacher à tous les yeux; car, comme nous l'avons dit, notre insecte est craintif; il n'agit que dans l'ombre, et veut essentiellement n'être pas vu.

Les ravages positifs de la Pyrale ne commencent réellement que lors de cette réunion des feuilles et des grappes. Ainsi, le but essentiel qu'on doit se proposer lorsque la Chenille est au moment d'entamer ce travail, c'est d'isoler, autant que possible, la grappe des extrémités des pousses, dans lesquelles les Chenilles se tiennent, jusqu'au moment où elles se répandent sur toutes les feuilles. Nous avons vu, en effet, que les grappes complétement isolées sont bien rarement attaquées par la Pyrale.

Le procédé qu'on peut employer à cette époque se rapproche beaucoup de l'Ébourgeonnement; mais il présente pourtant un grand avantage, en ce qu'il peut se pratiquer indifféremment sur toutes les branches, qu'elles contiennent ou non des grappes, puisque ces grappes, lorsque les pousses ont atteint une certaine longueur, en sont devenues assez indépendantes pour ne pas risquer d'être froissées et détruites par ce travail.

Cette opération peut s'exécuter de deux façons : soit uniquement par la pression, ou le pincement entre deux doigts des pousses attaquées, qui ne tardent pas alors à se flétrir; soit par une extirpation complète des extrémités des branches où sont logées les larves. Cette seconde manière d'agir, qu'on désigne sous les noms d'*Écimage* ou de *Mouchage*, me paraît préférable au simple *Pinçage*, dans lequel on est d'autant plus exposé à n'écraser qu'une partie des Chenilles, que les vrilles contenues souvent dans les pousses empêchent la pression bien exacte des doigts. Pourtant quelques praticiens pensent que, par le pinçage, on risque moins de nuire au Cep.

L'opération de l'Écimage a été surtout pratiquée dans le département de la Haute-Garonne, sur les propriétés de M. Ducos, qui, plein de confiance dans ce procédé, rend compte ainsi de la manière dont il le fit exécuter dans les premiers jours de juin 1837 : « La pièce de Vigne sur laquelle j'expérimentai, dit-il, avait » une étendue de deux hectares un quart, complantés de seize mille huit cents » ceps. Je pris six ouvriers intelligents, et je leur donnai trois sillons à con» duire en même temps ; ils étaient donc deux par sillon. Le premier écimait » les sarments, et enlevait ensuite, en les coupant avec l'ongle du pouce, les » feuilles secondaires qui paraissaient roulées. Ces débris, placés d'abord dans » le tablier de l'ouvrier, étaient jetés ensuite dans des sacs, puis brûlés ou » noyés loin des Vignes.

» Le second ouvrier avait à faire une opération plus difficile, et surtout plus » minutieuse ; il devait soulever et soutenir dans sa main gauche les jeunes » grappes, et en chasser les PYRALES qui s'y trouvaient cachées jusqu'au nom» bre de trois ou quatre.

» Cela se fit d'abord avec une épingle ; mais on reconnut bientôt que sa » pointe égratignait la grappe. On la remplaça par une sorte de fausset de barri» que très-effilé, en bois de saule très-doux et dont la pointe était émoussée.

» Là, où des fils soyeux indiquaient la présence d'une PYRALE, l'ouvrier glis» sait doucement le fausset et déplaçait l'insecte, qui à l'instant même s'élançait » hors de la grappe et tombait dans la main de l'ouvrier, où il était impitoya» blement écrasé. »

Nous ne nous occuperons pas de discuter la seconde partie du procédé suivi par M. Ducos. On conçoit qu'elle est tout au plus proposable dans des vignobles de quelques hectares, mais qu'une opération qui exige essentiellement un ouvrier *intelligent et adroit* ne sera et ne pourra jamais être admise dans la grande culture. Sans aucun doute, cette manière de prendre les Chenilles une à une ne peut manquer d'amener des résultats positifs ; mais le point essentiel est que le mode de destruction soit applicable autre part que dans un jardin, et, nous le répétons, celui-ci ne l'est pas.

Quant à l'opération de l'Écimage, elle nous paraît de nature à mériter un sérieux examen ; et partout où on l'a essayé, on a pu observer une diminution assez sensible dans le nombre des PYRALES, sans que la végétation proprement dite ait paru souffrir des suites de cette opération

Les résultats satisfaisants obtenus par M. Ducos et par quelques autres propriétaires du même département ont été certifiés par une commission, nommée dans ce but par la Société royale d'agriculture de Toulouse, qui conseille pourtant fortement de joindre à l'emploi de ce procédé celui de la cueillette des pontes. On a aussi pratiqué l'Écimage avec assez de succès dans quelques Vignes du département de la Charente-Inférieure, ainsi que sur le territoire d'Argenteuil; mais des expériences faites sur une plus grande échelle pouvant amener des résultats différents, je fus heureux d'être à portée de suivre d'une manière plus régulière les suites de cette opération dans une étendue de près de deux cents hectares, où M. Delahante la fit exécuter.

Il fut bientôt frappé comme moi de la grande difficulté qu'on éprouvait à fixer l'époque convenable pour cette opération. « Le moment opportun » nous paraissant arrivé, m'écrivait-il, nous avons commencé le *mouchage* des » pousses, le 28 mai. Je dois vous dire cependant que la marche irrégulière » que suit le développement de l'insecte s'est encore présentée dans cette cir- » constance pour nous contrarier. Quelques vers, les plus avancés, commen- » çaient déjà à quitter la cime des bourgeons, où il faut les attaquer sans per- » dre un instant, et malheureusement on en trouve encore sous l'écorce de » la Vigne. »

Toutefois, M. Delahante, rempli d'espérance dans la réussite de ce procédé, le fit exécuter avec une activité et un zèle extrême, et, le 17 juin, lorsque je visitai les vignobles qui avaient été écimés, quoiqu'ils fussent loin d'être complétement purifiés, leur aspect général pouvait donner quelque confiance dans le procédé qu'on avait employé. On trouvait bien encore des jeunes Chenilles dans les nouvelles pousses qui étaient sorties entre les aisselles des feuilles, au-dessous de la portion de tige qu'on avait enlevée; mais leur petitesse prouvait que c'étaient des retardataires qui, se trouvant encore dans la souche au moment de l'Écimage, ne faisaient qu'atteindre actuellement leur deuxième âge, et restaient par conséquent dans les pousses sans chercher à attaquer la grappe, comme elles le font habituellement à cette époque de l'année. C'était déjà un point important de gagné, car cette grappe, se fortifiant de jour en jour, ne devait plus courir le risque de souffrir réellement de la présence de la Chenille, lorsque celle-ci, arrivée à la troisième période de son existence, chercherait, en réunissant les grappes et les grandes feuilles, à y trouver un abri et une nourriture appropriée à ses besoins actuels. Malheureusement le résultat ne répondit pas complétement à nos espérances, et, le 28 juillet suivant, j'appris, par une lettre de M. Delahante, qu'il y avait bien quelque différence entre les Vignes de ses voisins et celles qu'il avait traitées par l'Écimage, mais que malheureusement cette différence était loin d'être aussi générale, ni même aussi marquée qu'il l'avait espéré. Du reste, mes idées sur la cueillette des pontes étaient alors trop arrêtées pour que cette non-réussite me préoccupât fortement.

Nous avons entendu quelques agriculteurs blâmer fortement ces deux opérations et surtout l'ébourgeonnage. La sève, dit-on, à la suite de cette opération, afflue trop fortement vers les bourgeons à fruits et entraîne la coulure du grain; puis, se faisant jour par tous les yeux ou nœuds du sarment, elle produit l'année suivante des jets surabondants qui épuisent le cep. Mais l'expérience est rarement venue confirmer ces craintes, et nous ne voyons pas que, sur les divers points où on a tenté ce procédé, les Vignes en aient souffert, au moins la première année.

Du reste, si ces procédés assuraient la destruction des Chenilles, ou en diminuaient sensiblement le nombre, on sent que les inconvénients qu'ils pourraient avoir sur la récolte pendante, n'auraient aucune importance, puisque l'insecte la compromet d'une manière bien autrement positive. Sans doute il n'en serait pas de même d'un dommage réel causé au cep; mais, sans me permettre de trancher cette question purement agricole, et sur laquelle les praticiens sont loin d'être d'accord, je ferai remarquer que l'Ébourgeonnage est pratiqué dans beaucoup de pays de vignobles, sans autre but que celui d'augmenter la récolte; et que, sur le territoire de Marseillan (Hérault), et peut-être dans beaucoup d'autres lieux, l'enlèvement des pousses, ou Écimage auquel on donne dans cette localité le nom de *châtrage*, est au nombre des pratiques habituelles du vigneron, et s'exécute simplement afin d'éviter que le vent ne renverse les ceps, ou pour empêcher la fleur d'avorter. Toutefois, quoique nous n'ayons jamais entendu dire que ces opérations eussent quelque inconvénient; ce travail, devant se faire, si on le pratiquait comme moyen destructif, d'une manière beaucoup plus complète que dans les cas ordinaires, et certaines Vignes moins vigoureuses que celles du Languedoc, pouvant en souffrir davantage, nous pensons que cette opération est au nombre de celles qu'on ne saurait renouveler, sans inconvénient, plusieurs années de suite, surtout dans des vignobles situés à des latitudes peu élevées.

Quelques personnes ont aussi proposé et même tenté d'enlever, après la floraison du raisin, presque toutes les feuilles qui couvrent le cep, espérant amener par cette diminution de nourriture la mort d'une grande partie des Chenilles. Mais cette méthode, réprouvée par la plupart des praticiens, me paraît, en effet, présenter de graves inconvénients en ce qu'elle laisse la grappe complétement exposée à l'ardeur du soleil. En outre, les larves ne trouvant plus d'abri et de ressources que dans les grappes, qu'elles ne préfèrent pas, il est vrai, mais qu'elles mangent au besoin, elles s'y logeraient nécessairement en plus grande abondance; et, en supposant que le nombre des Chenilles fût un peu diminué, le mal se trouverait pourtant augmenté.

Nous ne saurions donc engager les propriétaires à suivre habituellement un procédé dont nous avons été à portée de juger les résultats incomplets; mais pourtant, si quelques agriculteurs, désirant suivre plusieurs pratiques à la fois, voulaient tenter l'Écimage, qui offre certainement des avantages, nous ne saurions trop leur recommander de surveiller avec soin le moment le plus convenable pour le commencer, et de ne pas négliger non plus de faire brûler ou enfouir à une grande profondeur les bourgeons ou les pousses qu'on enlèverait des Vignes attaquées. Faute de cette précaution, que l'insouciance des vignerons leur fait souvent négliger, on ne saurait espérer aucun succès réel. La vie de cet insecte est si tenace qu'il faudrait même fortement tasser la terre, si on se contentait d'enfouir ces débris, car sans cela les petites Chenilles viendraient à bout de regagner le sol. Ainsi, à Argenteuil, en 1838, l'on avait jeté dans un trou de trois pieds et demi de profondeur, une couche de bourgeons d'environ deux pieds d'épaisseur, et on s'était contenté de les piétiner sans les recouvrir ensuite de terre.

Au bout de quelque temps, la dévastation était devenue épouvantable dans un rayon d'une dizaine de pieds autour de cette fosse.

B. Préparations chimiques employées sur les Bourgeons et sur les jeunes Pousses.

On a vu que c'était avec peu de confiance que j'avais tenté, à Argenteuil, quelques expériences de ce genre sur les ceps de Vigne, à l'époque où ils renferment les petites larves; ce n'était pas avec l'espérance d'un meilleur résultat que je continuai ces mêmes tentatives sur les bourgeons et sur les pousses. Mais il entrait dans mon plan de tout expérimenter par moi-même, afin de pouvoir répondre avec assurance à toutes les objections, à tous les doutes, et de ne fixer d'une manière positive ma propre opinion, que d'après un grand nombre de faits.

On avait déjà essayé plusieurs fois de saupoudrer les bourgeons avec diverses préparations composées de substances souvent inconnues pour celui qui les employait, mais chaudement préconisées par quelques empiriques; jamais le moindre succès n'était venu couronner ces tentatives, ou, si elles avaient amené la mort des larves, au moins en partie, elles avaient en même temps flétri et détruit le bourgeon, qu'il est plus simple d'enlever par un moyen prompt et sûr, si on consent à le sacrifier.

Quand j'arrivai à Chenas, le 4 mai 1838, la Vigne commençait à être en pleine végétation, les bourgeons s'épanouissaient, et les ceps bien exposés présentaient déjà des pousses longues de deux à trois pouces. C'est sur ces pousses, remplies pour la plupart de petites Chenilles de PYRALE, que je tentai diverses applications de substances liquides et de matières pulvérulentes.

Je ne donnerai ici que la simple énumération des matières qui servirent à mes expériences, leurs résultats n'ayant pas été de nature à exiger plus de détails. Il suffit de savoir que j'employai successivement pour enduire les jeunes pousses d'un grand nombre de ceps :

1° Le chlorure de chaux dissous dans l'eau;

2° L'huile de pétrole;

3° L'huile de résine;

4° L'huile de houille;

5° Le vernis de lin et de caoutchouc;

6° Le caoutchouc pur fondu;

7° La mélasse de betteraves;

8° Une solution alcoolique de sublimé corrosif;

9° Une solution aqueuse de sublimé corrosif;

10° Une solution aqueuse de sous-acétate de plomb;

11° Une solution de chlorure de calcium, comme corps hygrométrique;

12° Une solution de sulfate de cuivre;

13° Un lait de chaux fait avec une solution de sous-acétate de plomb.

Ces diverses matières s'imprégnaient difficilement dans les jeunes feuilles, pour la plupart cotonneuses, et tapissées en outre encore par les fils que secrètent les Chenilles; les matières huileuses seules enduisaient complétement les bourgeons. Mais toutes ces opérations étaient longues et difficiles, la plupart furent faites au pinceau. Pourtant, quand la matière était très-épaisse, comme la mélasse, le caoutchouc, etc., j'en plaçais simplement quelques gouttes à l'extrémité de la pousse.

J'essayai aussi de quelques substances réduites en poudre, pensant que les bourgeons soumis ensuite à la rosée s'en imprégneraient mieux; j'employai de cette manière :

Le chlorure de chaux;

Le sel de soude;

La chaux vive;

Le plâtre;

La chaux éteinte avec une dissolution arsénicale;

La chaux éteinte avec une préparation mercurielle.

Ces saupoudrements eurent lieu, tantôt au moyen d'un long pinceau, tantôt avec une espèce de passoire placée au goulot d'une large bouteille, ce qui permettait d'opérer régulièrement et assez rapidement. Mais ces divers enduits, qu'ils fussent employés sous une forme ou sous une autre, n'eurent pas de résultats plus favorables que ceux que j'avais essayés sur les souches; les Vignes souffrirent plus ou moins, selon la nature des matières employées; et les larves sortirent intactes, même des préparations mercurielles et arsénicales.

§ IV. *Destruction de la Chenille lorsqu'elle est dans les feuilles.*

Échenillage proprement dit.

Après avoir quitté les pousses qui ne peuvent plus suffire à leur nourriture, les Chenilles se répandent, ainsi que nous l'avons déjà dit, sur toute l'étendue du cep, et, à compter de ce moment, ces animaux, qui n'avaient déployé jusque-là que peu d'activité, deviennent, au contraire, d'une agilité et d'une voracité extrêmes. Lançant leurs fils dans toutes les directions, ils enveloppent d'un filet inextricable feuilles, grains, vrilles et tiges, et, rapprochant, au moyen de cette industrie, tantôt les diverses parties de la même feuille, tantôt plusieurs feuilles avec les grappes qui les avoisinent, ils flétrissent tout par leur passage, et arrêtent la croissance des grains qu'ils ne laissent arriver qu'à une maturité incomplète (Pl. 11, 12, 13, 14, 15).

Ayant déjà décrit la manière dont la Chenille amène, par son travail au moins autant que par sa voracité, la perte souvent totale de la récolte de l'année, et même, si le fléau se prolonge pendant long-temps avec violence, l'affaiblissement successif du cep et l'avortement des sarments, des feuilles et des fruits, nous ne nous occuperons plus ici que du mode de destruction pratiqué sur la Chenille à cette époque de sa vie, et qu'on désigne simplement sous le nom d'*Échenillage*.

Cette opération, que nous avons vue recommandée et même ordonnée à toutes les époques où le fléau s'est montré, est d'une exécution lente et difficile, d'un résultat douteux et incomplet, et pourtant c'est de tous les procédés destructifs successivement proposés, celui qui a toujours été suivi avec le plus de confiance, d'activité et de persévérance.

D'où peut venir cette sorte de prédilection? C'est que ce travail s'exécute au moment des plus grands dégâts; c'est que le propriétaire et ses vignerons, justement effrayés alors de l'étendue et de l'intensité du mal, ne calculent plus ni temps ni argent; c'est, en un mot, qu'on n'a besoin, pour l'employer, ni de raisonnement ni de prévoyance, qualités toujours rares à rencontrer. Malheureusement, ce ne sera jamais qu'avec difficulté qu'on parviendra à faire adopter un procédé destiné, au printemps, à arrêter les dégâts encore douteux de l'année, ou à prévenir même dès l'automne ceux de l'année suivante; la plupart des vignerons comptent pour cela sur les variations de la saison; quelques-uns s'en reposent uniquement sur la volonté de Dieu; mais on en trouve bien peu qui, après avoir vu leur récolte dévorée, s'occupent de prévenir, par leur travail, les nouveaux malheurs qui pourraient encore détruire celle qui doit lui succéder.

L'opération de l'Échenillage proprement dit a lieu généralement, dans le Mâconnais, dans le courant de juin, mais cette époque est nécessairement variable selon les latitudes et aussi selon les années.

On exécute ce travail de diverses manières. Tantôt les vignerons se contentent d'écraser le ver entre leurs doigts ou au moyen d'un tampon de feuilles, tantôt ils enlèvent complétement celles qui contiennent des larves. Par la première de ces méthodes, qui est aussi la plus usitée, un grand nombre de Chenilles échappe nécessairement à la pression, et par conséquent à la mort; en un mot, cet échenillage, surtout quand il est confié à des enfants, comme cela arrive souvent, est nécessairement très-incomplet, et je m'en suis assuré par moi-même en parcourant, aux environs de Perpignan, des Vignes qui venaient d'être échenillées de cette façon. L'enlèvement des feuilles qui recèlent des Chenilles nous paraît offrir plus de garantie, mais quelques praticiens craignent que cette diminution dans le feuillage ne laisse les grappes trop exposées aux rayons du soleil qui, à cette époque, a déjà acquis toute sa force. Je ne pense pourtant pas que ce demi-dépouillement puisse offrir de graves inconvénients, au moins dans quelques parties de la France, car on sait que même, dans certains vignobles mal exposés, on est dans l'habitude de faciliter, par une opération semblable, l'action des rayons du soleil. Je n'en dirais pas autant de l'effeuillage complet, que quelques cultivateurs ont essayé de pratiquer, car j'ai reconnu moi-même que cette suppression totale des feuilles à une époque où la grappe est encore à peine développée, produit un très-mauvais effet sur la récolte pendante, et on doit aussi en appréhender les suites pour l'avenir.

Je n'ai pas besoin d'ajouter que toutes les fois qu'il y a enlèvement de feuilles, on doit d'abord les faire passer du tablier de l'ouvrier dans des sacs de toile, puis ensuite les brûler ou les enterrer. Il y a des localités où on a l'habitude de jeter ces feuilles dans la rivière, mais on a reconnu les inconvénients de ce procédé, par lequel un grand nombre de Chenilles viennent à bout d'échapper à la mort.

De quelque manière qu'on agisse, cette opération, si on voulait la faire avec tout le soin qui pourrait en assurer le résultat, demanderait une main-d'œuvre immense. On a reconnu qu'un vigneron, quelque habile qu'il soit, ne peut complétement écheniller plus de quatre à cinq ceps par heure, et par conséquent soixante au plus par jour. Si on calcule que, dans le Mâconnais, par exemple, la mesure nommée coupée, qui a environ six cents pas, contient en moyenne sept cents ceps, on verra que pour purifier complétement ce seul petit coin de terre, il faudrait à peu près douze journées d'ouvrier; et on peut calculer d'après cela quel serait le prix exorbitant auquel s'élèverait l'Échenillage d'un hectare de Vignes.

En outre, l'époque où cet Échenillage doit s'exécuter coïncide, dans plusieurs parties de la France, avec tous les grands travaux de la campagne : la récolte des luzernes, celle du colza, la moisson enfin; les travailleurs sont donc rares, et par conséquent chers. Ainsi tel ouvrier qui dans certaines provinces se contentera, durant les mois d'automne, d'une journée de cinquante centimes, exigera au moins deux francs cinquante centimes dans la saison où doit se faire l'Échenillage; et encore ce ne sera qu'avec difficulté qu'on trouvera à cette époque un nombre d'ouvriers suffisant pour faire ce travail avec la rapidité et la suite qu'il exige.

Aussi cette opération n'est jamais exécutée que d'une manière bien incomplète, et avec d'autant plus d'irrégularité qu'elle est aussi difficile et aussi vétilleuse qu'elle est longue et dispendieuse. Les Chenilles, à mesure qu'elles approchent davantage du moment de leur métamorphose, acquièrent une excessive vivacité; elles sont alors complétement dispersées dans toutes les parties du cep. C'est une revue générale qu'il faut faire, revue d'autant plus embarrassante que le moindre ébranlement donné au cep occasionne la chute immédiate de la Chenille, et qu'il devient alors impossible de la poursuivre à terre. Enfin un grand nombre de larves se trouvent entremêlées au milieu des grains et on ne peut les en faire sortir qu'avec une grande difficulté et en touchant à la grappe, ce qui amène presque immanquablement, à une époque où la Vigne est souvent encore en fleur, la maladie du grain nommée *coulure*.

Mais supposons encore, qu'en dépit de toutes ces difficultés, nous ayons obtenu un Échenillage complet au moment où on l'a pratiqué; supposons, ce qui est presque impossible, qu'il n'existe plus après cette revue de Chenilles sur les feuilles, nous serons encore loin, malgré cela, d'avoir accompli notre tâche; en effet, ces insectes ne parcourant pas tous en même temps les différentes phases de leur vie, pour obtenir un effet réel de l'Échenillage, il faudrait renouveler au moins deux ou trois fois le même travail, ce qui devient impossible lorsqu'il s'agit d'une opération aussi difficile.

Presque tous les observateurs qui ont publié, ou simplement écrit, des mémoires relatifs à la destruction de la Pyrale, ont été frappés des difficultés que présente l'Échenillage, et se sont vus obligés d'avouer que ce procédé était loin de répondre à toutes les exigences. Dès 1811, M. Laferrière en faisait ressortir l'insuffisance devant la Société d'agriculture de Lyon. « L'Échenillage est maintenant complétement insuffisant, disait-il, pour arrêter les progrès du mal et tous les efforts du cultivateur ne pourraient réussir par ce moyen à le diminuer même sensiblement. » Gougeaud Bonpland trouvait également dans l'activité même de la Chenille, à cette époque, un obstacle insurmontable à la réussite de ce procédé.

MM. Dunal [1], Maffre, Ducos, Companyo [2], ont tous été frappés aussi des dépenses excessives que cette opération exige et du peu de succès qui vient en dédommager; et M. Desvignes, qui avait d'abord accordé quelque confiance à ce procédé, a été bientôt convaincu de son peu d'efficacité.

Ce n'est pas que je prétende dire que le résultat d'une opération qui détruit un grand nombre de Chenilles puisse être complétement nul; mais à l'époque où l'Échenillage a lieu, il ne peut plus sauver la récolte pendante, sur laquelle

(1) Bull. Soc. agr. de l'Hérault, 1857, pag. 370.
(2) Bull. Soc. philomatique de Perpignan, 1857-1858, pag. 183.

les déprédations de la Chenille n'exercent alors qu'une bien faible influence, et, relativement à la récolte de l'année suivante, cette opération produit souvent un effet tout opposé à celui qu'on voudrait obtenir, par suite du peu de simultanéité dans les actes des propriétaires dont les Vignes sont contiguës. « Ma Vigne est d'autant plus attaquée, que je l'ai échenillée avec plus de soins l'année précédente, » me disait avec assurance un vigneron ; et cette phrase, en apparence si dénuée de raison, était la meilleure critique qu'on puisse faire de l'Échenillage. En effet, à peine avez-vous délivré votre Vigne d'une partie des insectes qui l'épuisaient, que la végétation reprend une certaine vigueur, et bientôt une seconde pousse vient lui redonner cette apparence de vie et de force dont ne peuvent jouir à cette époque les Vignes environnantes sur lesquelles on n'a pas opéré. Or, une Vigne fraîche et touffue est l'attrait le plus irrésistible qu'on puisse présenter aux Papillons, et, à l'époque de la ponte, quittant avec empressement les ceps qui les ont vus naître et qui offrent à peine actuellement quelques vestiges de végétation, vous les voyez affluer en abondance dans cette Vigne, objet des soins de son propriétaire, et déposer au milieu de son feuillage épais et vigoureux les Œufs qui doivent amener la destruction des espérances de l'année suivante.

Sûrement, tous les procédés qui agissent avant l'époque de la ponte, tels que l'Enfouissement des souches, l'Ébourgeonnage, l'Écimage, etc., présentent en partie les mêmes inconvénients; mais au moins opérant, dans ces divers cas, dès le commencement de l'année, on peut espérer sauver en partie la récolte pendante, tandis qu'au contraire à l'époque fixée pour l'Échenillage, elle est, comme nous l'avons déjà dit, presque complétement perdue, et ce n'est guère que par l'espoir d'être préservé à l'avenir, que le cultivateur peut se déterminer à supporter des dépenses aussi considérables.

Quelques personnes ont supposé qu'on pourrait obvier au grave inconvénient qui résulte du dépôt des pontes en effeuillant complétement, à l'époque où les Papillons commencent à se montrer, les Vignes déjà échenillées. Si nous ne devions nous occuper que de la destruction des insectes, ce procédé pourrait paraître assez rationnel, puisqu'on n'a jamais trouvé de pontes ailleurs que sur les feuilles, et que les Papillons, en allant déposer leurs Œufs sur d'autres plantes, débarrasseraient nécessairement les Vignes d'un grand nombre de Chenilles; mais les agriculteurs regardent tous cet effeuillage comme aussi inadmissible dans cette saison que précédemment; en effet, le raisin, qui n'a pas encore atteint toute sa maturité à la moitié de juillet, époque où il faudrait faire ce travail, serait nécessairement complétement desséché par l'ardeur du soleil; il faudrait donc faire le sacrifice complet de la récolte pendante, qui, dans beaucoup de cas, n'est que fortement diminuée. Il est fort probable aussi que cette opération, en déterminant le développement de nouveaux bourgeons sur les ceps ainsi dépouillés de leurs feuilles, aurait une influence nuisible sur la production de l'année suivante : on ne sauverait donc pas la récolte pendante, et on compromettrait l'avenir du cep.

Quoique l'Échenillage, tel qu'on le pratique ordinairement, ait été loin, comme nous l'avons vu, de réunir les suffrages de tous les observateurs ou agriculteurs éclairés, plusieurs d'entre eux en ont pourtant recommandé l'emploi avec confiance. Ainsi Draparnaud et Bosc, consultés, l'un en 1801 et l'autre en 1820, insistent sur l'emploi de ce moyen. Les propriétaires de Villefranche, dans la requête qu'ils adressèrent au préfet du Rhône en 1810, demandent également qu'on y ait recours. Enfin, à toutes les époques où le fléau a sévi, dans quelque partie de la France que ce soit, nous voyons toujours l'autorité recommander l'exécution de ce procédé dans divers arrêtés, dont la loi sur l'Échenillage forme invariablement la base. En effet, faute d'observations suivies, il était difficile, tout en sentant l'insuffisance de cette opération, d'en prescrire d'autre; et la Société d'agriculture du département du Rhône, en promettant, en 1827, de décerner un prix à l'auteur d'un procédé *autre* que l'Échenillage, ou au moins à celui qui indiquerait le mode le plus facile et le moins dispendieux d'écheniller la Vigne, montrait assez que ce n'était que faute de mieux qu'on engageait les vignerons à employer un moyen dont les résultats étaient si peu positifs.

CHAPITRE TROISIÈME.

Destruction de la PYRALE DE LA VIGNE à l'état de CHRYSALIDE.

Lorsque la Chenille a dévoré tout ce qui lui était nécessaire, lorsque le cep ne présente plus qu'un mélange confus de feuilles séchées, flétries, roulées, de fils et de toiles liant et entortillant le tout; lorsque, en un mot, la récolte est perdue, et que l'insecte rassasié a atteint le terme de son existence à l'état de Chenille, il s'enveloppe de plus en plus dans la retraite qu'il s'est choisie, c'est-à-dire dans une feuille dont il a coupé les pétioles pour faciliter son desséchement, et qui, roulée sur elle-même, forme une espèce de cornet. C'est là qu'il opère sa transformation, et, au bout de quelques jours, nous l'y retrouvons sous la forme d'une Chrysalide inerte, mais qui recèle le Papillon d'où doit provenir la génération future.

Ce moment semblerait fort convenable pour s'emparer de notre ennemi, aussi a-t-on maintefois essayé et recommandé l'opération de l'enlèvement des Chrysalides; et nous voyons successivement Bertrand d'Acétis, Gougeaud Bonpland, Maffre, etc., vanter l'efficacité de ce procédé, qui est également indiqué dans les instructions données en 1810 et 1811, par la Société d'agriculture de Lyon et par celle de l'arrondissement de Villefranche.

En 1831, M. Desvignes, après avoir essayé de beaucoup d'autres moyens, en était arrivé aussi à considérer cette opération comme la plus utile et la plus simple. Mais au bout de peu de temps, s'apercevant lui-même des nombreuses difficultés que présentait cette cueillette et de l'impossibilité de la faire d'une manière complète, il se vit obligé de renoncer à un procédé dont il ne connaissait pourtant pas encore l'inconvénient le plus réel.

« Je croyais d'abord ce procédé tellement bon, dit-il, d'après un essai que » j'en avais fait, en 1831, sur quelques parcelles de Vignes, que je n'hésitai pas » à provoquer la simultanéité de cet Échenillage en m'adressant à l'autorité » départementale de Saône-et-Loire, et en la priant de s'entendre avec celle

» du Rhône. Ces deux administrations se concertèrent en effet, et rendirent un » arrêté pour que chacun enlevât en même temps les Chrysalides de ses Vignes. » Mais ce moyen ne put se pratiquer.... Il faudrait commencer la cueillette des » Chrysalides quatre ou cinq jours après qu'on aperçoit des feuilles pliées, » séchées ou fanées sur les ceps, afin de les prendre toutes avant la sortie du » Papillon; et comme il se forme des cocons pendant trois semaines, il serait » nécessaire de répéter cette opération deux fois au moins. Chaque cueillette, » en outre, demanderait plus de temps qu'on ne le croit, parce qu'il ne faut » pas se contenter de prendre toutes les feuilles séchées, fanées et pliées qui » sont sur le cep, mais il faut encore ramasser celles qui sont à terre, un très » grand nombre d'entre elles contenant des Chrysalides d'où sortiront bientôt » des Papillons. » Les Chenilles de PYRALE vont aussi très-souvent opérer leur métamorphose dans les mauvaises herbes qui poussent dans les Vignes ou dans celles qu'on plante entre les ceps; il faudrait donc avoir le soin d'enlever aussi toutes ces plantes au moment où on exécute cette opération.

On va voir en outre que la cueillette des Chrysalides présente presque tous les mêmes inconvénients que l'Échenillage. En effet, la saison étant à peu près la même, le cultivateur est également obligé de la faire concurremment avec plusieurs récoltes importantes qui rendent les ouvriers rares et chers. Il ne peut éviter non plus les nombreuses pontes des Papillons éclos sur les Vignes voisines, et qui trouvent dans celles qu'il a purifiées la fraîcheur qu'ils recherchent essentiellement. Enfin cette opération n'attaquant l'insecte que lorsque sa carrière active est complétement terminée, le vigneron n'a même pas, comme dans l'Échenillage, l'espérance de sauver encore quelques grappes de sa récolte, et il risque, au contraire, de gâter le raisin en y touchant.

Tous ces inconvénients pourtant, quelque réels qu'ils soient, ne sont pas encore les plus graves, et l'obstacle qui s'oppose le plus formellement à l'emploi de ce procédé se rattache à ce que j'ai déjà eu occasion de dire en parlant des insectes qui vivent aux dépens des PYRALES. On se rappelle, en effet, que plusieurs espèces de petits Hyménoptères, faisant partie de la famille des Ichneumoniens et de celle des Chalcidiens, déposent leurs Œufs dans l'intérieur du corps des Chenilles vivantes, qui se trouvent servir ainsi d'abri et de nourriture aux petites larves produites par ces Œufs. On se rappelle que nous avons dit aussi que, la plupart du temps, malgré leur état de souffrance, les Chenilles de PYRALE attaquées par ces insectes n'en subissaient pas moins, avant de mourir, leur transformation en Chrysalide, et qu'ensuite le petit Ichneumon, poursuivant le cours de ses métamorphoses dans l'intérieur de cette Chrysalide morte, en sortait plus tard à l'état d'insecte parfait.

On voit donc qu'en voulant détruire la PYRALE à l'état de Chrysalide, nous sacrifions inévitablement la vie d'un grand nombre des utiles auxiliaires dont l'intervention, l'année suivante, pouvait contribuer d'une manière marquée à la conservation de nos vignobles; tandis qu'au contraire si, ne gênant en rien la multiplication de ces Hyménoptères, nous tentons en même temps de diminuer par quelque procédé utile le nombre des PYRALES, l'influence de leurs ennemis devient assez sensible pour que nous puissions en espérer les plus heureux résultats. En effet, dans les localités où par une cause quelconque la PYRALE n'existe qu'en petit nombre, la proportion des Chenilles ou des Chrysalides habitées par des insectes parasites devient immense. J'ai pu en juger en parcourant une Vigne des environs de La Rochelle où les Chenilles de PYRALE étaient si peu abondantes, qu'on n'en trouvait guère qu'une ou deux sur cinquante ceps. Les Ichneumons, se trouvant sans doute alors sur ce point dans un nombre hors de toute proportion avec celui des Chenilles, les avaient attaqués, on peut presque dire sans exception, et j'eus peine à en découvrir une ou deux dont l'existence ne fût pas déjà à moitié détruite par le séjour de ces insectes. Cette proportion serait restée nécessairement ensuite la même dans les Chrysalides, quoiqu'elle soit moins facile à vérifier, à moins de les rendre l'objet d'expériences positives. C'est ce que j'avais fait, au reste, dans le Mâconnais, en août 1837, et les Chrysalides tardives que j'avais recueillies en grand nombre à cette époque, n'avaient guère produit que quatre Papillons par cent, et toutes les autres avaient donné naissance à des parasites de divers genres. On sent que le résultat n'aurait pas été le même si l'expérience avait été faite au moment de l'abondance la plus grande des Chrysalides; mais elle eût toujours été très-sensible cette année dans le Mâconnais, car j'avais été frappé de la différence remarquable qui existait entre le nombre des Chenilles et celui des Papillons. Du reste, sur tous les points où j'ai tenté des expériences du même genre, j'ai toujours trouvé au moins une Chrysalide *ichneumonisée* sur quatre qui produisaient des PYRALES.

Ces expériences suffisent pour prouver combien il serait imprudent de chercher à détruire des Chrysalides destinées à produire toujours bien plus d'amis que d'ennemis, puisque beaucoup d'entre elles contiennent cinq, dix et même vingt parasites; et combien nous devons respecter religieusement le germe bienfaisant destiné à seconder nos efforts. Mais, nous le répétons, les insectes parasites ne peuvent devenir pour nous un secours réel qu'autant que des soins étrangers auront ramené le fléau dans de certaines limites. Une fois arrivé à ce point, leur présence profite non-seulement aux vignerons qui ont déjà contribué par leurs soins et leur activité à diminuer les dégâts, mais encore aux indolents voisins de ces cultivateurs industrieux. En effet, si on réussit à diminuer le nombre des PYRALES par un procédé qui ne les attaque ni à l'état de Chenille ni à celui de Chrysalide, le nombre des parasites reste toujours le même; et ceux-ci ne trouvant nécessairement pas, l'année suivante, une pâture suffisante sur les ceps purifiés, se jettent alors sur les nombreuses Chenilles qui remplissent les Vignes infestées, et les délivrent ainsi d'une grande partie de leurs ennemis. Ce résultat, qui égalise pour ainsi dire, quant au produit, les Vignobles soignés par leurs propriétaires et ceux sur lesquels on n'a tenté aucun procédé, fortifie encore souvent l'incrédulité de certains cultivateurs, qui croient reconnaître, dans l'amélioration de leurs propres Vignes auxquelles ils n'ont pas touché, la preuve d'une guérison indépendante de tout secours humain, et qui ne voient pas que, s'ils n'ont rien fait, d'autres ont travaillé pour eux.

Nous regrettons que des inconvénients aussi positifs que ceux que nous venons d'énumérer s'opposent à un genre d'opération qui offrirait incontestablement plusieurs avantages. Ainsi la couleur brune des feuilles occupées par les Chrysalides faciliterait beaucoup leur recherche; l'immobilité de l'objet qu'on veut saisir permettrait de confier en partie ce travail à des enfants; enfin on n'aurait d'autres précautions à prendre, avant de brûler tous ces débris, que de froisser d'abord fortement entre les mains celles des feuilles qui, n'étant que fanées, contiennent encore souvent des Chenilles vivantes. Mais la première condition de tout moyen destructif, c'est qu'il remplisse réellement son but, et nous croyons avoir prouvé qu'on risquerait d'en atteindre un tout opposé. Si l'enlèvement des Chrysalides ne devait se faire que dans de petites propriétés, on aurait pu obvier à une partie de cet inconvénient en les réunissant dans des vases couverts d'une gaze, ou d'une toile métallique, assez lâche pour laisser sortir les petits parasites après leur éclosion; mais nous savons par expérience que tous ces petits soins sont incompatibles avec la culture en grand.

CHAPITRE QUATRIÈME.

Destruction de la PYRALE DE LA VIGNE à l'état de PAPILLON.

Notre ennemi, après une quinzaine de jours d'inaction, vient de revêtir une forme nouvelle qui le rend encore plus difficile à saisir. Jusqu'ici nous l'avions cherché au gîte; actuellement c'est au vol qu'il va falloir le poursuivre. Cette phase de sa vie est courte et inoffensive, et d'autant plus courte, relativement aux tentatives de destruction que nous pouvons entreprendre utilement, que l'accouplement et la ponte ayant lieu promptement après la naissance des Papillons, ce n'est réellement que pendant les trois ou quatre jours qui suivent cette métamorphose que nos attaques peuvent avoir un résultat important pour l'avenir de nos vignobles. Les procédés destructifs par lesquels on a cherché à prévenir à cette époque les dégâts de l'année suivante sont peu variés et d'un emploi difficile, quoique le résultat en soit satisfaisant à certains égards.

La PYRALE, comme tous les Papillons de nuit, est facilement attirée par la lumière. Roberjot est le premier qui ait profité de cet instinct pour détruire, à l'aide de feux allumés dans les Vignes à la chute du jour, une partie des nuées de Papillons de PYRALES qu'on aperçoit, au mois de juillet, dans les vignobles ravagés par cet insecte. Voici comment il rend compte des illuminations nocturnes qu'il établit dans ce but aux environs de Saint-Verrand, ainsi que des résultats qu'elles amenèrent :

« En continuant mes observations pour compléter l'histoire de ces animaux, » dit-il, je fis attention que ces Papillons étaient des Phalènes, et qu'ils devaient, » comme toutes les autres Phalènes, se porter à la clarté des feux. J'essayai » donc, il y a deux ans, de placer des chandelles sur la fenêtre de ma chambre. Quelle fut ma surprise, lorsque j'en vis un très-grand nombre voler vers » la lumière! Je fis faire, les jours suivants, de petits feux dans une Vigne proche ma maison; les Phalènes s'y rendaient avec affluence, et elles ne cessaient » de voltiger autour, qu'elles ne fussent toutes consumées.

» Ce fut par ces essais en petit que je conçus la possibilité de détruire totalement les deux premières espèces de Chenilles [1]. Je fus autant émerveillé de » la bonté du procédé que de la facilité de son exécution. En effet, tout consiste à faire des feux à l'entrée de la nuit, de les multiplier assez pour que la » destruction soit plus complète, et de les placer dans des lieux élevés et à » distance convenable pour que le Papillon s'y porte aussitôt et s'y brûle.

» L'opération est peu coûteuse. Quel est le propriétaire qui serait arrêté par » la considération de la dépense de quelques fagots de bois, de quelques tas de » chaume ou de tout autre combustible, qu'il est si aisé de se procurer à la » campagne?

» La durée des feux serait suffisante d'une heure chaque nuit; il n'est pas » même nécessaire qu'ils soient considérables. Si on a la précaution de les faire » dans des lieux élevés, vingt feux dans chaque paroisse, placés avec intelligence et changés d'emplacements, peuvent suffire.

» Il faut que ces feux soient construits de manière à ne pas causer dans l'air » des tourbillons qui empêcheraient l'approche du Papillon, et il faut aussi que » l'époque où ils doivent être faits soient désignée par une personne intelligente, afin de ne pas anticiper l'opération; on perdrait sans cela le moment » convenable. »

Il paraîtrait, d'après les renseignements que j'ai pu avoir sur les lieux par les contemporains de Roberjot, qu'il ne faisait allumer par hectare qu'environ huit feux, dont les flammes s'élevaient à trois ou quatre pieds. Selon nous, des feux aussi espacés et aussi hauts ne devaient produire que des effets bien peu sensibles, le Papillon voltigeant habituellement dans un rayon fort limité et ne s'élevant que peu au-dessus des Vignes.

Quoi qu'il en soit, ce mode de destruction, ingénieux et nouveau, ayant fait quelque sensation, on continua à le vanter, ainsi que certains autres procédés du même genre; mais aucun d'eux ne nous paraît avoir été exécuté avec assez de régularité, et dans des vignobles d'une assez grande étendue pour qu'on ait pu apprécier toutes les difficultés que pouvait présenter l'exécution en grand

[1] La Pyrale et la Teigne de la Vigne.

de procédés conseillés plutôt par la théorie que par la pratique. Ainsi Bertrand d'Acetis, qui approuve complétement les feux organisés par Roberjot, ne dit pas en avoir jamais vu lui-même les effets. La Société d'agriculture de Lyon, dans un rapport fait sur le même mémoire, rejette une partie de ce procédé, et conseille de remplacer les feux de bois, par une simple lampe suspendue au-dessus d'un baquet rempli d'eau, dans lequel les Phalènes viendraient se noyer; mais le rapporteur, en mentionnant ce procédé, n'annonce pas qu'il ait jamais été mis en pratique. Enfin nous voyons tous les auteurs qui ont écrit sur la Pyrale parler des feux crépusculaires avec éloge, mais sans que rien puisse nous faire supposer qu'ils eussent été à même de juger par eux-mêmes les heureux résultats de cette opération.

M. Desvignes, toujours empressé de tenter tous les modes de destruction, a aussi essayé l'emploi des feux; mais, dans cette circonstance, comme lors de la cueillette des Chrysalides, cet habile agriculteur ne tarda pas à être convaincu que ce procédé n'était pas applicable à la grande culture. « Je fis faire, dit il, » des torches de paille, organisées de manière à faire une flamme claire et à » brûler pendant trois quarts d'heure ou une heure. Roberjot ne donne pas de » détails sur les soins à prendre pour faire ces feux d'une manière efficace. » J'allai donc en tâtonnant. Cependant je fis mon opération sur une Vigne de » cinquante coupées. Mes torches étaient fixées sur des piquets; pendant qu'elles » brûlaient, je faisais battre mes ceps avec des gaules par une quinzaine de per- » sonnes en poussant les Papillons vers les feux. Je répétai l'opération trois » jours de suite; j'augmentai même, le deuxième jour, le nombre des torches. » Je brûlai une assez grande quantité de Papillons; mais après trois jours de » cette épreuve, je vis bien, en parcourant mes Vignes, que je trouvais beaucoup » trop encore de ces insectes. J'y renonçai, et avec d'autant plus de raison, » que je m'aperçus que les Papillons ne voltigeaient pas à plus de quatre pieds » de haut, qu'ils volaient de cep en cep, très-bas, et très-près de leur point de » départ. Il m'eût fallu des feux bas, et rapprochés de dix pieds les uns des » autres. En calculant les frais et la grande difficulté d'*opérer en grand*, je » trouvai encore ce moyen très-insuffisant, car c'est toujours l'opération en » grand pour tout un vignoble qu'il faut considérer dans son application possi-

» sible. » Il ajoute plus loin : « Ce moyen est impraticable ; le temps d'ailleurs » ne permet pas toujours de l'employer : le vent, la pluie, et même le clair de » lune, viennent former autant d'empêchements [1]. »

M. Maffre semble, au contraire, avoir une grande confiance dans cette chasse nocturne du Papillon ; mais il ne l'exécute pas tout à fait de la même manière que Roberjot. Voici comment, après avoir parlé du peu de succès qu'il avait obtenu en promenant dans ses Vignes des torches de résine, il rend compte de l'essai qu'il fit ensuite d'un autre procédé.

« Je fis pratiquer, au moyen d'une bêche, divers petits trous à quatre sou- » ches d'intervalle les uns des autres et dans le milieu des rangées des ceps ; » ces trous, qui n'avaient que quinze centimètres de profondeur, furent immé- » diatement remplis de paille, que recouvraient deux sarments partagés chacun » par leur milieu. J'avais eu, en outre, la précaution de faire relever toutes » les tiges des quatre souches qui environnaient chaque feu, pour que la flamme » ne pût les atteindre. Dès que la nuit fut arrivée, je me transportai sur les » lieux, accompagné de tous mes travailleurs, et d'un grand nombre de curieux » qui suivaient nos pas. Il est bon d'ajouter que le jour où cette expérience » fut faite, le vent était très-faible, circonstance qu'il conviendrait toujours » d'attendre si l'on voulait renouveler cette opération. Après avoir fait armer » d'une badine tous les assistants, je fis allumer successivement mes divers » feux, en commençant par ceux qui se trouvaient situés du côté du vent » régnant, et je fis battre légèrement les pampres de toutes les souches envi- » ronnantes pour en chasser les Phalènes qui s'y trouvaient logées. Je ne tardai » pas à m'apercevoir que cette expérience produisait les plus heureux résultats : » des quantités innombrables de Phalènes se précipitaient en foule au milieu de » la flamme qui les attirait, et qui au même instant mettait fin à leur existence. » L'enthousiasme de tous mes ouvriers et de tous les assistants se manifestait » par des cris de plaisir continuels. Les Phalènes qui pouvaient avoir échappé » aux feux du premier rang étaient refoulées sur ceux du deuxième, et succes-

(1) Disc. sur la destruction de la Pyrale, lu à la réunion agricole qui eut lieu à la chapelle de Guinchay (Saône-et-Loire), le 15 août 1837.

» sivement jusqu'aux derniers. Ces feux embrassaient un espace carré d'envi-» ron un tiers d'hectare et étaient au nombre de cent.

» Ayant visité, le lendemain, cette portion de Vigne, je fus surpris plus agréa-» blement encore que je ne m'y étais attendu du succès complet que j'avais » obtenu. Les Phalènes avaient presque entièrement disparu de ces parages, tandis » qu'à une vingtaine de mètres de distance de l'enceinte que j'avais embrassée, » elles se montraient, comme la veille, toujours en très-grand nombre. »

M. Maffre fit ensuite renouveler la même expérience, avec un égal succès, dans deux autres portions de Vignes; mais il ajoute plus loin : « Il faudrait, » pour qu'on pût espérer une réussite complète, que cette opération fût faite » sept à huit fois de suite et à deux jours d'intervalle, période qui embrasserait » à peu près l'époque de l'existence des Phalènes; il faudrait qu'elle le fût en » même temps par tous les propriétaires d'une même section de territoire, si » l'on ne pouvait pas la pratiquer la même année sur d'autres points. »

Nous ne doutons nullement du succès du genre d'opération tenté par M. Maffre, et nous n'allons pas à l'encontre de tous ceux qu'on pourra encore obtenir par des moyens analogues; mais nos propres observations, en nous confirmant dans cette opinion, nous ont également prouvé l'impossibilité de mettre en pratique les procédés tentés jusqu'à présent pour amener la destruction de la Pyrale à l'état de Papillon. Toutefois, nous étant fait une règle de rapporter ici toutes nos tentatives, quelle que soit la conclusion qu'on doive en tirer, nous entrerons dans quelques détails sur les expériences faites dans le Mâconnais au mois d'août **1837**.

Ce ne fut pas avec des feux clairs et élevés, tels que les entendaient Roberjot et ses continuateurs, que nous tentâmes d'attirer les Papillons, qui commençaient alors à se montrer en grand nombre. Une illumination de ce genre, produite avec des brins de bois, de paille, ou de quelques autres matières analogues, présente le double inconvénient de nécessiter un grand nombre de bras pour l'alimenter, et d'exiger trop de précautions pour ne pas endommager les Vignes. On n'a à craindre aucun de ces inconvénients si on emploie une flamme qui s'entretient d'elle-même, telle, par exemple, qu'une mèche entourée de suif, un lampion, une chandelle, etc. Mais, d'un autre côté, on ne manquera pas d'objecter qu'une flamme si peu étendue ne détruirait qu'un bien petit nombre de Papillons, s'il n'y avait d'atteints que ceux qui viennent s'y brûler en tournoyant alentour. Ce qu'on ne remarque pas, c'est que ce tournoiement qu'exécutent les PYRALES à la circonférence de la flamme, cette sorte de spirale ou de cercle qu'elles décrivent, est une circonstance heureuse qui permet de s'emparer de tous les Papillons qui s'approcheront de la lumière, même sans la toucher.

En effet, supposons que cette lumière soit un lampion, qu'au lieu de le tenir élevé, on le mette dans un vase plat et qu'on pose celui-ci sur le sol, le Papillon, qui tend à décrire un cercle ayant pour centre la flamme, viendra frapper de ses ailes le plan sur lequel elle appuie; or, si l'on couvre cette surface d'huile, l'insecte sera arrêté et asphyxié aussitôt. L'effet de la flamme, comme on le voit, ne sera pas tant de brûler le Papillon que de l'attirer dans le piége.

Deux cents feux, du genre de ceux dont je viens de parler, c'est-à-dire deux cents plats dont le fond était couvert d'une couche d'huile, et au milieu duquel était placée une petite lumière haute de huit à dix centimètres au plus, furent établis à la chute du jour, le 6 août, dans un clos de Vignes de M. Delahante, sur une étendue d'un hectare et demi environ, et à la distance de huit mètres les uns des autres.

Ces feux durèrent deux heures. A peine avaient-ils été allumés, qu'un très-grand nombre de Papillons volaient alentour et ne tardaient pas à se noyer dans l'huile.

Le lendemain, on en fit le compte; chacun des 200 vases contenait, terme moyen, 150 Papillons. Ce chiffre, multiplié par le premier, donne en total 30,000 Papillons détruits.

Sur ces 30,000 insectes, on compte un cinquième de femelles ayant l'abdomen plein d'OEufs, et qui n'eussent pas tardé à pondre chacune 60 OEufs, terme moyen; ce dernier nombre, multiplié par le cinquième de 30,000, c'est-à-dire par 6,000, donnerait donc pour résultat définitif de cette première chasse le chiffre élevé de 360,000 OEufs.

Le lundi, 7 août, un nouvel éclairage fait, à la même heure et dans les mêmes lieux, et composé de 180 feux, a produit pour chacun d'eux 80 Papillons, c'est-à-dire en total 14,400 Pyrales. Sur ce nombre, on a compté, non plus un sixième, mais les trois quarts de femelles. En admettant qu'il ne s'en fût trouvé que la moitié, c'est-à-dire 7,200, et en multipliant ce nombre par 60, qui est celui des OEufs que chacune d'elles eût pondus, on voit que le résultat de cette expérience est encore plus satisfaisant que celui de la première, puisqu'il donne un total de 152,000 OEufs détruits.

Deux nouvelles expériences furent établies sur un autre point, le 8 et le 10 août, et elles procurèrent encore ensemble la destruction de 9,260 Papillons; mais la saison s'avançait trop, et une partie me parurent déjà s'être accouplés.

M. Carraud, maire de la commune de La Chapelle-Guinchay, ayant remarqué qu'on éprouvait quelques difficultés à maintenir au milieu du plat rempli d'huile la chandelle, qui en outre s'usait trop vite à cause de l'agitation de l'air, employa, dans les essais qu'il tenta les jours suivants dans une pièce de Vigne d'un hectare vingt ares, un petit appareil qui me paraît parfaitement adapté au but qu'on se propose : il consiste en un plat dont les rebords ont tout au plus trois à quatre centimètres de hauteur; on place au milieu un godet en fer-blanc, de trois centimètres environ de hauteur et de cinq centimètres de diamètre, muni d'un porte-mèche de forme cylindrique et fixé verticalement au centre; une échancrure faite à la base du porte-mèche rend facile l'introduction de la mèche; ces godets furent remplis, à moitié de leur capacité, d'huile de colza, et le plat garni d'une couche de la même huile. Les résultats furent à peu près les mêmes que chez M. Delahante.

Quelques personnes avaient cru que les Papillons, avant d'arriver au feu, tombaient par terre, et que la rosée pouvait, en les y retenant, en sauver un grand nombre; d'autres avaient supposé que les Papillons mâles, seuls, étaient attirés par la lumière; mais nos expériences nous ont prouvé d'une part que, malgré les petits sauts successifs qu'exécutent parfois les Papillons, ils finissent, de proche en proche, par parvenir jusqu'au feu, et de l'autre que les feux attirent aussi bien les femelles que les mâles.

Nul doute, par conséquent, que l'usage des feux crépusculaires, employés de la manière qui vient d'être indiquée, ne soit un moyen très-puissant d'arriver à la diminution du fléau.

Mais après avoir reconnu les avantages positifs que présente cette opération, il me reste actuellement à énumérer les nombreux inconvénients qui en rendent l'application impossible dans la culture en grand, soit qu'on se serve du petit appareil que je viens de décrire, soit qu'on exécute les feux de paille ou de bois proposés par Roberjot et par M. Maffre.

Pour que le propriétaire qui emploie un procédé de ce genre puisse espérer en tirer personnellement quelque avantage, on sent d'abord qu'il serait absolument indispensable que la même opération eût lieu en même temps dans la totalité des vignobles qui entourent le sien. Il est bien vrai que, dans tous les procédés dont nous avons parlé jusqu'à présent, cette difficulté s'est toujours fait sentir; mais, dans le cas actuel, cette condition devient d'une nécessité absolue, car le but même des feux, étant d'attirer les Papillons, ils attireront inévitablement, outre ceux des Vignes qu'on veut purifier, tous ceux des Vignes voisines, si les propriétaires de celles-ci ne cherchent pas à détruire ces insectes de la même manière et au même instant. Or, quelque confiance qu'on puisse avoir dans ce procédé, il est évident que, bien qu'un nombre immense de Papillons soient brûlés ou noyés, il en échappe encore une grande quantité; de sorte que le propriétaire, qui peut-être à force de temps et d'argent serait venu à bout avec des feux bien disposés de détruire à peu près ce que sa Vigne contenait de Papillons, n'en courra pas moins le risque, par suite de cette invasion inattendue, d'avoir l'année suivante tout autant de pontes et par conséquent tout autant de Chenilles que s'il n'avait rien fait; et cela par suite de l'incurie de ses voisins, qui se trouveront ainsi profiter plus de ses soins qu'il n'en profitera lui-même.

D'un autre côté, cette simultanéité dont on ne peut nier la nécessité, est peut-être encore plus impossible à espérer dans ce cas que dans la plupart de ceux dont nous avons parlé jusqu'à présent; car cette opération présente des inconvénients devant lesquels reculeront un grand nombre de petits propriétaires; en un mot, elle est longue, embarrassante et dispendieuse, comme nous allons le prouver.

Les Papillons naissent successivement pendant au moins vingt à vingt-deux jours. Il devient donc indispensable que les feux soient allumés régulièrement tous les soirs pendant un laps de temps à peu près aussi long, et que, commençant ce travail peu de jours après avoir aperçu les premiers Papillons, on ne le cesse que lorsqu'on n'en voit plus voltiger le soir, même en secouant les ceps. Si on ne commence cette opération que tardivement, on court risque que les Papillons ne soient détruits qu'après leur accouplement et leur ponte, et si on ne persiste pas jusqu'à la fin, le but est également manqué. On voit donc que cette opération est nécessairement longue.

Les dépenses et les embarras qu'elle entraine ne sont pas moins positifs. Dans plusieurs parties de la France, le bois est trop rare, et par conséquent trop cher, pour que le vigneron consente à en brûler la quantité nécessaire pour maintenir les feux pendant le nombre de jours où ils sont indispensables; en outre, ces feux de bois toujours trop élevés, et qui ne me semblent pas pouvoir produire un résultat bien sensible, ont besoin, comme nous l'avons dit, d'être entretenus, et exigent, par conséquent, la présence d'ouvriers chargés de remettre du combustible et de prévenir les accidents qui pourraient endommager les ceps environnants; or, voilà tout à la fois une main-d'œuvre et des déboursés assez considérables à cause du laps de temps nécessaire pour que l'opération ait quelque utilité.

L'emploi des lampions, que je regarde comme préférable à cause du plus grand nombre d'ennemis qu'il détruit, nécessite peut-être encore plus de frais et d'embarras. Tout calcul fait, il n'en coûterait guère moins de 250 fr. par hectare pour le faire bien exécuter pendant une quinzaine de nuits. Le vigneron ne se déciderait aussi que difficilement au matériel d'ustensiles qu'il lui faudrait réunir, aux acquisitions hors de ses besoins habituels dont il lui faudrait faire les avances, aux préparations même qu'exigerait ce bien simple appareil. Toutes ces difficultés, qui, pour beaucoup de vignerons, sont, en effet, réelles, et dont je me suis parfaitement rendu compte en faisant les expériences dont j'ai rapporté les résultats, les empêcheront toujours de considérer ce procédé comme étant à leur portée.

Nous avons vu aussi, et on le comprend aisément, que les feux exigent un temps calme, sans pluie, et même sans clair de lune. Or, ces trois conditions ne sont pas toujours aisées à remplir, surtout pendant une quinzaine de jours; pourtant, faute de la continuation de ces circonstances favorables, on se trouve obligé d'interrompre des travaux déjà entamés et d'en perdre par conséquent le fruit, puisque ce temps d'arrêt permet à un grand nombre de Papillons d'aller déposer leurs œufs sur les feuilles.

On voit donc que ce procédé, dont les résultats peuvent séduire au premier moment, ne répond, en réalité, à aucune des conditions que nous regardons comme essentielles. Ainsi, d'une part, il n'est point de nature à n'être pratiqué que partiellement; et, de l'autre, il exige des dépenses trop positives, il nécessite trop de soins et trop de persévérance, pour qu'on puisse jamais penser à contraindre une population entière, pauvres et riches, à l'adopter.

CHAPITRE CINQUIÈME.

Destruction de la PYRALE DE LA VIGNE à l'état d'OEUF.

Après dix ou douze jours d'existence, le Papillon vient enfin de terminer sa carrière ; mais ce n'est qu'après avoir donné naissance à une nombreuse lignée, destinée à perpétuer des désastres qui menacent d'augmenter chaque année d'une manière effrayante si nous n'y mettons obstacle. Voyons si nous pourrons plus facilement nous rendre maîtres de cette nouvelle génération, et si la première période de la vie du futur insecte, nous offrira enfin la solution du problème que nous poursuivons depuis tant de temps. Puisse le nouveau moyen que nous allons indiquer, et qui est le résultat non de théories de cabinet mais de nombreuses expériences, répondre victorieusement à tous les doutes et à toutes les exigences.

Nous venons de voir les Papillons voltigeant en foule au-dessus de nos Vignes, s'y accouplant, et déposant ensuite sur les feuilles les germes qui menacent notre prochaine récolte. En effet, si nous parcourons à cette époque les Vignes attaquées, nous y remarquerons facilement une infinité de taches lisses, plus ou moins colorées, et toujours placées sur la surface supérieure des feuilles. Chacune de ces plaques est formée, comme je l'ai dit plus haut, par une réunion de cinquante à soixante œufs, placés à côté les uns des autres ; une même feuille reçoit habituellement deux ou trois de ces pontes, et quelquefois quatre, cinq, et même six. Ce sont ces taches ou plaques qui doivent actuellement fixer notre attention, puisque de leur existence ou de leur destruction dépend tout l'avenir de nos Vignes.

Il ne paraît pas qu'à aucune époque on eût cherché jusqu'à présent à se délivrer de la Pyrale en attaquant ses OEufs, et les agriculteurs en petit nombre qui ont mentionné le procédé de l'Enlèvement des Pontes, ont paru, ou n'y attacher aucune importance, ou douter complétement de ses résultats. Ainsi, Draparnaud se contente de dire que « il faut enlever les feuilles qui portent les tas

» d'Œufs, » sans donner aucun renseignement sur l'époque où cette opération doit se faire, ni sur les soins qu'elle exige. Bertrand d'Acetis n'approuve même pas ce procédé : « L'enlèvement des feuilles sur lesquelles sont déposés les » Œufs est inutile, dit-il; il est très-difficile de les distinguer, et le résultat de ce » travail ne *dédommagerait* pas le vigneron des peines qu'il se donnerait. »

Nous trouvons ensuite à la vérité une opinion contraire, émise dans le rapport fait sur ce même mémoire à la Société d'agriculture de Lyon. La Cueil- « lette des Pontes, dit le rapporteur, peut exempter de beaucoup de travaux » longs et insuffisants, et cette opération est facile, s'il est vrai que les Œufs » soient uniquement déposés sur la surface des feuilles les plus exposées au » soleil. » Mais, malheureusement, malgré l'approbation donnée ici au procédé dont nous parlons, le rapport de M. Foudras, fait à cette même Société, le 31 août 1827, à l'occasion du concours ouvert pour la destruction de la Pyrale, vient nous prouver que les préventions défavorables de Bertrand d'Acetis avaient prévalu, puisque le rapporteur établit que, bien qu'une circulaire du préfet du Rhône conseille, entre autres moyens, l'Enlèvement des Pontes, cette opération est trop minutieuse pour qu'on la pratique. « Pour enlever tous les » Œufs, dit-il, il faudrait tourner et retourner toutes les feuilles d'une Vigne, » et même les arracher; remède pire que le mal. » Or, si l'on avait expérimenté une seule fois avec quelque soin, on aurait reconnu de suite l'inexactitude de ces divers faits.

L'Échenillage, malgré tous ses inconvénients, continua donc toujours de prévaloir. On ne chercha à s'assurer par aucune expérience suivie du degré de confiance que pouvait inspirer le travail de l'Enlèvement des Œufs; on ne connaissait encore ni l'époque positive de la Ponte de l'insecte, ni le temps qui s'écoulait entre cette Ponte et l'éclosion des petites Chenilles, ni les divers caractères que présentaient ces Pontes. Personne, en un mot, n'avait cherché à approfondir cette question ni à l'éclairer par de judicieuses observations; personne n'avait même tenté, à notre connaissance, de faire l'épreuve de ce procédé.

Cette tâche était réservée à M. Desvignes [1], à cet agriculteur plein de zèle,

---

[1] Un vigneron de la commune de Lancie, nommé Claude Tardy, avait pratiqué de lui-même cette

que nous avons déjà vu tant de fois poursuivant l'insecte à outrance durant toutes les époques de sa vie; essayant successivement de détruire la PYRALE au moyen des Enduits, de la Taille, de l'Echenillage, des Feux crépusculaires, et ne se décourageant pas du peu de succès qu'obtiennent ces divers procédés; suivons-le encore actuellement dans ses nouvelles observations, et voyons s'il ne trouvera pas, dans l'heureux résultat de cette dernière expérience, la récompense des nombreux efforts tentés jusque-là, bien plus encore dans un but d'intérêt général que dans le sien propre. On remarquera en même temps, par la manière même dont M. Desvignes commença à examiner les plaques d'OEufs sans savoir ce qu'elles étaient, combien la vie de la PYRALE était peu connue à ses diverses périodes, puisqu'un des praticiens les plus observateurs et les plus exercés, n'avait pas encore suivi cet insecte durant cette partie de son existence.

« En parcourant mes Vignes à la fin de juillet 1836, dit-il, je remarquai sur
» les feuilles quelques plaques blanches; en examinant plus attentivement, j'en
» découvris de diverses nuances, les unes gris-foncé, les autres jaunes, et les
» autres d'un vert clair. J'en cueillis quelques-unes çà et là. Je regardai d'abord
» les blanches, qui ne me présentèrent qu'un tissu fort mince et ne contenant
» rien. Les vertes et les jaunes me parurent grenues, et, lorsque j'en écrasai
» quelques-unes, il en sortait une matière liquide, mais moins liquide dans les
» jaunes que dans les vertes. J'examinai ensuite celles d'un gris foncé, et, à ma
» grande surprise, je crus voir des têtes de petites Chenilles. Je cueillis de
» toutes ces diverses plaques, et je ne tardai pas à voir sortir, des plaques gris
» foncé, de petites Chenilles. Je conçus dès lors que l'on pourrait détruire
» notre terrible ennemi, en faisant avec soin la Cueillette des Pontes en temps
» convenable [1]. »

M. Desvignes aurait voulu tenter de suite ce nouveau procédé; mais la sai-

---

opération, dans sa petite propriété, dès le mois de juillet 1836. Ayant été appelé à constater, en 1837, les heureux résultats de ce travail, le Comice agricole de Beaujeu a décidé, dans sa séance du 3 janvier 1858, qu'il serait accordé à ce cultivateur une somme de 200 fr., comme prime d'encouragement.

[1] Mémoire manuscrit, lu à la réunion des propriétaires, qui a eu lieu, à la Chapelle de Guinchay, le 13 août 1837.

son était trop avancée pour pouvoir le mettre en pratique avec avantage. Un grand nombre de plaques étaient déjà blanches, ce qui indiquait l'éclosion des Chenilles, et cet agriculteur, voué depuis longues années à des recherches sur ce sujet, savait par expérience qu'on compromet souvent l'avenir d'une découverte utile par des tentatives incomplètes et précipitées; tenant donc, par-dessus tout, à ne pas détruire la confiance des vignerons, déjà plus ou moins découragés par les expériences infructueuses qu'il faisait exécuter depuis plus de dix ans, M. Desvignes remit l'essai de ce nouveau procédé à l'année suivante, et lorsque j'arrivai à Chenas, le 5 août 1837, il avait commencé depuis la veille la Cueillette des Pontes dans une grande partie de ses propriétés.

Déjà depuis long-temps aussi mes pensées avaient pris une direction semblable, et, connaissant toutes les phases de la vie de l'insecte, j'avais toujours supposé que le procédé de la Cueillette des Pontes, si toutefois il était facile d'exécution, serait le plus fructueux de tous. Enhardi par mon approbation et zélé pour le bien général, M. Delahante, auquel je communiquai mes espérances, se décida, le 7 août, à faire commencer aussi la recherche des Œufs sur divers points de ses Vignes. Durant douze jours, vingt à vingt-cinq femmes et enfants s'occupèrent de les recueillir, et ce premier travail amena un résultat de 668,000 Pontes, qui, multipliées par le nombre 60, qui représente comme moyenne la quantité d'Œufs contenus dans chaque plaque, produisit un total de 40,134,000 Œufs qui étaient destinés à donner bientôt naissance à autant de petites Chenilles.

Ce premier succès détermina M. Delahante à agir plus en grand dans son beau vignoble de cent vingt hectares, dit du *Bois de Loize*, et le même travail, fait durant onze jours par une trentaine d'ouvriers, amena encore la destruction de 1,134,000 plaques d'Œufs, et par conséquent en le multipliant également par 60, de 68,040,000 Œufs. Ainsi M. Delahante, par ce travail fait avec soin, avait débarrassé en total ses Vignes de 108,174,000 Chenilles.

Un calcul de ce genre pourra paraître, au premier moment, d'une exactitude fort douteuse. Pourtant la méthode par laquelle nous obtînmes ce résultat est aussi simple d'exécution que facile à concevoir : les sacs où on avait réuni les feuilles enlevées aux Vignes ayant été pesés, nous nous trouvâmes connaître,

par ce poids même, le nombre des feuilles; car nous nous étions assurés p
lablement qu'il fallait, en moyenne, cinq cents feuilles pour faire un
gramme; or, chacune de ces feuilles, vérification faite [1], avait pour le
une plaque d'OEufs, et le plus grand nombre même, comme nous l'avon
plus haut, devait en avoir reçu deux, trois, quatre, et quelquefois jusqu'à
onze. Toutefois nous ne voulûmes calculer que sur une Ponte par feuille,
réduisîmes également dans notre calcul le nombre d'OEufs contenu dans ch
de ces Pontes à 60, quoiqu'on trouve souvent des plaques de 100, 150, et
200 OEufs. Ayant établi par ce calcul que chaque kilogramme de feuilles
sentait 30,000 OEufs, nous arrivâmes facilement, par la multiplicati
nombre total de kilogrammes de feuilles récoltées, au chiffre indiqu
haut.

Ces calculs sont sans aucun doute bien au-dessous de la réalité; mais
les OEufs eux-mêmes sont exposés à quelques chances de destruction,
une partie des Chenilles qui doivent en sortir ne sont pas destinée
ver jusqu'à l'âge où elles sont à craindre, j'ai voulu essentiellemen
encourir le reproche d'exagération, et pourtant on voit que, malgr
ces précautions, nous sommes encore arrivés à un total réellement e

J'aurais désiré pouvoir fixer avec quelque exactitude l'époque où on
mencer l'opération dont je viens de rapporter les résultats; mais on sent q
nécessairement très-variable, et qu'elle dépend et des localités et des ann
le Mâconnais, c'est généralement vers la fin de juillet qu'on doit la comm
dans le Roussillon et dans le Languedoc, la Ponte est plus hâtive; aux e
de Paris elle a lieu plus tard. Dans tous les cas, l'apparition des premiers
pourra servir d'avertissement aux vignerons, qui, travaillant habituelle
cette époque à terminer leur troisième façon de pioche (au moins dans le
nais), ne pourront manquer de les apercevoir. A compter de ce moment, le
taire étant prévenu doit observer avec soin celles de ses Vignes qui sont or
ment les plus précoces, car c'est par celles-là que l'opération doit commence

---

(1) Cette vérification est aisée à faire en prenant au hasard dans chaque sac un certain nom
feuilles, et en s'assurant qu'il n'en existe pas parmi elles qui n'aient reçu des pontes.

que les premières Pontes que l'on aura observées prendront la couleur jaunâtre, qui marque la deuxième période de l'incubation, on devra entamer activement la Cueillette. Si on se pressait davantage, les Pontes ne seraient pas encore assez nombreuses pour occuper utilement les travailleurs, et, si on tardait plus long-temps, on risquerait de ne pouvoir terminer l'opération avant l'éclosion des OEufs.

Pour exécuter ce travail, chaque ouvrier, muni d'un tablier replié ou même cousu sur les côtés en forme de poche, devra, après avoir délié le cep, précaution qui nous semble au moins utile, chercher et enlever avec soin toutes les feuilles chargées de Pontes. C'est surtout sur les feuilles placées près du lien qui tient les sarments réunis qu'il en trouvera davantage; mais comme il y en a aussi parfois au milieu même du cep, il serait difficile de les y prendre s'il restait attaché. Ces Pontes, placées *uniquement* sur les feuilles et *toujours* sur leur surface supérieure, sont très-faciles à distinguer; car, même lorsqu'elles sont vertes, leur nuance est tout à fait différente de celle de la feuille. Nous avons expliqué, au chapitre consacré à la description de l'OEuf, que les diverses couleurs que ces plaques prenaient successivement ne dépendaient que de leur plus ou moins d'ancienneté; on doit donc les enlever toutes, sans exception, depuis les vertes qui viennent d'être déposées par les Papillons, jusqu'à celles d'un gris foncé qui, quelques minutes plus tard, auraient donné naissance aux petites Chenilles. Quant aux plaques blanches, si malheureusement il s'en rencontre déjà, on ne doit pas les laisser sur le cep, quoiqu'elles soient déjà abandonnées par les Chenilles; car, il serait à craindre que les ouvriers ne commissent quelque erreur en voulant faire ce choix, et en outre des Chenilles retardataires pourraient encore y être enfermées. En 1841, M. Desvignes a eu le soin de faire marquer de suite avec un échalas les ceps, en très-petit nombre, où on avait trouvé de ces plaques vides, de sorte que, le printemps suivant, il sera très-facile d'écraser de suite les petites Chenilles écloses sur ces ceps, lorsqu'elles se porteront dans les bourgeons.

A mesure que les tabliers se remplissent, on réunit les feuilles dans des sacs soigneusement fermés; il faut ensuite brûler ces feuilles, ou, ce qui vaut encore mieux, les enfouir dans des trous profonds de dix-huit à vingt pouces, qu'on aura soin de recouvrir d'une certaine épaisseur de terre bien tassée avec les pieds. On doit éviter d'en trop accumuler à la fois dans les tabliers, car la chaleur humide qui s'établit dans ces feuilles pourrait accélérer l'éclosion des Œufs (1).

Quelques personnes, craignant que l'effeuillage du cep ne lui porte préjudice, ont conseillé d'écraser simplement les Pontes entre les doigts, au lieu d'enlever les feuilles sur lesquelles elles sont déposées; mais, de l'avis de tous les praticiens éclairés, cette crainte n'est pas fondée. On remarquera, en effet, que l'époque à laquelle a lieu la Cueillette des Pontes est aussi celle où, dans beaucoup de vignobles, on enlève une grande partie des feuilles, seulement pour faciliter la maturité du raisin, et en outre, que l'effeuillage qui résulte de cette opération est si peu marqué, qu'à quelques pas il est impossible de distinguer les ceps qui y ont été soumis de ceux qui ont conservé toutes leurs feuilles. Le simple écrasement présenterait, au contraire, plusieurs graves inconvénients: d'abord une grande partie des OEufs pourrait échapper à cette pression, toujours fort irrégulière; ensuite ces feuilles tachées rendraient une deuxième cueillette beaucoup plus embarrassante, puisqu'il deviendrait difficile de distinguer, tout de suite, les Pontes à écraser de celles qui le seraient déjà; enfin on n'aurait aucun moyen de vérifier immédiatement l'ouvrage des travailleurs, ce qui rendrait leur besogne et plus décourageante et moins sûre. « Ce que nous aimons de cet ouvrage, disaient les vignerons de M. Delahante, c'est qu'on voit ce qu'on fait » J'ajouterai aussi qu'il est facile dans ce cas d'augmenter le zèle des ouvriers par une récompense proportionnée au travail de la journée: les sacs de feuilles, pesés, après avoir tiré au hasard de chacun d'eux quelques feuilles afin de rendre toute supercherie impossible, pourront donner lieu à une légère gratification, qui stimulera le zèle, l'attention et l'activité des travailleurs, conditions importantes au succès de cette opération (2). Du reste, l'habitude

(1) On pourrait, pour que le tablier ne se remplit pas trop vite, se contenter d'ôter la partie de la feuille où sont les pontes. Dans les cas où, au contraire, il y a peu de pontes dans une Vigne, et où, par conséquent, le tablier ne s'emplit qu'en quelques heures, on ferait bien d'avoir un sac à peu de distance et d'y vider fréquemment les feuilles, car la chaleur que l'ouvrier leur communique pourrait aussi faire éclore les OEufs.

(2) M. Delahante donnait, en 1837, comme encouragement à ses vignerons, cinq centimes par cent de feuilles.

rend ce travail très-aisé; l'œil du vigneron se fait rapidement à découvrir même les plus petites Pontes, et j'ai remarqué, en 1838, dans les tabliers de certaines femmes, des feuilles dont les taches avaient à peine la grosseur d'une tête d'épingle : aussi prétendaient-elles que les Pontes étaient bien plus petites cette année que l'année précédente, ce qui venait uniquement de ce que leurs yeux exercés leur faisaient découvrir ce qu'elles négligeaient auparavant.

Les petites Chenilles sortant des OEufs huit ou dix jours après que ceux-ci ont été pondus, il est indispensable, surtout dans les années chaudes, que le travail de l'enlèvement des Pontes se fasse rapidement. Le propriétaire devra donc avoir soin de mettre assez d'ouvriers à la fois dans ses Vignes, pour que la première opération puisse s'y terminer en six ou sept jours. Ce travail achevé depuis quelques jours, il sera bon de le recommencer une seconde fois sur les mêmes lieux, et si on continue à voir encore des Papillons en faisant cette seconde Cueillette, il ne faudra pas hésiter, au bout du même temps, à en recommencer une troisième. Habituellement ces trois Cueillettes sont bien suffisantes; pourtant, il peut se trouver certaines circonstances où une quatrième revue serait utile, et comme cette opération n'est rien, si on trouve peu de Pontes, et que son utilité est positive dans le cas où il s'en trouverait davantage, le propriétaire ne doit pas reculer, pour perfectionner son ouvrage, devant une aussi légère dépense.

Pendant que M. Delahante faisait exécuter sous mon inspection les travaux de la Cueillette des Pontes tels que nous venons de les décrire, M. Desvignes poursuivait aussi le cours de ses opérations, et obtenait, par la destruction de 31,000,000 d'OEufs, des résultats analogues, proportion gardée avec l'étendue de terrain qu'il avait entrepris de purifier.

Ces premiers résultats en présageaient de si importants, que je crus convenable de les exposer dans une réunion d'une centaine de propriétaires, qui eut lieu, le 13 août, à la mairie de La Chapelle de Guinchay. Je tâchai d'y communiquer mes convictions en prouvant l'utilité et la simplicité d'exécution de ce procédé, et j'appuyai mon opinion des faits qui pouvaient y donner confiance. J'eus le bonheur de réussir, et, l'impulsion une fois donnée, quelques propriétaires espérant, malgré la saison avancée, obtenir au moins une diminution dans les désastres de l'année suivante, firent faire, dès le lendemain, dans leurs Vignes, la Cueillette des Pontes.

Le point essentiel, actuellement que nous étions bien persuadé de l'efficacité de ce procédé, était d'inculquer cette même confiance au cultivateur, qui ne pouvait admettre facilement l'idée que ces taches, qu'il apercevait à peine sur les feuilles de ses Vignes, étaient l'annonce du fléau pour l'année suivante. Il fallait, pour qu'il le crût, que la métamorphose se passât pour ainsi dire sous ses yeux, et c'est ce que je tâchai de produire.

J'avais remarqué qu'une chaleur humide accélérait et déterminait instantanément l'éclosion des OEufs; il me fut alors facile, en choisissant des plaques piquetées de noir et où on distinguait déjà par transparence les têtes des petites Chenilles, de les faire éclore à volonté au moyen de mon haleine. En voyant, à mon souffle, cette multitude de petits êtres prendre vie et se disperser sur les feuilles, les vignerons les plus incrédules et les plus récalcitrants, reconnaissant aussitôt, malgré leur petite taille, leurs ennemis tant redoutés, furent bien forcés de se rendre, et le zèle grandit bientôt en proportion de la confiance, quoique la saison avancée permît alors difficilement de le manifester d'une manière utile.

« Soyez tranquille, m'écrivait M. Delahante peu de temps après mon retour » à Paris, l'opinion se prononce bien dans notre pays; les paysans même con- » tinuent à penser qu'il faut faire quelque chose, et tous attendent avec impa- » tience le résultat de la recherche que nous avons faite des OEufs, disant que » si cela a produit un bon effet, ils s'y mettront tous l'année prochaine avec » soin. Dieu veuille maintenant que notre opération incomplète soit suffisante » pour frapper les esprits; c'est pour cela qu'il importe tant de bien faire les » premiers essais. »

On conçoit facilement combien nous étions impatients, le printemps suivant, de vérifier l'état des Vignes que nous avions épurées. « Jusqu'à présent, m'écri- » vait encore M. Delahante, le 19 mars 1838, on trouve très-peu de vers dans le » clos où nous avons fait faire la recherche des Pontes avec le plus de soin. »

« D'après vérification faite sous l'écorce de beaucoup de mères-branches, me » mandait M. Desvignes à la même époque, il résulte que mes Vignes sont purgées

» des onze-douzièmes au moins des Chenilles de l'an passé, tandis que celles de mes » voisins sont rongées encore plus que l'année dernière. On peut assurer que » ces Vignes-là porteront en moyenne de cent à cent vingt Chenilles par cep dans » le mois de mai, et que les miennes n'en porteront tout au plus que huit à dix. »

Ce fut le 5 mai que j'arrivai pour la deuxième fois dans le Mâconnais, et que, établi de nouveau à Chenas, je pus reprendre le cours de mes observations. Empressé de constater le résultat des expériences de l'année précédente, je parcourus de suite les Vignes des environs, et je trouvai en effet une grande différence entre celles qui avaient été soumises à la cueillette des pontes et celles qu'on n'avait pas soignées, quoique l'opération, faite généralement à une époque trop tardive, n'eût pas aussi complétement débarrassé les ceps qu'on pouvait l'espérer une seconde année. L'enclos situé devant la maison de M. Desvignes, où la Cueillette avait été faite en premier avec une grande exactitude, présentait toutefois l'aspect le plus florissant. Les pousses étaient vigoureuses; les jets, élancés et bien développés, portaient de nombreuses grappes; en un mot, ainsi que l'avait prévu M. Desvignes, on ne pouvait s'empêcher d'être frappé du contraste qu'il offrait avec les Vignes environnantes, bien que celles-ci fussent du même âge et de la même qualité, et que leur position fût semblable. L'état des Vignes de M. Delahante était satisfaisant aussi, mais la Cueillette ayant été faite plus tardivement, elle n'avait pu amener la destruction des vers d'une manière aussi complète.

La réussite était trop évidente pour qu'on pût conserver le moindre doute sur l'efficacité du procédé, et une commission, nommée, le 13 juin, par le préfet de Saône-et-Loire, pour aller vérifier sur les lieux l'état des choses, vint confirmer cette impression favorable. « Partout où les pontes ont été enlevées, dit » M. Mottin, l'un des commissaires, en mentionnant cette visite dans le compte-» rendu des travaux de la Société d'agriculture pour 1838, la Vigne présente » une végétation vive et promet une belle récolte. Cet effet est surtout très-» remarquable chez M. Desvignes.... Ses Vignes ont offert aux regards de la » commission une végétation pleine et vigoureuse au centre d'une dévastation » générale. On ne peut méconnaître à des marques aussi palpables l'effet qu'on » a droit d'espérer d'une mesure d'ensemble qui étendrait à tout le vignoble à » la fois l'opération qu'a si heureusement réalisée ce propriétaire recomman-

» dable. On peut donc prédire, sans trop se flatter, que dès l'instant où elle » serait ordonnée et exécutée, deux ou trois années suffiraient, sinon pour » détruire entièrement cette espèce de Chenille, du moins pour la réduire de » telle sorte que ses dégâts deviendraient insensibles. Le remède est trouvé, » la manière de l'employer est clairement exprimée, et l'exécution en a été » reconnue très-praticable. »

A la suite de cette visite, qui confirmait les espérances qu'on avait conçues, la Société d'agriculture de Lyon décida qu'une somme de quatre cents francs serait distribuée comme prime d'encouragement aux vignerons qui avaient mis en pratique dans leurs Vignes le procédé de l'Enlèvement des Pontes, et, quelques jours après, on convenait aussi unanimement, dans une réunion des principaux propriétaires des vignobles infestés qui avait lieu à Romanèche, que le procédé qui consistait à récolter les plaques d'OEufs devait être adopté définitivement par tous ceux qui avaient à cœur la destruction de la PYRALE.

L'impulsion était donnée, et les succès de l'année précédente déterminèrent un certain nombre de propriétaires et de vignerons, qui jusque-là avaient fait écheniller leurs Vignes sans en éprouver à peine d'amélioration, à tenter en 1838 la méthode recommandée. La Cueillette des Pontes fut aussi renouvelée avec soin dans les propriétés de M. Delaharte et dans celles de M. Desvignes; et quoique cette opération n'eût été faite, en 1837, ni précisément à l'époque la plus convenable, ni avec le soin et le savoir-faire qu'on y mit cette seconde année, le nombre des Pontes était tellement diminué, que, dans le vignoble du bois de Loize, par exemple, où l'année précédente on avait recueilli 1,134,000 Pontes, on n'en trouva en 1838 que 58,000, c'est-à-dire environ un vingtième. Pourtant la confiance que les Vignerons avaient prise dans ce procédé les faisait agir avec un soin scrupuleux, et la marche que nous avions définitivement adoptée leur rendait l'opération facile et leur faisait attacher un double intérêt à ses résultats.

Bientôt les départements de Saône-et-Loire et du Rhône ne furent plus les seuls où ce mode de destruction prévalut; et ayant parcouru, au printemps de cette même année, les départements des Pyrénées-Orientales et de l'Hérault, et, au mois d'août, celui de la Charente-Inférieure, je cherchai à y répandre l'emploi d'un procédé qui actuellement m'inspirait une confiance complète. Je trouvai sur chacun de ces points des agriculteurs zélés, tout disposés à profiter de ce moyen simple et efficace, et qui joignant leurs efforts aux miens réussirent ou à le faire adopter partiellement, ou au moins à en faire reconnaître l'utilité.

Aux environs de Perpignan, quelques propriétaires éprouvèrent bientôt par eux-mêmes les heureux effets de la Cueillette des Pontes; mais les faibles bénéfices que donnent les récoltes de vins dans le département des Pyrénées-Orientales rendront toujours difficile d'y faire adopter avec quelque suite un procédé destructif, quel qu'il soit. Si on y pratique un peu l'Échenillage, et encore d'une manière généralement fort incomplète, c'est que cette opération s'exécute au moment même des désastres. Mais après une récolte déjà peu avantageuse, les propriétaires ne sont guère disposés à dépenser encore quelques journées d'ouvriers, et pourtant les dégâts occasionnés par l'insecte amènent une diminution bien autrement considérable sur leurs revenus annuels. Malgré cette résistance générale, quelques agriculteurs ont pourtant continué à pratiquer cette opération, et j'ai appris récemment qu'ils en avaient retiré des avantages réels, quoique l'insouciance de leurs voisins ait rendu cette opération doublement difficile.

Quant au département de l'Hérault, comme les dégâts de la Pyrale avaient complétement cessé depuis plusieurs années, je ne pus y recueillir que des promesses pour l'avenir; mais, si la conviction est complète, comme je crois pouvoir l'espérer, et que l'imprévoyance ne vienne pas en détruire les effets, les propriétaires attentifs des vignobles jadis attaqués peuvent être sûrs, moyennant les précautions que j'ai indiquées, de ne jamais voir la Pyrale revenir dans leurs Vignes en nombre suffisant pour y constituer un véritable fléau.

Nous avons parlé trop souvent du zèle avec lequel les agriculteurs du département de la Charente-Inférieure se sont occupés depuis quelques années de la destruction de la Pyrale, pour qu'on puisse douter de l'intérêt qu'on prit dans cette localité au nouveau procédé que je venais indiquer, et quoique les expériences spéciales qu'on y avait faites eussent donné avec raison quelque confiance dans l'Enfouissement des Souches, on reconnut promptement les avantages évidents de la Cueillette, qui ne risque pas de compromettre la récolte prochaine, et dans laquelle les travaux sont d'autant moins considérables que le mal diminue lui-même.

Cette opération offre pourtant dans cette localité une difficulté matérielle; car, plusieurs travaux importants, et particulièrement le battage des grains, qui, se faisant sur place, ne peut supporter aucun retard, se trouvent avoir lieu à l'époque où il faut aussi procéder à l'Enlèvement des Pontes et rendent la main-d'œuvre rare et chère. Aussi conseillai-je, pour abréger l'opération autant que possible, de modifier un peu la méthode employée dans le Mâconnais et d'enlever sans distinction, et en deux fois, presque toutes les feuilles du cep. Cet effeuillage, connu sous le nom d'*Éripage*, avait été déjà employé dans les Vignes infestées de ce département; mais les vignerons, voulant par cette opération détruire la Pyrale à l'état de Chenille, effeuillaient vers le 20 juin. A cette époque, ce travail nuisait sensiblement au raisin, apportait peu de diminution dans les dégâts, et préservait à peine la récolte de l'année suivante, puisqu'au moment de la Ponte la plupart des feuilles étaient repoussées. En n'enlevant, au contraire, les feuilles qu'à la fin de juillet, on détruira un grand nombre d'OEufs, et les Vignes, qui déploient dans cette localité une grande force de végétation, ne pourront souffrir fortement de cet effeuillage tardif. Je suis loin toutefois de conseiller cette opération rapide et grossière sur les points où le vigneron a le loisir d'exécuter une Cueillette régulière. Des plants plus délicats que ceux cultivés dans ce département pourraient aussi en souffrir davantage, et l'on ne devra jamais hésiter dans des vignobles précieux, à supporter toutes les dépenses qu'exige ce travail pour être bien fait.

La Société royale d'agriculture de Toulouse, ayant fait un rapport sur les résultats obtenus au moyen de l'Écimage, y consigna aussi son opinion sur le procédé de l'Enlèvement des Pontes. « La commission, y est-il dit, considère » comme un moyen presque assuré de détruire la Pyrale, la réunion de l'Échenillage du printemps conseillé par M. Ducos et de la récolte des OEufs dans » les premiers jours du mois d'août. Elle croit aussi devoir donner la préférence » à ce dernier moyen sur l'emploi des feux. »

A Argenteuil, la commission chargée de constater les résultats des diverses expériences relatives à la destruction de la PYRALE plaçait également ce procédé en première ligne. Enfin les propriétaires de la Côte-d'Or, voyant aussi, en 1838, le fléau se diriger vers leurs vignobles, commencèrent à agir, en se promettant bien surtout de redoubler d'activité si le mal devenait plus grave. En un mot, il y avait unanimité, si ce n'est dans les actions au moins dans les convictions, et c'est la seule chose à laquelle on puisse réellement prétendre dans une question de ce genre.

Mon opinion personnelle se trouvant ainsi sanctionnée par celle de la plupart des agriculteurs instruits, il n'est plus douteux pour moi que la Cueillette des OEufs est, de tous les moyens proposés jusqu'à présent pour la destruction de la PYRALE, celui qui amène immanquablement la mort du plus grand nombre d'insectes. Voyons actuellement si, à cette efficacité reconnue, ce procédé joint les qualités qui doivent en assurer le succès et en faciliter l'exécution, et s'il répond, par conséquent, aux conditions essentielles que nous avons énumérées en commençant à traiter ce sujet.

Un des immenses avantages de la Cueillette des Pontes, celui sur lequel nous ne saurions trop insister, c'est qu'elle n'exige pas cette simultanéité sans laquelle tous les autres moyens de destruction deviennent onéreux pour celui qui y a recours. En pratiquant l'Extirpation des Pousses, ou l'Échenillage proprement dit, on sauvait bien quelquefois, après beaucoup de dépenses, une petite partie de la récolte pendante; mais ne pouvant éviter la ponte des Papillons des autres vignobles, on n'agissait en aucune manière pour l'année suivante, et sans le concours de tous les propriétaires, on ne pouvait rien obtenir de durable. Ici il n'en est plus de même, et lorsqu'entourés de vignerons ignorants ou de propriétaires insouciants, nous voyons, au mois d'août, nos Vignes, purifiées avec soin l'année précédente et annonçant une belle récolte, se couvrir de nouveau de Pontes nombreuses, notre avenir n'est pas pour cela compromis, et la négligence de ceux qui nous entourent ne saurait nous faire craindre le retour du fléau, puisque nous avons en notre pouvoir le moyen de nous en préserver à jamais. Si nos voisins négligent leurs intérêts, quelques journées de travail suffiront pour assurer les nôtres, et une Cueillette faite en temps opportun viendra annuellement assurer notre tranquillité.

Ainsi, après une seule visite faite, dans toutes ses Vignes, à la fin de juillet ou au commencement d'août, le propriétaire pourra fixer ses incertitudes, et découvrir d'une manière positive quelles sont les parties de ses propriétés qui exigent des soins. Mais comme nous savons que quelquefois des portions de terrains préservées pendant maintes années sont ensuite envahies tout d'un coup sans qu'on puisse aisément en déterminer la cause, il est indispensable, pour que cette visite soit infaillible, qu'elle soit faite d'une manière complète et détaillée. Si on veut que le travail soit facile et court, il est essentiel que le mal soit pris dès son début, car alors au moyen des simples précautions que nous venons d'indiquer, nous parons pour ainsi dire le coup avant qu'il nous frappe; ce n'est plus d'une guérison qu'il s'agit, mais simplement d'un préservatif, et le propriétaire, confiant dans cette méthode et attentif à l'exécuter, peut être sûr que, quelle que soit l'intensité du fléau et l'indolence de ses voisins, il n'aura jamais de pertes graves à déplorer.

Quant aux frais qu'entraîne le travail de l'Enlèvement des Pontes, ils sont nécessairement variables, et dépendent et des localités et de la gravité du mal. On a calculé, dans le Mâconnais, qu'il fallait environ quinze à vingt journées d'ouvriers pour enlever les Pontes dans un hectare de vigne, et que cette opération, renouvellée à trois fois, formait une dépense totale d'environ soixante à soixante-dix francs par hectare (1). Ce calcul, fait en 1838, lorsque les ravages étaient très-considérables, pourrait bien se trouver au delà du vrai dans des années moins désastreuses. Du reste, en supposant même que dans certaines localités, les dépenses s'élevassent au contraire plus haut, elles n'égaleraient jamais celles d'un Échenillage bien fait, et l'habitude que les ouvriers acquerraient bientôt de ce travail, le leur ferait exécuter au bout de quelques années avec une rapidité qui en diminuerait sensiblement les frais.

---

(1) On comprend ici la dépense totale, c'est-à-dire les frais de journées des six ouvriers qu'on doit employer par hectare. Mais, dans le Mâconnais, où la culture de la Vigne se fait à moitié frais avec le vigneron, les dépenses du propriétaire ne se trouvent guère que de 30 à 35 francs, c'est-à-dire qu'il fournit pour ce travail supplémentaire trois ouvriers par hectare, et que le vigneron se charge de fournir les autres.

Le docteur Companyo, de Perpignan, auquel je dois personnellement plusieurs renseignements précieux sur le sujet dont nous nous occupons, a cherché à se rendre compte d'une manière exacte des dépenses occasionnées dans le département des Pyrénées-Orientales par l'Enlèvement des Pontes, comparativement avec celles exigées par l'Échenillage [1].

D'après ses calculs, les travaux d'Échenillage exécutés avec soin durant douze années sur des Vignes situées dans les terroirs du Vernet et de la Poudrière, ont nécessité, année moyenne, douze journées de travail par ayminate [2]. Les femmes employées à cette besogne reçoivent habituellement un franc par jour; ainsi la dépense a été de douze francs par ayminate, ou d'environ vingt-cinq francs par hectare.

L'Enlèvement des Pontes pratiqué dans les Vignes du Vernet, sur le point par conséquent le plus infecté, n'a exigé que sept journées de travail par ayminate, quoiqu'il ait été accompli avec le plus grand soin et renouvelé aussi deux fois à huit jours de distance : les déboursés nécessités par cette opération n'ont donc été que de sept francs par ayminate, ou de quinze francs par hectare, ce qui amène une économie de dix jours de travail, pour purifier cette dernière étendue de terrain, si on pratique la Cueillette des Pontes de préférence à l'Échenillage.

La disproportion entre le nombre d'insectes détruits par l'un ou par l'autre de ces procédés n'est pas moins sensible. Selon M. Companyo, un vigneron ne peut pas détruire au moyen de l'Échenillage plus de 1,500 Chenilles par jour.

Les travailleurs employés à la Cueillette des Pontes ont au contraire détruit chacun par jour 2,064 pontes, qui, en les supposant de 60 Œufs chacune, auraient donné naissance à 123,840 Chenilles.

M. Companyo est arrivé à ces résultats au moyen des mêmes calculs que moi. Les ouvriers qu'il a employés recueillaient généralement deux kilos de feuilles par jour, ce qui comprend environ, dit-il, 2,064 feuilles. En 1837, chez

---

(1) Bulletin de la Société philomatique de Perpignan, 1839, pag. 183.

(2) L'ayminate varie de contenance dans le Roussillon suivant les localités. Celle dont il est question ici est de quarante-sept ares.

M. Delahante, chaque vigneron en recueillait 3,000 par jour; en 1838, dans le bois de Loize, ils n'en trouvaient plus que 150 durant le même laps de temps et dans une étendue de terrain bien plus grande.

Ainsi, d'après ces données, on voit qu'en pratiquant l'Enlèvement des Pontes de préférence à l'Échenillage, on trouve d'une part une diminution de près de moitié sur le temps employé, et par conséquent sur les frais; et que de l'autre on amène la destruction d'un nombre d'ennemis quarante fois au moins plus considérable que par l'Échenillage, en supposant même que chaque ouvrier détruise en faisant cette opération 3,000 Chenilles par jour au lieu de 1,500.

Comme, en outre, en détruisant les Œufs nous n'agissons en rien sur les insectes parasites, et que par conséquent le rapport entre les PYRALES et leurs ennemis se trouve complétement changé, l'influence de ces derniers devient de plus en plus sensible, et si quelques Pontes ont échappé à nos recherches, et qu'au printemps un certain nombre de Chenilles semblent encore menacer notre récolte, les Ichneumons, les Chalcides, enfin tous les insectes destructeurs de la PYRALE, qui, grâce à la conservation des Chrysalides, se trouvent avoir acquis actuellement une immense majorité, sont plus que suffisants pour lutter contre ces rares ennemis de nos vignes. Si on se rappelle, en effet, d'une part l'activité de ces petits insectes qui les fait se transporter de proche en proche à de grandes distances, et de l'autre les mœurs de plusieurs d'entre eux qui, pondant toujours au moins cinquante Œufs, les déposent séparément dans le corps d'autant de Chenilles, on comprendra que la multiplication disproportionnée de ces utiles insectes peut achever la destruction presque complète de la PYRALE, lorsque nos soins ont déjà fortement avancé la tâche.

Nous croyons donc avoir prouvé d'une manière évidente :

1° Que la Cueillette des Pontes peut être mise en pratique avec succès d'une manière *partielle*, et qu'en employant ce procédé un propriétaire est sûr de préserver son vignoble, quelle que soit la manière d'agir de ceux qui l'entourent;

2° Que cette opération, qui n'exige aucune mise de fonds et qui ne demande que de la main-d'œuvre, est à la portée du pauvre vigneron comme à celle du riche propriétaire;

3° Que l'exécution en est fort simple, qu'elle se rapproche de la plupart des autres travaux auxquels le vigneron est accoutumé, et qu'elle peut être exécutée par les femmes et les enfants, à une époque où, dans la plupart des pays de vignobles, les occupations sont peu nombreuses.

Il est probable que si le fléau avait persisté avec la même intensité en 1839, les propriétaires, frappés du succès des expériences dont j'ai rapporté les principaux résultats et qui seraient devenus encore plus évidents une seconde année, auraient adopté sans hésitation la planche de salut qui leur était offerte. Mais la diminution des insectes, l'année suivante (qui pourrait bien être due en partie, dans le Mâconnais, à la présence multipliée des insectes parasites, et en partie aussi au grand nombre de branches gelées qu'on n'enleva qu'à l'automne de 1838, lorsque les petites larves s'y étaient déjà refugiées), cette diminution, dis-je, ralentit dans la même proportion le zèle des agriculteurs, qui auraient pu, au contraire, en agissant, dans ce moment, avec un certain élan, achever de détruire complétement le mal, qui sans doute n'est que momentanément calmé. « La PYRALE a fait très-peu de mal cette année, m'écrivait M. Desvignes, » le 9 août 1839; aussi on ne lui fait plus la guerre : on s'endort, bien que je » ne cesse de prêcher sa destruction toutes les fois que j'en trouve l'occasion. » Quant à mes Vignes, elles sont tout à fait purifiées, et je défie d'y trouver » seulement une vingtaine de Pontes dans une étendue de vingt-cinq hectares. » Mais mes voisins en ont plus, et même ils en ont assez pour ramener le mal » en un ou deux ans s'ils n'y prennent garde, et s'ils ne comptent que sur la » Providence pour n'en plus voir l'an prochain. »

M. Delahante me mandait la même chose à la date du 30 août. « Tout ce que » vous aviez prévu s'est parfaitement réalisé chez moi, disait-il, et je suis entiè- » rement débarrassé de la PYRALE. Figurez-vous que mon régisseur a été obligé » de chercher long-temps avant de trouver une ponte. Quand le mal reviendra » dans quelques années, il suffira de détruire avec soin les œufs pour empêcher » le mal de devenir un fléau. » En effet, ayant fait un nouveau voyage dans le Mâconnais à cette même époque, j'admirai le bon état des Vignes qui avaient été soumises à la Cueillette des Pontes; et je remarquai que quoique le mal eût sensiblement diminué sur tous les points, la nuance entre les Vignes soignées de cette façon et celles qui ne l'avaient pas été, était toujours très-marquée.

En 1840, on observa quelque recrudescence dans le nombre des Chenilles, surtout dans le département du Rhône, et au mois de juin dernier, M. Desvignes commença à concevoir des inquiétudes sérieuses, non pour ses propres Vignes, car ses soins éclairés et prévoyants doivent les mettre à l'abri de tous les événements, mais pour le pays en général. « Ce maudit insecte s'est montré » de nouveau cette année, dans le Beaujolais, m'écrit-il au mois d'août, la » Cueillette des Pontes a été faite dans quelques communes, mais pas assez » bien pour en espérer une bonne réussite. L'an prochain, on dira que la mé- » thode n'est pas bonne ou suffisante, quoiqu'elle le soit. Chez moi la Cueillette » a été faite avec le plus grand soin, à quatre reprises différentes, de huit » en huit jours, quoique mes Vignes fussent très-belles et bien feuillées, et » qu'elles ne montrassent aucune apparence de vers. Tout le monde prétendait » que je pouvais très-bien me dispenser de chercher les Pontes, que très-cer- » tainement je n'en trouverais pas 2,000 sur toutes mes Vignes...... J'ai per- » sisté, et en quatre fois j'en ai eu 90,000, qui auraient fourni mes Vignes de » 5,400,000 Chenilles. »

J'ai appris également que, durant les trois années qui viennent de s'écouler depuis ma dernière mission, le fléau avait généralement diminué d'intensité dans tous les autres départements où je l'avais observé, et que l'insecte avait même semblé disparaître complétement dans certaines localités. Mais le cultivateur, tout en jouissant de cette amélioration dans ses récoltes, ne doit pas s'endormir sur ce calme apparent; qu'il n'oublie pas que depuis deux cents ans l'insecte n'a jamais émigré complétement des points qu'il avait d'abord adoptés, et que ce n'est que par notre prévoyance que nous pourrons l'empêcher de s'y montrer de nouveau dans une proportion effrayante; qu'il se rappelle enfin qu'il possède actuellement le moyen de prévenir le mal, et que s'il sait l'employer à temps il peut, avec de très-petites sommes, éviter des pertes considérables.

CHAPITRE SIXIÈME.

Comparaison des divers procédés employés pour détruire la PYRALE et choix du moyen le plus efficace.

En commençant la partie de cet ouvrage consacrée à l'examen des divers moyens par lesquels on a cherché à arrêter les dégâts de la PYRALE, j'ai indiqué les principales conditions que me semblait devoir réunir tout procédé susceptible d'être appliqué en grand et d'une manière efficace.

L'étude particulière que nous venons de faire des divers procédés qu'on a tentés jusqu'à présent, et l'appréciation des avantages et des inconvénients que chacun d'eux présente, suffirait donc presque pour déterminer le choix du cultivateur. En énonçant, sans hésitation, mon opinion sur ces diverses méthodes, et en particulier sur le procédé destructif qui me semble mériter en tous points la préférence, je voudrais avoir pu communiquer à tous les agriculteurs ma ferme conviction, puisqu'elle me semble devoir exercer une heureuse influence sur une grande partie de nos vignobles.

Toutefois, quoique je sois bien convaincu que le propriétaire prévoyant possède un moyen infaillible de préservation, et qu'en le mettant annuellement en pratique, ou pour mieux dire en s'assurant s'il doit y avoir recours, il n'aura jamais à craindre les attaques de l'insecte; quoique je ne doute même pas que si on rangeait cette simple recherche parmi les travaux habituels du vigneron, on n'arrivât à une prompte destruction de l'insecte sur les points qu'il affectionne depuis des siècles; je n'oublie pas non plus que cette prévoyance n'est pas dans le caractère humain, et je ne me dissimule pas qu'en supposant même que nous parvenions à obtenir dans les crises du fléau une année de travaux presque généraux, la moindre diminution dans les désastres amènera inévitablement un ralentissement sensible dans le zèle de certains vignerons. Sûrement lorsque le cultivateur, jusque-là insouciant, verra au mois de mai ses propres Vignes couvertes de jeunes Chenilles, tandis que celles de ses voisins prévoyants promettront une récolte abondante, il pourra bien prendre la résolution de ne pas laisser passer l'époque des Pontes sans purifier ses Vignes de la même manière qu'eux. Mais en attendant le moment d'agir, la dévastation continue; encore quelques semaines, et tout espoir de récolte sera perdu. Le vigneron devra-t-il donc rester spectateur oisif devant de tels désastres? pourra-t-il se résigner à voir sa récolte dévastée sous ses yeux sans chercher à y porter remède? Non sans doute, et si son temps est libre, si par conséquent il ne se laisse pas entraîner à des dépenses au delà des gains qui pourront lui en revenir, si surtout il ne doit pas puiser dans une guérison si imparfaite une sécurité dangereuse qui l'empêcherait d'exécuter un autre travail lorsque le moment en serait venu, il doit chercher à affaiblir, autant que possible, par son activité les conséquences de son incurie. Ainsi, quand j'ai dit plus haut que je ne conseillais l'emploi que d'un seul procédé destructif, je n'ai voulu m'adresser qu'aux agriculteurs qui ayant déjà réduit sensiblement par une première Cueillette le nombre des insectes qui dévorent leurs Vignes, doivent ensuite attendre patiemment le retour de l'époque favorable pour renouveler cette même opération.

Je pense donc que, pour répondre également à toutes les exigences, on pourrait diviser les moyens par lesquels on peut tenter de détruire la Pyrale en deux grandes classes.

La première division comprendrait tous les procédés qui, pouvant être pratiqués au moment même où les dégâts ont lieu, offrent une ressource à certains cultivateurs, qui, trop imprévoyants pour avoir su prévenir le mal, veulent pourtant, au moment où il les frappe, en arrêter les progrès. Les moyens qu'on peut employer à cette époque sont : l'Ébourgeonnage, l'Écimage des jeunes pousses et l'Échenillage.

Les procédés destinés, au contraire, à prévenir le fléau avant son invasion, ou au moins à empêcher son retour durant une seconde année composeraient la deuxième division. Tels sont : l'Enfouissage des souches, le Recépage, les Préparations chimiques appliquées sur le cep, l'Enlèvement des Chrysalides, les Feux crépusculaires, et enfin la Cueillette des pontes. Nous allons voir quel est dans chacune de ces classes le moyen auquel le cultivateur doit donner la préférence.

On se rappelle assez ce que j'ai déjà dit des divers procédés applicables pendant les ravages même de l'insecte, pour deviner l'embarras que j'éprouve à en indiquer un qui puisse, à peu de frais, amener une certaine diminution dans les ravages de l'insecte.

Ainsi l'ÉBOURGEONNAGE paraît nuire à la Vigne; et, comme, en outre, cette opération n'est exécutable qu'une fois chaque année, et qu'elle n'agit par conséquent que sur une très-petite partie des Chenilles, son effet est presque insensible.

L'ÉCHENILLAGE prend un temps énorme à une époque où les travailleurs sont rares; il compromet les jeunes grappes qu'il faut nécessairement toucher; enfin il ne diminue le nombre des Chenilles que lorsque nous n'avons pour ainsi dire plus à redouter leurs ravages.

Reste donc l'ÉCIMAGE, et quoique j'aie prouvé l'insuffisance de ce procédé, on doit reconnaître que les chances de succès qu'il présente, quoique sans doute fort incomplètes, sont au moins réelles; le travail qu'il exige n'est ni long ni difficile, et si on choisit bien l'époque où on l'exécute, on détruit un assez grand nombre de Chenilles à un moment où les dégâts sont encore à peine commencés.

Ce procédé nous paraissant par conséquent le plus fructueux parmi ceux qui peuvent agir au moment même du fléau, nous conseillons au vigneron qui, libre de son temps, peut disposer de ses bras et de ceux de sa famille, et qui n'a pas su agir à temps l'automne précédent, de chercher à réduire autant que possible, par un Écimage plus ou moins complet, le nombre des ennemis qui se préparent à détruire sa récolte, et d'attendre ensuite le retour de la saison convenable pour agir d'une manière et plus complète et plus efficace.

Quant aux procédés qu'on pourrait appeler *préservatifs*, nous avons vu qu'ils étaient beaucoup plus nombreux, et que plusieurs d'entre eux amenaient des résultats assez sensibles.

Ainsi l'ENFOUISSEMENT DES SOUCHES me paraîtrait un très-bon moyen de détruire les petites larves, en le prolongeant toutefois assez pour être sûr de les tuer réellement. Mais outre que cette opération n'est praticable que sur certains points, elle ne peut être employée partiellement, puisqu'elle compromet la récolte pendante sans préserver celle de l'année d'après.

Le RECÉPAGE peut être exécuté aussi avec succès sur quelques vignes, et je ne doute pas qu'il ne puisse contribuer efficacement à une grande diminution dans le nombre des PYRALES.

Je ne saurais en dire autant des ENDUITS, LOTIONS et autres préparations analogues, et quoique ces opérations séduisent, en général, tous ceux qui n'ont pas étudié cette question sous ses différents aspects, je ne crois pas que les procédés de ce genre soient jamais applicables dans la grande culture, non seulement à cause de la difficulté de trouver une matière convenable qui tue les larves sans nuire au cep, mais encore, et essentiellement, à cause de l'irrégularité inséparable de ce genre d'opération, de l'impossibilité d'en vérifier le travail, etc.

J'ai expliqué aussi quels étaient les motifs qui devaient empêcher de pratiquer l'ENLÈVEMENT DES CHRYSALIDES, et nous avons vu que le grand nombre d'insectes parasites qui viennent dans certaines années remplacer ceux que nous cherchons à détruire, ne permettait pas de penser à employer un procédé qui peut produire un effet tout différent de celui auquel on s'attend.

L'emploi en grand des FEUX CRÉPUSCULAIRES, malgré les résultats positifs qu'on en obtient, présente aussi de si grands inconvénients, tant par les dépenses qu'il exige que par les difficultés qui résultent des variations atmosphériques, que je ne saurais conseiller d'y avoir recours, surtout dans des vignobles qui sont entourés par d'autres où le même procédé n'est pas adopté.

On voit donc que notre choix ne peut tomber, parmi les moyens préservatifs, que sur la CUEILLETTE DES PONTES, et que nous ne trouvons, dans aucun des autres procédés que je viens d'énumérer, les avantages évidents que j'ai signalés précédemment en parlant de cette opération. Dans tous les autres procédés, il faut la simultanéité, ou sans cela le travail n'amène aucun résultat. Dans tous, la main-d'œuvre est au moins aussi considérable, le travail est souvent beaucoup plus difficile, et les résultats en sont bien moins clairs. En outre, en pratiquant cette opération, nous proportionnons le travail à la gravité du mal. S'il existe un grand nombre de pontes, nous employons sans doute un grand nombre d'ouvriers, mais aussi nous sauvons complétement une récolte destinée à être complétement détruite; si, au contraire, nous n'avons à appréhender que des pertes modérées, un travail modéré suffit aussi pour détruire nos causes d'inquiétude.

Au contraire, dans la plupart des autres procédés destinés à sauver la récolte à venir, nous agissons pour ainsi dire en aveugles. Ainsi dans l'Enfouissement des souches, dans le Recépage des bois, dans toutes les Préparations chimiques employées sur le cep, le travail est proportionné aux désastres de l'année précédente, et nous nous trouvons agir peut-être dans certains cas avec beaucoup plus d'énergie qu'il ne serait nécessaire. Ainsi je suppose qu'après une année désastreuse les insectes parasites se soient assez multipliés pour avoir détruit, dans certaines Vignes, les trois quarts des Chrysalides; je suppose que les Papillons, entraînés par une cause inconnue, ou chassés même par l'excès des désastres occasionnés par les Chenilles, soient allés pondre dans d'autres Vignes; je suppose enfin, et toutes ces choses arrivent fréquemment, que des gelées rigoureuses et tardives aient décimé les petites Chenilles, les travaux dont nous venons de parler ne sont pas de nature à diminuer en proportion du nombre des ennemis. Comme cette disparition est pour le moins douteuse et qu'en outre elle ne peut être complète, vous devez agir, et vous agissez aussi complétement pour quelques vers que s'il s'agissait d'en détruire des milliers. Si vous enfouissez vos Souches, si vous récépez vos Vignes, vous sacrifiez peut-être inutilement une grande partie d'une récolte qui pouvait être destinée à vous dédommager de celle de l'année précédente. S'il est question de quelque procédé chimique, vous dépensez autant d'argent, vous prenez autant de précautions, vous y consacrez autant de temps que si vous étiez menacé d'une perte complète de vos récoltes.

Le propriétaire trouvera aussi un avantage incontestable dans le procédé de l'Enlèvement des Pontes, en ce qu'il peut vérifier facilement les travaux faits dans ses Vignes. Il n'a pas besoin d'attendre que le résultat vienne lui prouver, et encore d'une manière fort douteuse, si l'opération a été exécutée avec soin; la simple visite de ses Vignes, lorsque le travail est terminé, suffit pour éclaircir tous ses doutes. Mais si, au contraire, le propriétaire fait pratiquer sur les ceps des lotions avec une substance quelconque, comme il ne peut rester dans ses Vignes tout le temps qu'on agit, il n'a aucun moyen de contrôle pour prendre en défaut le vigneron négligent ou peu intelligent. S'agit-il d'un enduit, il ne peut vérifier s'il a été étendu d'une manière convenable; a-t-on dû employer un mélange de diverses substances, rien ne prouve qu'on a suivi les proportions voulues; enfin est-ce une matière liquide qui a dû être versée sur les ceps, il ne peut juger si l'opération a été faite de manière à ce qu'aucune branche n'y échappât, si on a employé la liqueur à la température convenable, etc., etc.

Ainsi, en résumé: le propriétaire prévoyant et actif qui, à la suite des désastres éprouvés par ses Vignes, voudra dès le mois de juillet ou d'août prévenir ceux qui le menacent encore l'année suivante, pourra compter sur des résultats assurés, en faisant la Cueillette des Pontes au moment convenable et d'une manière bien complète; et, en la renouvelant annuellement, il peut se regarder comme à l'abri des nouvelles invasions de Pyrales. Ce procédé, nous l'avons vu, réunit toutes les conditions qui doivent déterminer dans le choix d'un moyen de destruction; il est d'une exécution facile, il n'exige pas d'autre dépense que des journées de travail, et cette dépense est proportionnée à l'intensité du mal; sa bonne exécution par les ouvriers est facile à vérifier par le propriétaire; enfin il prévient le mal d'une manière certaine dans toute l'étendue des Vignes où il a été pratiqué, quelle que soit l'incurie et la négligence des propriétaires voisins.

Quant au propriétaire imprévoyant qui aura laissé passer l'époque àlaquelle l'Enlèvement des Pontes peut s'opérer avec utilité, il pourra encore chercher à arrêter le mal dont il est menacé, à sauver une partie de la récolte prochaine par des procédés moins efficaces et moins assurés. Tels sont : le Recépage ou l'Enfouissement des Souches, lorsque le mode de culture des Vignes s'y prête; et, au moment même où les dégâts commencent, l'Écimage, qui, sans arrêter complétement le mal, en diminuera du moins l'intensité.

QUATRIÈME PARTIE.

DES INSECTES NUISIBLES A LA VIGNE AUTRES QUE LA PYRALE.

Quoique la PYRALE soit peut-être de tous les ennemis de la Vigne le plus dangereux et le plus répandu, il existe pourtant encore un grand nombre d'autres insectes qui exercent aussi une influence funeste sur cette plante précieuse.

N'ayant pu faire sur tous les insectes qui attaquent la Vigne des observations aussi suivies et aussi complètes que sur la PYRALE, je ne m'occuperai avec quelque détail que de ceux d'entre eux qui, éminemment vitivores, deviennent une source de graves inquiétudes et de pertes importantes pour l'agriculteur; et je me contenterai simplement de mentionner les espèces qui, vivant accidentellement sur la Vigne, mais se nourrissant également d'autres plantes, ne peuvent amener dans nos vignobles que des dégâts partiels.

Plusieurs de ces insectes appartiennent, comme la PYRALE, à l'ordre des Lépidoptères; les autres doivent être rangés parmi les Coléoptères, les Hémiptères et les Orthoptères.

Comme la question agricole est pour nous la plus importante, nous ne nous astreindrons pas à suivre strictement ici l'ordre zoologique, et nous continuerons à nous occuper des Lépidoptères qui attaquent la Vigne, puisque c'est encore dans cet ordre que se trouve l'insecte qu'on devrait ranger immédiatement après la PYRALE, à raison de l'importance et de l'étendue de ses ravages, si on voulait établir une sorte de hiérarchie entre les divers ennemis de nos vignobles.

LÉPIDOPTÈRES.

Les insectes de cet ordre dont nous avons à nous occuper sont nombreux, et appartiennent à plusieurs genres bien distincts, connus des entomologistes sous les noms de *Cochylia*, *Tortrix*, *Ilithyis*, *Tinea*, *Pterophorus*, *Noctua*, *Che-*

lonia, *Procris* et *Sphinx*. Nous traiterons successivement de ces divers groupes; mais c'est principalement sur le premier que nous appellerons l'attention des vignerons.

Genre Cochylis (*Cochylis*).

Ce genre, établi par Treitschke, appartient, comme la Pyrale de la Vigne, à la famille des Noctuelles et à la tribu des Tordeuses. Les insectes dont il se compose ont un corps très-mince, proportionnellement plus grêle que dans la Pyrale; leurs palpes dépassent très-peu le bord antérieur de la tête; ils sont hérissés de poils touffus qui ne permettent pas d'en distinguer les articles. Les antennes sont sétacées, comme celles de la Pyrale; mais les ailes donnent à ces Papillons un aspect particulier : elles ne sont pas en toit aplati, comme dans les Pyrales, comme dans les Tortrix et comme dans plusieurs autres genres de la tribu des Tordeuses; pendant le repos, elles sont rabattues sur les parties latérales du corps, en sorte que le Papillon paraît serré dans ses ailes comme dans un fourreau. Les ailes antérieures sont longues, étroites, et terminées obliquement, avec leur bord antérieur presque droit.

On connaît deux espèces de ce genre qui vivent aux dépens de la Vigne; l'une d'elles doit attirer particulièrement notre attention, à cause des ravages qu'elle a occasionnés dans plusieurs départements de la France, ainsi qu'en Suisse, en Italie et en Allemagne.

COCHYLIS DE LA GRAPPE. — *COCHYLIS OMPHACIELLA*. (Pl. 21, fig. 1, 2, 3.)

Papillon ayant les ailes antérieures jaunâtres, traversées par une bande d'un brun foncé, et les ailes postérieures d'un gris cendré.

Teigne de la Grappe, *Tinea Omphaciella*. Faure-Biguet et Sionest, *Mémoire sur quelques Insectes nuisibles à la Vigne*, pag. 5. An X (1801).

Teigne de la Vigne et Teigne de la Grappe. Bosc, *Nouveau Cours complet d'Agriculture*. T. xv, p. 311—312.

Tinea ambiguella. Hubner *Die sammlung Europaischer Schmetterlinge*. Tineæ : pl. 22, fig. 153 *f*.

Tinea uvæ. Menning, *Mémoire sur un Insecte très-nuisible, qui s'est naturalisé dans l'île de Reichenau dans le lac de Constance* (en allemand).

Pyralis ambiguella. Alexis Forel, *Mémoire sur le Ver destructeur de la Vigne*. (Feuille du Canton de Vaud, 1825; avec planche.)

Tortrix roserana. Frœlich, *Enumeratio Tortricum in regno Wurtembergico*, pag. 52, nº 111.

Cochylis roserana. Treitschke, *Papillons d'Europe* (Schmetterlinge von Europa) tom. viii, pag. 280, nº 8.

Cochylis de Roser, *Cochylis roserana*. Duponchel, *Histoire naturelle des Lépidoptères ou Papillons de France*, tom. ix, pag. 418, pl. 257, fig. 8.

Tinea uvella. Vallot, *Mémoire de la Société linnéenne de Paris*, tom. I, pag. 253; 1822.

Teigne de la Vigne. Dagonet, *Notice sur les dégâts occasionnés, dans le cours de l'année* 1837, *par quelques Insectes, particulièrement sur les dévastations opérées dans les vignobles du département* (Marne), *par la Teigne de la Vigne*. Châlons, 1838.

Ce n'est pas seulement sa synonymie embrouillée qui a contribué à jeter de la confusion dans l'histoire de l'insecte dont nous avons à nous occuper ici; ses caractères essentiels ont été souvent méconnus par les entomologistes, et quelques auteurs sont tombés à ce sujet dans des erreurs graves. Ainsi Bosc, qui en a fait deux espèces, sans doute à cause des deux époques de son apparition, a donné au même insecte les noms de *Teigne de la Vigne* et de *Teigne de la Grappe*. Plusieurs autres naturalistes l'ont encore considéré comme une Teigne; mais la grande ressemblance qu'il présente avec la Pyrale n'a généralement pas échappé aux observateurs, et, en 1824, M. Forel proposa de nommer cet insecte *Pyralis ambiguella*. Le docteur Frœlich a également reconnu les affinités génériques de ce Cochylis, en lui donnant le nom de *Tortrix roserana*. Enfin, Treitschke ayant observé les caractères génériques qu'offre cette prétendue *Teigne de la Vigne*, en a formé, avec plusieurs autres espèces voisines, un genre particulier, sous le nom de Cochylis, genre qui a été adopté par M. Duponchel et par la plupart des entomologistes modernes.

Les divers noms que nous venons de citer comme ayant été donnés à cet insecte par les entomologistes, ne sont pas les seuls sous lesquels il est connu; les cultivateurs le désignent encore sous plusieurs noms vulgaires, qui varient suivant les localités. Dans la Bourgogne, dans le Mâconnais et dans d'autres pays de vignobles, la Chenille de ce Cochylis est appelée le *Ver rouge*, par opposition au nom de *Ver de la Vigne*, employé dans les mêmes pays pour désigner la Chenille de la Pyrale. Dans d'autres localités, on nomme sa larve le *Ver coquin*, et c'est l'expression employée par l'abbé Rozier dans son Mémoire sur les insectes essentiellement nuisibles à la Vigne. Sur le territoire d'Aï en Champagne elle porte le nom de *Ver de la Vendange;* enfin, on désigne quelquefois cet insecte sous le nom de *Teigne des Grains*.

Comme on peut le voir d'après ce simple aperçu, l'insecte dont nous parlons a reçu bien des dénominations spécifiques, parmi lesquelles j'avais à choisir, et j'ai cru ne pouvoir mieux faire que de prendre celle qui lui a été le plus anciennement appliquée. A ce titre, le nom proposé par Faure-Biguet et Sionest me paraît devoir être préféré; et, par conséquent, en adoptant la place générique qui lui est assignée par Treitschke, nous appellerons cette espèce le Cochylis de la Grappe, *Cochylis Omphaciella.*

Afin de pouvoir exposer avec méthode les détails dans lesquels nous devrons entrer pour faire connaître cet insecte, nous traiterons successivement de sa conformation à l'état de Papillon, de ses OEufs, de sa Chenille, de sa Chrysalide, de ses mœurs, des dégâts qu'il occasionne et des moyens qu'on peut tenter pour le détruire.

Papillon de la Cochylis de la Grappe. — Ce Papillon est long de sept à huit millimètres, quand ses ailes sont fermées (Pl. 21, fig. 2); lorsqu'elles sont étendues (fig. 1), il en a environ quatorze à quinze d'envergure. Le corps est d'un jaune pâle avec quelques reflets argentins sur la tête et le thorax. Les antennes sont d'un gris clair. La couleur des ailes antérieures est presque la même que celle du corps; elles présentent vers leur milieu une bande transversale brune qui se rétrécit notablement du bord extérieur au bord intérieur, et sur laquelle on distingue quelques marbrures plus pâles outre des espaces ferrugineux. On voit encore de chaque côté de la bande brune une ligne argentée et une série de petites taches de la même nuance situées près du bord frangé. Ces lignes et ces taches, quoique assez distinctes, se fondent cependant plus ou moins avec la couleur du fond des ailes. Leur frange est entièrement de la même teintte. Les ailes postérieures ainsi que leur frange sont d'un gris de perle uni.

OEufs. — Les OEufs, déposés tantôt sur les bourgeons naissants de la Vigne, tantôt sur les nouvelles grappes, tantôt sur la peau même du grain de raisin, sont d'une petitesse extrême et disposés en petites plaques, analogues, quant à la forme, aux pontes de la Pyrale; la forme de ces œufs est ovalaire et leur couleur est d'un gris-terne très-pâle.

Chenille. — La Chenille de la Cochylis, longue d'environ huit millimètres, ressemble un peu par sa forme à celle de la Pyrale; mais elle est plus épaisse et plus grosse proportionnellement à sa longueur; la tête, ainsi que toutes les parties de la bouche, est d'un brun-rougeâtre foncé. Le premier anneau du corps est de la même couleur, mais un peu plus intense, et l'on remarque au milieu une petite ligne très-étroite, d'un jaune pâle; il est lisse et brillant comme la tête, et d'apparence cornée.

Tout le reste du corps est grisâtre, lorsque la Chenille est jeune; mais lorsqu'elle a acquis son développement complet, il devient d'un rose-violacé tendre mais bien distinct. On a remarqué que cette teinte était surtout marquée dans les Chenilles de la seconde génération, qui se nourrissent de raisin déjà mûr ou presque mûr. Sur tous les anneaux, si ce n'est sur le troisième, on voit deux rangées de plaques, ou espaces parfaitement lisses, qui émettent chacun un poil de la nuance générale du corps (Pl. 21, fig. 6, *c, d, e*). Ces espaces lisses, que l'on retrouve dans la plupart des Chenilles, sont analogues à ceux que nous avons décrits dans la Chenille de la PYRALE; seulement, dans celle de la COCHYLIS, ils sont d'une plus grande dimension : le troisième anneau n'en présente qu'une rangée.

La Chenille de la COCHYLIS diffère plus de celle de la PYRALE par sa couleur et par son aspect général que par ses détails de structure. Ainsi les mandibules, qui ont une forme très-analogue, sont également munies de cinq fortes dentelures; seulement elles sont plus irrégulières dans la COCHYLIS. La première dentelure est la plus petite, et la deuxième et la troisième sont plus grandes que toutes les autres. Les pattes écailleuses ont aussi la plus grande ressemblance avec celles de la PYRALE, mais elles se rétrécissent un peu moins de la base à l'extrémité; leur deuxième article est plus court, leur crochet terminal plus épais et moins long. Les pattes membraneuses n'offrent pas de différences assez sensibles pour qu'il soit utile de les décrire. Enfin le dernier anneau du corps de la Chenille présente, comme dans la PYRALE (Pl. 6, fig. 8 *b*) un tubercule garni d'une rangée d'épines; ces épines sont seulement un peu moins nombreuses et un peu plus élargies à l'extrémité.

CHRYSALIDE. — La Chrysalide, longue de six millimètres, est d'un brun uniforme, d'une nuance plus claire que celle de la PYRALE; elle est aussi proportionnellement plus courte et surtout plus obtuse vers son extrémité. Les anneaux thoraciques sont lisses; on y remarque seulement quelques petites plissures transversales et de petites épines triangulaires très-rapprochées les unes des autres. Les épines de la première rangée sont toujours plus grandes que celles de la seconde (Pl. 21, fig. 8 *a*, *b*), qui disparaît même entièrement sur les quatre derniers anneaux (fig. 8 *c*, *d*, *e*). Enfin l'anneau terminal, large et fort court, présente une petite pointe de chaque côté, et, en outre, une douzaine de poils roides, crochus et fort durs (Pl. 21, fig. 8 *f*).

Ainsi la Chrysalide de la COCHYLIS ressemble à celle de la PYRALE par sa couleur et par les rangées d'épines qui garnissent l'abdomen ; mais elle en diffère par sa forme générale, par l'absence de poils sur l'abdomen entre les épines, et surtout par la forme du dernier anneau et des poils qui le terminent.

MOEURS. — Bien que la COCHYLIS DE LA GRAPPE appartienne à la famille des Tordeuses, elle n'a pas plus que la PYRALE l'habitude de tordre ou de rouler les feuilles ; mais au total les habitudes de ces deux petits Lépidoptères offrent des différences très-sensibles, puisque, comme l'avaient remarqué l'abbé Rozier et Bonnet, la Chenille de la COCHYLIS ne s'attaque qu'aux fleurs ou aux grains, et jamais aux feuilles, tandis qu'au contraire la PYRALE ne mange le grain que lorsque les feuilles ne sont pas à sa portée.

Nous avons vu aussi que la PYRALE n'avait jamais qu'une génération chaque année, et qu'elle passait tout l'hiver à l'état de larve ; la COCHYLIS DE LA GRAPPE, comme toutes les espèces du même genre, produit, au contraire, deux générations par année et passe l'hiver à l'état de Chrysalide.

Dès le mois d'avril, on peut apercevoir dans les Vignes les petits Papillons de COCHYLIS. Ils ont à peine la grosseur d'une mouche d'appartement, et, lorsqu'ils sont au repos, leurs ailes serrées l'une contre l'autre sur les parois du corps forment une sorte de crête (Pl. 21, fig. 3), et leur donnent un aspect tout différent de celui du Papillon de la PYRALE. On en voit quelquefois voltiger isolément pendant le jour ; mais habituellement durant l'ardeur du soleil, ils restent immobiles et cachés sous les feuilles de Vigne, et on ne les aperçoit en grand nombre qu'au crépuscule du matin et du soir. Ces Papillons s'accouplent peu de jours après être sortis de la Chrysalide, et vont ensuite déposer leurs Œufs sur les bourgeons ou sur les jeunes grappes. C'est dans le courant du mois de mai, et généralement au moment de la floraison de la Vigne, que les petites larves sortant des Œufs commencent à attaquer les grappes naissantes. Ces petites Chenilles sont très-agiles; elles marchent avec rapidité en avant ou à reculons, et se laissent tomber quand on les inquiète, comme le font les Chenilles des PYRALES et généralement toutes celles de la famille des Tordeuses.

La Chenille de la COCHYLIS n'attaque jamais, comme nous l'avons dit, les feuilles de la Vigne; elle tend bien des fils comme la PYRALE, mais elle ne s'en sert que pour réunir entre elles les fleurs de raisin ou les petits grains; une fois cachée sous cet abri, elle attaque les fleurs par le calice et en détruit bientôt complétement un grand nombre. Les Chenilles de cette première génération font par conséquent un tort immense aux Vignes, car, les fleurs ou les petits grains ne leur offrant qu'une nourriture peu abondante, elles sacrifient un grand nombre de grappes à leur voracité. On a calculé qu'à cette époque trois Chenilles suffisaient pour dévorer complétement une grappe de grosseur ordinaire.

C'est à la fin du mois de juin ou durant les premiers jours de juillet que la Chenille de la COCHYLIS, après s'être réfugiée entre les petits grains flétris ou desséchés qu'elle a réunis par des fils, se construit une coque soyeuse dans laquelle elle se transforme en Chrysalide; elle passe douze à quinze jours sous cette forme, et dans la seconde quinzaine de juillet on retrouve de nouveau, sur les Vignes, de petits Papillons semblables à ceux qu'on y avait observés au commencement de mai. Ceux-ci déposent presque aussitôt leurs OEufs, et de ces OEufs, placés ordinairement sur les grains même du raisin, sortent, peu de jours après, une nouvelle génération de Chenilles non moins voraces que celles qui les avaient précédées, et dont les dégâts deviennent d'autant plus pénibles pour le cultivateur que durant un mois entier il a pu se croire délivré de ses ennemis. En effet, pendant qu'elle est à l'état de Chrysalide, de Papillon et d'OEufs la COCHYLIS ne nuit en rien aux Vignes, qui reprennent bientôt toute leur vigueur; mais ce calme apparent n'est que l'annonce de nouveaux désastres, et le mois d'août vient détruire tout l'espoir du vigneron.

Les grains de raisin, qui ont déjà acquis à cette époque une certaine grosseur, sont tout aussitôt perforés par les jeunes Chenilles, qui, passant leur tête et quelquefois même une grande partie de leur corps dans le petit trou qu'elles ont pratiqué, dévorent toute la substance charnue qui se trouve contenue dans le grain, et même jusqu'aux pepins.

On a évalué que chaque Chenille de cette seconde génération consommait quatre à cinq grains de raisin entiers pendant la durée de sa vie; mais elle se trouve en détruire un nombre bien plus considérable, car elle en entame souvent plusieurs qu'elle laisse à moitié mangés et qui, se moisissant promptement, surtout si la saison est pluvieuse, amènent bientôt de proche en proche la destruction complète de la grappe et la maladie nommée *pourriture* par les vignerons. Cette seconde invasion, où les Chenilles en outre sont souvent plus nombreuses qu'au printemps, est donc au moins aussi nuisible aux Vignes que la première, à moins toutefois que la température générale de l'année n'ait été assez élevée pour qu'on puisse faire la récolte de bonne heure, ou que la sécheresse n'ait été suffisante pour s'opposer à la pourriture.

Les Chenilles de COCHYLIS atteignent ordinairement leur développement complet vers la fin de septembre ou vers le commencement d'octobre; elles abandonnent alors les grappes qui leur avaient servi de nourriture, et, cherchant un refuge dans les fissures des ceps de Vignes, ou sous les esquilles des échalas, quelquefois même restant à la surface de ceux-ci, elles se filent un petit cocon d'une soie fine, d'un gris blanchâtre et d'une forme ovalaire, et qui est souvent enveloppé lui-même de fragments de bois ou d'autres corps étrangers. C'est dans l'intérieur de ce cocon qu'elles se métamorphosent en Chrysalides pour rester dans cet état jusqu'au mois d'avril de l'année suivante, époque à laquelle les petits Papillons recommencent à paraître.

Il arrive quelquefois, dans les années hâtives, que la maturité du raisin arrive avant que les Chenilles aient quitté les grappes pour subir leur métamorphose. Cette circonstance, qui malheureusement se présente rarement, est celle qui peut favoriser le plus la destruction de l'insecte, car un grand nombre de Chenilles se trouvant transportées avec les grappes jusqu'au pressoir y trouvent inévitablement la mort. Un si grand avantage a quelquefois même déterminé les agriculteurs instruits à faire commencer leurs vendanges avant la maturité complète du raisin, et dans ce cas on voyait les vers, abandonnant les grappes, tapisser en grand nombre les parois des cuves.

La COCHYLIS DE LA GRAPPE paraît attaquer indifféremment toutes les qualités et toutes les variétés de Vignes sans établir entre elles aucune préférence. Mais aucune autre plante ne semble lui offrir une nourriture convenable, et on ne la rencontre que fort rarement et isolément à quelque distance des Vignes; pourtant Faure-Biguet et Sionest assurent avoir trouvé cette Chenille sur plusieurs plantes, et notamment sur l'Armoise; mais ce fait mériterait confirmation.

DÉGATS. — Les ravages occasionnés par cet insecte, sans être aussi étendus, au moins en France, que ceux de la PYRALE, ont acquis dans certaines localités une grande gravité, et nous voyons à plusieurs époques des naturalistes nationaux et étrangers signaler la présence de cet insecte sur plusieurs points où il existe encore.

Il paraît que dès 1713 on se plaignait dans l'île de Reichenau, située sur le lac de Constance, des dégâts causés par la COCHYLIS, et que ce ne fut qu'après des années consécutives de désastres toujours renaissants que le docteur Menning fut chargé, en 1811, par le gouvernement du grand-duché de Bade, d'aller étudier à Reichenau les habitudes de cet insecte, et de chercher à porter remède aux dommages considérables qu'il causait aux Vignes de ce pays. Ce naturaliste en donna une assez bonne description dans un mémoire spécial, et établit que ces insectes étaient alors en si grand nombre qu'on trouvait souvent jusqu'à vingt-cinq et trente Chrysalides sur le même cep.

En 1740, les ravages que la COCHYLIS exerçait sur les Vignes des environs de Genève fixèrent également l'attention de Bonnet [1]; et en 1838 M. Alexis Forel m'écrivait que ce même insecte, qui dévastait encore alors les Vignes situées aux bords du lac Léman et qu'on retrouvait dans le canton de Vaud, n'était pas la *Pyralis vitana*, mais la *Tinea ambiguella* d'Hubner.

En 1799, Pallas [2] avait aussi signalé la présence de ce petit Lépidoptère dans les Vignes de la Crimée.

Enfin les vignobles des environs de Stuttgard, dans le royaume de Wurtemberg, étaient aussi dévastés depuis long-temps, lorsqu'en 1829, année par-

(1) OEuvres complètes, tom. 1er, pag. 367, in-4°.

(2) Pallas, Voyage en Russie.

ticulièrement désastreuse, M. Roser publia un rapport circonstancié sur les dégâts occasionnés sur ce point par la COCHYLIS.

L'abbé Rozier est le premier auteur français qui ait parlé de cet insecte, qu'il nomme *Teigne de la grappe*. « Il se trouve principalement, dit-il, dans » les provinces de Bourgogne, de Champagne, du Dauphiné, du Lyonnais, » du Beaujolais, » etc.

Aujourd'hui, c'est encore dans une partie de ces différentes provinces que nous retrouvons la COCHYLIS. Ainsi M. Morelot, dans sa Statistique de la Vigne dans le département de la Côte-d'Or, établit que durant les années 1804, 1813, 1821 et surtout 1836 la Teigne de la Vigne a commis de grands ravages dans ce département.

M. Desvignes remarquait en 1830, année où il y eut peu de PYRALES dans le Mâconnais, qu'on pouvait attribuer au *ver rouge* la perte des trois quarts de la récolte. En 1837 presque tous les raisins épargnés dans cette même province par la PYRALE se trouvèrent à l'automne ravagés par la COCHYLIS, et en 1838 la coulure du raisin fut attribuée en grande partie à une cause semblable.

En 1837, le maire d'Argenteuil signalait aussi cet insecte à l'attention des cultivateurs et aux observations des savants, et l'on a vu pendant plusieurs années les Vignes de diverses autres communes du département de Seine-et-Oise où la PYRALE n'existait pas, telles que Carrière-Saint-Denis, Bezons, etc., dévastées à l'époque de la récolte par ce petit insecte. J'ai aussi rencontré ce petit Lépidoptère assez abondamment dans les Vignes de Sèvres en 1838 et 1839, mais pas au point pourtant de compromettre positivement la récolte.

Les départements de l'Yonne, de la Nièvre, de Maine-et-Loire, de la Charente-Inférieure, du Loiret ont eu également à souffrir des attaques du *ver rouge* tant à l'époque de la floraison qu'à celle des vendanges. Dans ce dernier département on s'est même quelquefois décidé à faire les vendanges avant la maturité du raisin, afin qu'elle ne fût pas complétement perdue par les ravages de cette Chenille.

Mais c'est surtout en Champagne, et spécialement dans le département de la Haute-Marne, que la COCHYLIS a exercé ses ravages avec le plus de force.

Ainsi en 1837, dans l'arrondissement de Reims, les Vignes de Rilly, celles de Verzy, de Verzenay, de Chegny, de Mailly, de Chamery, de Sermiers, de Ludes et de Villers-Allerand ont été particulièrement dévastées par cet insecte, et les cinq premières de ces communes ont vu plus de la moitié de la récolte détruite par la seconde apparition de la COCHYLIS au mois d'août. Cette même année la COCHYLIS avait aussi dévasté dans l'arrondissement d'Épernay les vignes du territoire de cette ville ainsi que celles de Mardeuil, de Pierry et de Moussy, et, sur le revers de la montagne qui fait face à la Marne, les vignobles de Passy, Grigny, Verneuil, Sainte-Gemme, Treslon, Troissy; puis, plus à l'est, les Vignes des communes de Mesnil, Oger, Avize et Crammant. Nous devons nous rappeler qu'à part ces deux derniers endroits, où M. Dagonnet a trouvé aussi quelques rares PYRALES, toutes les localités où ce dernier insecte s'est montré ne sont pas les mêmes. Mais M. Dagonnet ayant remarqué que dans toutes ces localités les dégâts étaient plus considérables sur les coteaux exposés au nord et à l'est que sur ceux exposés au midi et à l'ouest, cette différence suffirait pour expliquer la séparation de ces deux insectes: la PYRALE recherchant au contraire les expositions chaudes.

Depuis vingt années, la COCHYLIS s'est constamment montrée dans une grande partie des localités que je viens de nommer, ainsi que dans le département de l'Aube; mais il n'y a guère eu que trois ou quatre années où sa présence y ait amené des dégâts réellement importants.

MOYENS DE DESTRUCTION. — Nous avons affaire ici à un ennemi encore plus difficile à saisir que la PYRALE; et quoiqu'on ait proposé d'employer sur ces deux Lépidoptères des moyens analogues, les habitudes même de l'insecte dont nous nous occupons actuellement rendent impossible l'exécution de la plupart de ceux qu'on applique à la PYRALE.

Ainsi le séjour de la larve dans la grappe même ne permet pas de penser à un Échenillage qui, toujours si difficile, devient impossible dans le cas actuel; la double génération de l'insecte rend inadmissible l'emploi des Feux crépusculaires, à cause des dépenses considérables qu'ils entraîneraient et des autres inconvénients que j'ai déjà eu l'occasion d'énumérer; enfin les divers endroits où la COCHYLIS dépose ses Œufs, tantôt au printemps sur le bourgeon, tantôt à l'automne sur le grain même, et la petitesse même de ces OEufs, qui rend presque impossible de les apercevoir, ne permet pas d'avoir recours à la Cueillette de ces Pontes.

On a cherché à agir de plusieurs manières différentes tant sur les pousses que sur les grains; mais aucun de ces procédés ne nous semble admissible.

M. Marchisio de Turin, dans un mémoire sur les vers et insectes nuisibles à la Vigne, parle de divers procédés qui consisteraient à imprégner les bourgeons de la Vigne soit avec une décoction de feuilles de Sureau, soit avec un mélange de Suie et d'Aloës, soit avec une décoction de feuilles de Tabac mêlée de Miel; toutefois il convient lui-même de l'inefficacité de ces enduits, que l'humidité viendrait promptement enlever et que le développement même des bourgeons rendrait promptement inutile. Il préconise davantage l'emploi de Cercles gluants qui arrêteraient les Chenilles dans leurs promenades sur les branches; mais l'emploi de ce moyen, qui présente quelques avantages pour la PYRALE en ce que les Chenilles sortant toutes du cep doivent nécessairement franchir l'anneau lorsqu'elles veulent gagner les bourgeons, n'a plus aucun avantage lorsqu'il s'agit de ralentir la marche de quelques Chenilles qui, étant nées sur les bourgeons et sur les grappes, se trouvent placées de suite sur les points que nous voudrions préserver.

Nous trouvons aussi, dans le Compte-rendu de la Société d'agriculture de Lyon pour 1818, l'indication d'un autre procédé, qui demanderait au moins vérification avant d'être employé. L'auteur, M. Deschamps, ayant cru remarquer que les Vignes placées dans le voisinage des grandes routes étaient rarement attaquées par les vers, essaya de saupoudrer de poussière quelques Vignes infestées par la COCHYLIS; ayant ensuite examiné les grappes de raisin en fleurs qui se trouvaient sur ces Vignes, il s'aperçut qu'une partie des Chenilles étaient mortes, que d'autres paraissaient souffrantes, et que plusieurs avaient quitté les grappes. « Je m'assurai aussi, dit-il, que ce saupoudrement, que l'on pour» rait effectuer de la même manière qu'on verse le plâtre sur les prairies ou » avec un panier garni d'une toile claire, n'avait porté aucune atteinte aux » fleurs du raisin. »

Mais tous ces petits moyens me semblent incompatibles avec la culture en grand, et, en attendant que des observations plus précises aient pu mettre sur la voie de quelque mode de destruction plus complet, nous ne voyons que la destruction des Chrysalides pendant l'hiver qui puisse amener une diminution réelle dans le nombre de ces insectes. Durant la génération de l'été, les Chrysalides cachées au milieu même des grappes sont hors de notre atteinte; mais l'hiver, placées sous l'écorce des ceps, quelquefois même dessus, et réfugiées souvent en grand nombre dans les échalas, nous pouvons au moins espérer d'en réduire sensiblement le nombre en les attaquant dans ces divers endroits.

Il faudrait donc essentiellement, dans tous les pays où l'on emploie des supports, les soumettre aux fumigations dont j'ai parlé précédemment. Une commission, chargée par la Société d'agriculture de Châlons-sur-Marne de chercher à porter remède aux ravages causés par la *Teigne de la Vigne*, conseille d'exposer les échalas à une flamme bien dirigée. « Les échalas à passer au feu, dit le » rapporteur, seront réunis, au nombre de cinq cents environ, autour de quatre » bâtons, fixés en travers sur quatre autres piqués en terre et servant de mon- » tants; la disposition à donner aux échalas doit être telle que la moitié, ou » environ, forme à l'intérieur une pyramide renversée, et que l'autre moitié » figure à l'extérieur une pyramide tronquee; tous les bâtons composant la » pyramide intérieure seront placés le gros bout en bas; on donnera une dis- » position inverse à ceux de la pyramide extérieure; on pourra recouvrir la » partie restée ouverte avec d'autres échalas formant une sorte de claie; les » vides seront remplis de feuilles de Vigne sèches ramassées sur le lieu même, » de paille, de sarments, etc., enfin de matières propres à donner beaucoup » de flamme et faciles à se procurer. On aura soin, pendant la combustion, » de flamber avec des torches de paille enflammées les faces des bâtons restés » à découvert à l'extérieur... Les bâtons passés ainsi au feu rachèteraient par » leur durée la dépense fort peu considérable du procédé. »

Les expériences positives que j'ai faites sur les échalas contenant des PYRALES me feraient craindre qu'une chaleur nécessairement assez irrégulière, ne puisse suffire à la destruction des Chrysalides de COCHYLIS; pourtant ces cocons étant généralement placés plus extérieurement, il serait possible que la chaleur pût agir plus facilement sur eux : quelques expériences faites avec soin suffiraient du reste pour déterminer ce point important.

Outre cet assainissement des échalas, qui me semble l'opération la plus utile, on pourrait encore avoir soin, durant l'hiver, de racler le plus possible les parties des ceps où les cocons se trouvent placés extérieurement, en ayant soin de brûler tous les détritus qu'on enlèverait. Le docteur Menning dit avoir employé ce moyen avec succès, dans les Vignes de l'île de Reichenau.

La destruction de cet insecte n'ayant pas été l'objet de mes recherches personnelles, je suis loin de déclarer qu'on ne puisse parvenir par quelque autre moyen à réduire sensiblement ses ravages ; ce n'est qu'en étudiant minutieusement les mœurs de ce petit Lépidoptère qu'on peut espérer arriver à une conclusion satisfaisante.

COCHYLIS DE LA VIGNE. — *COCHYLIS VITISANA.*

Grisâtre avec les ailes antérieures nuancées de gris de perle et de roussâtre et offrant des bandes transversales irrégulières tachetées de brun foncé.

Tortrix vitisana. Jacquin, *Collectanea ad botanicam, chemiam et historiam naturalem spectantia, cum figuris*, vol. II, pag. 97, pl. 1.
Tinea permixtana. Hubner. *Papillons d'Europe. — Tortrices,* tab. 12, fig. 7.
Cochylis reliquana. Treitschke, *Schmetterlinge von Europa*, tom. 10, p. 3, pag. 146.

Ce Papillon a huit millimètres de longueur et douze à treize d'envergure. Les ailes antérieures sont d'un gris de perle marbré de jaune roussâtre, et présentent deux bandes, légèrement obliques, d'un gris brunâtre ; la première est placée un peu avant le milieu de l'aile, et la seconde un peu au delà ; ces deux bandes sont fort irrégulières et plus ou moins tachetées de brun foncé. Le sommet des ailes est d'un jaune-roussâtre pâle, si l'on en excepte l'angle supérieur, qui offre une petite tache blanche, circonscrite par une autre d'un brun foncé ; la frange est de la même couleur que le sommet des ailes. Les ailes postérieures sont d'un gris pâle ; leur frange est presque blanche. La tête, les antennes, les pattes et le thorax sont d'un roux grisâtre ; mais ce dernier offre des écailles noires qui le font paraître nuancé de diverses couleurs. L'abdomen est entièrement d'un gris-jaunâtre pâle.

La CHENILLE de cette COCHYLIS, lorsqu'elle a acquis tout son développement, a sept ou huit millimètres de longueur. Sa couleur générale est d'un vert sale; la tête et le premier anneau sont d'un brun jaunâtre; tous les autres anneaux présentent des plaques piligères bordées de blanc; les pattes écailleuses sont noirâtres, et les pattes membraneuses brunâtres.

La CHRYSALIDE, de couleur brune, est courte et obtuse comme celle de la Cochylis de la grappe, et offre également des épines sur les anneaux de l'abdomen.

Les mœurs de la COCHYLIS DE LA VIGNE sont complétement analogues à celles de la Cochylis de la grappe; elle a comme elle deux générations annuelles; les femelles déposent aussi leur première ponte sur les bourgeons, et la seconde sur les grains de raisin, dont elles font leur unique nourriture; enfin elles passent également l'hiver à l'état de Chrysalide.

Jusqu'à présent cette espèce, qui est peu commune en France, n'a pas causé de ravages dans nos Vignobles; mais elle a été observée en Allemagne par Jacquin, et plus récemment par Kollar, qui mentionne spécialement les dégâts que la Chenille de cette COCHYLIS a occasionnés aux environs de Vienne en Autriche durant les années 1816, 1817, 1828 et 1835. Il a remarqué toutefois que cet insecte faisait plus de tort aux Vignes plantées en treille dans les jardins qu'aux vignobles proprement dits [1].

GENRE TORDEUSE. (*Tortrix.*)

Ce genre, qui fait aussi partie de la section des Tordeuses, et qui ne s'éloigne essentiellement du genre PYRALE que par des palpes dépassant peu le bord antérieur de la tête et par un corps plus grêle, nous offre comme espèce vitivore la

(1) Kollar Naturgeschichte der scadlicher insecten. Vienne, 1837, pag. 179.

TORDEUSE HÉPATIQUE — *TORTRIX HEPARANA.*

Brune avec les ailes antérieures légèrement falquées; et d'un brun rougeâtre, ayant une fine réticulation, une bande transversale médiane, et deux taches, d'un brun plus foncé.

Tortrix heparana. DENIS et SCHIEFFERMULLER, *Wiener Verzeichniss*, p. 128.
Pyralis fasciana. FABRICIUS, *Entom. syst.*, tom. III, pag. 2, pl. 261, n° 78.
Tortrix heparana. TREITSCHKE, *Schmetterl. von Europa*, tom. VIII, pag. 58, n° 8.
DUPONCHEL, *Hist. naturelle des Lépidoptères*, tom. IX, pag. 67, pl. 238, fig. 7.
La Chape brune. GEOFFROY, *Hist. des Insectes*, tom. II, pag. 169, n° 118.
Phalène-Chape brune du Lilas. De GEER, *Mémoires*, tom. I, pag. 403, tab. 27, fig. 1-10.

Ce PAPILLON, long d'environ seize millimètres quand ses ailes sont fermées, en a vingt-deux à vingt-cinq d'envergure quand elles sont étendues. Les ailes antérieures, légèrement falquées à l'angle supérieur, sont d'une couleur brune tirant légèrement sur le rouge-brique; elles offrent dans toute leur étendue une fine réticulation d'un brun plus foncé, formée par de petits traits transversaux; elles présentent en outre une tache basilaire, une bande transversale médiane un peu oblique, et une autre tache située contre le bord costal, près du sommet, toutes d'un brun plus foncé que la teinte générale. Les ailes postérieures sont d'un gris-obscur uniforme avec leur frange plus pâle.

La tête, le thorax, les antennes et les pattes sont de la nuance des ailes antérieures; l'abdomen est, au contraire, de la couleur des ailes postérieures.

La CHENILLE de la TORTRIX HÉPATIQUE ne vit qu'aux dépens des feuilles, qu'elle roule en cornets pour s'y abriter et pour s'y métamorphoser ensuite en CHRYSALIDE.

N'ayant pas observé personnellement cette Chenille, et les auteurs qui l'ont décrite ne s'accordant pas sur la valeur de ses caractères spécifiques, je ne m'aventurerai pas à en donner une description détaillée. Du reste, on n'a constaté les dégâts causés par cet insecte que sur très-peu de points; et il paraît que sa chenille vit aussi bien sur le Bouleau, le Saule, le Hêtre, le Lilas que sur la Vigne.

GENRE ILYTHIE. (*Ilithia.*)

Le genre Ilythie, qui appartient comme les espèces précédentes à la famille des Lépidoptères nocturnes, mais qui prend place dans la SECTION DES TINÉITES, tribu des Crambides, est surtout caractérisé par des palpes labiaux seuls visibles, ascendants, plus ou moins recourbés au-dessus de la tête et terminés en pointe aiguë; par des antennes filiformes, très-rapprochées à leur base et dont le premier article est plus gros que les suivants; par des ailes antérieures longues, étroites, dont le bord postérieur est arrondi; enfin par de larges ailes postérieures.

L'espèce que quelques anciens auteurs ont rangée parmi les ennemis de la Vigne est l'

ILYTHIE DES VIGNOBLES. — *ILYTHIA VINETELLA.*

Ailes antérieures d'un brun-olivacé pâle offrant cinq raies longitudinales argentées.

Tinea vinetella. FAB., *Entom. syst.*, tom. III, pag. 2, pl. 294, n° 20.
HUBNER, *Papillons d'Europe* (*Tineæ*), tab. 6, fig. 42.
Phycis vinetella. TREITSCHKE, *Schmetterl. von Europa*, tom. IX, pag. 151, n° 10.
Ilythie des vignobles. *Ilythia vinetella.* DUPONCHEL, *Hist. nat. des Lépidoptères*, tom. X, pag. 154, pl. 276, fig. 6.

Ce PAPILLON a vingt-deux millimètres de long lorsque ses ailes sont fermées, et trente d'envergure lorsqu'elles sont ouvertes. Les ailes antérieures sont d'un brun-olivacé pâle avec le bord costal et le bord interne d'un blanc d'argent; elles offrent aussi trois raies longitudinales de cette même couleur : la première, qui est courte, part de la base de l'aile; la seconde, qui lui fait suite et qui est plus large et plus longue, s'étend jusqu'au bord frangé; la troisième, située près de l'angle postérieur, ne s'avance pas au delà du milieu de l'aile. On remarque en outre à l'angle supérieur, au-dessus de la ligne costale, un petit trait argenté; la frange est d'un gris d'argent. Les ailes postérieures sont complétement grises; leur frange est plus claire. Le corps est brunâtre avec la tête, les palpes, les antennes et le thorax plus olivâtres que l'abdomen; le thorax présente dans le milieu une large tache blanche.

Je n'ai jamais trouvé cet insecte, dont la CHENILLE est encore inconnue.

GENRE TEIGNE. (*Tinea.*)

M. Dunal [1] décrit comme insecte vitivore une Tinéite qui m'est inconnue, mais qui cependant, d'après la description et la figure données par le savant

[1] Bulletin de la Société d'agriculture du département de l'Hérault, décembre 1838, pag. 431.

professeur de Montpellier, me paraît appartenir au genre Teigne, *Tinea* proprement dit : caractérisé par des antennes simples dans les deux sexes, nues, à peine ciliées dans les mâles; des palpes courts, cylindriques, presque droits; des ailes antérieures longues et étroites, et des ailes postérieures elliptiques.

Ce Papillon, que M. Dunal désigne sous le nom de *Tinea albertinella*, a environ vingt millimètres d'envergure. Ses ailes antérieures, jaunâtres dans leur moitié antérieure, sont d'un brun noirâtre dans le reste de leur étendue avec une grande tache rousse en forme de *V* dans leur milieu; les ailes postérieures sont d'un blanc gris.

Sa Chenille, longue de douze à quatorze millimètres, est d'un vert jaunâtre; sa tête est rouge.

Elle fut trouvée, le 10 septembre, par M. Adrien de Villiers, dans les grains d'une grappe de raisin desséchée. Le 12 octobre, étant sortie du grain qu'elle dévorait, elle fila sur une partie concave du pédoncule un cocon soyeux et transparent, et, le 5 mai de l'année suivante, l'on en vit éclore le Papillon que je viens de décrire.

Genre Ptérophore. (*Pterophorus.*)

Ce genre, comme tous les précédents, appartient à la grande division des Lépidoptères nocturnes, mais constitue le type d'une tribu particulière à laquelle Latreille a donné le nom de Fissipennes, à raison de la conformation singulière que présentent les ailes des insectes qui en font partie. Ces insectes ont le corps long et grêle, la trompe fort longue, les palpes labiaux droits et écartés, les antennes filiformes dans les deux sexes; leurs ailes sont très-étroites: les antérieures sont divisées en deux branches et les postérieures en trois, et chacune est formée de longues franges; enfin les pattes sont très-longues, surtout les postérieures.

On ne cite comme espèce vitivore que le

PTÉROPHORE A CINQ DOIGTS. — *PTEROPHORUS PENTADACTYLUS.*

D'un blanc de neige complet avec les ailes divisées jusqu'à leur base.

Alucita pentadactyla. Linné, *Syst. nat.*, tom. II, pag. 900, n° 459.

Pterophorus pentadactylus. FABRICIUS, *Entom. system.*, tom. III, pl. 2, pag. 348, n° 12.
DUPONCHEL, *Hist. natur. des Lépid. ou Papillons de France*, tom. XI, pag. 676, pl. 314, fig. 8.
Le Ptérophore blanc. GEOFFROY, *Hist. des Insectes*, tom. II, pag. 91, tab. XI, fig. 6.

Ce PAPILLON, qui a près de trois centimètres d'envergure, est d'un blanc de neige satiné; ses ailes antérieures sont divisées en deux, et les postérieures en trois, jusqu'à leur base, ce qui leur donne l'aspect de cinq petites plumes bien frangées.

La CHENILLE est d'un vert pâle; elle est ornée de cinq lignes longitudinales: une blanche, deux vertes et deux jaune-pâle; la tête est jaunâtre. Sur chaque anneau il existe une petite élévation surmontée de petits points saillants qui donnent naissance à des bouquets de poils bruns.

Au moment de se métamorphoser, cette Chenille quitte la plante qui lui a servi de nourriture et va se suspendre à quelque corps solide comme le font certains Papillons de jour.

La CHRYSALIDE est de la même couleur que la Chenille; mais elle offre des taches noires qui deviennent plus petites et plus roussâtres à mesure qu'elles se rapprochent de l'abdomen. On remarque sur le dos les mêmes bouquets de poils que sur la Chenille.

Bertrand d'Acétis prétend que le PTÉROPHORE A CINQ DOIGTS vit dans les grappes de raisin; mais cette opinion est évidemment erronée, et tous les entomologistes savent que sa Chenille vit sur les liserons. J'ai vu quelquefois ce Papillon posé sur les feuilles de Vigne, mais je n'ai jamais trouvé sa Chenille occupée à les dévorer; et il y a tout lieu de croire que c'est accidentellement qu'elle quitte les liserons pour monter sur les ceps voisins: sa présence sur la Vigne ne me paraît donc pas un motif suffisant pour ranger ce Lépidoptère parmi les insectes vitivores, et il faudrait des observations positives pour penser qu'elle puisse réellement nuire aux récoltes.

GENRE NOCTUELLE. (*Noctua.*)

Les insectes de ce genre sont des Lépidoptères nocturnes de la section des Noctuélites, et se distinguent par des antennes sétacées, ciliées ou pectinées en dessous dans les mâles, par des palpes hérissés de longs poils et dépassant un peu le bord du chaperon ; par des ailes assez larges, et par des tarses munis en dessous de fortes épines dont le premier article est presque aussi long que tous les autres réunis ; ceux-ci vont en décroissant de longueur.

Les Chenilles de plusieurs Noctuelles sont connues des cultivateurs sous le nom de *ver gris*. Toutes ces espèces se ressemblent beaucoup et ont des habitudes analogues. Elles passent la plus grande partie de leur vie cachées dans la terre, et se nourrissent des racines des plantes ; mais quelquefois elles en sortent, et montent alors sur les plantes mêmes, dont elles dévorent les feuilles et les bourgeons.

Trois espèces qui appartiennent à ce genre vivent parfois aux dépens des Vignes.

NOCTUELLE ÉPAISSE. — *NOCTUA CRASSA.*

HUBNER, *Papillons d'Europe* (*Noctuæ*), pl. 32, fig. 151 et 152.
TREITSCHKE, *Schmetterlinge von Europa,* tom. 5, pag. 166, n° 19.
GODART, *Papillons de France,* tom. 5, pag. 236, pl. 67.
DUNAL, *Bulletin de la Société d'agriculture du département de l'Hérault*, décembre 1837, pag. 435.

Ce PAPILLON a vingt-cinq millimètres de long lorsque ses ailes sont fermées, et au moins quarante d'envergure. Ses ailes antérieures sont d'un gris légèrement roussâtre, plus foncé dans la femelle que dans le mâle ; elles sont traversées par trois lignes blanchâtres anguleuses, bordées de noir : les deux premières renferment les taches ordinaires, qui sont brunes, entourées de noir, et une petite tache en chevron entièrement noire ; la troisième ligne, située près de l'extrémité des ailes, adhère à des traits noirs en forme de fer de flèche. Dans le mâle, les ailes postérieures sont blanches avec une ligne noire le long du bord frangé ; dans la femelle, elles sont grisâtres avec une large bordure obscure. La tête et le thorax sont de la même nuance que les ailes antérieures avec une ligne noire transversale en forme de collier. Les antennes, d'un jaune testacé, sont très-pectinées dans le mâle et simples dans la femelle. L'abdomen est d'un gris pâle avec ses derniers segments bordés de brun, très-pectinés dans le mâle et simples dans la femelle. L'abdomen est d'un gris pâle avec les derniers segments bordés de brun.

La CHENILLE de la NOCTUELLE ÉPAISSE est longue au moins de cinq centimètres ;

tout son corps est gris plus ou moins nuancé de brun ou de verdâtre, elle a une double raie longitudinale sur le dos, et une ligne de chaque côté, de couleur noire; chaque anneau porte en outre une douzaine de points noirs, groupés sur le dos et sur les parties latérales; la tête est fauve avec deux petites lignes noires.

La Chrysalide est ovoïde, terminée en pointe, et d'un brun foncé.

Quoique les dégâts de ces Chenilles n'aient jamais été bien sensibles et qu'on les trouve plus fréquemment au pied des plantes herbacées, elles mangent pourtant quelquefois les racines des Vignes; et, en creusant un peu au pied des ceps, il est facile de les trouver dans leur retraite, qu'elles ne quittent que le soir.

Lorsqu'elles veulent se métamorphoser, elles construisent dans la terre une loge, qu'elles tapissent de quelques fils, pour y subir leur transformation.

NOCTUELLE OBÉLISQUE. — *NOCTUA OBELISCA.*

Grise avec les ailes antérieures d'un brun-ferrugineux pâle, offrant trois lignes noires ondulées et peu distinctes; les deux premières renferment les taches ordinaires et une autre tache noire pyramidiforme.

Denis et Schieffermuller, *Wiener Verzeichniss*, page 80.
Hubner, *Papillons d'Europe* (Noctuæ), pl. 26, fig. 123.
Godart, *Hist. nat. des Papillons de France,* tom. v, pag. 214, pl. 64, fig. 3.

Ce Papillon, long de vingt-deux millimètres lorsque ses ailes sont fermées, en a trente-six à quarante d'envergure. Les ailes antérieures sont d'un brun-ferrugineux pâle; elles offrent trois raies noires transversales et ondulées, et souvent très-oblitérées : les deux premières renferment les taches ordinaires entourées de noir, et en outre une tache noire située au-dessous d'elles et un peu en forme d'obélisque; la troisième ligne transversale est séparée du bord terminal par une zone plus foncée que la couleur générale des ailes. Les ailes postérieures sont d'un blanc grisâtre, avec une bordure d'un gris obscur. La tête, les antennes et le thorax sont d'un brun ferrugineux; l'abdomen est plus gris.

La Chenille de la Noctuelle obélisque est rase, d'un gris vineux, avec des lignes longitudinales noires et des lignes obliques sur les parties latérales; les stigmates sont complétement cerclés de noir, et l'on remarque au-dessus d'eux une série de points de la même couleur.

La Chrysalide est oblongue et terminée en pointe; sa couleur est d'un ferrugineux rougeâtre.

Cette Chenille, comme celle de l'espèce précédente, vit dans la terre; mais à l'époque du développement des bourgeons, elle sort de sa retraite la nuit pour aller les ronger. Lorsqu'elle est rassasiée, elle se laisse tomber et rentre en terre; c'est également là qu'elle se métamorphose en Chrysalide.

On ne trouve cette **Noctuelle** que dans le midi de la France; sa chenille vit sur beaucoup de plantes différentes, et principalement sur celles de la famille des Rubiacées.

NOCTUELLE AIGLE. — *NOCTUA AQUILINA.*

Grise avec les ailes antérieures brunes, ayant trois lignes ondées fauves; les deux premières renfermant les taches ordinaires et une tache de forme pyramidale.

Denis et Schieffermuller, *Wiener Verzeichniss*, pag. 80.
Hubner, *Papillons d'Europe* (Noctuæ), pl. 29, fig. 135; et pl. 115, fig. 535.
Godart, *Hist. natur. des Papillons de France,* tom. 5, pag 218, pl. 64, fig. 6-7.

Ce **Papillon** a la même taille que le précédent; ses ailes antérieures sont d'un brun foncé, avec trois lignes ondées d'un fauve pâle : les deux premières renferment les taches ordinaires grises entourées de noir, et une autre tache, située au-dessous de l'une d'elles, de forme pyramidale, brune et ceinte de noir; la troisième ligne est séparée du bord frangé par une zone plus obscure que la teinte générale des ailes. On remarque encore, au-dessus des taches ordinaires, une bande peu limitée, d'un gris pâle. Les ailes postérieures sont d'un gris plus foncé près du bord; la tête, les antennes et le thorax sont d'un brun obscur comme les ailes antérieures; l'abdomen est gris.

La **Chenille** est d'un gris brunâtre ou verdâtre avec quelques lignes longitudinales plus ou moins marquées, et, sur chaque anneau, quelques points d'un brun noirâtre; la tête est fauve avec de petits points et deux linéoles noirâtres.

La **Chrysalide** est oblongue, terminée en pointe, et d'un brun rougeâtre.

Les mœurs de cette Chenille paraissent être analogues à celles de la *Noctua obelisca.* Il paraît qu'on la trouve quelquefois dans les Vignes, mais je ne l'y ai point observée.

Genre Écaille. (*Chelonia.*)

Ce genre de Lépidoptères nocturnes prend place dans la section des Faux Bombix; il est caractérisé par un corps épais, des antennes pectinées dans les mâles et légèrement dentées dans les femelles, une trompe très rudimentaire, des palpes avancés, de manière à former une sorte de petit bec, et des ailes larges.

On a souvent trouvé les Chenilles de plusieurs espèces de ce genre occupées à dévorer les feuilles de Vigne; mais elles vivent plus ordinairement sur d'autres plantes. Nous citerons particulièrement les espèces suivantes.

ÉCAILLE MENDIANTE. — *CHELONIA MENDICA.*

Avec des ailes d'un gris foncé dans le mâle et d'un beau blanc dans la femelle, tachetées de points noirs épars.

Bombyx mendica. LINNÉ, *Syst. nat.*, tom. II, pag. 882, n° 47.
FABRICIUS, *Entom. system.*, tom. III, pag. 452, n° 139.
HUBNER, *Papillons d'Europe* (Bombyces), pl. 34, fig. 148 et 149.
Chelonia mendica. GODART, *Papillons de France,* tom. IV, pag. 356, pl. 37, fig. 1 et 2.
DUNAL, *Bulletin de la Société d'agriculture du département de l'Hérault*, avril et mai 1838, pag. 136.

Ce PAPILLON, long de vingt-cinq millimètres lorsque ses ailes sont fermées, a quatre centimètres d'envergure. Dans le mâle les quatre ailes sont d'un gris foncé parfaitement uniforme, dans la femelle elles sont parfaitement blanches et un peu transparentes; dans les deux sexes les antérieures seules présentent cinq à six points noirs épars et disposés quelquefois un peu différemment, selon les individus. Le corps est gris chez le mâle et blanc chez la femelle; les antennes, noires chez cette dernière, sont grises et pectinées dans le mâle; enfin, dans les deux sexes, les cuisses offrent des poils d'un jaune fauve et cinq rangées longitudinales de points noirs sur l'abdomen.

La CHENILLE de l'ÉCAILLE MENDIANTE est d'un blanc sale tirant plus ou moins sur le jaunâtre ou le grisâtre; elle offre une large ligne dorsale d'un gris obscur, et sur les parties latérales quelques traits obliques qui paraissent formés par des replis de la peau; sa tête est d'un roux-clair brillant. Tout son corps est couvert de poils roides, blonds ou roussâtres, disposés par bouquets sur des tubercules peu saillants. La CHRYSALIDE est ovoïde et d'un brun luisant.

On trouve cette Chenille dans les mois de juin et de juillet. Lorsqu'elle a atteint tout son développement, elle se construit une coque soyeuse, très-lâche, entremêlée de ses poils, qui tombent au moment de sa métamorphose, et elle y subit sa transformation; le Papillon n'éclôt qu'au printemps suivant.

ÉCAILLE LUBRICIPÈDE. — *CHELONIA LUBRICIPEDA.*

Avec des ailes d'un blanc roussâtre tachetées de noir et un abdomen d'un jaune vif orné de cinq rangées de points noirs.

Bombyx lubricipeda. LINNÉ, *Syst. nat.*, tom. II, pag. 829, n° 69.
FABRICIUS, *Entom. syst.*, tom. II, pl. 2, pag. 451, n° 138.
Eyprepia lubricipeda. OCHSENHEIMER, *Schmetterl. von Europa*, tom 3, pag 359, n° 30.
Chelonia lubricipeda. GODART, *Hist. nat. des Papillons de France*, tom. IV, pag. 358, pl. 37, fig. 3.
Phalène lièvre. ENGRAMELLE.

Cette espèce, dont la longueur avec les ailes fermées est de vingt-cinq millimètres, a quatre centimètres d'envergure. Elle ressemble par la taille et par l'aspect général à la femelle de l'Écaille mendiante; mais ses quatre ailes sont d'un blanc-roussâtre obscur dans les deux sexes. Les ailes antérieures présentent trois petites taches noires le long du bord costal, et une série de points ou petites taches également noires qui forment une bande transversale oblique située un peu au delà des deux tiers de la longueur des ailes. Dans quelques cas plusieurs de ces taches disparaissent, et la bande transversale persiste seulement en dessous. Les ailes postérieures offrent aussi quelques points noirs en nombre variable et situés vers la partie médiane de l'aile. La tête et le thorax sont de la même nuance que les ailes. Les antennes sont d'un gris noirâtre, et les pattes brunes avec les cuisses revêtues de poils fauves. L'abdomen, d'un jaune-fauve vif en dessus et d'un blanc roussâtre en dessous, offre cinq rangées longitudinales de gros points noirs.

La CHENILLE de l'ÉCAILLE LUBRICIPÈDE a toute sa partie dorsale d'un gris noirâtre plus ou moins obscur avec les parties latérales blanchâtres; excepté le long des pattes, où elles sont plus noires. Ses poils, d'un brun plus ou moins vif, sont disposés par bouquets, comme chez toutes les ÉCAILLES. La tête est d'un roux clair.

Elle se métamorphose absolument comme l'Écaille mendiante.

ÉCAILLE VILLAGEOISE. — *CHELONIA VILLICA.*

Avec des ailes antérieures noires tachetées de jaune-paille, des ailes postérieures orangées tachetées de noir, un abdomen jaune ayant l'extrémité rouge.

Bombyx villica. LINNÉ, *Syst. nat.*, tom. II, pag. 820, n° 41.

Fabricius, *Entom. system.*, tom. II, pl. 2, pag. 468, n° 192.
Godart, *Hist. nat. des Papillons de France*, tom. IV, pag. 336, pl. 35, fig. 1.

Ce **Papillon**, long de trente à trente-cinq millimètres avec les ailes fermées, en a soixante d'envergure. Les ailes antérieures sont d'un beau noir de velours avec des taches d'un jaune paille de formes un peu irrégulières. On en remarque à la base une assez grande, de forme triangulaire, puis d'autres presque rondes, et ensuite de plus petites vers le milieu des ailes ; un peu au delà on voit deux grandes taches assez irrégulières, et enfin une dernière, qui est isolée à l'extrémité des ailes. Les ailes postérieures sont d'un beau jaune-orange avec quelques points noirs en nombre variable dans leur partie moyenne, et une assez grande tache apicale, plus ou moins déchiquetée, renfermant aussi dans son intérieur deux ou trois espaces jaunes plus ou moins grands. Les antennes, les pattes, la tête et le thorax, en dessus, sont d'un noir vif, avec une grande tache d'un jaune paille sur chaque paraptère ; en dessous, le thorax et les cuisses offrent des poils d'un rouge carminé. L'abdomen est jaune en dessus, avec son extrémité rouge et quelques points noirs ; en dessous il est rouge avec deux lignes d'un brun noirâtre.

La **Chenille** de cette espèce, longue de plus de cinq centimètres quand elle a acquis tout son développement, est entièrement noire, avec des tubercules plus pâles supportant des bouquets de poils d'un brun rouge ; la tête est de cette dernière nuance, ainsi que les pattes ; les stigmates sont blanchâtres et cerclés de noir.

Cette Chenille se file aussi une coque soyeuse pour se métamorphoser en **Chrysalide** ; celle-ci est d'un brun noirâtre, avec les incisions plus claires : chaque anneau est garni de petits faisceaux de poils roux.

ÉCAILLE CAJA. — *CHELONIA CAJA.*

Avec des ailes antérieures brunes ornées de rigoles blanchâtres irrégulières, des ailes postérieures rouges ayant six ou sept taches d'un bleu foncé ceintes de noir.

Bombyx Caja. Linné, *Syst. nat.*, tom. II, pag. 819, n° 38.
Fabricius, *Entomol. syst.*, tom. II, pl. 2, pag. 470, n° 196.
Hubner, *Papillons d'Europe* (Bombyces), pl. 30, fig. 130 et 131.
Godart, *Hist. des Papillons de France*, tom. IV, pag. 300, pl. 30, fig. 1, 2 et 3.
L'Écaille martre ou hérissonne. Geoffroy, *Hist. des Insectes*, t. II, page 108.

Ce beau **Papillon**, long de quatre centimètres, en a ordinairement plus de six d'envergure. Ses ailes antérieures sont d'un brun café-au-lait très-foncé, avec des rigoles d'un blanc roussâtre fort irrégulières et dirigées en divers sens; ces rigoles varient même beaucoup, selon les individus, par leur forme et par leur largeur. Les ailes postérieures sont d'un rouge vif, avec six à sept taches d'un bleu-foncé métallique ceintes de noir, plus ou moins grandes, et disposées sur deux lignes; la tête et le thorax, en dessus, sont bruns comme les ailes antérieures, avec un collier rouge; les antennes sont blanches, l'abdomen est rouge avec trois rangées longitudinales de taches noires. Tout le dessous du corps est revêtu de poils rouges.

La CHENILLE de cette espèce est au moins aussi grande que celle de l'Écaille villageoise; elle est noire avec des bouquets de poils de la même couleur implantés sur des tubercules également noirs; les trois premiers anneaux et les pattes sont garnis de poils d'un roux vif qui sont insérés sur des tubercules d'un blanc bleuâtre; la tête est d'un noir brillant; les pattes sont brunes, ainsi que la partie ventrale; la blancheur éclatante des stigmates les fait ressembler à une rangée de perles.

La CHRYSALYDE, de forme cylindro-conique, est d'un noir luisant, avec des incisions d'un brun jaunâtre; son extrémité est garnie de petites épines roussâtres.

L'ÉCAILLE CAJA est très-commune, et, quoiqu'on trouve sa Chenille sur une foule de plantes très-différentes les unes des autres, elle existe parfois en assez grand nombre sur les Vignes pour y causer un dommage sensible. M. Dunal parle d'une Vigne de trente ares où l'on aurait tué, dans une seule matinée, douze cents de ces grosses Chenilles; heureusement leur taille rend facile de les voir et de les détruire.

On trouve encore citée parmi les Écailles nuisibles aux Vignes l'ÉCAILLE POURPRÉE, ainsi que plusieurs autres espèces; mais comme elles sont beaucoup plus rares que celles dont je viens de parler et qu'on ne les trouve qu'accidentellement dans les Vignes, je me dispenserai d'en donner ici la description.

Genre Procris. (*Procris.*)

Les Lépidoptères dont il nous reste à parler n'appartiennent pas, comme tous les précédents, à la grande division des Nocturnes, mais à la famille des Crépusculaires, et ils se rapportent à deux genres connus sous les noms de Procris et de Sphinx. Les Procris ont le corps assez court, les antennes filiformes pectinées dans les mâles (Pl. 22, fig. 1 *a*) et légèrement dentées dans les femelles; des palpes labiaux, courts, n'atteignant pas le bord de la tête; des ailes larges et arrondies à leur extrémité.

L'espèce qui nuit aux Vignes est la

PROCRIS MANGE-VIGNE. — *PROCRIS AMPELOPHAGA.*

Verte avec les ailes antérieures d'un brun verdâtre et les ailes postérieures d'un brun noirâtre.

Hubner, *Papillons d'Europe,* suppl. pl. 34, fig. 153 et 154.
Treitschke, *Schmetterlinge von Europa*, tom. x, pag. 100.
Duponchel, *Papillons de France,* tom. iii, suppl., pag. 92, n° 35, pl. 8, fig. 2.
Procris vitis. Boisduval, *Index method.*, pag. 38.

Ce Papillon, de la longueur de douze à treize millimètres ses ailes étant fermées, en a vingt à vingt-cinq d'envergure. Les ailes antérieures sont d'un brun verdâtre légèrement bronzé et parfaitement uniforme. Les ailes postérieures sont entièrement d'un brun noirâtre. Le corps est d'un vert brillant, avec de petits poils noirs. Les antennes, pectinées dans le mâle seulement, dentées dans la femelle, sont d'un bleu-verdâtre foncé.

La Chenille de cette espèce (Pl. 22, fig. 2) est longue de vingt à vingt-cinq millimètres. Elle est d'un jaune pâle un peu grisâtre, et présente cinq lignes noires longitudinales. La ligne dorsale est très-étroite, celle qui vient après est beaucoup plus large que la dernière. La tête est d'un brun noirâtre, et tout le corps est garni de poils assez longs également bruns.

Elle file une coque de soie blanche, dans laquelle elle se métamorphose; la Chrysalide (fig. 3 et 3*) est ovalaire, d'un jaune grisâtre, avec trois rangées longitudinales de petites taches noires sur l'abdomen.

La *Procris ampelophaga* n'a jamais été trouvée en France; mais elle est commune dans le nord de l'Italie, où elle exerce souvent des ravages assez considérables. M. Passerini, de Florence, l'a prise pour sujet d'un mémoire intéressant[1].

Genre Sphinx. (*Sphinx.*)

Ce genre se reconnaît à un corps extrêmement robuste; à des antennes fortes, prismatiques; à des ailes antérieures lancéolées, et à un abdomen large et conique.

On en connaît une espèce qui, au moins dans quelques cas, se nourrit de la Vigne; c'est le

SPHINX DE LA VIGNE. — *SPHINX ELPÉNOR.*

Rose avec les ailes antérieures d'un vert-jaunâtre tendre, ayant leur bord costal et trois bandes transversales roses.

Linné, *Syst. nat.*, tom. II, pag. 801, n° 17.
Fabricius, *Entomolog. syst.*, tom. III, part. 2, pag. 372, n° 51.
Hubner, *Papillons d'Europe* (Sphinges), pl. 10, fig. 61.
Godart, *Hist. nat. des Papillons de France,* tom. III, pag. 46, pl. 18, fig. 3.
Le Sphinx de la Vigne. Engramelle.

Ce beau Papillon a soixante à soixante-cinq millimètres d'envergure. Ses ailes antérieures sont d'un vert-jaunâtre tendre, avec leur bord costal et trois bandes transversales, dont la dernière terminale, de couleur rose; leur bord postérieur est blanc. Les secondes ailes sont roses, si ce n'est leur base qui est noire et leur frange blanche. Le corps est rose avec le sommet de la tête, une bordure le long des paraptères et deux larges lignes longitudinales sur l'abdomen d'un vert tendre; les antennes sont d'un blanc rosé.

La Chenille du Sphinx de la Vigne, longue de huit centimètres quand elle est adulte, est d'un brun-grisâtre entrecoupé de noir; elle présente, sur les quatrième et cinquième anneaux, deux taches latérales noires, orbiculaires, marquées d'une tache d'un brun verdâtre, avec un cercle d'un blanc violacé. La corne caudale propre à la plupart des Chenilles de *Sphinx* est noire avec l'extrémité blanchâtre. Les pattes écailleuses sont d'un gris luisant, et les pattes membraneuses sont brunes.

---

(1) Continuazione degli Atti della R. Academia dei Georgofili di Firenze, t. VIII, page 11 (1830).

Dans le jeune âge, cette Chenille est verte; quelquefois même elle conserve pendant toute sa vie cette couleur, mais ses dessins ne diffèrent jamais.

Elle se métamorphose en CHRYSALIDE, à la surface de la terre, dans une coque fragile, formée de mousse ou de feuilles sèches réunies par quelques fils.

Bien qu'on trouve quelquefois le *Sphinx elpenor* dans les Vignes, et que sa Chenille se nourrisse volontiers de ses feuilles, elle vit plus habituellement sur des plantes du genre Épilobe. On a cité encore, parmi les *Sphinx* dont les Chenilles seraient vitivores, le SPHINX PETIT-POURCEAU (*Sphinx porcellus*), et le SPHINX A LIGNES (*Sphinx lineata*). Mais je crois inutile de donner la description de ces espèces, car elles ne se trouvent dans les vignes que fort rarement et comme par hasard; et je ne crois pas qu'elles en aient jamais ravagé aucune d'une manière sensible.

COLÉOPTÈRES.

Les Coléoptères ne sont pas tous des animaux carnassiers, comme ceux dont nous avons eu à parler en traitant des ennemis de la PYRALE; un grand nombre de ces insectes vivent au contraire de substances végétales, et parmi ces espèces phytophages il en est plusieurs dont les ravages sont très-redoutables pour l'agriculture. Les Coléoptères qui attaquent la vigne appartiennent à trois familles distinctes, celle des Lamellicornes, celle des Porte-bec ou Rhynchophores, et celle des Cycliques.

La FAMILLE DES LAMELLICORNES, qui a pour type le Hanneton commun, se compose de Coléoptères pentamères. Les insectes de cette famille ont le corps épais et ovalaire; leurs antennes, logées dans une fossette profonde sous les bords latéraux de la tête, sont courtes et terminées par une masse feuilletée, composée de trois articles lamelleux disposés en éventail ou emboîtés concentriquement: leurs jambes antérieures sont dentées au côté externe. Les uns se nourrissent de matières végétales décomposées, les autres de plantes vivantes. Ces derniers, qui sont les seuls dont nous ayons à nous occuper ici, passent dans la terre la plus grande partie de leur vie à l'état de larve, et mangent alors les racines des plantes; à l'état parfait ils dévorent les feuilles des arbres, et dans ces deux périodes de leur existence ils occasionnent souvent des dommages considérables Les espèces vitivores dont nous aurons à nous occuper ici appartiennent au genre HANNETON et EUCHLORE.

La FAMILLE DES RHYNCHOPHORES prend place dans la section des Coléoptères tétramères. Les insectes qui en font partie se reconnaissent facilement au prolongement antérieur de leur tête, qui forme une sorte de trompe ou de museau; à des antennes coudées, ordinairement renflées en massue vers le bout, et à des tarses de quatre articles dont le dernier est bilobé.

Ces insectes sont peu agiles, à cause de leur corps épais, de leur abdomen souvent volumineux, et de leurs pattes peu déliées. Ils sont essentiellement phytophages et restent quelquefois pendant des heures entières sur la même plante, dans une immobilité presque complète ; mais si on veut les saisir ou que la plante sur laquelle ils sont posés éprouve quelque mouvement, ils se laissent aussitôt tomber. C'est surtout lorsqu'ils sont à l'état de larve qu'ils nuisent aux plantes : ils vivent, alors, soit dans l'intérieur des fruits ou des graines, soit dans les racines ou dans les tiges de certains végétaux; mais à leur état parfait ils ne se nourrissent que du parenchyme des feuilles, et il faut qu'ils soient très-nombreux pour que leurs dégâts déviennent sensibles.

On connaît plusieurs Rhynchophores qui nuisent aux vignes; ils appartiennent à deux genres distincts : le genre ATTELABE et le genre OTIORHYNQUE.

Enfin la FAMILLE DES CYCLIQUES comprend les Coléoptères tétramères, dont la tête n'est pas terminée en forme de bec, dont les antennes sont filiformes ou légèrement rétrécies vers la base et de largeur médiocre, dont les mâchoires ont leur division externe subpalpiforme et ne portent pas d'onglet écailleux sur leur division interne, dont les tarses ont les trois premiers articles spongieux et garnis de pelotes en dessous et le pénultième bilobé, et dont le corps est arrondi ou ovalaire. Deux divisions de ce groupe, le genre EUMOLPE et le genre ALTISE, nous offrent des espèces qui méritent d'être rangées au nombre des ennemis de la vigne.

Nous nous occuperons successivement des divers genres de Coléoptères que nous venons de nommer; mais c'est principalement sur l'histoire des ATTELABES, des EUMOLPES et des ALTISES que nous devons nous arrêter.

Genre Hanneton. (*Melolontha.*)

La seule espèce que nous ayons à mentionner dans ce genre est le

HANNETON VULGAIRE. — *MELOLONTHA VULGARIS.*

Cet insecte est trop connu pour qu'il soit nécessaire d'en donner la description. Le tort qu'il fait aux Vignes n'est généralement pas très-grave ; pourtant quelques observateurs ont cru remarquer que sa larve, nommée vulgairement *ver blanc*, nuisait sensiblement aux racines des Vignes. On sait que jusqu'à présent on n'a trouvé aucun moyen de détruire ces larves, et que ce n'est qu'en recueillant ces insectes à l'état parfait qu'on peut apporter quelque diminution dans leurs ravages.

Genre Euchlore. (*Euchlora.*)

Le genre Euchlore est caractérisé par des antennes de neuf articles dont les trois derniers forment une massue ovale et allongée, par un chaperon relevé, par des palpes dont le dernier article est allongé, par des élytres laissant à découvert l'extrémité de l'abdomen, et par des pattes robustes, qui ont les jambes antérieures bidentées au côté externe et les tarses filiformes et munis de crochets inégaux.

L'espèce vitivore est l'

EUCHLORE DE LA VIGNE. — *EUCHLORA VITIS.* (Pl. 22, fig. 4.)

D'un beau vert-métallique foncé et très-ponctué, avec les bords latéraux du corselet et les élytres jaunâtres.

Fabricius, *Syst. eleuth.*, tom. II, pag. 172, n° 69.
Oliv., *Entom.*, tom. I, genre 5, pag. 34, pl. 2, fig. 12.

Cet insecte, long de quinze à vingt millimètres, est fort épais. Il est entièrement d'un beau vert-métallique très-brillant. Les antennes et les parties de la bouche sont brunes. La tête et le prothorax sont criblés d'une ponctuation fine et très-serrée ; ce dernier offre une bordure latérale d'un jaune verdâtre qui se confond avec la couleur verte. L'écusson est arrondi et ponctué. Les élytres sont ponctuées et présentent quelques côtes élevées peu prononcées. Les pattes sont vertes avec des reflets cuivreux et des poils et des épines brunâtres. Tout le dessous du corps est d'un vert cuivreux.

La larve de l'EUCHLORE DE LA VIGNE ressemble beaucoup par sa couleur et par sa forme générale à celle du Hanneton; elle est seulement beaucoup plus petite.

Cette larve vit aussi dans la terre et ronge les racines des ceps. L'insecte parfait détruit les feuilles et en dépouille quelquefois des ceps entiers. Les EUCHLORES sont bien rarement nombreux, et leurs dégâts ont toujours été fort restreints. Il est facile de les recueillir et de les détruire à l'état parfait; mais à l'état de larve, leur genre de vie ne permet pas même de le tenter.

On cite encore l'EUCHLORE DE JUILLET, *Euchlora Julii*, comme se trouvant quelquefois dans les vignes. Cette espèce ne diffère de la précédente que par sa taille un peu plus petite et par la nuance d'un jaune verdâtre de ses élytres.

GENRE ATTELABE. (*Attelabus.*)

Le genre Attelabe appartient, comme nous l'avons déjà dit, à la famille des Rynchophores ou Porte-bec et est caractérisé par un labre peu apparent, par des palpes très-petits et par des antennes insérées sur la trompe et dont les quatre derniers articles sont réunis en massue.

Les espèces de ce genre qui doivent nous occuper ici se rangent dans la division des RHYNCHITES, *Rhynchites*, dont le museau ou la trompe est allongé et légèrement dilaté à l'extrémité, et dont le corselet est conique.

RHYNCHITE BACCHUS. — *RHYNCHITES BACCHUS.*

Doré, légèrement velouté, avec le rostre long, d'un noir violacé, et le corselet du mâle inerme.

LINNÉ, *Syst. naturæ*, tom. II, pag. 611, n° 38.
FABRICIUS, *Syst. eleutheratorum*, tom. II, pag. 421, n° 27.

Cet insecte, long de huit à neuf millimètres, est plus ou moins verdâtre ou rougeâtre et entièrement doré; tout son corps est légèrement velouté; les antennes sont noires; le rostre, fort long, est grêle et d'un noir violacé; la tête est courte. Le prothorax est globuleux et criblé de points enfoncés; dans la femelle, il offre de chaque côté une petite épine aiguë, dirigée en avant, mais il en est tout à fait dépourvu dans le mâle. Les élytres, légèrement pubescentes, sont criblées de gros points enfoncés; les pattes sont de la couleur générale du corps, avec l'extrémité des jambes et les tarses plus obscurs.

RHYNCHITE DU PEUPLIER. — *RHYNCHITES POPULI.* (Pl. 21, fig. 12 et 13.)

Vert-doré brillant, entièrement glabre, avec le rostre d'un bleu violacé et le corselet armé d'une épine latérale dans les deux sexes.

LINNÉ, *Fauna suecica*, n° 606.
FABRICIUS, *Syst. eleuther.*, tom. II, pag. 422, n° 29.

Cet insecte, de la même taille que le précédent, lui ressemble beaucoup par les formes et les couleurs; il est cependant ordinairement plus vert, ou même entièrement bleuâtre : tout son corps est parfaitement glabre; le bec, proportionnellement un peu plus court que dans le *Rhynchites Bacchus*, est d'un bleu violacé, avec le front profondément canaliculé; le prothorax, dont la ponctuation est plus fine, est muni, dans les deux sexes, d'une épine latérale; les élytres, qui ne sont nullement pubescentes, présentent une ponctuation moins forte que dans l'espèce précédente.

RHYNCHITE DU BOULEAU. — *RHYNCHITES BETULETI.*

Vert-brillant glabre en dessus, très-légèrement soyeux en dessous, avec le bec d'un vert bronzé, le corselet muni d'une épine dans les deux sexes.

Curculio betulæ. LINNÉ, *Fauna suecica*, n° 605.
Curculio betuleti. FABRICIUS, *Syst. eleuth.*, tom. II, pag. 421, n° 28.

Cet insecte diffère notablement des précédents par sa taille, qui atteint au plus cinq à six millimètres. Le corps est également glabre et d'un vert brillant en dessus, le bec est bronzé et très-peu inégal; le prothorax, ponctué, est muni latéralement d'une épine; les élytres sont criblées de points enfoncés; les pattes sont d'un vert bronzé, ainsi que l'abdomen.

Ces trois espèces de Rhynchites se ressemblant beaucoup, non seulement par les formes, mais encore par la couleur et par la taille, ont été ordinairement confondus par les vignerons, et même par les agriculteurs, qui ont essayé d'en donner l'histoire. Comme elles nuisent toutes également aux Vignes et que leurs mœurs sont complétement analogues, les détails suivants s'appliqueront aux trois espèces.

Les Rhynchites, ou Attelabes, sont connus des cultivateurs sous beaucoup de noms différents; on leur applique plus habituellement ceux de *Bêche*, de *Lisette* et de *Coupe-bourgeon*. Mais dans le département de la Marne on les nomme *Cunche* et *Urbec*, dans le département de la Côte-d'Or *Ullebar* et *Etulber*, et dans quelques autres localités *Velours vert*, *Grimod*, *Gorgellion*, etc. Faure-Biguet et Sionest donnent au *Rhynchites betuleti* la dénomination de *Becmare vert*.

Moeurs. — Au commencement de leur état d'insecte parfait, les Rhynchites n'occasionnent pas de dégâts bien sensibles; ils se contentent de ronger le parenchyme des feuilles sans les traverser et il n'en résulte ordinairement que peu de mal. Mais lorsqu'ils sont au moment d'effectuer leur Ponte, comme ils déposent leurs Œufs sur les feuilles dont les jeunes larves doivent se nourrir, et que ces dernières, qui pénètrent dans le pédoncule de la feuille, ne sauraient vivre lorsque la sève circule activement, le Rhynchite femelle fait avec ses mandibules une entaille au pédoncule de la feuille, qui reste suspendue à la tige, dont elle n'est jamais complétement détachée (Pl. 21, fig. 11" *et* 11'"). L'insecte dépose alors ses Œufs dans cette feuille, qu'il contourne de chaque côté, de façon à lui donner l'aspect d'un cigare; il ne pond ordinairement qu'un Œuf sur chacune d'elles, et la petite larve (Pl. 21, fig. 14 et 15) qui en sort bientôt vit aux dépens de la feuille flétrie ou même desséchée. Lorsqu'elle a acquis tout son développement, elle est longue d'environ quatre à cinq millimètres et entièrement *apode*, c'est-à-dire privée de pattes; sa tête est brune, et le reste de son corps est blanchâtre : cette larve se métamorphose en nymphe à la place même où elle a vécu; et quand l'insecte parfait éclot, il pratique dans la feuille une petite ouverture arrondie (Pl. 21, fig. 11 *d*") par laquelle il s'échappe. Les Rhynchites, en coupant ainsi les pédicules des feuilles, nuisent sensiblement aux Vignes : car lorsque ces insectes sont nombreux, les grappes se trouvent dégarnies de feuilles; et le raisin, recevant trop directement l'action du soleil, se dessèche au lieu de mûrir. En outre la Vigne, ainsi effeuillée, perd un moyen de nutrition par l'absorption folliculaire, et son développement se trouve en partie arrêté.

Dégats. — Il y a long-temps que les dégâts occasionnés par ces insectes ont été observés. L'abbé Rozier les a mentionnés dans son Mémoire publié en 1772;

Faure-Bigue et Sionest, en parlant du RHYNCHITE DU PEUPLIER, qu'ils nomment *Curculio betulæ*, établissent que cet insecte, regardé de tout temps comme le fléau des vignobles, n'est pourtant pas aussi nuisible qu'on le croit généralement; enfin, selon M. Alexis Forel, cet insecte, en 1825, causait quelques dommages dans les Vignes du canton de Vaud.

L'Attelabe, ou Rhynchite, s'est montré sur beaucoup de points de la France. Ainsi dar je département de l'Ain, l'autorité dut intervenir pour obliger les vignerons à faire la chasse à ces insectes, principalement dans la commune de Culloz, canton de Seyssel. M. Morelot les signale aussi comme ayant causé des dommages dans les vignobles de Savigny, département de la Côte-d'Or; mais le mal fût promptement arrêté par suite du soin qu'on eut d'enlever les feuilles roulées. En Champagne, l'Attelabe s'est montré aussi anciennement dans les Vignes de la commune de Rilly, plus récemment aux environs de Vertus, et on on l'a trouvé souvent aussi sur le territoire d'Aï, quoique le mal n'y ait jamais eu de gravité. Enfin je l'ai également observé aux environs de Montpellier, ainsi que dans plusieurs autres départements méridionaux. Mais bien que cet insecte soit répandu à peu près dans toutes les vignes de la France, les dégâts qu'il y a occasionnés ont toujours été plus visibles que graves.

MOYENS DE DESTRUCTION. — Il est très-facile de s'emparer de cet insecte tant qu'il habite l'intérieur de la feuille; ces feuilles, roulées, desséchées, et suspendues à la tige par une faible portion de leur pédoncule, sont aisées à distinguer, et, si leur enlèvement est fait avec soin, on peut être sûr de se débarrasser complétement de l'insecte : il est essentiel toutefois d'agir aussitôt qu'on aperçoit ces sortes de cornets; car si on laissait à la Chenille le temps de devenir insecte parfait, on risquerait de n'enlever que des feuilles vides. Il est inutile d'ajouter que toutes ces brindilles doivent être brûlées immédiatement.

GENRE OTIORHYNQUE. (*Otiorynchus.*)

Le genre Otiorhynque se reconnaît à un corps ovalaire, dépourvu d'ailes sous les élytres; à un museau renflé et dilaté à l'extrémité; à des antennes longues, ayant leur premier article très-long (Pl. 22, fig. 5 *a*); à un corselet convexe en dessus et arrondi latéralement, et à des cuisses renflées.

L'espèce que nous signalerons ici est l'

OTIORHYNQUE SILLONNÉ. — *OTIORYNCHUS SULCATUS.* (Pl. 22, fig. 5.)

Noir avec des élytres sillonnées et crénelées offrant de petites taches formées par des poils très-courts d'un fauve roussâtre clair.

Curculio sulcatus. FABRICIUS, *Syst. eleuther.*, tom. II, pag. 539, n° 197.
PAYKULL, *Fauna suecica,* tom. III, pag. 275, n° 98.

Cet insecte, long de dix à douze millimètres, est entièrement noir, tant en dessus qu'en dessous; la tête, qui offre deux petites carènes longitudinales, est ponctuée et revêtue de petits poils fauves. Les antennes sont fauves avec une pubescence de la même couleur; le corselet, ou prothorax, est gibbeux et couvert de petits tubercules arrondis très-serrés, qui le rendent tout granuleux; les élytres ovalaires, qui présentent chacune onze stries longitudinales fortement crénelées, sont parsemées de petites taches fauves formées par des poils très-courts et très-serrés; les pattes sont entièrement noires avec les cuisses très-renflées et une légère pubescence roussâtre à l'extrémité des jambes.

J'ai souvent trouvé ces Otiorhynques dans les Vignes, mais jamais en nombre suffisant pour y commettre de grands dégâts. Faure-Biguet et Sionest, qui ont signalé les premiers cette espèce comme nuisible aux Vignes, assurent qu'elle en ronge les bourgeons dès qu'ils commencent à se développer. Ils conseillent de faire la chasse à ces insectes le matin, avant qu'ils se soient réfugiés sous les feuilles. Je crois que l'appareil de fer-blanc dont je parlerai plus loin pourrait être employé dans ce cas avec succès; mais comme je n'ai rencontré cette espèce qu'isolément et que je n'ai pas pu observer ses métamorphoses, je ne saurais dire si, à l'état de larve, on pourrait s'en emparer plus aisément. Au reste l'OTIORHYNQUE SILLONNÉ n'attaque pas seulement la Vigne; on le trouve quelquefois dans les luzernes, dont il dévaste souvent des champs entiers.

GENRE EUMOLPE. (*Eumolpus.*)

Le genre Eumolpe appartient, comme nous l'avons déjà dit, à la famille des CYCLIQUES, et y prend place dans la tribu des CHRYSOMÉLINES, caractérisée par des antennes écartées, et insérées au-devant des yeux auprès de leur extrémité interne. Les Eumolpes se distinguent des autres Chrysomélines par des mandibules petites, et par des antennes dont le second article est plus long que le troisième, et dont les cinq derniers sont comprimés et un peu dilatés.

Une espèce d'*Eumolpe* est quelquefois très-nuisible aux Vignes; c'est l'

EUMOLPE DE LA VIGNE. — *EUMOLPUS VITIS.* (Pl. 21, fig. 10, 11 a, b.)

Noir, pubescent, avec la base des antennes, les élytres et les jambes d'un brun rougeâtre.

FABRICIUS, *Systema eleuth.*, tom. I, pag. 422, n° 20.
PANZER, *Fauna germanica*, fasc. 89, n° 12.

Cette espèce, longue de six millimètres, est noire et revêtue d'une pubescence grisâtre; la tête et le thorax sont très-finement ponctués, les antennes sont noires avec leurs quatre premiers articles rougeâtres, l'écusson est noir; les élytres, d'un rouge brique, sont finement ponctuées et couvertes d'une légère pubescence d'un gris fauve; les pattes sont noires avec les jambes de la couleur des élytres.

Cet insecte est connu dans la plus grande partie de la France sous le nom de *Gribouri;* il porte, aux environs de Paris, celui de *Diablotin :* dans le Mâconnais, ainsi que dans quelques autres provinces, on le nomme *Écrivain*, à cause des découpures que l'insecte parfait produit sur les feuilles, et qui ont quelque rapport avec des caractères d'écriture (Pl. 21, fig. 11').

MOEURS. — L'EUMOLPE DE LA VIGNE vit à l'état d'insecte parfait sur les feuilles, qu'il ronge de part en part de manière à former des espèces de lignes, plus ou moins droites, composées de séries de petits trous séparés par des fragments de feuille qui forment comme une espèce de réseau (Pl. 21, fig. 11').

Ce genre de dégât est peu dangereux; mais l'Eumolpe entaille aussi quelquefois les grains de raisin avec ses mandibules, et alors ses ravages peuvent devenir considérables.

Au reste, ce n'est pas à l'état d'insecte parfait que l'EUMOLPE est véritablement redoutable. Sa larve, que malheureusement je n'ai pas pu observer par moi-même, vit aux dépens des racines de la Vigne; elle s'attache au point que l'on nomme le collet, et mange les jeunes radicelles : ainsi attaquée, la Vigne ne tarde pas à dépérir et à jaunir; bientôt elle ne porte plus de raisins, et le vigneron est parfois obligé de l'arracher.

DÉGATS. — Cet insecte, comme la plupart de ceux qui vivent essentiellement aux dépens de la Vigne, a été observé depuis long-temps dans un grand nombre de localités. L'abbé Rozier en parle sous le nom de *Gribouri de la Vigne*. M. Al. Forel assure qu'on le trouve dans le canton de Vaud, mais qu'il y est rare. Enfin cet insecte s'est montré en grand nombre dans les départements de la Côte-d'Or, de la Marne, des Pyrénées-Orientales, et je l'ai observé à Argenteuil, à Montpellier, et surtout dans le Mâconnais, où ses dégâts étaient assez importants pour fixer l'attention du cultivateur.

MOYENS DE DESTRUCTION. — Comme cet insecte contrefait le mort sitôt qu'il éprouve la moindre secousse, et qu'alors il se laisse facilement tomber, il est facile de profiter de cette habitude pour lui faire la chasse. Dans le Mâconnais, on place ordinairement sous le cep qu'on veut purifier une corbeille d'environ deux pieds de diamètre; en même temps un ouvrier imprime au cep de petites secousses brusques qui font tomber les *Écrivains* dans le panier, qu'on a garni de quelques feuilles fraîches auxquelles ils s'attachent lorsqu'ils reprennent leurs mouvements : on les tue ensuite en les jetant dans l'eau bouillante On recueillit ainsi très-promptement dans le vignoble du bois de Loize près d'un million d'EUMOLPES.

Mais l'instrument qu'on emploie aux environs de Montpellier me paraît beaucoup plus convenable. Il consiste en un vase de fer-blanc ayant la forme d'un entonnoir surbaissé et qui porte d'un côté une espèce de fente ou d'échancrure qui donne passage au cep de Vigne, et permet au vase de l'entourer presque complétement; on place à l'extrémité de cet entonnoir un petit sac en toile, dans lequel viennent se réunir tous les insectes qui tombent dans le plat : les parois de ce vase étant lisses, les insectes ne peuvent s'en échapper; et au moyen du petit sac, qu'on serre avec la main, aucun ne peut ressortir.

GENRE ALTISE. (*Altica.*)

Les Altises appartiennent à la même famille que les Eumolpes, mais à une tribu différente, celle des GALLÉRUCITES, caractérisée par des antennes filiformes, au moins aussi longues que la moitié du corps, rapprochées à leur base et insérées entre les yeux. Ce genre se fait remarquer par des cuisses postérieures très-renflées et propres au saut, et par des jambes tronquées à leur extrémité et inermes.

L'espèce d'ALTISE que nous citerons spécialement, vit sur un grand nombre de plantes potagères; mais dans plusieurs localités on la trouve en grande abondance dans les Vignes et elle y commet de grands dégats : c'est l'

ALTISE DES POTAGERS. — *ALTICA OLERACEA* (Pl. 21, fig. 9 et 5'' b.)

Ovalaire, verte ou bleuâtre avec une impression transversale sur le corselet.

Chrysomela oleracea. LINNÉ, *Syst. naturæ*, tom. II, pag. 593, n° 51.
FAB., *Syst. eleuth.*, tom. I, pag. 498, n° 8.
OLIVIER, *Entomol.*, tom. V, genre 93 *bis*, pag. 705, n° 66, pl. 4, fig. 66 τ.

Ce petit insecte, long de cinq millimètres, est entièrement d'un vert foncé ou bleuâtre, lisse et brillant; les antennes sont brunes avec leurs trois premiers articles verts; le prothorax offre, assez près de sa base, un sillon transversal, très-prononcé; l'écusson est petit et arrondi; les élytres paraissent lisses, car leur ponctuation est tellement fine qu'on ne la voit qu'à la loupe; les pattes sont de la couleur générale du corps avec les tarses bleuâtres.

Les ŒUFS des ALTISES sont oblongs et d'abord d'un jaune clair; mais on aperçoit bientôt la larve par transparence sous la forme d'une petite ligne noire.

Les LARVES commencent par être jaunes; elles deviennent ensuite grisâtres, et enfin tout à fait noires après plusieurs mues successives (Pl. 21, fig. 5'' *a*) : elles ont alors sept à huit millimètres de longueur. Leur corps est allongé et un peu atténué aux deux extrémités; la tête est lisse; les six pattes sont terminées en crochets; les anneaux du corps, mous et légèrement plissés, portent chacun une série transversale de petits tubercules d'un noir brillant.

Ces larves, au bout d'une vingtaine de jours, se métamorphosent en NYMPHES : celles-ci sont d'abord d'un jaune assez vif; mais elles noircissent bientôt, et au bout de huit à dix jours l'éclosion de l'insecte parfait a lieu.

MOEURS. — Quoiqu'on trouve des ALTISES dans les Vignes dès le mois d'avril, c'est surtout dans les premiers jours de mai que ces insectes, connus généralement des cultivateurs sous les noms de *Babo* et de *Pucerotte*, se montrent en grande quantité. L'insecte parfait nuit sensiblement aux Vignes en perçant leurs feuilles d'une multitude de petits trous (Pl. 21, fig. 5"). Lorsque ces insectes sont nombreux, les ceps ne présentent bientôt plus une seule feuille qui ne soit ainsi lacérée ; et leur flétrissure amène bientôt le dépérissement de la Vigne. Les femelles pondent à cette époque leurs OEufs, qu'elles déposent par petites plaques à la face inférieure des feuilles, près de quelque nervure; l'éclosion a lieu huit ou dix jours après la ponte. Les petites larves restent sur les feuilles, dont elles mangent le parenchyme; mais après avoir acquis tout leur développement, c'est-à-dire au bout d'une vingtaine de jours, elles se fixent sur les feuilles et s'y métamorphosent en nymphes, qui, à leur tour, deviennent insectes parfaits au bout de huit à dix jours. Ceux-ci s'accouplent et pondent tout aussitôt, et ces nouvelles petites larves parviennent à l'état d'insecte parfait au mois de juillet; ce qui fait la troisième génération. S'il faut en croire les vignerons, on voit dans les années chaudes jusqu'à quatre générations successives. Cette multiplication excessive suffit pour expliquer les grands dégâts que cause l'Altise, qui est presque également nuisible à l'état de larve et à celui d'insecte parfait.

Dégats. — Cet insecte, dont les ravages ont été signalés anciennement en Andalousie, et pour la destruction duquel on eut recours, au moyen âge, à des prières publiques dans l'église de Malaga, n'est répandu en France que dans les vignobles qui avoisinent les Pyrénées, et particulièrement près de Perpignan. Il a commis de grands dégâts, il y a environ vingt-cinq ans, dans les communes de Collioure, de Port-Vendres et de Banyuls-sur-Mer, et, quoique le mal soit moins grave actuellement, j'ai pourtant encore trouvé une grande quantité d'Altises dans ces mêmes localités en 1838, ainsi que dans les Vignes de Rivesaltes, d'Espeira de l'Agli, de Baixas, etc. C'est en 1819 qu'on a observé pour la première fois cet insecte dans le département de l'Hérault, on ne le trouvait alors que dans les Vignes de la commune de Vendres; mais depuis il s'est montré successivement dans celles d'Agde, de Marseillan, de Frontignan, de Montbazon, puis, plus tard, dans celles de Mauguio, de Saint-Nazaire, de Lunel, etc. Il est donc à craindre que cet insecte, qui semble s'avancer de l'ouest à l'est, ne gagne successivement les autres vignobles du midi de la France.

Moyens de destruction. — Ce n'est qu'à l'état d'insecte parfait que nous pouvons espérer diminuer le nombre de ces ennemis de nos vignobles méridionaux; car la petitesse des larves rend l'Échenillage impossible, et, les Pontes étant déposées à la face inférieure des feuilles, on ne peut avoir recours à la Cueillette des Œufs. La récolte des insectes parfaits, exécutée au moyen de l'entonnoir de fer-blanc, nous paraît un excellent moyen de destruction, en ayant soin toutefois de faire cette chasse de grand matin; car autrement les ALTISES ayant la faculté de sauter, un grand nombre d'entre elles, excitées par la chaleur du soleil, échapperaient aux travailleurs.

M. Dunal [1] assure que l'ALTISE trouve un ennemi redoutable dans une Punaise bleue connue des entomologistes sous le nom de *Stiretrus cœruleus*, Lin. Cette punaise saisirait l'insecte vitivore avec ses pattes antérieures et en sucerait les humeurs, à l'aide de son bec introduit entre les anneaux de l'abdomen ou dans quelque autre partie molle du corps. Le savant professeur de Montpellier dit même qu'à l'état parfait cette punaise ne se nourrit que d'ALTISES. Si cette observation est exacte, il faudrait ranger le Stirètre bleu au nombre des insectes utiles à l'agriculture; mais on doit remarquer que le fait mentionné par M. Dunal serait une anomalie singulière, car cet insecte appartient à un groupe composé d'espèces essentiellement phytophages.

HÉMIPTÈRES.

Les Hémiptères dont nous avons à parler ici sont bien moins nuisibles à l'agriculture que les Lépidoptères et les Coléoptères dont nous venons de nous occuper, aussi me bornerai-je à les signaler aux Vignerons et à faire connaître les caractères de ces insectes; ils ont reçu les noms génériques de *Penthimia* et de *Coccus*, et appartiennent à deux familles distinctes: celle des CICADELLES et celle des GALLINSECTES.

GENRE PENTHIMIE. (*Penthimia.*)

La famille des Cicadelles est caractérisée par un bec naissant tout à fait à la partie inférieure de la tête, par des élytres membraneuses dans toute leur

(1) Des Insectes qui ravagent la Vigne dans le département de l'Hérault, par Félix Dunal. Coléoptères, (Extr. du Bulletin de la Soc. d'Agricult. de Montpellier, pag, 64, pl. 5, fig. 22 (1853).

étendue et presque aussi transparentes que les ailes, par des antennes de trois articles insérées devant les yeux, et par un écusson toujours à découvert. On distingue les PENTHIMIES à un corps large et court, à des antennes insérées dans une grande fossette sous le bord proéminent du chaperon (Pl. 22, fig. 6 *a*), à des élytres plus larges à l'extrémité qu'à la base, béantes et réticulées au bout, et à des pattes longues dont les jambes postérieures offrent une série d'épines très-aiguës (fig. 6 *b*). L'espèce vitivore est la

PENTHIMIE NOIRE. — *PENTHIMIA ATRA.* (Pl. 22, fig. 6.)

Noire, ayant ordinairement la partie antérieure du corselet rouge.

Cercopis atra. FABRIC., *Syst. rhyngotor.*, pag. 93, n° 97.
Cercopis sanguinicollis. (Var.) FABRIC., *loco cit.*, pag. 94, n° 29.
Cercopis hæmorrhoa. (Var.) FAB., *loco cit.*, pag. 93, n° 28.
Cicada hæmorrhoa. PANZER, *Fauna germ.*, fasc. 61, tab. 16.
Cicada æthiops. PANZ., *Fauna germ.*, fasc. 33, n° 13.
Cicada thoracica. PANZ., *Fauna germ.*, fasc. 61, tab. 18.
Penthimia atra. GERMAR, *Magaz. d'Entom.*, tom. IV, pag. 48, n° 1.
BURMEISTER, *Handbuch der Entomologie*, tom. II, pag. 125, n° 1.

Ce petit insecte est long de cinq millimètres, le corps est d'un noir assez brillant; le corselet est ordinairement rouge avec son bord antérieur noir, et les élytres sont rouges et variées de brun-noirâtre. Mais chez certains individus le corselet est noir avec une tache rouge de chaque côté, et les élytres sont également noires et parsemées de taches rouges; chez d'autres le corselet et les élytres sont complétement noirs. Ces différences de couleur ont trompé plusieurs auteurs, qui ont cru reconnaître dans ces variétés des espèces distinctes; mais les entomologistes modernes sont parfaitement d'accord sur leur identité.

Cet insecte, que j'ai observé dans les Vignes du Mâconnais, saute avec une grande agilité, et pique les feuilles de Vigne pour se nourrir de leurs sucs végétaux, ce qui amène promptement leur flétrissure. On le trouve rarement en grande quantité; mais dans le cas où il se multiplierait davantage on pourrait détruire les PENTHIMIES de la même manière que les Eumolpes et que les Altises.

Genre Cochenille. (*Coccus.*)

Ces Hémiptères appartiennent à la famille des Gallinsectes, caractérisée par un corps ovalaire, aplati, ordinairement aptère, au moins chez les femelles; par des antennes sétacées, composées de neuf à seize articles, et par des tarses de deux ou trois articles. Ces insectes se fixent aux plantes pour en absorber la sève à l'aide de leur bec, qu'ils enfoncent dans les tissus du végétal à la manière des pucerons. Il en est une espèce qui s'attache à la Vigne, c'est la

COCHENILLE DE LA VIGNE. — *COCCUS VITIS.*

Haworth, *Transact of the Entomològ. Soc. of London*, pag. 257 (1812).

Ce *Coccus*, long de deux à trois millimètres, et entièrement grisâtre, sécrète par les pores de sa peau, comme tous les insectes de la même famille, une matière cotonneuse et blanche dont il se recouvre en totalité. Les Cochenilles de la Vigne se fixent au tronc et aux branches en enfonçant leur bec entre les fissures de l'écorce, de manière à la traverser; elles hument ainsi la sève de la Vigne, et lorsqu'elles sont très-nombreuses, ces piqûres amènent des exubérances considérables qui font bientôt périr les ceps.

On pourrait détruire une partie de ces insectes en raclant les écorces, ou peut-être en employant quelque enduit. J'ai vu, à La Rochelle, des ceps qu'on avait nettoyés avec un mélange de Savon noir, d'eau et d'essence de Térébenthine, et qui paraissaient débarrassés des *Coccus;* mais il serait nécessaire de renouveler l'expérience pour s'assurer de son efficacité.

ORTHOPTÈRES.

On n'a observé dans les Vignes qu'une seule espèce d'insecte appartenant à cet ordre; elle est comprise dans la famille des Locustiens, que l'on reconnaît à des antennes sétacées extrêmement longues, à des cuisses postérieures fort grandes et propres au saut, à des tarses de quatre articles, et à la présence d'une tarière, ou oviducte, qui termine l'abdomen des femelles. Cette espèce est le type du

Genre Barbitistes. (*Barbitistes.*)

Caractérisé par un prothorax dont la partie postérieure est excessivement relevée, par des élytres nulles, et par des ailes très-rudimentaires, en forme d'écailles, dépassant peu le prothorax, et ne pouvant servir qu'à produire des sons au moyen de leur frottement l'une contre l'autre.

BARBITISTE PORTE-SELLE. — *BARBITISTES EPHIPPIGER.*

Verdâtre avec quatre lignes longitudinales très-fines sur la tête, un abdomen vert sans aucune tache.

Charpentier, *Horæ entomologicæ*, pag. 98.
Locusta ephippiger. Fabricius, *Entomol. syst.*, tom. III, pag. 45.
Panz., *Fauna german.*, fasc. 33, fig. 3.
Dunal, *Bulletin de la Soc. d'Agr. du départem. de l'Hérault*, 25e année (1838), pag. 434.

Cet Orthoptère est long de quatre centimètres et complétement vert si ce n'est sa tête, où l'on remarque quatre lignes longitudinales très-fines de couleur brune; le corselet, ou prothorax, est caréné dans son milieu et très-rugueux; les ailes sont d'un vert jaunâtre; l'abdomen est vert, sans aucune tache; les antennes sont très-longues et verdâtres. La tarière de la femelle est longue, étroite, et de la couleur générale du corps.

Cet insecte, connu sous les noms génériques de *Sauterelle*, *Gros-Grillon*, etc., n'est pas ordinairement assez abondant dans les Vignes pour qu'on ait beaucoup à redouter ses ravages; cependant, dans quelques localités, ses dégâts ont parfois été assez considérables. Il entame les grains de raisin avec ses mandibules, mange leur pulpe tout en respectant les enveloppes, et mutile de cette façon des grappes entières. Ce n'est que vers l'automne que ces Orthoptères se montrent. Leur taille permet facilement aux vignerons de les saisir à la main; ils doivent les réunir à mesure dans des sacs et les brûler ensuite.

APPENDICE.

APPENDICE.

DOCUMENTS ADMINISTRATIFS ET PIÈCES OFFICIELLES RELATIVES AUX DÉGATS COMMIS PAR LA PYRALE ET AUX TENTATIVES FAITES POUR LA DÉTRUIRE.

N° 1.

Lettre du Préfet de Saône-et-Loire au Ministre de l'agriculture et du commerce.

Mâcon, 7 juillet 1837.

Monsieur le Ministre,

J'ai voulu juger par moi-même de l'étendue des ravages faits par la Pyrale de la Vigne, et, quoique arrivé sur les lieux avec la persuasion qu'on me les avait exagérés, je dois déclarer que j'ai trouvé le mal beaucoup plus grand que je ne m'y attendais. Malgré la saison la plus favorable et les apparences les plus riches, des parties considérables du territoire ne feront pas de récoltes; et, comme ce fléau se renouvelle chaque année, comme il se propage de proche en proche, des propriétaires de Vignes songent déjà à quitter le pays.

On ne peut se dissimuler que si on ne trouve pas un moyen de se préserver des Pyrales, les Vignes de La Chapelle de Guinchay, de Romanèche, en un mot des meilleurs crus du Mâconnais vont perdre leur valeur; les propriétaires seront forcés de vendre leurs fonds ou de changer de culture, c'est-à-dire de substituer à la Vigne soit des céréales, soit des prairies artificielles, pour obtenir une récolte quelconque.

Votre Excellence peut juger par là de quelle perte le pays est menacé; combien les droits perçus sur les vins vont éprouver de diminution; enfin, à quelle perturbation est exposée l'agriculture, ainsi que la nombreuse population attachée depuis des siècles à la culture de la Vigne.

C'est après avoir vu l'état des choses et en avoir apprécié toute la gravité que je n'ai pas cru superflu de vous faire part de l'impression que j'avais ressentie, malgré les dispositions favorables que Votre Excellence m'a manifestées, dans la réponse qu'elle m'a faite le 1er de ce mois. D'ailleurs, je désirais exprimer à Votre Excellence un vœu formé par les propriétaires auxquels les Pyrales causent tant de tort : c'est que le gouvernement convertisse en un prix important, que gagnerait l'inventeur, des moyens de détruire les Pyrales ou de s'en préserver, les sommes qu'il accorde aux communes ravagées. Les fonds seraient ainsi utilement employés, tandis qu'ils sont dans une proportion si minime avec les pertes qu'ils sont destinés à diminuer, qu'en vérité le bien qu'ils font n'est pas sensible.

Je suis avec respect, etc.

LE PRÉFET DE SAÔNE-ET-LOIRE.

M. BARTHÉLEMY.

N° 2.

Lettre du Ministre de l'agriculture et du commerce à M. Audouin.

Paris, le 22 juillet 1837.

Monsieur,

M. le Préfet de Saône-et-Loire ayant appelé ma sollicitude sur les dégâts considérables que la Pyrale de la Vigne cause, en ce moment, dans les vignobles de ce département, et m'ayant fait part, en me priant de l'accueillir, du vœu exprimé par le conseil général qu'un naturaliste fût envoyé sur les lieux pour y étudier cet insecte dans la vue de découvrir, s'il est possible, un moyen de s'opposer à ses ravages, j'ai jugé convenable de consulter à ce sujet la Société royale et centrale d'Agriculture.

La Société m'a répondu qu'une pareille mission lui paraissait une mesure très-désirable, comme pouvant seule procurer des notions exactes sur la manière de vivre de la Pyrale dans ses différents états, et conduire par suite à la découverte de quelque moyen efficace de prévenir sa trop grande multiplication. Elle vous a désigné en même temps à mon choix comme la personne la plus capable de s'en bien acquitter, et elle m'a fait connaître que vous étiez disposé à aller la remplir s'il était dans mon intention de vous en charger.

Dans une lettre que vous avez adressée à M. le Secrétaire général de mon ministère, à la suite d'une conférence que vous avez eue avec lui à ce sujet, vous avez exposé la manière dont cette mission vous paraissait devoir être remplie pour qu'on pût en obtenir d'utiles résultats. Trois ou quatre voyages, à différentes époques de l'année, vous paraissent nécessaires, afin de pouvoir étudier les habitudes de l'insecte dont il s'agit dans les diverses périodes de son existence. Le premier, qui serait le plus long et d'une durée de trois semaines à un mois, aurait lieu très-prochainement; il serait suivi de deux ou trois courtes visites, aux mois d'octobre et de décembre et au mois de mai de l'année prochaine.

Ce premier voyage aurait essentiellement pour objet de reconnaître l'étendue du mal et sa gravité, de chercher à saisir les causes qui font qu'il se montre sur un point et qu'il ne paraît pas sur un autre, que, dans certaines localités, il se propage avec une effrayante rapidité, tandis qu'ailleurs il s'arrête tout à coup, comme devant un obstacle infranchissable. Vous auriez en même temps à observer l'insecte jour par jour, non-seulement dans son organisation, mais encore et surtout dans sa manière de vivre à l'état de Chenille, jusqu'à sa transformation en Papillon, et dans les ruses que celle-ci met en œuvre pour se soustraire aux dangers qui pourraient la menacer; etc.

Le Ministre de l'Agriculture et du Commerce,

MARTIN DU NORD.

N° 3.

Lettre du Président de la Société d'Agriculture, Sciences et Arts du département de la Marne, au Ministre de l'Agriculture et du Commerce.

Châlons, le 26 mars 1838.

Monsieur le Ministre,

En 1837, les insectes et surtout la Teigne de la Vigne ont ravagé plusieurs points du département de la Marne. La Société d'Agriculture, voulant empêcher le retour de ce terrible fléau, n'a rien omis pour y parvenir; elle a fait des recherches nombreuses; elle a comparé les faits qu'elle a pu recueillir, et, dans une notice qu'elle vient de publier, elle a résumé le résultat de ses observations, et signalé aux propriétaires les moyens qu'elle a crus les plus propres à détruire un ennemi si dangereux.

Toutefois, ne pouvant assez compter sur l'efficacité de ces procédés et sur l'exactitude des vignerons à les employer, M. le Président vient de me charger, suivant le vœu émis dans la dernière séance, de solliciter de Votre Excellence l'envoi dans le département de M. Audouin, avec une mission semblable à celle qu'il a remplie en 1837 dans le Mâconnais.

Ses observations et les mesures qu'il prescrirait contribueraient sans doute à la destruction des insectes malfaisants dont les dévastations ont été si générales.

Je vous prie donc, Monsieur le Ministre, au nom de toute la Société, d'envoyer le plus tôt qu'il vous sera possible ce savant naturaliste dans le département de la Marne.

Je suis, etc.

N° 4.

Lettre du Préfet de l'Hérault au Ministre de l'Intérieur.

Montpellier, le 10 octobre 1820.

Monseigneur,

Depuis quelques années, le terroir de la commune de Marseillan est envahi par un insecte vulgairement appelé *Babote*, qui cause à ses vignobles et à ceux des communes voisines les plus grands ravages.

Jusqu'ici on n'a eu d'autres moyens d'y remédier que par l'échenillage; mais ce moyen est si coûteux, et cet insecte s'est multiplié cette année à un tel point, que les propriétaires, pour conserver une partie de leur récolte, ont été obligés de dépenser 90,000 fr., tandis que, les années précédentes, ils avaient remédié au mal avec une dépense d'environ 25,000 fr.

Le Conseil municipal de cette commune s'est réuni pour prendre cet objet en considération. Il a d'abord demandé de participer à la distribution des fonds accordés pour les cas fortuits, et sa demande est juste; mais les fonds accordés au département sont si modiques, en comparaison des pertes éprouvées cette année par la mortalité des oliviers, que c'est un nouveau motif pour moi de solliciter le concours de Votre Excellence sur les fonds qui sont à sa disposition.

Le Conseil s'est ensuite occupé du moyen de remédier au mal; il a considéré que l'échenillage était infructueux en même temps qu'il absorbait des capitaux considérables, et il a témoigné le désir que Votre Excellence provoquât l'attention des Sociétés savantes sur la nature de ce ver, et qu'elle proposât une récompense au savant qui découvrirait tout autre moyen pour le détruire que par l'échenillage. Le Conseil municipal offre de concourir à la prime d'encouragement pour une somme égale à deux années de sa contribution foncière.

Cette délibération a été mise sous les yeux du Conseil d'arrondissement et du Conseil général. Celui-ci, dans sa séance du 17 août dernier, a délibéré de me renvoyer cette affaire, à l'effet de déterminer les mesures nécessaires pour remplir les vues du Conseil municipal.

J'ai en conséquence l'honneur, Monseigneur, de mettre sous les yeux de Votre Excellence la délibération du Conseil municipal de cette commune, et de prier Votre Excellence d'examiner dans sa sagesse la proposition faite par le Conseil municipal de Marseillan, et de lui donner toutes les suites qu'elle jugera convenables. Je crois devoir ajouter ici quelques observations qui me sont transmises par M. le Maire de la commune de Marseillan sur l'origine et les habitudes de ce ver.

Le ver destructeur, vulgairement appelé *Babote*, sort du lieu de sa retraite aussitôt que la Vigne commence à pousser quelques bourgeons pour s'y loger. Il est alors si petit qu'il est imperceptible. Il est de la forme du ver-à-soie. Ses goûts, ses penchants naturels sont pour la Vigne, de préférence à toute plante. Sa grosseur ordinaire est de la sixième partie du ver à soie. Il dévore annuellement la moitié de la récolte, malgré les sommes énormes qu'on emploie annuellement à l'échenillage, car il se reproduit chaque jour. Lorsqu'il est parvenu à son dernier période, dans la première quinzaine du mois de juin, c'est-à-dire quelques jours après la floraison de la Vigne, il se rend en chrysalide dont il sort un petit papillon qui dépose ses œufs sur la feuille, et que l'ardeur du soleil fait éclore. Il en sort alors des milliers de ces vers qui vont se réfugier soit dans l'écorce de la souche, soit dans la terre, pour en sortir l'année suivante et recommencer les ravages lors de la végétation de la Vigne.

N° 5.

Rapport fait au Conseil d'Agriculture, dans la séance du 9 novembre 1820, par M. Bosc.

Les insectes qui causent le plus de ravages dans les vignobles sont :

1° La *Pyrale de la Vigne*, que j'ai décrite et figurée dans les Mémoires de l'ancienne Société d'agriculture. Sa larve coupe le pétiole des feuilles pour les faire faner, les courber plus facilement et les manger à l'abri de tout danger. On peut la détruire en coupant les feuilles ainsi courbées et en les brûlant; mais comme les feuilles nourrissent le raisin et le cep, le mal devient plus grand par cette opération pour la récolte de l'année, et il se prolonge sur celle de l'année suivante par l'affaiblissement du cep.

Il vaut donc mieux chercher à détruire la Pyrale même, qui éclôt en juillet, plus tôt ou plus tard selon le climat et l'année. Pour cela, on fait autour des Vignes des feux de flamme à l'entrée de la nuit, feux dans lesquels une grande partie des Pyrales viennent se brûler. On a exécuté en grand cette pratique aux environs de Mâcon et de Nuits, mais on sent qu'elle ne peut avoir d'effets durables qu'autant que tous les propriétaires d'un vignoble s'y livreraient en même temps.

2° La *Teigne de la Grappe*. Elle dépose ses œufs sur les grains de raisin que sa larve dévore. Elle a causé, cette année, de grands dommages sur la côte de Reims, de Sillery, etc. Les feux de flamme sont également propres à la détruire.

3° et 4° Les *Attelabes vert* et *cramoisi*. Leurs larves coupent le pétiole des feuilles, comme celles de la Pyrale et dans le même but. Couper ces feuilles pour les brûler a également de graves inconvénients. Je dirai plus loin quel moyen on doit employer.

5° L'*Eumolpe de la Vigne*. Sa larve coupe le sommet des bourgeons, mais ne touche pas aux feuilles.

6° Le *Charançon gris*. Sa larve se conduit de même.

Ces quatre dernières espèces, lorsqu'elles sont en état d'insectes parfaits, se détruisent assez facilement, en promenant sous les bourgeons, le matin et le soir, un sac de toile tenu ouvert par le moyen d'un cercle de bois ou de fil de fer, et en frappant en même temps un léger coup sur le cep, coup qui fait tomber les insectes dans le sac où on les écrase. A Narbonne, on a employé ce moyen, il y a deux ans, avec grand succès. (Voyez les *Annales de l'Agriculture française*, cahier de janvier 1818, pag. 51 et suiv.)

Les causes naturelles qui arrêtent la multiplication de ces insectes sont : 1° celle des oiseaux et des insectes qui s'en nourrissent ; 2° les pluies froides qui surviennent aux différentes époques de leur vie ; 3° leur surabondance, qui fait que leurs larves périssent de faim avant leur transformation, après avoir dévoré toutes les feuilles.

M. le Préfet de l'Hérault a transmis à S. Exc. une délibération du Conseil municipal de la commune de Marseillan, par laquelle ce Conseil demande, entre autres choses, qu'il soit proposé un prix pour l'indication d'un moyen, autre que l'échenillage, de détruire un insecte qui cause des dégâts considérables dans les vignobles de cette commune, dont les propriétaires ont dépensé cette année une somme de 90,000 fr., dans la vue de prévenir ses ravages, mais sans pouvoir y réussir.

Cet insecte s'appelle *Babote*, nom générique, dans le midi de la France, de toutes les larves qui nuisent aux récoltes, mais qui paraît, d'après le mot *papillon* qui se lit dans la délibération du Conseil municipal de Marseillan, devoir s'appliquer à la Pyrale ou à la Teigne.

Il est à regretter que l'avis de M. le Sous-Préfet tendant à faire dénommer, par un naturaliste de Montpellier, l'insecte appelé Babote à Marseillan, n'ait pas été adopté par M. le Préfet.

Quoi qu'il en soit, je propose au Conseil d'engager Son Excellence à envoyer copie de ce rapport à M. le Préfet, pour qu'il indique aux propriétaires des Vignes de Marseillan le nouveau Dictionnaire d'agriculture en 13 vol., imprimé chez Deterville, où les procédés propres à détruire la Pyrale, les Attelabes, les Charançons, l'Eumolpe, etc., sont détaillés, aux articles qui les concernent, avec toute l'étendue nécessaire pour obtenir ce résultat.

BOSC.

N° 6.

Pertes occasionnées à la vigne par la Pyrale, dans le département de la Charente-Inférieure, depuis 1833 *jusqu'à* 1837.

(Documents communiqués par le directeur des contributions du département de la Charente-Inférieure.)

COMMUNE.	CONTENANCE EN HECTARES				REVENU (ANNÉE MOYENNE) des vignes endommagées.		PERTES CONSTATÉES.				CONTRIBUTION ANNUELLE des vignes endommagées.				DÉGRÈVEMENTS ACCORDÉS.			
	De la commune.	Des terrains cultivés en vignes.	Années.	Des vignes endommagées.	Brut.	Net.	1833	1834	1836	1837	1833	1834	1836	1837	1833	1834	1836	1837
St-Sauveur-de-Nuaillé.	1933	662	1833 1834 1836 1837	200 200 299 299	32 346 » 32 346 » 59 450 » 63 240 »	7 109 » 7 109 » 13 066 » 13 899 »	21365 »	21362 »	41912 »	54468 »	1338,21	1404,20	2467,30	2785,39	1338,21	1404,20	2093,50	2665,52

OBSERVATION.

Il n'a pas été présenté de réclamation pour 1835, mais il en a été formé pour 1831 et 1832; elles n'ont déterminé aucune remise de contribution, bien qu'il y ait eu constatation de pertes. Voici l'évaluation des dégâts et le montant des revenus :

1831. Montant des pertes 21557 » — Revenu brut 29497 » — Revenu net 6483 » — Contenance des vignes endommagées 223 hect.
1832 — 21362 » — 38270 » — 8411 » — — 200

La direction n'a aucun renseignement pour les années antérieures.

N° 7.

Pertes causées par la Pyrale de la Vigne dans le département de Saône-et-Loire depuis 1831 jusqu'en 1837.

(Documents fournis par le Directeur des contributions de ce département.)

COMMUNES.	CONTENANCES			REVENU. ANNÉE MOYENNE des vignes endommagées.		PERTES CONSTATÉES								Contribution annuelle des vignes endommagées.	DÉGRÈVEMENTS ACCORDÉS							
	totales des communes.	cultivées en vignes	des vignes endommagées	Net.	Brut.	1831	1832	1833	1834	1835	1836	1837	Total.		1831	1832	1833	1834	1835	1836	1837	Total.
	Hect.	Hect.	Hect.	Fr.	Fr.	Fr.	Fr.	Fr.	Fr.	Fr.	Fr.	Fr.	Fr.	Fr.	Fr.	Fr.	Fr.		Fr.	Fr.	Fr.	Fr.
La Chapelle.	1017	461	357	52 240	156 720	64 206	70 870	84 851	42 105	79 952	91 414	67 501	500 899	10 448	4 453	5 647	5 025	»	1 875	5 575	4 102	26 677
Romanèche.	930	525	428	77 000	231 000	98 604	106 800	128 698	75 166	129 411	129 349	129 897	797 925	15 400	6 198	10 551	7 018	»	3 638	9 903	10 741	48 049
Saint-Amour.	493	268	160	22 825	68 475	13 562	15 792	19 340	10 063	33 590	16 402	49 291	158 040	4 565	2 253	1 724	1 158	»	822	»	1 845	7 802
Saint-Symphorien.	456	94	79	9 470	28 410	9 885	11 204	13 014	7 503	14 035	14 314	12 872	82 857	1 894	800	1 014	980	»	394	975	1 082	5 245
Leynes.	465	259	80	10 740	32 220	»	»	»	»	»	»	37 815	37 815	2 148	»	»	»	»	»	»	838	838
Totaux.	3361	1607	1104	72 275	516 825	186 257	204 666	245 933	134 837	256 938	251 479	297 376	1 577 536	34 455	13 704	18 936	14 181	»	6 729	16 453	18 608	88 611

Les documents qui ont servi à établir le tableau ci-dessus ne sont complets qu'à partir de l'année 1831 ; mais il résulte de ceux qui ont été conservés pour les années antérieures, que le fléau ayant commencé en 1827, des dégrèvements ont été accordés à partir de 1828, savoir :

En 1828.	14,906 fr.
En 1829.	10,358
En 1830.	13,789
Total.	39,053 fr.
qui, joints à ceux portés au tableau et accordés de 1831 à 1837.	88,611
forment un dégrèvement total de.	127,664 fr.

Et comme les dégrèvements des sept dernières années reviennent à 0,056 p. 0/0 du montant de la perte, on peut calculer par approximation que le dégrèvement des trois premières années représente une perte de. . . . . 697,375 fr.

En l'ajoutant à celle portée au tableau. 1,577,536

on aurait une perte totale, depuis et y compris 1828, de. . . . . 2,274,911 fr.

Les documents relatifs à l'étendue des vignes endommagées n'existent qu'à partir de 1833.

Le nombre des hectares atteints par la Pyrale à cette époque était de 883, mais en 1837 il était de 1104.

N° 8.

Pertes causées par la Pyrale de la Vigne dans le département du Rhône pendant l'année 1837.

(Documents fournis par le Directeur des contributions de ce département.)

COMMUNES.	CONTENANCES.			REVENU (ANNÉE MOYENNE) des vignes endommagées.		Pertes constatées. — 1837 (*).	Contribution annuelle des vignes endommagées.		Dégrèvements accordés. — 1837.	
	totales des communes.	cultivées en vignes.	des vignes endommagées.	Net.	Brut.					
	Hect.	Hect.	Hect.	Fr.	Fr.	Fr.	Fr.	C.	Fr.	C.
Villié	1 779	700	85	12 445	38 500	37 335	1 367	08	970	62
Saint-Lager	731	445	180	35 153	106 700	105 460	1 587	33	1 127	»
Odenas	866	289	26	2 597	8 300	7 792	215	66	153	14
Cercié	464	165	103	25 340	78 500	76 020	792	96	563	»
Saint-Jean-d'Ardières	1 172	300	165	25 801	79 100	77 408	609	67	432	88
Lancié	609	347	134	23 470	71 300	70 410	1 297	25	921	85
Saint-Étienne	1 544	585	346	77 616	235 500	232 850	1 751	92	1 240	10
Fleurie	1 348	603	180	35 409	106 800	106 228	3 662	33	2 600	25
Juliénas	724	419	53	9 814	30 200	29 443	941	31	668	32
Chenas	787	310	249	43 901	132 700	131 704	4 111	42	2 919	11
Totaux	10 024	4 163	1 521	291 546	887 600	874 650	16 336	93	11 595	47

(*) D'après les registres de la Direction il n'a été constaté de pertes et accordé de dégrèvements pour les dégâts causés par la Pyrale que dans la seule année 1837.

N° 9.

Pertes causées par la Pyrale de la Vigne dans le Mâconnais et le Beaujolais depuis 1826 jusqu'en 1838.

(Documents fournis par un propriétaire du Mâconnais.)

Les Vignes de 23 communes du Mâconnais et du Beaujolais, entre le canton sud-ouest de Mâcon et le canton nord-ouest de Villefranche (Rhône), ont été dévastées par la Pyrale ; mais surtout celles du canton de La Chapelle-de-Guinchay (Saône-et-Loire) et celles des cantons de Beaujeu et de Belleville (Rhône), qui presque toutes produisent les meilleurs vins de ces grands vignobles.

Le ravage a duré 12 ans sur 9 de ces communes, 10 ans sur d'autres, et de 8 à 9 ans sur celles qui ont souffert le moins. On peut donc évaluer la durée moyenne du fléau, pour l'ensemble des 23 communes, à 10 ans.

La superficie des terrains plantés en Vignes sur ces communes contient 4,560 hectares environ ; mais, comme la dévastation n'a pas été égale partout, et que, si la majeure partie des Vignes ont été ravagées aux 9/10èmes de perte, d'autres ne l'ont été qu'aux 7/10èmes et d'autres aussi aux 5/10èmes, il convient de ne faire porter le fléau complet que sur 3,000 hectares, pour être plutôt au-dessous qu'au-dessus de la vérité.

Suivant les évaluations cadastrales, le produit moyen des Vignes susdites serait de 25 hectolitres par hectare; mais la culture de la Vigne a fait de si grands progrès depuis 15 ans dans ce pays-là, qu'il n'y aurait aucune exagération à élever ce produit beaucoup plus haut : cependant on s'en tiendra à celui du cadastre.

Le prix moyen de l'hectolitre de vins dans ces communes, et toujours d'après les évaluations du cadastre, serait de 20 fr.

Il va donc être facile, suivant cet exposé, de connaître les pertes occasionnées par la Pyrale de la Vigne soit aux propriétaires et aux vignerons, soit aux marchands de bois-merrein, cerceaux, etc., et aux tonneliers; soit aux voituriers par terre et par eau, soit enfin au trésor public.

ÉTAT DÉTAILLÉ DES DIVERSES PERTES.

			POUR UN AN.	POUR DIX ANS.
Récolte nulle sur 3,000 hectares de Vigne, et qui produirait 75,000 hectolitres à 20 fr.		1,500,000 fr.		
Impôt territorial sur 3,000 hectares. . . .	120,000 fr.			
mais sur lesquels il faut déduire les dégrèvements et secours effectifs accordés par le gouvernement et qui rentreront dans les pertes du trésor public.	24,000 fr.	96,000 fr.		
— Pertes pour les propriétaires et vignerons. . .			1,596,000 fr.	15,960,000 fr.
Les vins de ces bons vignobles se vendent tous envasés en tonneaux neufs, dont le prix moyen évalué au plus bas est de 10 fr. pour deux hectolitres, ou de 5 fr. par hectolitre, ce qui fait une perte pour les 75,000 hectolitres à envaser, à 5 fr. chaque, de 375,000 fr.				
— Pertes pour les marchands de bois et cerceaux, et pour les tonneliers.			375,000 fr.	3,750,000 fr.
Ces vins de qualités supérieures s'exportent tous et au loin, et, comme on ne prend ici que ceux qui seraient produits par 3,000 hectares au lieu de 4,550, on peut dire qu'ils s'exportent tous, parce que les 1,550 hectares non compris dans ce calcul fournissent et au delà à la consommation locale.				
A reporter.			1,971,000 fr.	19,710,000 fr.

		POUR UN AN.	POUR DIX ANS.
Report.		1,971,000 fr.	19,710,000 fr.
Ainsi l'exportation de 75,000 hectolitres se serait faite et par terre et par eau.			
L'exportation par terre peut s'évaluer, en moyenne, à 3,000 hectolitres seulement, et à 15 fr. l'hectolitre. Les voituriers par terre ont donc perdu.		45,000 fr.	450,000 fr.
L'exportation par eau, et jusqu'à Paris, comprendrait 72,000 hectolitres, à raison de 1 fr. 50 c. Il reviendrait donc aux voituriers par eau, à leurs mariniers, halleurs, etc., etc., déduction faite des droits de navigation et de canaux qui ne leur appartiennent pas.		108,000 fr.	1,080,000 fr.
On peut évaluer, sans crainte d'être réfuté, que les voituriers des localités diverses, pour le transport des vins du vignoble aux différents ports d'embarquement sur la Saône, depuis Mâcon jusqu'à Villefranche, ont perdu à raison de 50 c. par hectolitre		36,000 fr.	360,000 fr.
Les tonneliers de caves et magasins, les ouvriers dérouleurs et chargeurs des divers ports d'embarquement et de débarquement ont perdu entre tous au moins 1 fr. par hectolitre		72,000 fr.	720,000 fr.
Enfin le trésor public a perdu :			
1° Pour les dégrèvements et secours effectifs accordés aux propriétaires et aux vignerons.	24,000 fr.		
2° En contributions indirectes de toute nature, avec les entrées (en moyenne), et pour 75,000 hectolitres à 12 fr. chaque.	900,000 fr.	1,176,000 fr.	11,760,000 fr.
3° En droits de navigation et de canaux (mais, pour les derniers, les compagnies et propriétaires de ces canaux y participent), à raison de 3 fr. 50 c. par hectolitre.	252,000 fr.		
Pertes totales.		3,408,000 fr.	34,080,000 fr.

N° 10.

Extrait du registre des délibérations du Conseil municipal de la commune d'Argenteuil.

Séance du 14 août 1837.

M. le Maire annonce que, par une lettre du 10 juillet dernier, il a signalé à M. le Préfet les désastres causés par la Pyrale de la Vigne, et appelé toute la sollicitude du gouvernement sur la position malheureuse qui en résultera pour la population.

Un membre fait observer qu'il est présumable que le Conseil général du département appuiera cette réclamation, et que par suite le gouvernement viendra au secours de la commune. Il pense qu'indépendamment de la remise ou modération d'impôts qui pourra être accordée, les circonstances déplorables dans lesquelles vont se trouver la plupart des habitants autorisent le Conseil municipal à solliciter de M. le Ministre du commerce et de l'agriculture un secours sur les fonds mis à sa disposition pour subvenir à tous les dommages causés aux récoltes par des cas extraordinaires.

Le même membre signale que plusieurs membres de l'Académie des sciences sont venus à Argenteuil pour visiter le territoire; que M. Audouin, professeur au Jardin-des-Plantes, y est venu aussi plusieurs fois dans le même but, qu'il est allé visiter le Mâconnais pour étudier l'insecte qui a causé ici tant de dégâts : qu'il est à sa connaissance que M. Audouin a le projet de faire des expériences pour la destruction de cet insecte, et de publier un ouvrage qui contiendra ses remarques et les conseils qu'il croira utiles dans l'intérêt de la science et de la culture. Ce membre croit donc qu'il serait avantageux de solliciter les expériences projetées et la publication de l'ouvrage conçu par M. Audouin.

Après plusieurs autres observations,

Le Conseil, vu les communications et les avis qui viennent de lui être soumis,

Vu l'arrêté du gouvernement du 24 floréal an VIII;

Considérant qu'un insecte appelé la Pyrale de la Vigne a exercé sur le territoire d'Argenteuil des ravages tellement considérables, que la récolte de 600 à 700 hectares plantés en Vigne en sera presque entièrement détruite; qu'un autre insecte, appelé *Ver rouge*, est venu se joindre au premier, et que la moindre intempérie qui pourra survenir pendant l'automne achèvera la destruction de la récolte;

Considérant qu'un événement semblable n'a pu être prévu par la loi; que jusqu'à présent on n'a considéré comme événements extraordinaires que la grêle, les inondations, l'incendie, etc., mais qu'il ne serait pas juste qu'un fléau de la nature de celui qui vient d'être signalé n'entrât pas dans la catégorie de ceux qui donnent droit à des remises ou modérations d'impôts;

Considérant que, les pertes qu'éprouveront, cette année, les habitants d'Argenteuil, qu'on avait d'abord évaluées à environ 600,000 fr., s'élèveront à plus d'un million; qu'une pareille catastrophe réduira à la misère une grande partie de la population; que si le gouvernement n'a pas à sa disposition les moyens de réparer de semblables infortunes, il semble équitable qu'il vienne au secours, autant qu'il le pourra, d'une commune frappée de pareils malheurs;

Considérant que pour prévenir le retour de semblables calamités, il est de la plus grande urgence de faire toutes les expériences qu'indiqueront les savants et de publier les remarques et les observations qu'ils seront à même de faire;

Est d'avis que M. le Maire sollicite de M. le Ministre du commerce, de l'agriculture et des travaux publics,

1° Indépendamment des remises qui pourront être accordées sur les impositions de 1837, un secours pour soulager les habitants de cette commune qui auront le plus souffert des ravages de la Pyrale et qui seront le moins en position de les supporter;

2° Que M. le Ministre destine une somme suffisante pour que M. Audouin puisse faire les expériences qu'il médite, afin d'arriver à la destruction de l'insecte, et publie l'ouvrage qui devra contenir ses remarques et ses conseils, et qu'il en soit distribué un certain nombre d'exemplaires parmi les habitants d'Argenteuil, sous la forme d'extrait pour la partie qui pourra leur être utile.

N° 11.

Commission nommée par le conseil municipal de la commune d'Argenteuil au sujet des ravages causés par la Pyrale de la Vigne.

Séance du 12 juillet 1838.

M. le président fait l'exposé suivant :

Depuis un temps immémorial, il existe sur ce territoire deux insectes : la *Pyrale de la Vigne* et la *Teigne de la Vigne* ou *ver rouge*. A diverses époques ils ont causé des dommages plus ou moins considérables; depuis deux ans, surtout, leurs ravages sont incalculables. La perte de l'année dernière ne peut pas être évaluée à moins de 600,000 fr., et celle de l'année courante sera encore plus grande. Bientôt, si ce fléau ne s'arrête, toute la population de cette commune sera réduite à la misère. Jusqu'ici la Pyrale semblait s'être concentrée sur le territoire d'Argenteuil; mais aujourd'hui elle envahit de proche en proche les territoires voisins. Ainsi les communes d'Épinay, de Saint-Gratien, de Sannois, de Cormeilles, de Montigny commencent à en être infestées; et elle se répand en outre sur les territoires de Saint-Leu, Taverny, et jusqu'à Villers-Adam, village à plus de quatre lieues d'ici et à sept lieues de Paris.

Frappé des désastres causés par ces insectes, continue M. le président, je les signalai dès le mois de juillet de l'année dernière à M. le Ministre du commerce et de l'agriculture et à l'Académie des sciences. Cette société savante envoya ici deux de ses membres, qui parcoururent une partie de notre territoire. Presque dans le même temps, M. Audouin, naturaliste et membre actuel de cette Académie, vint aussi ici et depuis lors il n'a pas cessé de rechercher les moyens de détruire la Pyrale. Pour le seconder dans ses investigations et lui fournir tous les renseignements dont il avait besoin, il était utile d'organiser une commission; et je l'ai composée des membres actuels, qui sont MM. :

Grégoire Collas, ancien maire d'Argenteuil, membre du conseil d'arrondissement de Versailles;

Chevalier, ancien adjoint, administrateur de l'hospice;

Honoré Collas, ancien adjoint, administrateur de l'hospice;

Daveau, ancien adjoint, propriétaire-cultivateur;

Jacques Bast, propriétaire cultivateur;

Recappé, membre du conseil-général de Seine-et-Oise, ancien maire d'Argenteuil.

Cette commission, dit en terminant M. le président, a assisté à toutes les expériences qui ont été faites, et c'est pour dresser le procès-verbal de ses travaux, en faire connaître les résultats et exprimer ses réflexions, qu'elle est aujourd'hui réunie.

Après cet exposé, la commission nomme pour son secrétaire M. Recappé, qui accepte, et elle s'occupe ensuite des objets qui lui ont été confiés dans l'ordre suivant.

Avant tout, la commission désire consigner ici le témoignage de reconnaissance qu'elle doit à M. Audouin.

Cet homme généreux a fait de fréquentes excursions dans cette localité ; il s'est livré aux plus minutieuses inv stigations : rien ne l'a découragé ; ses remarques ont toujours prouvé et les lumières d'un savant observateur et l'expérience d'un laborieux praticien. La population d'Argenteuil et les autres populations qui sont accablées sous le même fléau lui doivent une vive gratitude.

La commission va énumérer les expériences qui ont été faites en suivant l'ordre dans lequel elles ont été numérotées, et en consignant à la suite de chacune d'elles ses remarques. Toutes ces expériences ont été faites, sous les yeux de la commission et dans les localités qu'elle a désignées, par M. Audouin, qui, pour plusieurs essais chimiques, s'était associé M. Payen, membre de la Société royale d'Agriculture, qui a fait également preuve d'un grand zèle.

PREMIÈRE EXPÉRIENCE, COMMENCÉE LE 10 AVRIL 1838.

Brossage sur les ceps de sept ares, situés au canton des Clos, appartenant à M. Bast (Jacques).

Ce brossage a eu lieu à sec (il se ferait mal si les souches étaient mouillées) avec des brosses étroites et rudes. On a placé au-dessous de chaque cep un linge qui, par le moyen d'une ouverture qui y avait été faite, contournait le pied de la souche et était destiné à recevoir tous les détritus, qu'on avait soin ensuite de verser dans une hotte à vendanger.

Cette opération, commencée à six heures et demie du matin, a duré deux jours : le premier jour on y a employé 5 hommes, et le deuxième 4. Ils ont été payés chacun quatre francs par jour, sans être nourris ; c'est le prix de la main-d'œuvre des ouvriers, à cette époque, dans la localité. Cette pièce n'a point été, cette année, échalassée.

La commission et M. Audouin ont reconnu que cette pièce de Vigne est moins endommagée que celles sur lesquelles aucune expérience n'a été faite. Elle estime que cette opération a détruit un tiers environ des larves de Pyrales ; mais elle reconnaît en même temps que, malgré le soin qu'on y a apporté, beaucoup de ces petites Chenilles n'ont point été atteintes, et qu'en outre le moyen mis en pratique ne peut être employé avantageusement à cause de la difficulté et de la cherté du travail.

DEUXIÈME EXPÉRIENCE.

Sur une autre pièce d'une étendue de deux ares, appartenant au même propriétaire, au canton de Vaugirard, la même expérience que celle que l'on vient d'indiquer a été faite le 12 dudit mois d'avril ; mais les ceps ont été garnis d'échalas qui avaient subi l'action du gaz acide sulfurique dans un appareil en forme de cylindre, confectionné pour cet usage, et dont la description, et la manière de s'en servir, seront données dans l'ouvrage que doit publier M. Audouin.

La commission déclare que les résultats de ces deux opérations ont été tout à fait les mêmes que ceux obtenus par l'expérience n° 1.

TROISIÈME EXPÉRIENCE.

Badigeonnage des souches.

La matière employée était composée de deux litres d'huile de résine bien mélangée avec quatre litres d'une eau de chaux à consistance presque sirupeuse.

Le 14 avril dernier, on a étendu avec des pinceaux cette matière sur 215 ceps, dans une pièce appartenant à MM. Dubaud et Bast, au canton de Treilly. Ce travail a été fait par un seul homme, qui y a employé sept heures. Il y a eu perte de temps et de matière, parce que la composition était trop épaisse.

La commission a reconnu, le 7 courant, que les ceps n'avaient pas souffert, et qu'un quart ou un cinquième des vers avait été détruit par l'opération.

Quatrième expérience.

Badigeonnage des souches avec un mélange composé de deux litres d'huile de résine, quatre litres d'eau de chaux, quatre litres de colle de farine assez claire, en tout dix litres employés.

Ledit jour, 14 avril, on a enduit avec cette préparation 625 ceps, occupant à peu près un are et demi dans la même pièce de Vigne où a été faite l'expérience précédente. Ce travail a occupé deux hommes pendant chacun sept heures et demie.

A l'époque du 7 courant, la commission a reconnu : que l'opération n'avait pas été nuisible aux ceps, et que les feuilles de la Vigne étaient un peu moins mangées que celles qui environnent la portion sur laquelle elle a été faite.

Cinquième expérience.

Autre badigeonnage de souches avec un mélange d'un litre et demi d'huile de résine et trois litres de colle de farine assez claire, le tout bien mêlé. On a opéré sur 475 ceps contenus dans un peu plus d'un are faisant partie de la même pièce. Ce travail a occupé deux hommes pendant six heures chacun. La composition était facilement employée.

Le 7 juillet, la commission a reconnu que cette portion de Vigne était peu mangée, mais qu'elle a fort mal poussé et très-tardivement. 30 à 40 ceps sont entièrement morts; il est probable que la plus grande partie des autres périra.

Sixième expérience.

Sept ares d'une pièce de Vigne situées au canton des Clos et appartenant à M. Bast ont été fichés avec des échalas qui avaient subi une température très-élevée (90 à 100 degrés Réaumur) dans des fours à plâtre de MM. Higonnet et Desaché. On les a fichés le 17 avril. Les ceps n'avaient reçu aucune préparation.

La commission a remarqué que dans cette portion le dégât est moins grand que dans les Vignes contiguës qui sont garnies d'échalas non purgés, et elle estime que les Pyrales y sont d'un tiers moins nombreuses

Septième expérience.

On s'est borné à laisser une portion de la même pièce sans y ficher d'échalas.

Les résultats obtenus sont comparables à ceux de l'expérience n° 6.

Huitième expérience.

Pour obtenir un point de comparaison plus certain, on a fait choix, dans la pièce où avaient été faites les expériences nos 1, 6 et 7, d'une portion dans laquelle on a laissé les choses dans leur état habituel : c'est-à-dire que les ceps de Vigne sur lesquels on n'avait rien tenté ont été munis d'échalas non purgés.

Examen fait le 7 juillet de cette portion n° 8, la commission a reconnu que là le mal est évidemment plus grand; qu'il dépasse d'un tiers les pièces n°s 6 et 7, et que, comparé au n° 1, il est encore un peu plus considérable.

Neuvième et dixième expériences.

On a badigeonné avec un lait de chaux à consistance sirupeuse, et qu'on avait laissé refroidir, des ceps des Vignes situées au canton des Grandes-Fontaines et appartenant à M. Honoré Collas.

On a ensuite fiché au pied de ces ceps des échalas passés à la vapeur du soufre, et d'autres dans une dissolution très-alcaline de sel de soude et de chaux. Les premiers ne contenaient aucuns vers vivants; les autres en portaient un assez grand nombre. Cette dernière circonstance a rendu moins sensible le résultat qu'on aurait obtenu si les échalas eussent été complétement purgés.

Néanmoins la commission estime que le dégât, dans cette portion de pièce, est d'un tiers moins grand que dans les Vignes voisines.

Onzième et douzième expériences.

Une pièce de Vigne, située au canton de Vaugirard et appartenant à MM. Bast et Olivier Chevalier, a reçu des échalas passés à la vapeur du soufre dans l'appareil dont il a été fait mention.

La commission ne s'est pas transportée dans cette pièce pour constater le résultat de cette expérience; mais MM. Bast et Chevalier, membres de cette commission et propriétaires de la pièce, déclarent que le dégât est moindre que dans le voisinage, qu'il est à peu près d'un quart moins grand. Ils pensent que la différence tient d'une part à ce que la Vigne en question est âgée et offre par conséquent un refuge plus assuré aux vers, et de l'autre à ce que les échalas sont vieux et ne présentent pas de ces nombreuses esquilles qui sont si favorables aux jeunes Pyrales pour, au sortir de l'œuf, y trouver un abri.

La commission croit devoir faire mention que quelques autres expériences ont été faites sous les yeux de M. Payen, et qu'il n'en est résulté aucune efficacité.

Elle déclare aussi que, de tous les essais qui ont été tentés, le seul, suivant elle, praticable, parce qu'il est peu coûteux, qu'il peut se faire pendant l'hiver, au moment de la suspension des travaux, et qu'il peut détruire les Pyrales qui se nichent sous les esquilles des échalas, c'est de soumettre ces échalas à la vapeur du soufre.

Elle a reconnu que dans l'espace de dix à quinze minutes et avec quatre à cinq centimes de soufre on pouvait purger environ 250 échalas en les exposant dans l'appareil dont il a été ci-dessus parlé.

Elle déclare enfin que M. Audouin a annoncé lui-même que plusieurs des essais n'ont été tentés que pour juger de l'efficacité et de la possibilité de mettre en grande pratique divers moyens *préconisés*, mais dans lesquels il avait personnellement très-peu de confiance; que c'est avec un soin scrupuleux que les expériences ont été faites, qu'on a tenu note exactement des dépenses qu'elles occasionneraient, et que c'est en pleine connaissance de cause qu'on a pu juger de leurs résultats.

Un membre fait observer que, dans plusieurs visites qu'il a faites sur le territoire, il a reconnu que la Pyrale à l'état de Chenille se réfugiait non-seulement dans le haut du bourgeon et sur les feuilles de la Vigne, mais encore sur toutes les autres espèces d'arbustes et d'herbes; qu'il en avait trouvé sur les fèves de marais, la luzerne, le chardon, le groseillier, le cerisier, le prunier, etc., etc.; que partout on en trouvait des masses considérables; que le territoire en était infesté généralement; et que, dans sa pensée, si des circonstances atmosphériques ne venaient pas en aide, il craignait que le travail de l'homme ne pût détruire cet insecte malfaisant.

La commission est aussi bien pénétrée de l'immensité du sinistre, mais elle pense que la Pyrale à l'état de Papillon ne dépose ses œufs que sur la feuille de la Vigne ; que, si l'on en trouve ailleurs, ce qui n'est arrivé que très-rarement, ce n'est que par exception aux habitudes de l'insecte; que, si la population tout entière employait en temps opportun les moyens qui vont être indiqués, on réduirait le fléau à des proportions tellement minimes, que les suites en seraient inaperçues; et que, pour arriver à un pareil résultat après toutes les observations qu'elle a été à même de faire, après toutes les méditations auxquelles elle s'est livrée, après avoir analysé les avis émis par M. Audouin, elle est convaincue que les moyens ci-après énoncés auraient des avantages inappréciables.

Ces moyens, les voici :

1° Dans l'espace d'un mois environ, du 20 ou 25 juillet au 20 ou 25 août, sauf quelques différences, sauf la précocité de la saison, faire avec un grand soin la Cueillette de la ponte des Papillons, et la renouveler au moins quatre fois dans cet espace de temps, attendu les générations successives de ces Papillons ; enfouir ces pontes à au moins un pied de terre, ou mieux encore les brûler.

2° Du mois de décembre au mois de mars, passer à la vapeur du soufre les échalas avant de les ficher.

3° Au moment de la pousse de la Vigne, pincer le bout du bourgeon sur lequel la Pyrale cherche toujours sa nourriture.

4° Dans le mois de juillet, à l'époque où la Pyrale se forme en Chrysalide, qu'elle roule la feuille, la coupe et la fait mourir, cueillir ces feuilles mortes et les enterrer à une profondeur de trente à cinquante centimètres, ou les brûler.

Et, pour prouver l'efficacité surtout du premier moyen ci-dessus indiqué, la commission décide que, sous sa surveillance et sur trois points du territoire, elle fera opérer avec un soin minutieux, en la renouvelant autant de fois qu'il sera nécessaire, la Cueillette des pontes, et se rendra compte avec un soin égal des frais que cette opération occasionnera ; elle en signalera plus tard les résultats.

Mais pour faire ces expériences, attendu que sur le premier secours qui a été accordé par le gouvernement il reste une somme insuffisante, la commission se réunit au conseil municipal d'Argenteuil pour solliciter un nouveau secours de mille francs, somme indispensable pour opérer d'une manière tant soit peu satisfaisante.

Pour encourager ceux des habitants qui montreront le plus de zèle et qui opéreront sur leurs propriétés, la commission pense qu'il serait de la plus grande utilité que l'État d'abord, et ensuite le comice agricole de Seine-et-Oise, accordassent des médailles qui seraient un puissant stimulant d'émulation.

Afin de mettre chaque cultivateur à même d'opérer avec méthode, la commission rédigera une instruction qui sera imprimée et distribuée gratuitement à tous les propriétaires qui voudront faire usage des conseils qu'elle contiendra.

Mais pour vaincre les préjugés de la routine et l'indifférence des populations, même lorsque la nécessité devrait les éclairer, la commission croit qu'une loi serait indispensable, attendu l'insuffisance de la législation actuelle.

En conséquence, elle émet le vœu que, dans la session prochaine des chambres, le gouvernement présente un projet de loi conçu en termes généraux pour la destruction de tous les insectes nuisibles à l'agriculture.

Elle émet aussi le vœu que M. Audouin publie l'ouvrage, dont il a réuni les matériaux, sur la Pyrale, et que le gouvernement l'encourage à ce sujet.

La commission décide enfin que M. Audouin sera prié de porter toute son attention et ses lumières sur la Teigne de la Vigne, ou *ver rouge*, qui cause dans beaucoup de localités, et notamment ici, des ravages non moins considérables que ceux de la Pyrale.

Et ont, les membres présents, signé. Signé au registre : G. Collas, Chevalier, Collas, Daveau, Bast, Dubaud, président, et Recappé, secrétaire.

Pour copie conforme :

Le maire, président,
DUBAUD.

Le secrétaire,
RECAPPÉ.

N° 12.

Rapport fait à la Société de culture, sciences et belles-lettres de Mâcon des opérations de la Commission relative à l'échenillage de la Pyrale.

Messieurs,

M. le Préfet, par décision du 13 juin 1838, a formé une commission composée de MM. Robert, Desvignes et Pont-de-Veaux, propriétaires sur les communes de Lachapelle-de-Guinchay et Romanèche, auxquels il a adjoint deux membres de cette Société, M. Mottin et moi. L'objet dont devait s'occuper cette commission était de constater, en présence de M. Audouin, professeur et administrateur au Jardin-des-Plantes, l'effet produit par les diverses opérations pratiquées sur quelques cantons pour combattre la multiplication croissante annuellement de l'insecte connu dans ces contrées sous le nom de Pyrale de la Vigne.

Depuis bien des années, Messieurs, plusieurs propriétaires, aussi éclairés que bons observateurs, se sont livrés à des expériences, auxquelles vous n'êtes pas restés étrangers, sur les moyens de destruction à employer : la recherche de l'insecte, les attaques dirigées par divers enduits, par des combinaisons chimiques, tout a été tenté, et cependant, jusqu'à la saison dernière, époque de l'arrivée de M. Audouin, on comptait bien peu de succès. On ne peut s'en étonner, Messieurs, lorsque l'on connaît l'insecte et qu'on l'a étudié à ses différents âges. La recherche ne pouvait s'opérer que dans la saison morte ; mais, à cette époque, sa ténuité et le lieu d'hivernage que la nature lui a indiqué la rendent absolument impossible : les lotions, les enduits ont été employés soit au premier soit au second âge ; mais souvent leur nature, et toujours la rugosité du cep, en empêchait l'effet. On a eu recours enfin à des composés chimiques ; l'effet était sûr, mais l'application impraticable, dangereuse pour le cultivateur et mortelle pour le cep.

Ce sont toutes ces difficultés, insurmontables par leur nature, qui enfin vous suggérèrent l'idée d'un Échenillage. Cette idée, communiquée à la Société royale de Lyon, fut adoptée, et c'est d'accord avec elle que, reconnaissant la nécessité d'une loi pour obtenir une exécution simultanée, vous la sollicitâtes par l'intermédiaire de nos députés.

Vous aviez bien reconnu, Messieurs, ainsi que les principaux propriétaires, l'incontestable efficacité d'un échenillage ; mais l'époque et le mode étaient difficiles à déterminer : attaquerait-on la Chenille, la Chrysalide, ou la Ponte ? Les esprits n'étaient point encore fixés sur cette importante question, lorsque, sur la demande de M. le Préfet, fut envoyé par le gouvernement le savant professeur auquel il était réservé de la résoudre. Dès son arrivée, M. Audouin, dont la sagacité précise les observations, se livra à quelques expériences; il employa même la ressource des feux crépusculaires. Ces feux, dont la première idée appartient à notre compatriote, M. le curé Roberjot, mieux disposés aujourd'hui, donnèrent lieu à des calculs qui assuraient l'efficacité du moyen; cependant M. Audouin ne le considéra que comme très-secondaire, ne dispensant pas d'autres opérations auxquelles il devait ajouter une assez forte dépense.

C'est alors qu'abordant la grande question de l'Échenillage, suivi de nombre de cultivateurs et de propriétaires, se rendant accessible aux plus simples intelligences par une élocution aussi précise que naturelle, il eut en un instant fixé toutes les idées soit sur l'époque soit sur le mode d'Échenillage; il eut bientôt démontré l'impossibilité de la recherche de la Chenille à ses deux premiers âges : arrivée à l'état de Chrysalide, son enlèvement serait possible, mais toujours incomplet, attendu la position où elle se trouve, à moins d'employer un temps considérable, toujours trop précieux à l'époque de la moisson. Ils comprirent d'ailleurs bientôt l'inutilité de cette recherche, lorsque, ouvrant quelques Chrysalides et leur démontrant la variété d'insectes qu'elles contenaient, il leur eut dit que la nature, toujours favorable à la conservation des espèces, pouvait en même temps mettre des bornes à une excessive multiplication, que ces différents insectes étaient tous des ennemis plus ou moins puissants de la Pyrale et en détruisaient un grand nombre.

L'Échenillage, s'il devait avoir lieu, n'est donc praticable que sur la Ponte; M. Audouin eut bientôt démontré la facilité de l'opération en faisant remarquer qu'elle est très-visible, étant toujours déposée sur la partie supérieure des feuilles. Quant à l'époque, elle demeura fixée du 15 au 20 juillet jusqu'à la fin d'août, à diverses reprises; ils en furent convaincus à la vue de quelques Pontes qu'il fit éclore en leur présence à la simple chaleur de la main : on était à cette époque.

C'est à la suite d'enseignements aussi simples que lucides, qu'un grand nombre de cultivateurs, convaincus et pleins de confiance, dociles aux encouragements de leurs maîtres, se livrèrent, au mois d'août de l'année dernière, à la Cueillette de la Ponte sur divers points de ces deux communes, et c'est à la Commission nommée par M. le Préfet qu'a été confiée la mission d'en reconnaître les effets.

La Commission réunie chez M. Robert, lieu indiqué, il a été convenu qu'une visite serait faite, fonds par fonds, sur tous ceux où la cueillette des Pontes avait été exécutée; y procédant de suite, on s'est transporté, le 18 juin 1838, au lieu dit les Broyers, clos appartenant à M. Robert : la présence des vers y a été constatée, mais en bien petite quantité. De là, à Loize, sur la propriété de M. Delahante, on a bien reconnu l'effet de l'opération sur quelques parties; mais, la surveillance n'ayant pu être bien exacte sur une aussi grande propriété, d'autres ont été négligées, et les dégâts peuvent s'estimer à moitié de l'an passé. Au canton dit au Marlot, l'effet a été plus sensible et les dégâts sont moindres. Arrivés au Jean-Loron, sur la propriété de M. Desvignes, c'est là que nous avons trouvé la preuve incontestable de l'efficacité de ce mode d'Échenillage; le propriétaire en a surveillé l'exécution avec un soin tel, que tout ce qui lui appartient, même des parcelles situées au milieu de parties dévastées, se reconnaît par une pleine végétation et donne l'espoir d'une bonne récolte. La visite s'est continuée sur beaucoup d'autres parcelles où l'opération avait eu lieu, et partout son effet a été reconnu suivant le plus ou moins de soin employé.

Il est donc bien reconnu, Messieurs, que l'enlèvement de la Ponte de la Pyrale, mode d'Échenillage conseillé par M. Audouin, est le seul moyen d'arrêter les effets du fléau dévastateur de nos contrées; que ce mode d'opération, fort simple, peut être exécuté même par des enfants, et qu'à l'époque où elle doit avoir lieu, les travaux étant suspendus, les cultivateurs ont tout le temps nécessaire.

C'est bien convaincue, Messieurs, que la Commission, en me chargeant de vous faire ce rapport, émet le vœu qu'il soit donné suite à la demande déjà formée d'une mesure législative propre à déterminer une exécution générale.

Ce rapport entendu, et sur la proposition de M. Barjaud, président de la Commission, la Société a arrêté qu'une somme de quatre cents francs serait au plus tôt distribuée en primes aux cultivateurs qui avaient apporté le plus de zèle à l'opération du mois d'août dernier, dont le bon effet vient d'être constaté, et qu'il en était assuré pour l'année prochaine à ceux qui, au moment présent, enlèveront les Pontes, ce qui sera reconnu au mois de juin prochain.

Pour extrait :

Le Secrétaire perpétuel,

A. MOTTIN.

Mâcon, séance du 8 juillet 1838.

N° 13.

Lettre adressée au Président de l'Académie des sciences de Paris par plusieurs propriétaires du Mâconnais.

Romanèche (Saône-et-Loire), le 8 octobre 1837.

Monsieur le Président,

Permettez-nous de sortir un moment de notre modeste rôle de cultivateurs, pour vous adresser quelques observations relativement à une note sur la *Pyrale de la Vigne* qui vous a été communiquée dans votre séance du 18 octobre dernier, et qui a paru dans le *Moniteur* du 24 du même mois.

Si cette notice n'eût contenu que des allégations vagues, nous aurions gardé le silence à cet égard, convaincus que nous sommes qu'elles ne sauraient atteindre dans leurs résultats les recherches que M. Audouin a entreprises sous nos yeux, avec un zèle et une persévérance que peut seul inspirer l'amour du bien et de la science. Mais cette notice renferme des assertions erronées qui touchent à plusieurs points de pratique, et qu'à cause de cela il nous appartient et nous importe surtout de relever.

Et d'abord, l'auteur de la notice semble croire que l'enlèvement des feuilles portant les pontes ou les Œufs de la Pyrale serait nuisible à la Vigne ou à la récolte pendante; nous ne partageons pas cette crainte, par la double raison que les feuilles portant ces Pontes ou ces Œufs sont en trop petit nombre, en proportion de celles qui garnissent le cep, et que leur enlèvement est tout à fait insensible : d'ailleurs, et comme on a eu parfaitement raison de le dire, *on peut se borner à n'enlever que la partie de feuille occupée par les Œufs;* c'est, en effet, ce qu'ont pratiqué cette année et sur une grande échelle certains cultivateurs, non pas qu'ils aient voulu, en agissant ainsi, ménager leurs Vignes, mais parce qu'ils jugeaient que cette méthode, qui n'est pas plus longue, avait, pour l'ouvrier, l'avantage de remplir moins vite le tablier replié en poche qu'il tenait devant lui en faisant sa Cueillette.

Il est une assertion plus grave, sur laquelle l'auteur de la notice insiste, apportant à l'appui son propre témoignage.

M. Audouin a dit et avec vérité que *dans la Cueillette des Œufs* on n'enlevait pas ceux qui déjà étaient éclos.

M. Guérin-Mèneville avance que la chose est impraticable; suivant lui, la distinction entre les Œufs éclos et ceux qui ne le sont pas serait impossible : *il faudrait,* dit-il, pour les reconnaître, *un microscope ou une bonne loupe tout au moins.* Or l'objection nous paraît tellement singulière, de la part d'une personne qui prétend avoir étudié consciencieusement ce sujet, que nous sommes à nous demander s'il est bien possible qu'elle ait pris la peine de regarder ce dont elle parle avec tant d'assurance.

En effet, les plaques d'Œufs, après l'éclosion des vers, sont tellement visibles qu'on peut dire, sans forcer l'expression, qu'elles sautent aux yeux ; elles ont alors l'aspect de taches blanches, et tranchent d'autant plus sur la couleur verte de la feuille. Il n'est pas un vigneron, pas même un enfant qui ait fait la Cueillette, cette année, qui s'y méprenne. L'objection tombe donc d'elle-même, et nous en dirons autant de cette autre crainte, manifestée par l'auteur de la notice, que le prix de la main-d'œuvre ne vienne *détouner l'agriculteur de l'opération de la Cueillette.* Nos calculs sont précis à cet égard, parce qu'ils sont basés sur l'opération pratiquée sur plus de 150 hectares de Vignes; M. Audouin les a exposés bien clairement, et nous nous demandons comment, après cela, et sans avoir à nous opposer d'autres calculs, on vient, devant un corps aussi grave que l'Académie des sciences, mettre encore la chose en question.

Enfin, monsieur le Président, il est une autre proposition que contient la notice de M. Guérin-Méneville, et qu'il est de notre devoir de ne pas laisser admettre, parce qu'elle entretiendrait les malheureux vignerons dans un espoir trompeur et les engagerait dans une très-fausse route.

L'auteur, après avoir dit que de tous les moyens le plus simple et le meilleur serait d'attendre la fin de l'hiver pour chercher à détruire les *germes* des Pyrales, ajoute : « qu'alors la *chute des feuilles* et *leur enfouissement par le labour* auraient déjà fait périr un grand nombre d'Œufs ou de jeunes Chenilles. » Or il est à remarquer que bien long-temps avant la chute des feuilles, c'est-à-dire dans le courant du mois d'août ordinairement, il n'existe plus à la surface des feuilles *un seul Œuf non éclos*, et qu'ensuite les jeunes Chenilles, aussitôt leur naissance, quittent les feuilles sans y toucher et se réfugient immédiatement sous l'écorce du ceps ou dans les échalas qui soutiennent les très-jeunes Vignes; il est donc bien clair que, dans cet état de choses, la chute et l'enfouissement des feuilles ne sauraient *tuer une seule Pyrale.*

Voilà des faits qu'il est important de ne pas ignorer, et qu'une observation attentive et bien dirigée pouvait seule découvrir.

La science n'est donc pas impuissante, comme l'a avancé l'auteur de la notice, et le concours des hommes qui la cultivent n'est pas inutile pour résoudre les questions de simple pratique. C'est parce que nous partageons cette conviction avec tous les cultivateurs éclairés de nos contrées, que, dans les tristes circonstances où nous nous trouvons, nous avons fait un appel aux savants pour qu'ils vinssent nous éclairer et, il faut le dire, nous servir de guides. Et c'est parce qu'aujourd'hui ce sentiment est devenu encore plus intime, que nous n'avons pas hésité à communiquer à l'Académie des sciences les courtes remarques que contient cette lettre.

Agréez, monsieur le Président, l'expression de notre très-haute considération.

DESVIGNES aîné, propriétaire-cultivateur; ROBERT, propriétaire-cultivateur; J. COUBAYON, propriétaire-cultivateur; J. PLACE-LAFOND, propriétaire-cultivateur, membre du conseil-général du Rhône; CARRAUD, maire de La Chapelle, propriétaire-cultivateur; PONDEVAUX, juge de paix.

P.-S. Les soussignés regrettent que M. *Delahante*, leur collaborateur pour la destruction de la Pyrale de la Vigne, se trouve absent de Chenas; il se serait empressé de signer cette lettre.

N° 14.

Rapport de la commission nommée par le sous-préfet de l'arrondissement de Beaune, le 28 septembre 1838, à l'effet d'obtenir des renseignements sur la Pyrale de la Vigne et sur les circonstances observées dans le canton de Nuits.

Nuits, le 15 novembre 1838.

L'invasion de la Pyrale, à un degré qui puisse inspirer des craintes pour l'avenir de la Vigne, paraît un fait nouveau pour la Côte-d'Or. La tradition n'enseigne pas que dans un temps même immémorial on ait eu à s'en défendre.

Cet insecte ne s'est fait remarquer dans le canton de Nuits, qu'au printemps de 1838. Déjà, cependant, en 1837, quelques personnes l'avaient observé, mais il apparaissait alors en si petit nombre, qu'on ne s'en occupa en aucune façon; puis, en 1837, l'attention était tout entière attirée par la présence de la Teigne, autre insecte dont les ravages, en cette année comme en 1838, ont été immenses sur les résultats des deux récoltes.

La progression de la Pyrale, en 1838, a été considérable déjà, et menace pour 1839 bien plus sérieusement, si on a fait attention au nombre des Pontes d'Œufs remarquées sur les feuilles de la Vigne en août dernier.

L'infection a atteint toutes les Vignes précieuses de la partie de la côte que comprend notre canton; à l'exception des finages de Comblanchien et Corgoloin, qui en sont à peu près entièrement préservés. Les Vignes des arrière-côtes, toutes en vins communs, en sont également préservées; en sorte que pour la localité de Nuits le mal, présentement, se circonscrit dans les climats de Premeaux, Nuits, Vosne, Flagey et Vougeot. Il paraîtrait même que l'insecte aurait été peu remarqué dans les climats de Chambolle, Morey et Gevrey, qui limitent au nord la côte des grands vins de la Bourgogne.

Ainsi qu'on l'a remarqué dans d'autres départements, l'insecte ne se montre pas aux points élevés des coteaux; ou du moins il y est toujours beaucoup moins nombreux qu'aux régions inférieures.

On a noté sur la carte les proportions dans lesquelles il a été observé cette année, en indiquant par approximation les quantités de Pontes d'Œufs remarquées dans chacun des finages envahis.

Le dégât causé par la Pyrale relativement à la récolte de 1838, en prenant l'ensemble des cinq territoires du canton où elle s'est montrée, n'est pas en réalité bien considérable. En la portant au quinzième, ce serait peut-être beaucoup dire. Dans certaines Vignes plus maltraitées, la perte peut être élevée au double, même au triple, mais c'est le petit nombre. Puis, ce dégât est assez difficile à déterminer; parce qu'il se confond avec celui qui a été causé par la Teigne et le Gribouri, autres insectes qui, dans toutes les Vignes du canton, ont exercé de grands ravages en 1838.

Les propriétaires, surpris à l'improviste, ont fait peu de chose pour combattre le fléau. Quelques-uns ont eu recours à l'Échenillage; mais l'efficacité de ce moyen n'a pas répondu à la dépense qu'il a occasionnée et qui s'est élevée, pour ceux qui ont fait Écheniller avec le plus de soin, à 48 francs par hectare de Vigne, en faisant tenir tous les ceps à deux reprises.

Le procédé de destruction par le moyen de l'enlèvement des Pontes d'Œufs n'a pas été encore expérimenté, mais le simple bon sens indique qu'il ne serait guère plus dispendieux qu'un Échenillage complet et bien fait et qu'il produirait cependant des résultats incomparablement supérieurs.

POIRIER, LIGERET, F. MAREY, JANNIARD, FAUCILLON, comte LIGER-BELAIR, DURET, J. OUVRARD fils, VIÉNOT aîné.

N° 15.

Loi du 26 ventôse an IV qui ordonne l'Échenillage des arbres.

(Insérée au Bulletin des lois de la République française, an IV, n° 33.)

Le Conseil des Anciens, adoptant les motifs de la déclaration d'urgence qui précède la résolution ci-après, approuve l'acte d'urgence.

Suit la teneur de la déclaration d'urgence et de la résolution du 24 ventôse:

Le Conseil des Cinq-cents, après avoir entendu le rapport de sa commission,

Considérant qu'il est urgent de prendre des mesures pour la destruction des Chenilles, qui ont fait de grands ravages les années dernières, et semblent en faire craindre de plus grands encore pour cette année,

Déclare qu'il y a urgence.

Le Conseil, après avoir déclaré l'urgence, prend la résolution suivante :

Art. Ier Dans la décade de la publication de la présente loi, tous les propriétaires, fermiers, locataires ou autres faisant valoir leurs propres héritages ou ceux d'autrui, seront tenus, chacun endroit soi, d'Écheniller ou faire Écheniller les arbres étant sur lesdits héritages, à peine d'amende, qui ne pourra être moindre de trois journées de travail, et plus forte de dix.

II. Ils sont tenus, sous les mêmes peines, de brûler sur-le-champ les bourses et toiles qui sont tirées des arbres, haies ou buissons, et ce dans un lieu où il n'y aura aucun danger de communication de feu, soit pour les bois, arbres et bruyères, soit pour les maisons et bâtiments.

III. Les administrateurs de département feront Écheniller, dans le même délai, les arbres étant sur les domaines nationaux non affermés.

IV. Les agents et adjoints des communes sont tenus de surveiller l'exécution de la présente loi dans leurs arrondissements respectifs; ils sont responsables des négligences qui y sont découvertes.

V. Les commissaires du directoire exécutif près les municipalités sont tenus, dans la deuxième décade de la publication, de visiter tous les terrains garnis d'arbres, arbustes, de haies ou buissons, pour s'assurer que l'Échenillage aura été fait exactement, et d'en rendre compte au ministre chargé de cette partie.

VI. Dans les années suivantes, l'Échenillage sera fait, sous les peines portées par les articles ci-dessus, avant le 1er ventôse.

VII. Dans les cas où quelques propriétaires ou fermiers auraient négligé de le faire pour cette époque, les agents et adjoints le feront faire, aux dépens de ceux qui l'auront négligé, par des ouvriers qu'ils choisiront; l'exécutoire des dépenses leur sera délivré par le juge de paix, sur les quittances des ouvriers, contre lesdits propriétaires et locataires, et sans que ce paiement puisse les dispenser de l'amende.

VIII. La présente loi sera publiée le premier pluviôse de chaque année, à la diligence des agents des communes, sur le réquisitoire du commissaire du directoire exécutif.

La présente résolution sera imprimée.

Signé: A.-C. THIBAUDEAU, *président;* GIBERT-DESMOLIÈRES, P.-J. AUDOUIN, DAUCHY (de l'Oise), *secrétaires.*

Après une seconde lecture, le Conseil des Anciens approuve la résolution ci-dessus. Le 26 ventôse an IV de la République française.

Signé : REGNIER, *président;* BERNARD (de Saint-Affrique), MERLINO, BONNESOEUR, ROSSÉE, *secrétaires.*

LISTE DES MÉMOIRES

QUI ONT ÉTÉ PUBLIÉS SUR LA PYRALE DE LA VIGNE.

ROSIER (l'abbé). — Des insectes essentiellement nuisibles à la Vigne;
(*Tableau annuel des progrès de la physique, de l'hist. nat. et des arts*, 1772; première année, par M. Dubois.)

BOSC. — Mémoire pour servir à l'histoire de la Chenille qui a ravagé les Vignes d'Argenteuil en 1786.
(Mémoires de la Soc. roy. d'Agriculture de Paris, 1786; trim. d'été, p. 22.)

ROBERJOT (l'abbé). — Sur un moyen propre à détruire les Chenilles qui ravagent la Vigne.
(Même recueil, 1787; trim. de printemps, p. 193.)

FAURE-BIGUET ET SIONEST. — Mémoire sur quelques insectes nuisibles à la Vigne; Lyon, an X.
(Extr. dans le Compte-rendu de la Soc. d'Agriculture de Lyon, 1809, p. 36.)

DRAPARNAUD. — Mémoire sur l'insecte qui a dévoré en l'an IX les Vignes des communes de Marseillan et de Florensac.
(*Bull. de la Soc. des sc. et bell.-lettr. de Montpellier*, t. I, p. 86. 1803.)

MÉRAT. — Mémoire sur les insectes nuisibles à la Vigne. (Manuscrit.)
(Extr. dans le *Lycée de l'Yonne*, an X.)

BERTRAND D'ACÉTIS. — Mémoire sur la Pyrale de la Vigne. (Manuscrit.)
(Extr. dans le Compte-rendu de la Soc. d'Agr. de Lyon, 1810; p. 106.)

ARTAUD DE LA FERRIÈRE. — Mémoire sur la Pyrale de la Vigne.
(Extr. dans le Compte-rendu *id.* pour 1811, p. 70.)

DE BONDY. — Arrêté et instruction du préfet du Rhône.
(*Id.*, p. 107.)

FARINES. — Mémoire sur la Chenille connue vulgairement sous le nom de Couque. 1824.

FOUDRAS. — Rapport sur un concours ouvert pour la destruction de la Pyrale de la Vigne; commissaires : MM. de Martinel, Balbis, et Foudras, rapporteur.
(Mém. de la Soc. d'Agric. de Lyon, 1825-27; p. 32.)

FOREL. — Mémoire sur le Ver destructeur de la Vigne.
(Feuille du canton de Vaud, février 1825.)

WALCKENAER. — Recherches sur les insectes nuisibles à la Vigne connus des anciens et des modernes.
(*Ann. Soc. entomologique de France;* t. IV, p. 687, et t. V, p. 219.)

JURIC. — Rapport sur les moyens de répression de la Pyrale de la Vigne.
(*Mém. Soc. d'Agricult. de Lyon*, 1833-34; p. 86.)

DUNAL. — Des insectes qui attaquent la Vigne.
(*Bulletin de la Soc. d'Agricult. de l'Hérault*, 1834-38.)

SAUZEY. — Instruction pour la destruction du Ver de la Vigne; Lyon, 1837.

DUMÉRIL. — Rapport sur les dégâts occasionnés dans les Vignobles d'Argenteuil, près Paris, par les Chenilles d'une espèce de Pyrale; commissaires : MM. Aug. Saint-Hilaire, Dumas et Dumeril.
(Compte-rendu de l'Acad. des sc., 27 août 1837.)

DESVIGNES. — Manuel ou Instruction pratique pour la Cueillette des Pontes de la Pyrale, juillet 1838.

RECAPPÉ. — Conseils aux cultivateurs d'Argenteuil sur les moyens de détruire la Pyrale de la Vigne, 1838.

DAGONNET. — Notice sur les dégâts occasionnés dans le cours de l'année 1837 par quelques insectes, etc.
(Résumé de rapports faits à la Soc. d'Agricult. du départ. de la Marne en 1837.)
Même notice pour 1838.
Même notice pour 1839.

AUDOUIN. — Notice sur les ravages causés dans quelques cantons du Mâconnais par la Pyrale de la Vigne.
(Extr. Compte-rendu de l'Acad. des sc., 4 sept. 1837.)

— Considérations nouvelles sur les dégâts occasionnés par la Pyrale de la Vigne, particulièrement dans la commune d'Argenteuil.
(*Id.* 25 septembre 1837.)

COMPANYO. — Notice sur les insectes qui ravagent quelques cantons des vignobles du département des Pyrénées-Orientales.
(*Bull. Soc. philomatique de Perpignan*, 1837-38; p. 183.)

GUÉRIN-MÉNEVILLE. — Notice sur les Pyrales, et particulièrement sur quelques espèces nuisibles à l'agriculture et aux forêts.
(Extr. du *Dict. pittoresque d'hist. nat.*, avril 1839.)

TABLE ALPHABÉTIQUE

DES INSECTES MENTIONNÉS DANS CET OUVRAGE.

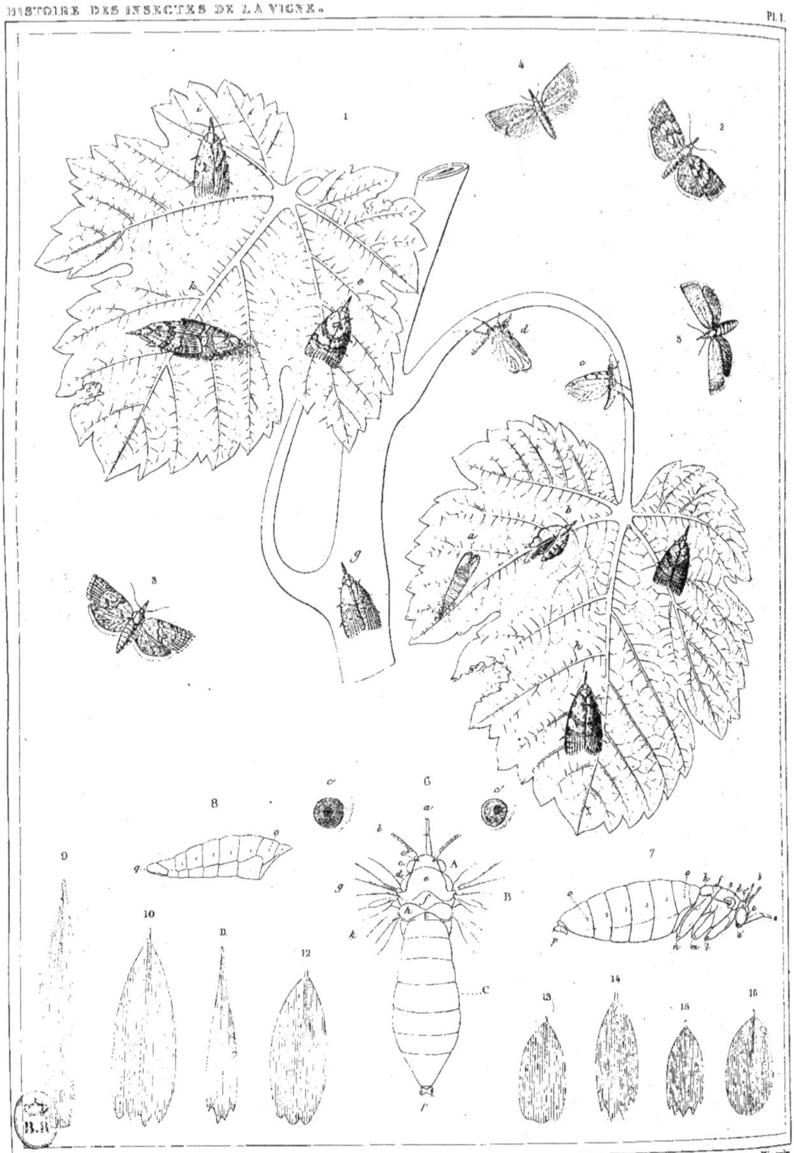

Vaillant ad nat. pinx. Audouin partes Anat. et Zool. delin. Mme Egasse Pte sculp

PYRALE A L'ÉTAT DE PAPILLON.

Fig. 1–5. Papillons mâles et femelles en repos et dans l'acte du vol et de l'accouplement.

Fig. 6–16. Détails grossis au microscope.

X. Rémond imp.

PLANCHE 1.

PYRALE DE LA VIGNE, Bosc; *Pyralis vitana*, Fabr., à l'état de *Papillon*. — *Mâles* et *Femelles* de grandeur naturelle. — Détails de leurs *organes extérieurs* grossis à la Loupe et au Microscope.

Fig. 1. *Rameau* d'un CEP DE VIGNE sur lequel on observe des PYRALES au *Repos*, et dans l'acte de l'*Eclosion* et de l'*Accouplement*.

a. Dépouille de la CHRYSALIDE laissée par le PAPILLON *b*. qui vient d'en sortir. On voit qu'à ce moment les *Ailes* de la PYRALE sont fortement plissées et comme chiffonnées. — *c*. Cette PYRALE se fixant et relevant ses *Ailes* à la manière des *Papillons de jour*, afin de les déplisser. — *d*. Le même PAPILLON se posant à la renverse pour achever d'étendre ses *Ailes*. — *e*. PYRALE Mâle au repos; les *Antennes* sont alors cachées sous les *Ailes*, on n'en aperçoit que la base. — *f*, *g*, *h*. PYRALES Femelles (variétés diverses) au *repos*. — *i*. Une PYRALE Femelle se disposant à *marcher*; ses *Antennes* sont visibles, et forment un angle droit avec le Corps. — *k*. Deux PYRALES dans l'acte de l'*Accouplement*, elles sont unies bout à bout par l'extrémité de l'*Abdomen*, et les *Ailes* du Mâle recouvrent les *Ailes* de la Femelle.

Fig. 2. Une PYRALE Mâle dans l'action du *Vol*.

Fig. 3, 4, 5. Trois PYRALES Femelles, de variétés diverses, *Volant*.

Fig. 6. PAPILLON Femelle, grossi cinq fois, et dénudé entièrement de ses *Écailles* ou *Poils*, pour montrer les principales *Divisions* de son Corps, en dessus.

A. la TÊTE. — B. le THORAX. — C. l'ABDOMEN ou le *Ventre*.

a. les deux *Palpes labiaux*, ou *Palpes de la Lèvre Inférieure*, rapprochés sur la ligne moyenne au point de se toucher. — *b*. Les *Antennes*. — *c*. Les *Yeux composés* ou *Yeux à facettes* — *c'*, *c'*. Ces mêmes *yeux* plus grossis, vus de face et de profil, avec la couleur qui leur est propre. — *c''*. Les deux petits *Yeux* d'une autre sorte, nommés *Yeux lisses* ou *Yeux simples*, ou bien encore *Occlles* ou *Stemmates*. — *d*. L'*Epaulette* ou *Paraptère*, pièce dépendante du Mésothorax (second anneau du Thorax). — *e*. Le *Scutum* ou *Ecu* du Mésothorax. — *f*. Le *Scutellum* ou *Écusson* du Mésothorax. — *g*. Première Paire d'*Ailes* coupées près de leur base, et montrant l'origine des principales *Nervures*. — *h*. Le *Scutum* ou *Écu* du Métathorax (troisième anneau du Thorax). — *i*. Le *Scutellum* ou *Ecusson* du Métathorax. — *k*. La deuxième paire d'*Ailes*.

p. *Disque vulvaire* caractéristique du sexe Femelle, et terminant l'Abdomen.

Fig. 7. Le même PAPILLON vu de profil.

Les lettres de la Figure précédente qui sont reproduites ici, indiquent les mêmes parties. On voit de plus en *a'* la *Trompe* enroulée. — *l*, *m*, *n*. montrent les *Hanches* de chacune des trois Pattes du côté droit. — *o*,*o*. est la série des Ouvertures respiratoires nommées *Stigmates*.

Fig. 8. L'ABDOMEN d'un PAPILLON Mâle, grossi dans les mêmes proportions que celui de la Femelle, et vu de profil.

o. Les *Stigmates*. — *q*. *Valves* situées au dernier anneau et caractérisant le sexe Mâle.

Fig. 9 — 16. Quelques *Poils* ou *Écailles* qui recouvrent l'Abdomen du PAPILLON, vus au Microscope avec un grossissement de 148 diamètres.

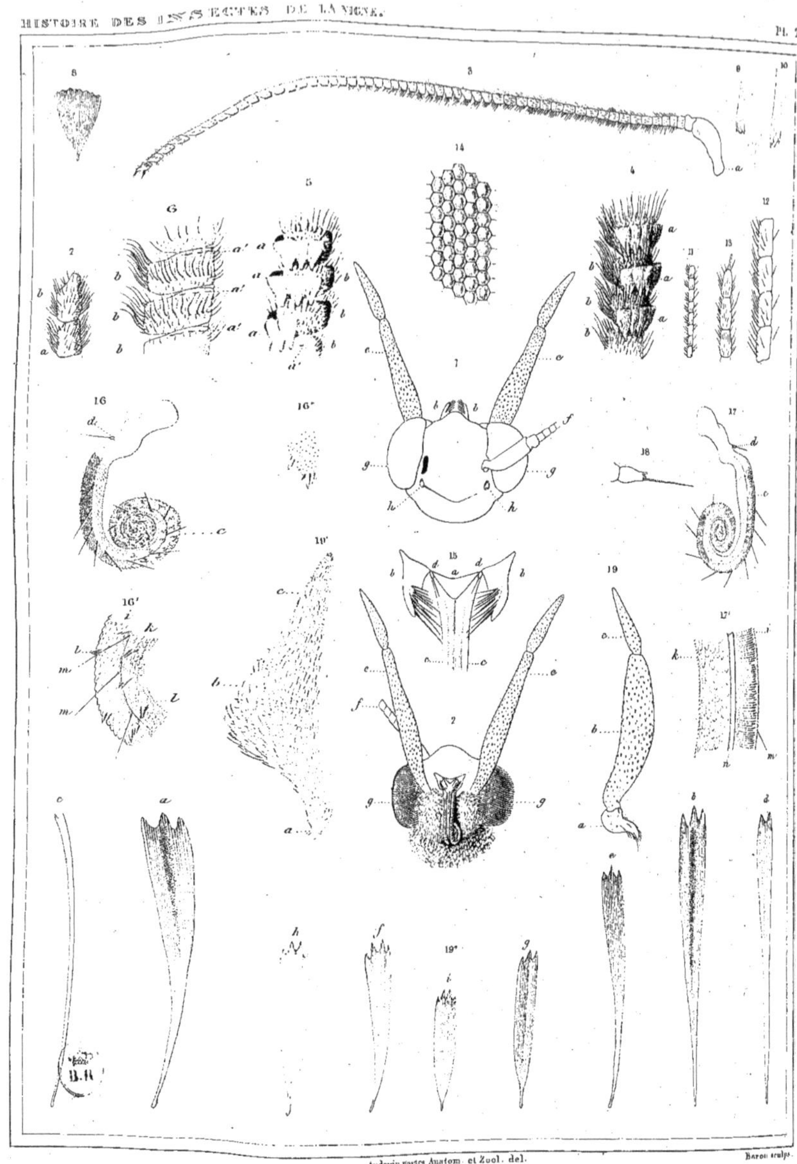

Audouin partes Anatom. et Zool. del. Baron sculps.

PYRALE A L'ÉTAT DE PAPILLON.

Détails de structure vus au microscope.

K. Rémond imp.

PLANCHE 2.

Organisation de la PYRALE DE LA VIGNE, à l'état de *Papillon*. — Détails microscopiques de la *Tête* et des parties qui composent la *Bouche*.

Fig. 1. La TÊTE d'un Mâle vue en dessus et dégarnie des *Écailles* ou *Poils* qui la recouvrent (grossissement 24 diamètres).

b, *b*. Les deux *Mandibules*. — *e*, *e*. Les deux *Palpes labiaux*, ou *Palpes de la Lèvre inférieure*. — *f*. *Antenne* droite coupée; celle du côté opposé a été complètement enlevée. — *g*, *g*. Les *Yeux composés* ou *Yeux à facettes*. On s'est borné à tracer ici leur contour. — *h*, *h*. Les deux petits *Yeux lisses*.

Fig. 2. La TÊTE du même PAPILLON vue en dessous.

Les lettres de la Figure précédente qui se répètent ici, indiquent des parties analogues. — On voit, de plus, entre les deux *Palpes*, *e*, *e*, la *Trompe*, et d'autres pièces de la Bouche, qui seront détaillées, à l'occasion des Figures 15-18.

Fig. 3. ANTENNE d'une PYRALE Mâle, dégarnie de ses *Écailles* et vue au Microscope, avec un grossissement de 24 diamètres.

Fig. 4-10. Détails plus grossis de l'ANTENNE d'un PAPILLON Mâle, montrant l'organisation de cette *Antenne*.

On voit : Fig. 4, 5, trois *Articles* montrant en *a*, *a*, *a*. de petites *Écailles* aplaties, triangulaires, disposées en *Collerette*, et insérées chacune sur les Articles *b*, *b*, *b*, par un Pédicule, dans autant de petites Cavités *a'*, *a'*, *a'*, fig. 6. — Fig. 7. Extrémité de l'*Antenne*. — Fig. 8. Une des *Écailles* qui forment la *Collerette*, grossie cent quarante-huit fois. — Fig. 9 et 10. Autres *Écailles* recouvrant le premier article de l'Antenne, vues avec le même grossissement.

Fig. 11-13. Portions de l'ANTENNE d'un PAPILLON Femelle.

Fig. 11. Quelques *Articles*, grandis vingt-quatre fois, auxquels on a enlevé les *Écailles*. — Fig. 12. Quatre de ces *Articles* vus avec un plus fort grossissement. — Fig. 13. Les quatre *Articles* terminaux également dépourvus d'*Écailles*, et grossis dans la proportion des précédens, pour montrer leur forme et surtout celle du dernier article.

Fig. 14. Portion de la *Cornée* des YEUX A FACETTES ou YEUX COMPOSÉS.

Chaque *Facette* correspond à un ŒIL : le grossissement est de cent soixante diamètres.

Fig. 15. Parties de la BOUCHE. Les mêmes qui sont représentées Fig. 2, mais grossies davantage.

a. *Labre* ou *Lèvre supérieure*. — *b*, *b*. *Mandibules*. — *c*, *c*. *Trompe* constituée par les deux *Mâchoires*. (Cette Trompe a été coupée transversalement non loin de sa base.) — *d*, *d*. Les deux *Palpes maxillaires* ou *Palpes* de la Mâchoire.

Fig. 16, 17. Les deux MACHOIRES qui, en se réunissant, constituent la TROMPE. —Fig. 16', 16" et 17' les détails de cette *Trompe*. (Voir au chapitre II dans le courant du texte la description de ces parties.)

Fig. 18. Un des PALPES MAXILLAIRES vu de profil.

Fig. 19. Un des PALPES LABIAUX ou PALPES DE LA LÈVRE INFÉRIEURE vu de profil.

Ce *Palpe*, grossi vingt-quatre fois, est dénudé de ses *Écailles*. — *a*. Premier *Article*. — *b*. Deuxième *Article* très-renflé. — *c*. Troisième *Article*.

Fig. 19'. Le même PALPE LABIAL muni de ses *Poils* ou *Écailles*.

Fig. 19". *Poils* ou *Écailles* de formes et de dimensions diverses, qui recouvrent les *Palpes labiaux*.

a, *b*, *c*, *d*, *e*. *Poils* situés sur les bords du *Palpe*. — *f*, *g*. *Poils* occupant sa surface, vers le milieu. — *h*, *i*. *Poils* de son extrémité. Tous ces Poils sont grossis cent quarante-huit fois.

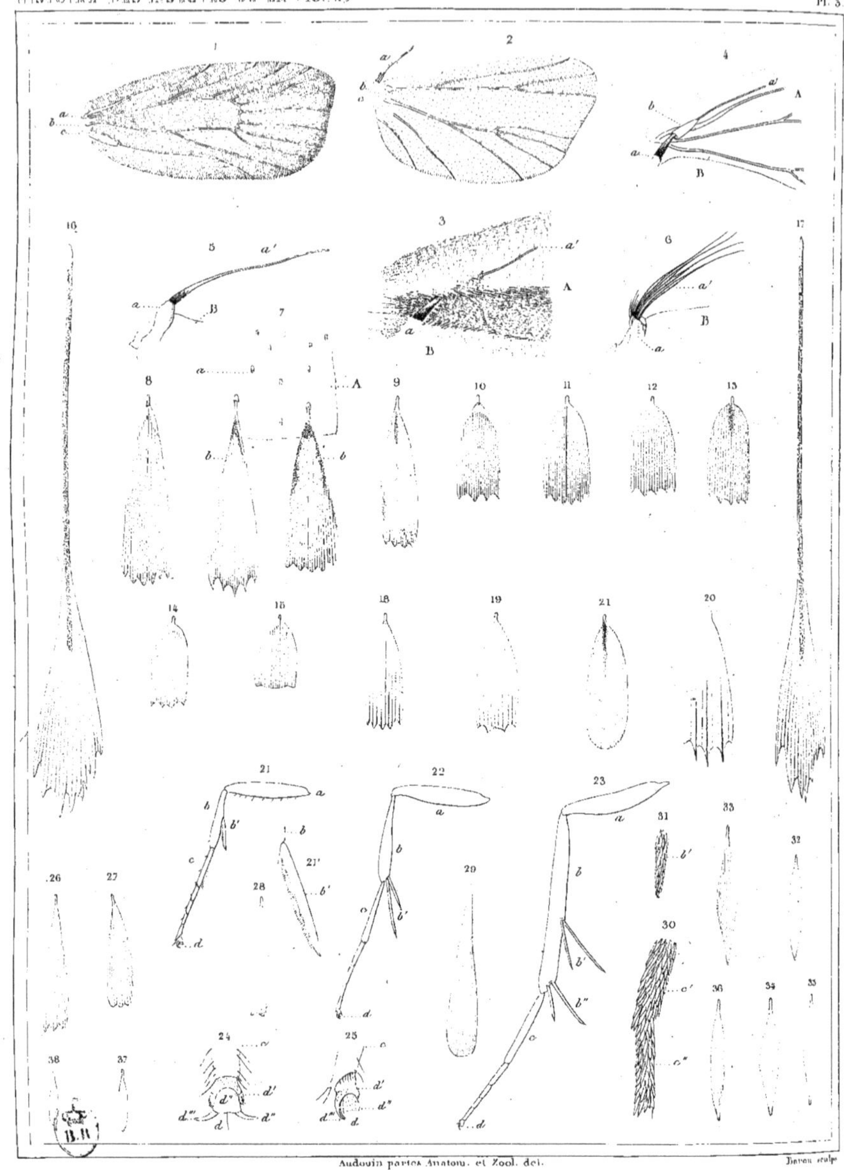

Audouin partes Anatom. et Zool. del. Bevan sculp.

PYRALE A L'ÉTAT DE PAPILLON.

Détails de structure vus au microscope.

N. Rémond imp.

PLANCHE 3.

Suite de l'Organisation de la PYRALE DE LA VIGNE à l'état de *Papillon*. — Les *Ailes* et les *Pattes* observées au Microscope.

Fig. 1. AILE droite de la première Paire chez un Mâle, grossie cinq fois.

L'*Aile* a été dénudée des *Ecailles* ou *Poils* qui la recouvrent. Alors toute sa surface devient translucide, et paraît criblée de points enfoncés rangés très-régulièrement en série, et consistant chacun en une très-petite Excavation destinée à recevoir le Pédicule du *Poil* ou de l'*Ecaille*. (Voy. Fig. 7). — *a*, *b*, *c*. *Nervures* principales.

Fig. 2. AILE droite de la seconde paire, également dépouillée de ses *Écailles*.

a. *Crin* épineux, corné, dont l'usage sera expliqué fig. 3, 4, 5. — *b*, *c*. *Nervures* principales.

Fig. 3. Une Portion des deux AILES (de la première Paire A, et de la deuxième Paire B), garnies de leurs *Poils* ou *Écailles* et d'un Appareil curieux qui réunit les deux Ailes.

a, *a'*. *Crin* épineux partant de la base de la deuxième paire d'Ailes B, et s'engageant dans un *Frein* ou *Anneau* situé à la face inférieure de la première paire d'Ailes A.

Fig. 4. Ces deux portions d'AILES auxquelles on a enlevé les *Poils* ou *Écailles*.

Les mêmes lettres indiquent les mêmes parties. — *b*. *Frein* ou *Anneau* placé au-dessous de la première nervure et à sa base, et traversé par le *Crin* *a*, *a'*. du bord de la deuxième paire d'Ailes.

Fig. 5. Le *Crin* de la deuxième Paire *d'Ailes* isolé et plus grossi, dans un Mâle.

Fig. 6. Les *Crins* de la deuxième Paire d'*Ailes* dans une Femelle.

Ces Crins sont ordinairement au nombre de trois : le nombre quatre, qu'on voit ici, est exceptionnel.

Fig. 7-21. *Écailles* de dimensions et de formes diverses, prises à la surface des *Ailes* d'une PYRALE Mâle, et mode d'insertion de ces *Écailles*.

(Voir au Chapitre deuxième l'explication détaillée de ces Figures.)

Fig. 21-25 (1). PATTES des première, deuxième et troisième Paires chez un PAPILLON Mâle.

a. La *Cuisse*. — *b*. La *Jambe*. — *c*. Le *Tarse*, terminé par un appendice *d*. supportant une sorte de *Pelotte d''* et deux *Ongles d'''*. Ces Pattes, représentées ici sans les Poils qui les recouvrent, se distinguent entre elles par leur longueur et aussi par le nombre des *Epines* partant de la Jambe. On en voit une, qui est pectinée, à la première Patte. La deuxième Patte en a deux, et la troisième quatre. (Voir les détails de cette partie au Chapitre deuxième.)

Fig. 26-38. Formes des *Écailles* qui couvrent les *Cuisses*, les *Jambes*, les *Tarses*, et même les Épines des *Jambes*.

(Voir, pour l'explication de ces détails, le Chapitre deuxième).

---

(1) Par erreur du graveur de lettres il y a deux numéros 21; mais les organes que ces deux chiffres désignent sont si différents, qu'on ne saurait les confondre.

Audouin Anatom. et Zool. del. Forget sculp.

PYRALE A L'ÉTAT DE PAPILLON.

Détails de structure vus au microscope. Appareil générateur.

A. Remond imp.

PLANCHE 4.

Suite de l'organisation de la PYRALE DE LA VIGNE à l'état de *Papillon*. — Détails de structure vus au microscope. Appareil générateur.

Fig. 1. Extrémité de l'Abdomen du Papillon Mâle grossie et vue en dessus. On distingue les *Poils* ou *Ecailles* qui recouvrent le dernier anneau.

1. A. Une des Ecailles des bords de cet Anneau.

Fig. 2. Extrémité de l'abdomen d'un Papillon du même sexe vue en dessous.

b' Partie inférieure du dernier Anneau. — *c, c*. Les deux Valves rapprochées l'une de l'autre. — *b* Bordure de poils de la partie supérieure du dernier Anneau.
2. A. Ecaille de la partie inférieure du dernier Anneau de l'Abdomen.
2. B. Autre Ecaille plus longue, prise sur le bord de ce même dernier Anneau.
2. C. Ecaille prise sur les Valves. *c c* *
2. D. Ecaille prise sur le bord de ces mêmes Valves.

Fig. 3. Extrémité de l'Abdomen du Mâle dénudée de ses poils et vue de profil.

a, Arceau supérieur de l'avant-dernier Anneau. — *a'* Arceau inférieur du même Anneau. — *b* Arceau supérieur du dernier anneau. — *b'* Arceau inférieur du même Anneau. — *c c*. Les deux Valves.

Fig. 4. La même extrémité vue en dessus.

a a' a'. Avant-dernier Anneau. — *b. b' b'* Dernier Anneau. — *c c*. Les deux Valves. — *d-e* Double Foliole contenue entre les Valves.

Fig. 5. Cette double Foliole composée de deux pièces.

L'une supérieure *e*, en forme de stylet, l'autre inférieure *d*.

Fig. 6. Extrémité de l'abdomen du Mâle vue en dessous.

c, c. Les deux Valves. — *d-e* La double Foliole. — *f* Pièce transversale circonscrivant la cavité qui donne passage au Pénis. *g*.

Fig. 7. Une des Valves isolées vue intérieurement.

c' Petite Dentelure à sa base.

Fig. 8. La pièce transversale isolée.

Montrant en *f'* les piquants dont elle est garnie.

Fig. 9. Pièce inférieure de la double Foliole vue en dessous.

d' Ecailles. — *d''* Lanière formant un rebord à la base de cette pièce. — *e* Extrémité de la pièce supérieure.

Fig. 10. Extrémité de cette même double Foliole vue en dessus.

d La pièce inférieure. — *e* Extrémité de la pièce supérieure.

Fig. 11. La même partie.

d Foliole isolée pour montrer la division dans laquelle s'engage la pointe styloïde de la pièce supérieure.

Fig. 12. Une des Ecailles isolées de la partie inférieure de la même double Foliole *d'*.

Fig. 13. Gaîne du Pénis.

h. Tube charnu. — * La Verge vue par transparence.

Fig. 13 A. La Verge dégagée de sa gaîne.

h. Canal charnu. — * Pièces cornées réunies en faisceau.

Fig. 14 et 15. Ces pièces isolées extrêmement grossies.

Fig. 16. Appareil générateur du Mâle.

a Testicule. — *b, b,-c c c c* Deux Canaux déférents renflés en vésicule à leur origine, et accolés ensuite dans toute leur longueur. — *d, d*. Vésicules séminales. — *e e e* Canal éjaculateur. — *f* Dernier Anneau de l'Abdomen renfermant l'Armure copulatrice.

Fig. 17. Extrémité de l'Abdomen de la Femelle dénudée de poils et vue en dessus.

a. L'avant-dernier Anneau. — *b* Dernier Anneau. — *c* Plaque Vulvaire. — *c'* Petit Tubercule.
17. A. Une des Ecailles du dernier Anneau.

PLANCHE 4. (*Suite.*)

Fig. 18. Extrémité de l'abdomen du même sexe vue en dessous.

a a Dernier Anneau. — *c* Plaque vulvaire. — *c'* sorte de Rigole à bords libres située sur la ligne médiane. — *d*, *d* Plaques hérissées de poils, circonscrivant une cavité *e*, à laquelle paraît aboutir l'Oviducte. 18. A A' Ecailles des bords de l'arceau inférieur du dernier Anneau.

Fig. 19. Un détail de la fig. 18, montrant l'extrémité de la Foliole.

b La Plaque vulvaire. — *c*. La Rigole.

Fig. 20. Extrémité de l'abdomen vue en dessus. Les mêmes lettres indiquent les mêmes parties que dans la fig. 17.

On voit de plus : en *i* l'extrémité du Canal intestinal qui s'accole à l'Oviducte. — *h'*. Partie renflée renfermant les deux conduits. — *f f f'*. Pièces cornées. (Voir fig. 21.)

Fig. 21. Les mêmes parties vues de profil.

a, *a*, Les bords de l'avant-dernier Anneau, auxquels est fixée une pièce semi-cornée qui est prolongée en longue branche *f'* : — *i* extrémité du Canal Intestinal. — *h*. Oviducte s'accolant au canal intestinal dans la partie renflée. *h'*. — *l'* Extrémité du canal de la Vésicule copulatrice.

Fig. 22. Appareil générateur de la Femelle.

c Plaque vulvaire. — *g g'*, les Tubes ovigères. — *h*, l'Oviducte. — *i* Extrémité du Canal intestinal. — *k*, *k*. Glandes sébacées, renflées près de leur insertion. *k.' k'*. — *l*, Vésicule copulatrice. — *l'* son extrémité. — *m*. Petite Vésicule communiquant du conduit de la Vésicule copulatrice à l'Oviducte, par deux petits conduits *m' m''*.

Fig. 23. La Vésicule copulatrice isolée, excessivement grossie. Les mêmes lettres indiquent les mêmes parties que dans la fig. 22.

n, Le Pénis très-renflé vu par transparence. ** Les Pointes qui accompagnent le Pénis.

Fig. 24. Cette même partie contenue dans l'intérieur du tube.

n Partie renflée où l'on distingue des sillons en spirale. — *n* Le Canal. — *** Epines du Pénis écartées en forme de rosace.

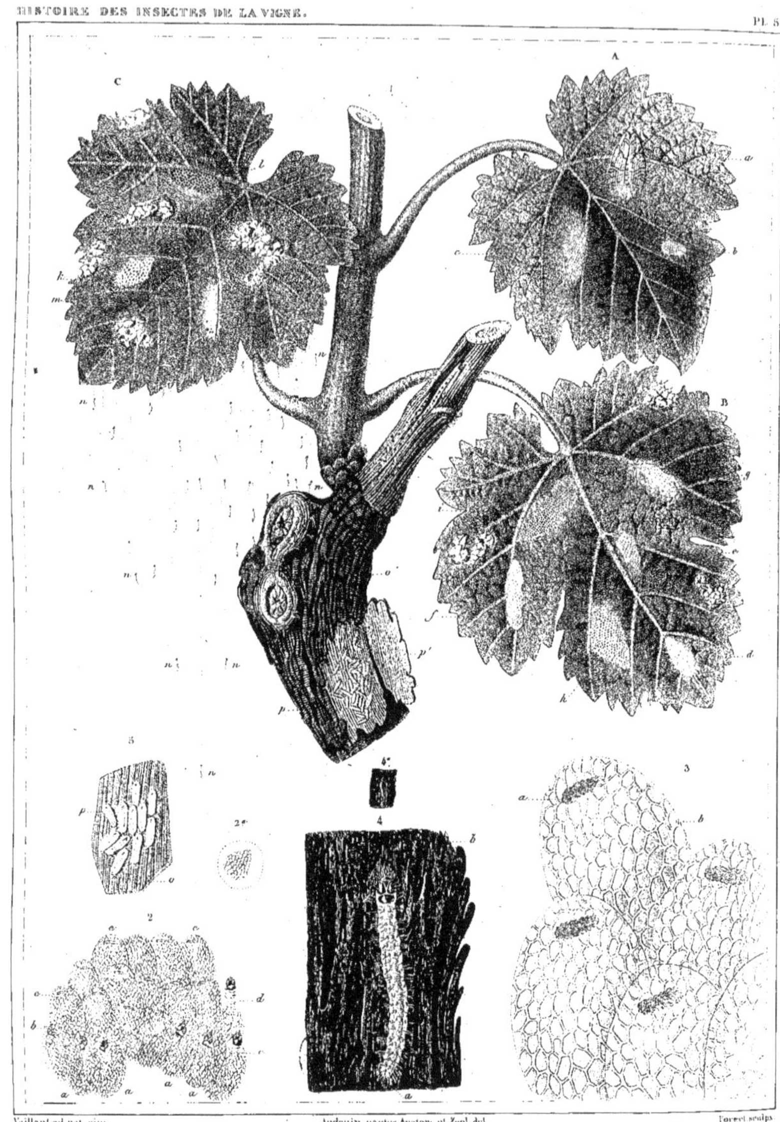

Vaillant ad nat. pinx. Audouin partes Anatom. et Zool. del. Forget sculps.

PYRALE A L'ÉTAT D'ŒUF ET DE CHENILLE NAISSANTE.

Changemens successifs de couleur des plaques d'œufs. Leur texture, vue au microscope. Retraite des jeunes chenilles, sous l'écorce de la vigne, aussitôt leur naissance, dans de petits cocons qu'elles se filent.

A. Rémond imp.

PLANCHE 5.

PYRALE DE LA VIGNE à l'état d'*Œuf* et de *Chenille* naissante.

Fig. 1. Un rameau de VIGNE ayant reçu un grand nombre de PONTES, qui sont parvenues à diverses époques de leur incubation.

A. Les PONTES déposées sur cette Feuille sont les plus récentes.

a. PAPILLON de la PYRALE, déposant ses ŒUFS — *b* et *c*. Couleurs successives que prend cette Ponte.

B. Les PONTES déposées sur cette Feuille montrent les degrés suivants de l'INCUBATION, *d*, *f*, *g*, *h*, *i*. Modifications successives qui ont lieu dans la couleur de la Ponte.

C. Les PONTES déposées sur cette Feuille approchent du moment de l'ÉCLOSION.

k, *l*. On aperçoit par transparence, dans ces PONTES, les Têtes noires des petites CHENILLES. — *m*. Plaque blanche d'où sont sorties les CHENILLES. — *n n n n* Petites CHENILLES qui viennent de sortir des Œufs, se dispersant sur la Feuille et se laissant tomber, suspendues à leur fil, sur les parties du Cep qui conviennent à leur hivernation. — *o*. CHENILLES cheminant sur l'écorce du Cep, et cherchant quelque fissure pour s'y réfugier.—*p*. Les petites CHENILLES, réfugiées sous l'écorce, se sont filé de petits cocons dans lesquels elles vont passer l'hiver. — *p'*. Portion de l'écorce enlevée pour laisser voir les petits COCONS.

Fig. 2. ŒUFS, vus au microscope au moment de l'éclosion.

a a a. ŒUFS encore fermés, dans lesquels on aperçoit la CHENILLE par transparence. — *b*. Petite ouverture qui se forme au moment où la CHENILLE va sortir. — — *c*, *d*. CHENILLES commençant à sortir. — *e*. Œufs vides, montrant la fente par laquelle la Chenille s'est échappée.

Fig. 2 a. ŒUFS de grandeur naturelle.

Fig. 3. Les mêmes, beaucoup plus grossis pour montrer leur texture.

a. Trou de sortie. — *b*. Réseau du tégument extérieur de l'œuf.

Fig. 4. La CHENILLE, très-grossie, avec les couleurs qu'elle présente au moment de sa sortie de l'ŒUF.

Fig. 4 a. La même, de grandeur naturelle.

Fig. 5. Portion de CEP dont on a enlevé l'écorce, pour faire voir la manière dont sont disposés, pendant l'hivernation, les petits COCONS qui contiennent les Chenilles.

p. Petits COCONS. — *o*. Portion du Cep dépouillé.

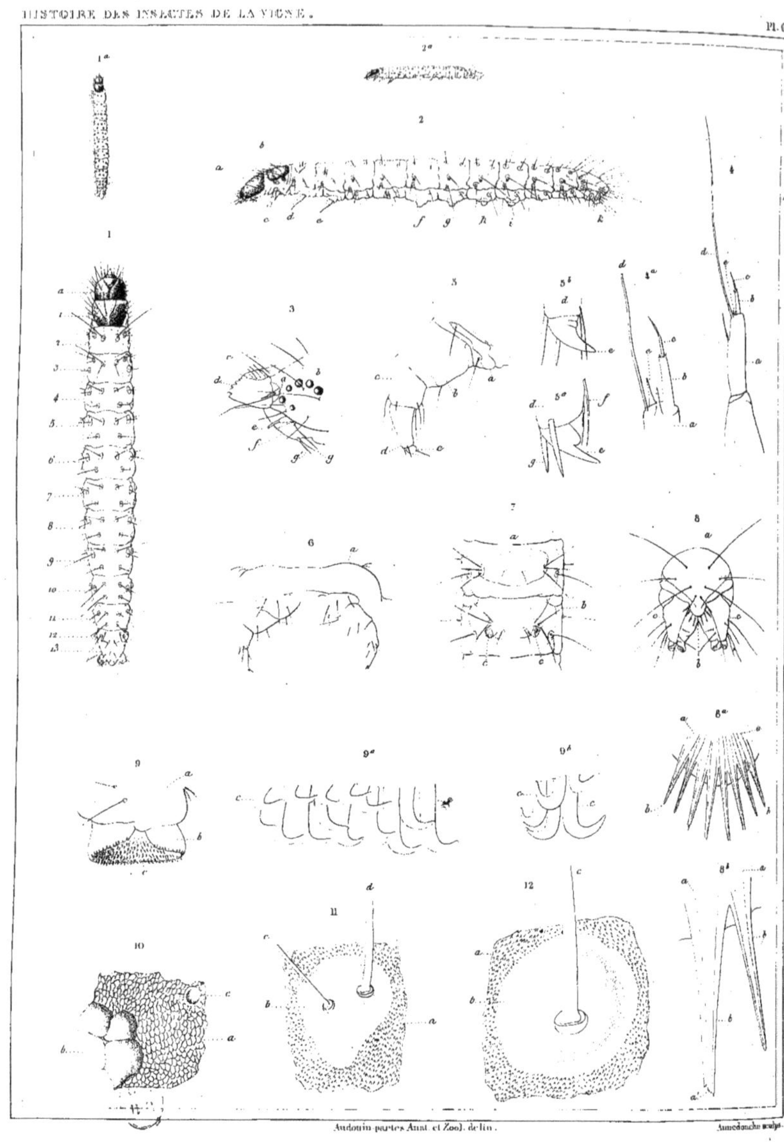

Audouin partes Anat. et Zool. del.in. Annedouche sculp.

PYRALE À L'ÉTAT DE CHENILLE.

Détails de structure extérieure, vus au microscope.

J. Renaud imp.

PLANCHE 6.

Organisation de la PYRALE DE LA VIGNE à l'état de *Chenille*. — Détails microscopiques des Appendices du *Corps* et de la *Peau*.

Fig. 1. CHENILLE de la PYRALE DE LA VIGNE grossie un peu plus de trois fois et vue en dessus. — Fig 1^a. Sa *grandeur naturelle.*

a La *Tête*. — 1-13 *Anneaux* composant le Corps.

Fig. 2. La même CHENILLE vue de profil. — Fig. 2^a. Sa *grandeur naturelle.*

a. La TÊTE. — *b*. Le *Prothorax*, ou premier *Anneau* du Corps. — *c*. première *Paire* de *Pattes thoraciques*, terminées par un *Ongle*. — *d*. deuxième *Paire*. — *e*. troisième *Paire*. — *f, g, h, i*. première, deuxième, troisième et quatrième *Paires* de *Pattes abdominales*, ou *en couronne*. — *k*. dernière *Paire* de *Pattes en couronne* ou *Pattes anales*.

Fig. 3. Partie antérieure de la TÊTE de la CHENILLE vue de profil, comme elle est représentée fig. 2, mais seulement un peu plus relevée.

a. L'*Antenne*. — *b*. Les *Yeux lisses*. — *c*. *Labre* ou *Lèvre supérieure*. — *d*. *Mandibule* gauche. — *e*. *Palpe maxillaire* ou *Palpe de la Mâchoire*. — *f*. *Lèvre inférieure*, supportant la *Filière g*. — *g'*. *Palpe labial* ou *Palpe* de la *Lèvre inférieure*.

Fig. 4. ANTENNE de la CHENILLE très-grossie. — Fig. 4^a. Portion encore plus grossie.

a. Second *Article*. — *b*. Troisième *Article*. — *c*. Quatrième *Article*. — *d*. Long *Filet* qui prend naissance sur le deuxième article. — *e*. Deux prolongemens conoïdes.

Fig. 5. PATTES THORACIQUES de la première Paire, vue de profil.

Cette *Patte*, la même que celle marquée *c*. fig. 2, montre en *a*. le premier *Article*, en *b*. le deuxième, en *c*. le troisième, en *d*. le quatrième, en *e*. l'*Ongle* terminal dont la base est munie d'une sorte de *Talon*.

Fig. 5^a. ONGLE de la même *Patte* plus grossi pour montrer la saillie du *Talon*.

f, g. *Poils* de formes différentes protégeant l'Ongle.

Fig. 5^b. Le même ONGLE rentré, de manière que le *Talon* se trouve caché dans les chairs.

Fig. 6. PATTES de la deuxième Paire, vues de face.

a. Portion inférieure du deuxième *Anneau* du Corps supportant cette deuxième *Patte*.

Fig. 7. Le cinquième et le sixième ANNEAU du CORPS vus en dessous.

a. Cinquième *Anneau* dépourvu de Pattes. — *b* Sixième *Anneau* montrant en *c*, *c* la première Paire de *Pattes en couronne*.

Fig. 8. Partie postérieure du CORPS de la CHENILLE.

a. Dernier *Anneau* du CORPS vu et en arrière. — *b*. Sorte de *Tubercule* terminal, garni sur son bord d'une espèce de *Peigne*, dont les Dents faiblement cornées sont rangées en demi-cercle. — *c*, *c*. Les deux dernières *Pattes en couronne* ou *Pattes anales*.

Fig. 8^a et fig. 8^b. Détails de cet appareil.

a, a'. Petites *Tiges* légèrement cornées, qui paraissent contenues dans des espèces de *Gaînes* ou de *Tubes* *b*. également cornés.

Fig. 9. La dernière paire de PATTES EN COURONNE ou PATTES ANALES vue de face par la partie postérieure.

a. La *Patte*. — *b*. Le *Bourrelet* garni intérieurement et sur ses bords de *Crochets* ou d'*Epines* crochus, cornées *c*.

Fig. 9^a et 9^b. Forme et disposition des CROCHETS.

Fig. 10. Dessus corné de la TÊTE très-grossi, pour montrer sa texture, qui figure assez bien ce qu'on a nommé du *Chagrin*.

Fig. 11 et 12. Deux portions de la PEAU de la CHENILLE, prises à l'endroit où naissent des *Poils*.

a. *Peau* toute couverte de petites *Epines* invisibles à l'œil nu. — *b*. Espace entourant la base du Poil. Cet espace, toujours bien circonscrit, est remarquable par sa surface lisse, dépourvue d'épines et légèrement convexe. — *c*, *c*, *d*. *Poils*.

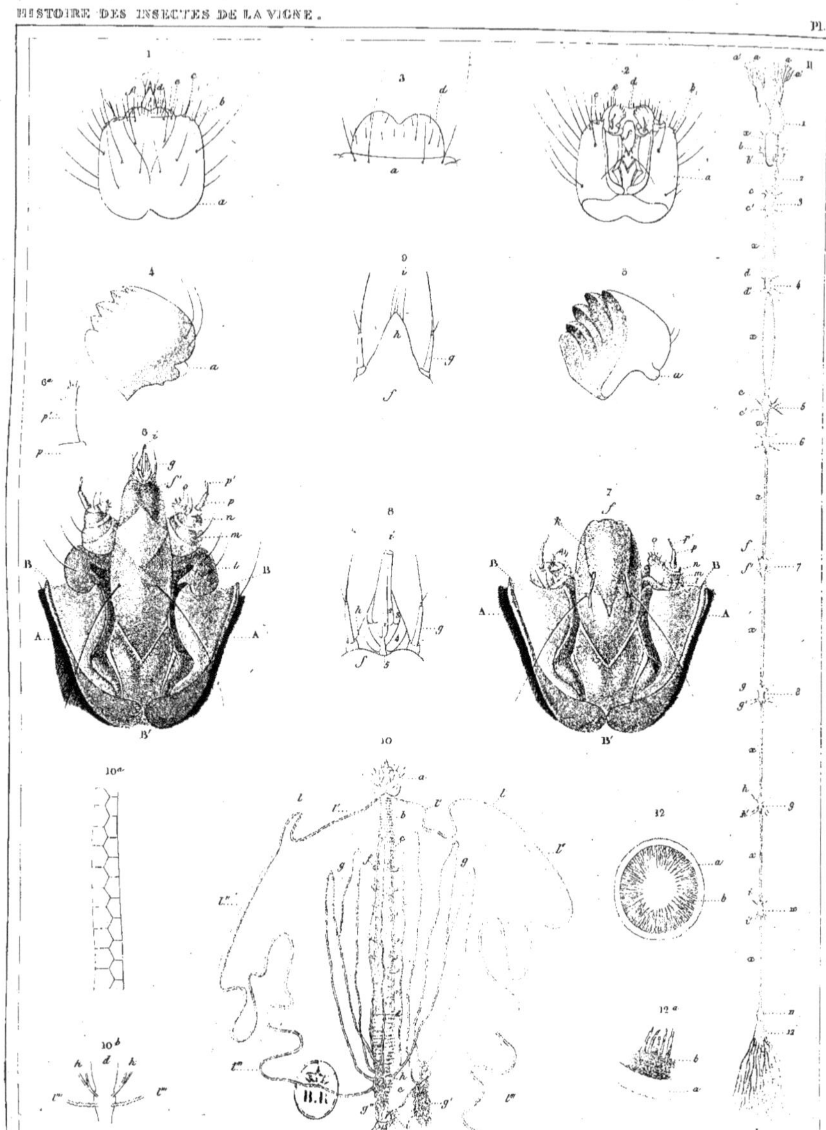

Audouin partes Anat. et Zool. delin. Annedouche sculp.

PYRALE À L'ÉTAT DE CHENILLE.

Détails de structure extérieure et intérieure vus au microscope.

N. Rémond imp.

PLANCHE 7.

Organisation de la Pyrale de la Vigne à l'état de *Chenille*. — Détails microscopiques de la tête, et organisation intérieure.

Fig. 1. Tête de la Chenille, avec les parties de la Bouche (vue en dessus).

a. Tête. — *b*. Les Yeux. — *c*. Palpe maxillaire. — *d*. Lèvre supérieure. — *e*. Mandibule. — *f*. Lèvre inférieure.

Fig. 2. Tête vue en dessous.

Les mêmes lettres indiquent les mêmes parties que dans la figure précédente.

Fig. 3. Lèvre supérieure, isolée, très-grossie.

a. Bord antérieur de la Tête. — *d*. Lèvre.

Fig. 4. Mandibule isolée, vue en dessus.

a. Point d'insertion.

Fig. 5. La même Mandibule, vue en dessous.

Fig. 6. Cadre buccal.

A. Bords latéraux de la Tête. — B. Pièces latérales formant le Cadre buccal. — B'. Sa base.
i. Filière étendue. — *g*. Palpes labiaux. — *f*'. Lèvre inférieure. — *l*. Base des Mâchoires. — *m*, *n*, *o*. Mâchoires, constituées par trois pièces distinctes. — *p p*'. Palpes maxillaires. — *p*. Premier Article. — *p*'. Deuxième Article.

Fig. 7. Cadre buccal, montrant la Lèvre inférieure repliée.

Les mêmes lettres indiquent les mêmes parties que dans la figure précédente.

Fig. 8. Extrémité de la Filière, vue en dessus.

g. Palpes labiaux. — 1, 2, 3, 4. Diverses pièces constituant la Gaine de la Filière. — *i*. Son extrémité.

Fig. 9. La même, vue en dessous.

h. Filière. *i*. Son extrémité. *g*. Palpes labiaux.

Fig. 10. Canal intestinal, grossi.

a. Tête. — *b*. Œsophage. — *c*. Jabot. — *d*. Estomac. — *e*. Intestin. — *g g*. Vaisseaux biliaires. — *h*, *i*. Leurs insertions. — *g' g''* Parties enroulées de ces mêmes vaisseaux. — *l*. Vaisseaux soyeux. — *l' l'' l'''*. Leurs différentes parties (voir le texte, pag. 95).

Fig. 10 a. Partie des Vaisseaux soyeux, grossie au microscope.

Fig. 10 b. Portion du Canal intestinal.

d. Extrémité de l'Estomac. — *h*. Insertion des Vaisseaux biliaires. — *l'''*. Insertion des Vaisseaux soyeux.

Fig. 11. Système nerveux.

1. Ganglion céphalique. — *a a*. Rameaux aboutissant aux parties antérieures de la Tête. — 2. Premier Ganglion thoracique. — *b b*'. Rameau nerveux. — 3. Le deuxième Ganglion. — *c c*'. Ses Rameaux nerveux. — 4. Troisième Ganglion. — *d d*'. Ses Rameaux nerveux. — 5. Quatrième Ganglion. — *e e*'. Ses Rameaux nerveux. — 6. Cinquième Ganglion. — 7. Le sixième Ganglion. — *f f*'. Ses Rameaux nerveux. — 8. Septième Ganglion. — *g g*'. Ses Rameaux nerveux. — 9. Le huitième Ganglion. — *h h*'. Ses Rameaux. — 10. Le neuvième Ganglion. — *i i*'. Ses rameaux. — 11. Le dixième Ganglion. — 12. Le onzième et dernier. — *k*. Rameaux se distribuant à la partie postérieure du Corps. — *x x x x*. Cordons médullaires servant à lier les Ganglions entre eux.

Fig. 12. Stigmate, isolé, très-grossi.

a. Péritrème. — *b*. Lanières internes.

Fig. 12 a. Une partie du même, plus grossie.

a. Péritrème. — *b*. Quelques-unes de ses Lanières.

Vaillant ad nat. pinx. Audouin partes Anatom. et Zool. del. Forget sculps.

MÉTAMORPHOSES DE LA PYRALE.

Fig. 1, 2, Apparition de la chenille dans l'œuf — Fig. 3-8 ses changemens de peau après qu'elle en est sortie. Fig. 9-23 sa transformation en chrysalide.

J. Rémond imp.

PLANCHE 8.

Apparition de la CHENILLE dans l'OEuf. — Ses divers changements de peau; sa transformation en CHRYSALIDE.

Fig. 1. OEUF, très-grossi, observé quelques jours après la ponte. On commence à apercevoir les premières formes de la Chenille.

a. Enveloppe de l'OEuf. — *b.* Matière verte analogue à l'Albumen. — *c.* Chenille. Le Corps est replié, et l'on distingue déjà les trois paires de Pattes écailleuses.

Fig. 1 a. Cet OEUF, de grandeur naturelle.

Fig. 2. OEUF observé à une époque plus avancée de l'incubation.

Toute la Matière verte a disparu. Le Corps de la Chenille est jaune, avec la Tête et le premier Anneau d'un brun foncé. Les parties de la Bouche sont presque incolores.

Fig. 3 a. Jeune CHENILLE de grandeur naturelle, au moment de subir sa première mue.

Fig. 3. La même, grossie.

a. La Tête, très-petite comparativement à la dimension du Corps *c.* — *a'.* Intervalle dû à l'écartement qui se produit entre la Tête et le premier Anneau. Cet intervalle est occupé par une membrane qui recouvre la Tête, beaucoup plus grosse que la première, avec laquelle la Chenille doit paraître après la mue. — *b.* Le premier Anneau.

Fig. 4 a. CHENILLE observée au moment où la déchirure a lieu entre la Tête et le premier Anneau.

Fig. 4. La même, grossie.

La Chenille se débarrasse de son ancienne Peau en la refoulant à la partie postérieure *f*, laquelle adhère à des fils jetés sur la Feuille, ainsi que les Pattes membraneuses *d.* — *a.* Tête ancienne de la Chenille qui reste en place et recouvre les parties de la Bouche. — *a'.* La Tête nouvelle qui n'est pas encore colorée. — 1', 2', 3'. Les Pattes écailleuses après la mue. — *b.* Le premier anneau de la Peau ancienne qui est refoulé en arrière. — 1, 2, 3. Les trois paires de Pattes de l'ancienne Peau, d'où sont sorties les nouvelles comme les doigts d'un gant.

Fig. 5 a. CHENILLE, de grandeur naturelle, quelques heures après la mue.

Fig. 5. La même, grossie.

Elle est complétement débarrassée de son ancienne Peau, qui a été totalement rejetée en arrière. L'enveloppe de l'ancienne Tête, qui était restée comme un masque sur les parties de la Bouche, est tombée par un mouvement brusque de l'animal. — *a'.* La Tête. — *b.* Le premier Anneau, encore très-peu coloré.

Fig. 6. *a.* L'enveloppe de la Tête ancienne.

Fig. 7 a. CHENILLE, de grandeur naturelle, le lendemain de la mue.

Fig. 7. La même grossie. La Tête *a* et le premier Anneau *b* ont repris leur couleur noire; tout le Corps est aussi plus foncé.

Fig. 8 a. CHENILLE de grandeur naturelle, au moment de subir la deuxième mue.

Fig. 8. La même, grossie.

Le phénomène observé lors de la première mue se reproduit encore. — *a*, montre la Tête; — *b*, le premier Anneau; — *a'*, l'écartement où doit se produire la déchirure.

Fig. 9. Feuille repliée, dans laquelle une CHENILLE a établi sa coque, pour y subir sa transformation en chrysalide.

a. Feuille flétrie. — *b.* Coque soyeuse. — *c.* La Chenille, vue par transparence.

Fig. 10 a. CHENILLE retirée de cette coque, vingt-quatre heures après qu'elle s'y était établie; de grandeur naturelle.

Fig. 10. La même, grossie.

On remarque la contraction générale du Corps et sa forme conique, qui rappelle déjà l'aspect de la Chrysalide. — *a.* La Tête, un peu renfoncée dans le premier Anneau *b.* — 1, 2, 3. Les Pattes écailleuses. — *c.* Le Corps. — *d.* Les Pattes membraneuses. — *f.* Le dernier Anneau du Corps.

PLANCHE 8. (*Suite.*)

Fig. 11. Partie postérieure du Corps de la CHENILLE, vue de profil, et beaucoup plus grossie.

c. Partie supérieure. — *d.* Une des Pattes membraneuses. — *e.* Patte membraneuse anale contractée. — *f.* Appendice terminal du Corps. — *g.* Epines.

Fig. 12. La même partie, vue en dessus.

c. Derniers Anneaux du Corps. — *f.* Appendice terminal.

Fig. 13. La même partie, vue en dessous.

Les mêmes lettres indiquent les mêmes organes que dans les deux figures précédentes.

Fig. 14 a. CHENILLE se débarrassant de sa peau, pour paraître sous la forme de Chrysalide.

Fig. 14. La même, grossie.

* Fente qui s'est formée sur le Dos, et qui a été suivie d'un écartement des bords de la fente qui s'est ouverte sur la Tête *a*, sur le premier Anneau *b*, sur le deuxième et sur le troisième, et qui s'est arrêtée au quatrième; on commence à apercevoir par cette fente la chrysalide. — *c.* Partie dorsale du Corps. — 1, 2, 3. Pattes écailleuses, très-écartées les unes des autres. — *d.* Les Pattes membraneuses complétement retirées dans la Peau. — *f.* Appendice terminal du corps.

Fig. 15. Partie postérieure de la même CHENILLE, vue de profil, pour montrer les plis en *c'*.

d, e, f, g. indiquent les mêmes parties que dans la fig. 11.

Fig. 16. Partie antérieure, vue en dessus, pour montrer la fente * qui se pratique seulement sur la tête *a* et les trois premiers Anneaux *b-c*.

Fig. 17 a. CHENILLE dont la métamorphose est plus avancée.

Fig. 17. La même, grossie.

* La Chrysalide se dégageant de la Peau de la Chenille, et la refoulant de plus en plus à la partie postérieure *c'*. — *a.* La Tête de la Chenille, recouvrant encore la partie antérieure de la Chrysalide. — *b.* Le premier Anneau de la Chenille. — 1, 2, 3. Les trois paires de Pattes écailleuses, très-écartées les unes des autres. — *c.* Partie dorsale du corps — *f.* Appendice terminal.

Fig. 18 a. La CHRYSALIDE presque entièrement dégagée de la peau de la Chenille.

Fig. 18. La même, grossie.

* La Chrysalide. — " Deux Filets trachéens du Corps de la Chenille, qui ont été entraînés par la Peau. — *a.* Tête de la Peau de la Chenille. — *c.* le Corps. — *c'* Plis transversaux, produits par le refoulement de la peau. — *f.* Appendice terminal. — 1, 2, 3. Pattes écailleuses.

Fig. 19. La CHRYSALIDE, entièrement dégagée et commençant à se colorer, vue en dessus.

Fig. 20. La même, vue en dessous.

Fig. 21. La même, entièrement colorée, vue en dessus.

Fig. 22. La même, vue en dessous.

Fig. 23. CHRYSALIDE, très-grossie, vue en dessus.

A. Tête. — B. Thorax — C. Abdomen.

a. Partie antérieure de la Tête. — *b.* La base des Antennes. — *e.* Premier Anneau du Thorax (Prothorax). — *f.* Second Anneau du Thorax (Mésothorax). — *g.* Troisième Anneau du Thorax (Métathorax). — *l.* La base des Ailes antérieures. — *m.* La base des Ailes postérieures. — *o.* Crins recourbés. — 1 à 10. Les Anneaux de l'Abdomen.

Fig. 24. La même, vue en dessous.

A. Tête. — B. Thorax. — C. Abdomen.

a. Partie antérieure de la Tête. — *b.* Antennes. — *c.* Trompe. — *d.* Palpe labial. — *h.* La Cuisse de la première Patte; *h'*, sa Jambe; *i*, son Tarse. — *i'*. Jambe de la deuxième Patte, suivie de son Tarse. — *k.* Extrémité du Tarse de la troisième paire de Pattes. — *l.* Première paire d'Ailes. — *m.* La seconde paire. — *o.* Crochets recourbés de l'Abdomen.

Fig. 25. La même, vue de profil.

Les mêmes lettres et les mêmes numéros indiquent les mêmes parties que dans les deux figures précédentes. On voit de plus, en *n*, les Ouvertures stigmatiques.

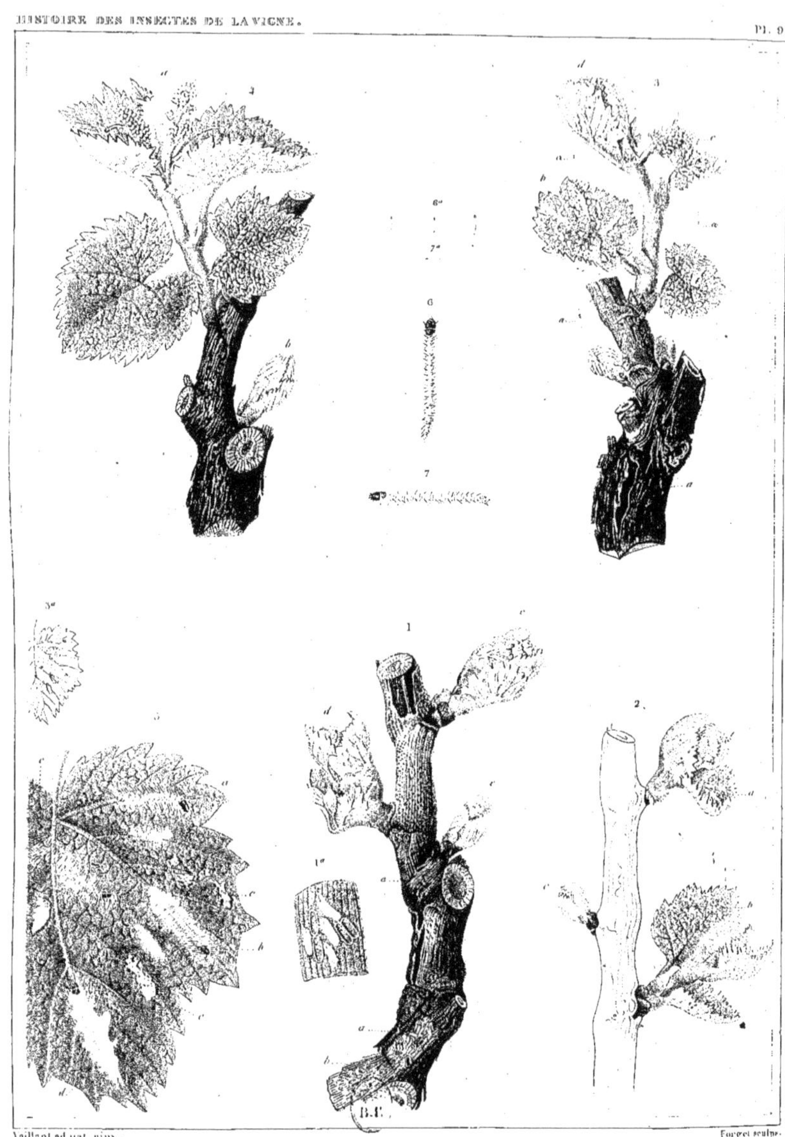

Vaillant ad nat. pinx. Forget sculp.

VIGNES ENVAHIES PAR LES PYRALES, DÈS LE 1er DÉVELOPPEMENT DU BOURGEON.

(Canton de la Chapelle, dans le Maconnais; du 5 au 10 Mai 1838).

Fig. 1, 2 Bourgeons déjà fortement attaqués. — Fig. 3, 4 Aspect de deux ceps dont l'un (fig. 3) qui n'a reçu aucun soin est ravagé; et dont l'autre (fig. 4) est intact, par suite des opérations pratiquées en 1837.

Rémond imp.

PLANCHE 9.

Vignes envahies par la Pyrale dès le premier développement des Bourgeons.

Fig. 1. Bourgeon commençant à se développer, et déjà rempli de Chenilles.

On en voit qui s'introduisent entre les Folioles, *c, d, c.* — *a* Portion du Bois dégagé de son Ecorce pour montrer la disposition des petits Cocons. — *b.* Portion sur laquelle on distingue les impressions soyeuses des Cocons.

1. *a.* Portion grossie de l'Ecorce pour montrer les Cocons, dont plusieurs sont ouverts.

Fig. 2. Jeunes pousses plus avancées de vingt-quatre heures.

On aperçoit de petites Chenilles qui se laissent choir d'un bourgeon *a*, sur un autre bourgeon inférieur *b.* — *c.* Bourgeon non encore développé.

Fig. 3. Vigne plus avancée.

a, a, a, Petites Chenilles se laissant choir d'une feuille à l'autre. — *b.* Feuille sur laquelle on remarque des Fourreaux de Chenilles. — *c* Jeune Grappe déjà réunie aux Feuilles par des fils. — *d* Bourgeon contenant une jeune Grappe, et déjà rempli de Chenilles.

Fig. 4. Portion d'un cep pris dans une pièce de vigne où l'on avait fait l'enlèvement des pontes au mois d'août.

Le Jet *a*, pousse avec vigueur, et les Grappes se développent librement. — *b.* Bourgeon dont les Feuilles ne sont pas recoquillées à la pointe comme on le voit dans les figures précédentes.

Fig. 5. Feuille grossie pour montrer la structure des fourreaux construits par les jeunes chenilles.

— *a, b, c.* Sont des Fourreaux encore inachevés. — *d.* Un Fourreau parfait offrant l'apparence d'une toile blanche tendue par les coins. — *e, e* Portion mangée sur laquelle des Chenilles avaient construit des Fourreaux qui ont été enlevés.

Fig. 5. a. Petite Feuille sur laquelle on distingue déjà plusieurs Chenilles qui ont commencé à construire leurs Fourreaux.

Fig. 6. Une jeune chenille très-grossie.

Fig. 6. a. Jeunes Chenilles de diverses grosseurs avant leur première mue.

Fig. 7. Une Chenille grossie vue de profil.

Fig. 7. a. La même de grandeur naturelle.

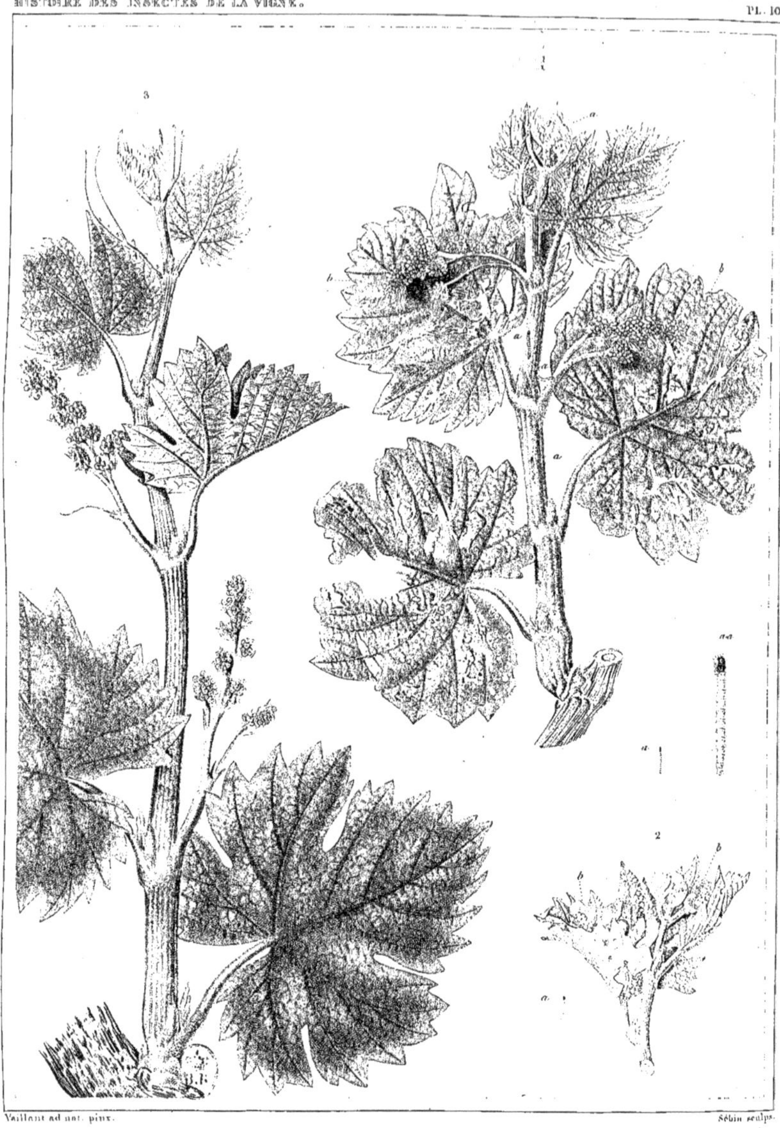

Vaillant ad nat. pinx. Sébin sculps.

ASPECT DE DEUX JEUNES POUSSES DES VIGNES DE CHÉNAS (MACONNAIS).

(16 Mai 1838).

Deux de ces pousses fig. 1, 2 ravagées; l'autre fig. 3, intacte par suite des opérations pratiquées en 1837.

N. Rémond imp.

PLANCHE 10.

Aspect de deux JEUNES POUSSES, recueillies dans les Vignes de *Chenas*, département du Rhône, le 16 mai 1838. Sur l'une des branches, les Feuilles et les Grappes sont intactes, par suite de l'enlèvement des Pontes, fait en août 1837; la dévastation de l'autre branche, qui provient d'un cep qui n'a pas été soigné, est, au contraire, déjà avancée.

Fig. 1. JEUNE POUSSE provenant d'un Cep sur lequel on n'avait fait aucune opération en 1837.

Les *Grappes* sont enlacées et réunies aux FEUILLES qui sont déjà en partie rongées. La pousse est courte et rabougrie.

a a a a. *Chenilles* courant sur la tige et occupées à ronger les bourgeons. — *b b*. D'autres *Chenilles* réunissant les grappes et les feuilles — *a*. L'une d'elles, qui s'est laissé choir et qui reste suspendue à un fil.

a a. Une de ces CHENILLES, grossie.

Fig. 2. Extrémité d'une Pousse dans laquelle on voit les Grappes, non plus courbées et fixées sur les feuilles, mais enroulées par les feuilles.

Fig. 3. JEUNE POUSSE provenant d'un cep du même âge et placé dans les mêmes conditions que le précédent, mais sur lequel on a pratiqué l'enlèvement des pontes.

Vaillant ad nat. pinx. Annedouche sculps.

DÉGATS OBSERVÉS DANS LES VIGNES DE VILLENEUVE PRÈS MONTPELLIER.

PLANCHE 11.

Portion d'un CEP DE VIGNE dévasté par les CHENILLES DE PYRALE et observé sur le territoire de *Villeneuve*, aux environs de Montpellier.

Cet *Échantillon*, exactement dessiné sur nature par mon jeune ami, M. Vaillant, et qui a été recueilli dans une excursion que nous avons faite à Villeneuve, le 10 juin 1838, avec M. le professeur Dunal, en même temps qu'il offre un des exemples les plus frappants du dégât causé dans les Vignes par les CHENILLES de la PYRALE, prouve que ce n'est pas tant au Raisin qu'aux Feuilles, que l'Insecte s'attache pour se nourrir. En effet, les portions des *Grappes* qui ont pu être accolées aux feuilles, à l'aide des fils soyeux sécrétés par la Chenille, sont seules ravagées. La CHENILLE fait surtout usage de la *Grappe* comme abri.

a. Portion d'un CEP DE VIGNE, d'où part une *Tige* de l'année.— *b*. Cette *Tige* coupée, elle avait cinq décimètres de longueur.

c. *Feuille* de la base de cette tige déjà endommagée par une CHENILLE, et dont une seconde CHENILLE s'empare. Après avoir établi quelques *Fils* transversaux au-dessus des nervures de la Feuille, elle a jeté d'autres *Fils* qui vont joindre l'extrémité du ramuscule d'une *Grappe* voisine, et qu'elle enlace à la Feuille. Si l'on avait suivi au-delà les opérations de cette CHENILLE, on l'aurait vue pratiquer des incisions aux pédicules des *Grains*, qui se seraient bientôt flétris et desséchés; puis, la CHENILLE, se réfugiant sous cet abri, aurait attaqué la Feuille.

d, *d*. Deux fortes *Grappes*, accolées (à la manière qu'on vient de dire) à deux Feuilles voisines *f*, *f*.

e, *e*, *e*, *e*. Parties de ces *Grappes* qui, n'ayant pas été mises en contact avec des Feuilles, sont restées parfaitement intactes, et ne renferment aucune Chenille.

Cette figure montre encore comment les CHENILLES s'établissent dans les *Grappes*. On voit que les *Toiles* qu'elles ont jetées sont très-nombreuses, se croisent dans tous les sens, et semblent confusément réunies; mais, en examinant avec soin la trame de ce tissu, on reconnaît qu'elle consiste dans des *Fils* artistement disposés en triangle, de manière à rapprocher peu à peu les parties, à les maintenir bridées, et à former des espèces de *Fourreaux* ou *Galeries*, dans lesquelles les CHENILLES séjournent, et à l'abri desquelles elles attaquent les Feuilles.

g. CHENILLE de grandeur naturelle, étant arrivée au quatre-cinquième de son accroissement, et en train de changer de place.

h. Autre CHENILLE du même âge qui, ayant été inquiétée dans son refuge, en sort, et se laisse choir, en ayant soin de se suspendre à un *Fil*.

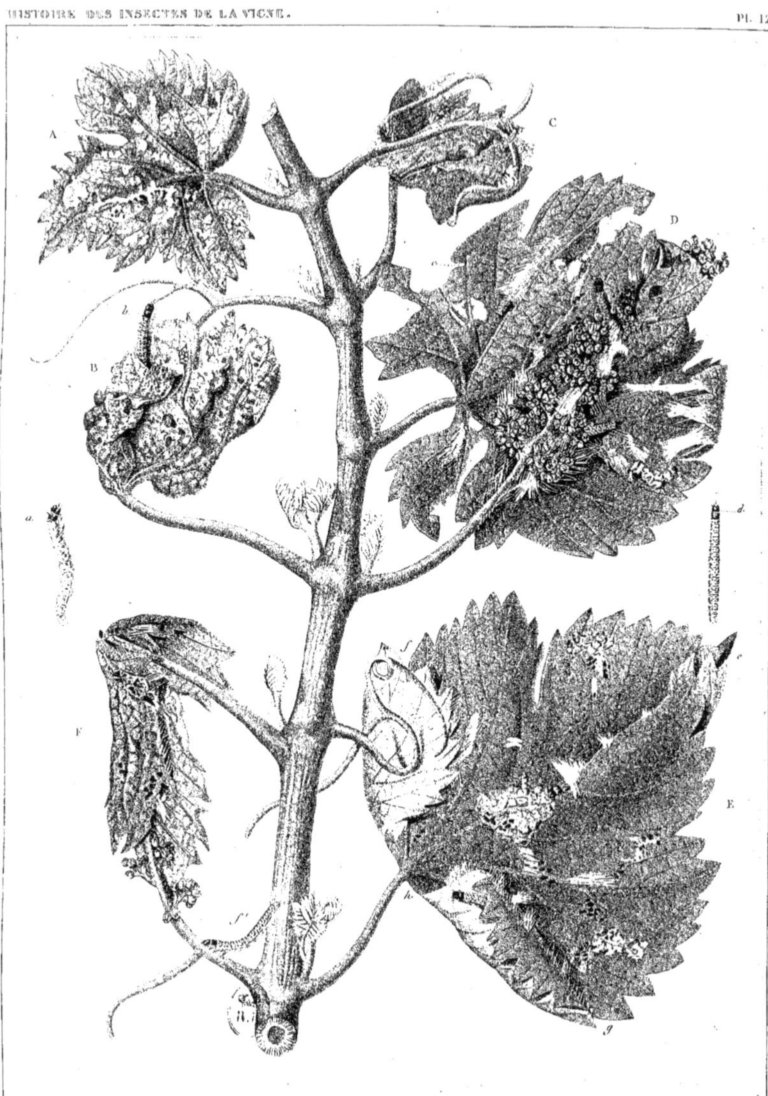

Vaillant ad nat. pinx. Visto sculps.

DÉGATS OBSERVÉS DANS LES VIGNES DE RIVESALTES AUX ENVIRONS DE PERPIGNAN.

(5 Juin 1838.)

A. Rémond imp.

PLANCHE 12.

Dégâts, causés par la PYRALE, observés dans les Vignes de *Rivesaltes*, aux environs de Perpignan (Pyrénées-Orientales), le 5 juin 1838.

Le dégât était si complet sur certains points, qu'on ne trouvait pas une Feuille qui ne fût attaquée jusqu'aux extrémités des pousses, par une ou plusieurs Chenilles.

A. FEUILLE qui a été rongée sans avoir été enroulée ni fripée. Cela vient de ce qu'étant accolée à une masse de Feuilles réunies par des fils, dans lesquelles les Chenilles avaient trouvé un abri, elles s'étaient contentées de maintenir cette Feuille à plat, et d'en manger le parenchyme. On voit à sa surface quelques restes des Fourreaux soyeux où se tenaient les Chenilles. Au moment où on a détaché la partie à laquelle cette Feuille était jointe, une Chenille *a* s'est laissé choir, en restant suspendue à son fil.

B. FEUILLE encore verte, mais tellement fripée que sa forme n'est plus reconnaissable. On voit une Chenille *b* occupée à renforcer cette sorte de sac en le fixant, au moyen de fils, à une vrille de la Vigne.

C. FEUILLE également fripée, montrant la manière dont elle est accolée à la vrille. Cette Feuille, en grande partie rouge, a ensuite passé au jaune, et renfermait une Chenille en train de muer.

D. Plusieurs CHENILLES, pour dévorer cette Feuille, ont jeté des fils qui ont réuni la Grappe à la Feuille dans presque toute sa longueur, le sommet seul la dépassant. Elles ont établi dans son intérieur des espèces de Fourreaux où elles cheminent et se tiennent à l'abri. On voit au tiers inférieur de la Grappe un de ces Fourreaux dont on a déchiré la paroi supérieure pour donner une idée exacte de sa forme. — D'autres Chenilles, trouvant sans doute la Grappe déjà envahie, ont établi des refuges soit en jetant une toile à sa surface, au-dessus d'une nervure, de manière à la faire un peu creuser, soit en en repliant le bord, au moyen de fils qui s'entre-croisent. Ayant touché la Chenille qui se tenait dans ce pli, elle en sortit rapidement, et resta suspendue à un fil.

E. FEUILLE qui, n'étant en contact avec aucune Grappe et seulement avec un bout de vrille, a été repliée sur elle-même par quatre Chenilles. L'une d'elles *e* s'est emparée du milieu de la Feuille, et en a rapproché la surface de chaque côté de la nervure médiane. Elle n'a commencé à ronger qu'après avoir travaillé plusieurs heures à consolider ce pli. Une autre Chenille *f* a replié un bord de la Feuille de dessous en dessus, et elle a renforcé ce pli avec la vrille. Cette Chenille était entièrement cachée dans cette loge, et elle commençait à ronger la paroi inférieure; mais ayant été inquiétée, elle a abandonné la place, et après s'être laissé choir sur le pétiole de la Feuille, elle a gagné le Tronc et s'est transportée sur un autre point. Un autre individu *g* avait fait la même chose à l'autre lobe de la Feuille, mais au moment où il travaillait à faire le pli, survint une Chenille *h* qui lui disputa la place ; il ne la quitta pas cependant, mais une portion de la Feuille fut repliée par la nouvelle Chenille dans un autre sens On la voit occupée à consolider ce pli; pendant ce temps, la Chenille qui est au-dessous d'elle ronge le parenchyme de la feuille.

F. GRAPPE entièrement recouverte par une Feuille qui est rongée sur quelques points et qui commence à se flétrir. Les pétioles des grains de la Grappe qui n'étaient pas encore en fleur, étaient entaillés et flétris. Une Chenille qui occupait l'intérieur de ce refuge avait une grosseur telle que je suppose qu'elle était sur le point de se changer en nymphe. — On verra, aux Planches 13 et 14, la manœuvre qu'emploie dans ce cas la Chenille, et l'aspect que présentent bientôt les Feuilles flétries.

f Montre une Chenille qui cherche une nouvelle feuille.

Vaillant ad nat. pinx. Sébin sculp.

VIGNES OBSERVÉES SUR LE TERRITOIRE DE MARSEILLAN (DÉPT DE L'HÉRAULT).

(9 Juin 1835)

Altérations diverses produites sur les feuilles.

E. Rémond imp.

PLANCHE 13.

VIGNES observées sur le territoire de Marseillan (Hérault), le 9 juin 1838.

Cette Planche montre diverses altérations produites sur les *Feuilles* par les CHENILLES, peu de temps avant leur transformation en Chrysalides.

Fig. 1. Deux FEUILLES très-rongées, provenant d'une Vigne où la dévastation était telle que les Ceps n'offraient plus que leur bois.

On voit deux CHENILLES à travers les fils blancs qui réunissent ces Feuilles. — Deux autres *b c* sont suspendues à des fils. *b* est vue en dessous, *c* en dessus

Fig. 2. Rameau sur lequel on voit plusieurs CHENILLES occupées à ronger les pédicules des feuilles.

A. CHENILLE en train de creuser en partie le pédicule de la Feuille pour qu'elle se dessèche. Elle n'en agit ainsi qu'après s'être préalablement entourée de fils, qui forment une sorte de Fourreau occupant ordinairement le milieu de la Feuille.

B. FEUILLE qui a été entamée de la même manière et qui n'est encore que flétrie. On voit entre les plis le Corps de la Chenille.

a, *a*, *a*, *a*. Petites FEUILLES du sommet d'une Pousse, occupées par des Chenilles qui y ont établi leur domicile pour les ronger; elles les ont enroulées sur elles-mêmes, et les ont réunies aux vrilles. — *b c*. Deux de ces CHENILLES, vues de profil.

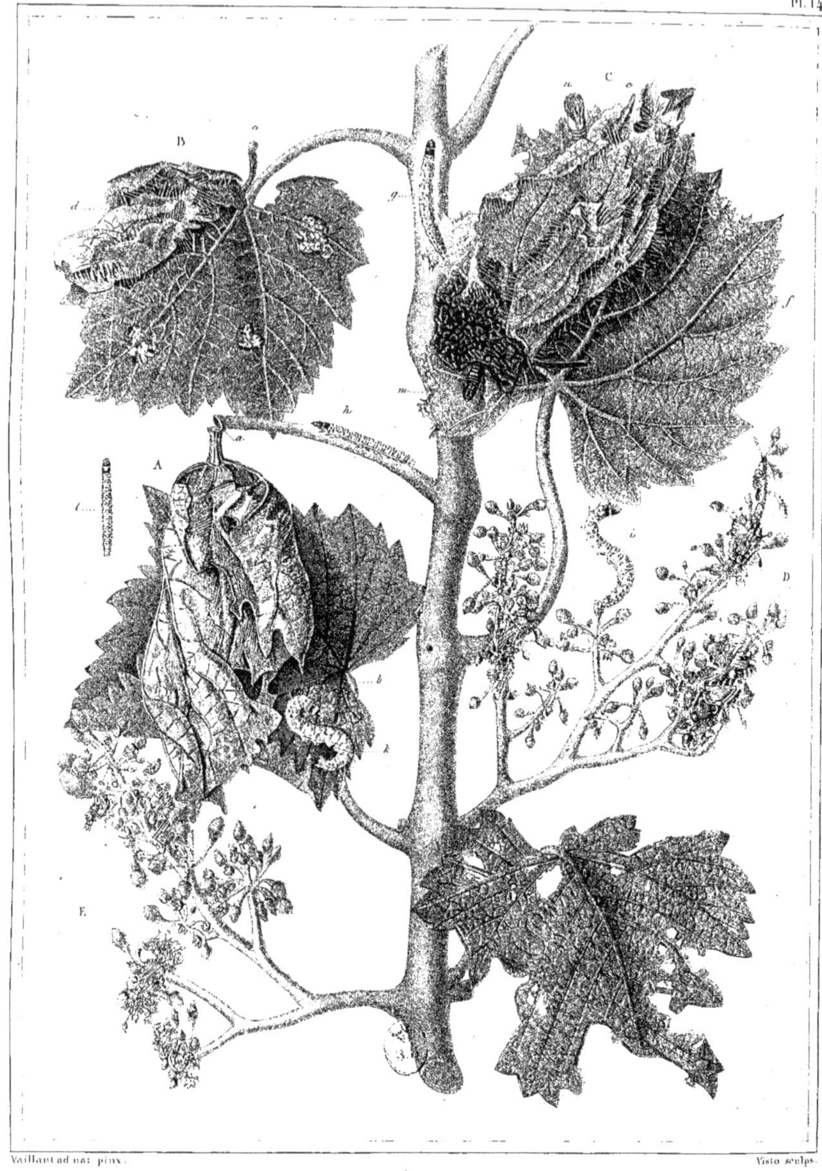

Vaillant ad nat. pinx. Visto sculps.

DÉGATS OBSERVÉS DANS LES VIGNES D'ARGENTEUIL PRÈS PARIS.

(14 Juillet 1858)

J. Rémond imp.

PLANCHE 14.

Dégâts causés par la PYRALE et observés dans les Vignes d'Argenteuil, près Paris (Seine-et-Oise).

Cette planche présente l'état des Vignes au moment où le fléau est le plus apparent à cause du dessèchement des Feuilles qui ont été coupées à leur pétiole pour servir d'abri aux Chrysalides.

Cependant, à cette époque, le dégât cesse, toutes les Chenilles se métamorphosant en Chrysalides. C'est alors aussi qu'on voit la Vigne reprendre des Feuilles; mais les ravages sont, comme on le voit, consommés long-temps avant la maturité du Raisin.

A. Feuille coupée à son pédicule. — *a* Point où a eu lieu la section : une portion de l'Epiderme a été ménagée; mais cette Feuille desséchée, qui renferme des Chrysalides, est maintenue sur une Feuille fraîche et intacte *b*, et un peu sur une grappe E.

B. Réunion des deux Feuilles, l'une fraîche et l'autre desséchée. — *c* La Feuille desséchée ayant été détachée accidentellement, se trouve fixée au moyen de fils sur une Feuille fraîche très-peu endommagée. Sous cet abri, il existe une Chrysalide que l'on aperçoit vaguement en *d*....

Il y avait en outre une Chenille *l*, n'ayant pas atteint toute sa croissance, qui rongeait la Feuille sous le même abri.

C. Autre réunion de deux Feuilles, l'une fraîche *f* et l'autre desséchée *e*. Cette dernière appartenait également à une branche voisine, et renfermait des Chrysalides, l'une *m* dont le Papillon n'est pas encore sorti, et l'autre *n* dont il ne reste déjà plus que la dépouille.

D, E. Deux Grappes ayant perdu les deux tiers de leurs grains par suite du séjour qu'ont fait les Chenilles pour ronger les Feuilles d'une Pousse voisine, auxquelles ces Grappes étaient réunies par des fils.

On voit encore sur cette planche diverses Chenilles qui, ayant acquis tout leur développement, allaient se métamorphoser en Chrysalides.

Les Chenilles *g*, *h*, *i* étaient blotties sous la Feuille desséchée *e*, contenant déjà des Chrysalides; elles étaient sur le point de se métamorphoser elles-mêmes sous cet abri, dont l'individu *n* avait été le premier habitant, mais dont celles-ci allaient profiter.

Les Chenilles *i* et *k* ayant été inquiétées brusquement, la première se laisse choir, et la seconde se contourne sur elle-même en se contractant.

Vaillant ad nat. pinx. Annedouche sculps.

ALTÉRATIONS OBSERVÉES DANS LES VIGNES DE S.T SAUVEUR PRÈS LA ROCHELLE.

23 Juillet 1838

Menard imp.

PLANCHE 15

Rameau d'un Cep de Vigne fortement endommagé par les Chenilles de Pyrale, et provenant des Vignobles de *St-Sauveur* près la Rochelle.

Ce *Rameau*, figuré sur un des échantillons que m'a procurés l'excursion que j'ai faite à Saint-Sauveur le 23 juillet 1838, avec MM. Bouscasse, Beaupreau, d'Orbigny et Vaillant, donnera une idée du dommage que les Pyrales occasionnent dans les Vignes, lorsqu'elles y pullulent. On a ici sous les yeux le triste état d'une *Grappe* qui, ayant été occupée par des Chenilles de la Pyrale, ne conserve plus qu'un petit nombre de *Grains* incapables de mûrir.

a. *Feuille* restée intacte et choisie par une Chenille qui se dispose à se changer en Chrysalide. Elle se place au centre de la Feuille sur la nervure médiane, et se construit un *Fourreau*, en fixant des *Fils* successivement à droite et à gauche, en zigzag, et en les disposant en triangle. Il en résulte bientôt le rapprochement des deux côtés de la surface de la Feuille. (Voy. Pl. 12, E *e*.)

b. Autre *Feuille* déjà endommagée, et sur laquelle deux nouvelles Chenilles se sont établies. L'une d'elles vient de terminer son *Fourreau* : elle n'a pas encore touché à la Feuille; l'autre Chenille commence à l'entamer.

c. *Grappe* dont un petit nombre de grains a persisté, et qui avait donné abri à plusieurs Chenilles pendant le moment de leur dernier changement de peau. On distingue très-bien la disposition des fils en faisceaux flabelliformes qui réunissent cette Grappe à la Feuille voisine. — *d.* Une Chenille retardataire dans son développement, et qui, ayant été inquiétée, se laisse choir.

e. Groupe de *Feuilles*, les unes intactes, les autres desséchées. Ces dernières servent de refuge aux Chrysalides. La Figure montre deux Chrysalides : de l'une d'elles *f.* est sorti un Papillon *Mâle*, qui, après avoir développé ses *Ailes*, en les soulevant et les rapprochant l'une de l'autre (voyez Pl. 1, fig. 1, *c*, *d*.) s'est placé au repos.

Vaillant pinx. Me Schmeltz sculps.

ANIMAUX DESTRUCTEURS DE LA PYRALE.

N. Remond imp.

PLANCHE 16.

Animaux destructeurs de la PYRALE.

Fig. 1. LIMACE AGRESTE. *Limax agrestis* (Linné). Mangeant des Œufs de *Pyrale* déposés sur une feuille de Vigne.

Fig. 2. HÉMÉROBE PERLE. *Hemerobius perla* (Linné). Vu en dessus, les Ailes étendues, de grandeur naturelle.

Fig. 2*. Le même, vu de profil.

Fig. 2**. Le même, vu en dessus, les Ailes fermées.

Fig. 2 a. Aile antérieure de l'*Hémérobe perle*.

Fig. 2 b. Aile postérieure.

Fig. 2 c. Patte antérieure.

Fig. 3. Larve de l'*Hémérobe perle*, vue en dessus, grossie. (Une ligne, placée auprès de la figure, indique la grandeur naturelle de l'insecte.)

Fig. 3*. La même Larve, vue de profil.

Fig. 4. ANOMALON JAUNATRE. *Anomalon flaveolatum* (Gravenhorst). Grossi.

Fig. 4 a. Le même insecte, de grandeur naturelle.

Fig. 4*. Le même, vu de profil, grossi.

Fig. 4 a*. Le même, de grandeur naturelle.

Fig. 4 b. Antenne de l'*Anomalon jaunâtre*.

Fig. 4 c. Aile antérieure.

Fig. 4 d. Aile postérieure.

Fig. 4 e. Patte antérieure.

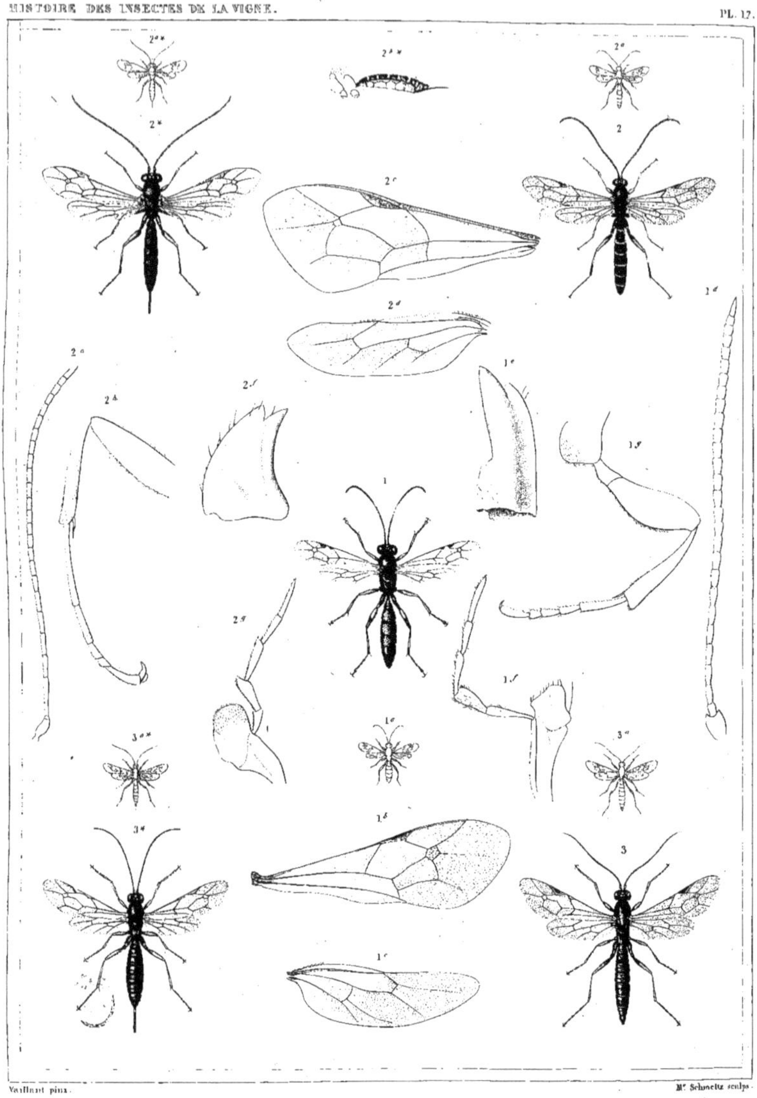

Vaillant pinx. Mr. Schmeltz sculps.

INSECTES DESTRUCTEURS DE LA PYRALE.

S. Renaud imp.

PLANCHE 17.

Insectes destructeurs de la Pyrale.

Fig. 1. Ichneumon mélanogone. *Ichneumon melanogonus* (Gravenhorst). Grossi.
Fig. 1 a. Le même, de grandeur naturelle.
Fig. 1 b. Aile antérieure de l'*Ichneumon mélanogone.*
Fig. 1 c. Aile postérieure.
Fig. 1 d. Antenne.
Fig. 1 e. Mandibule.
Fig. 1 f. Mâchoire, avec son palpe.
Fig. 1 g. Patte antérieure.

Fig. 2. Pimple alternant. *Pimpla alternans* (Gravenhorst). Mâle, grossi.
Fig. 2 a. Le même, de grandeur naturelle.
Fig. 2*. *Pimple alternant.* Femelle, grossie.
Fig. 2 a*. La même, de grandeur naturelle.
Fig. 2 b*. Abdomen, vu de profil.
Fig. 2 c. Aile antérieure.
Fig. 2 d. Aile postérieure.
Fig. 2 e. Antenne.
Fig. 2 f. Mandibule.
Fig. 2 g. Mâchoire, munie de son palpe.
Fig. 2 h. Patte antérieure.

Fig. 3. Pimple instigateur. *Pimpla instigator* (Fabricius). Mâle, grossi.
Fig. 3 a. Le même, de grandeur naturelle.
Fig. 3*. *Pimple instigateur.* Femelle, grossie.
Fig. 3 a*. La même, de grandeur naturelle.

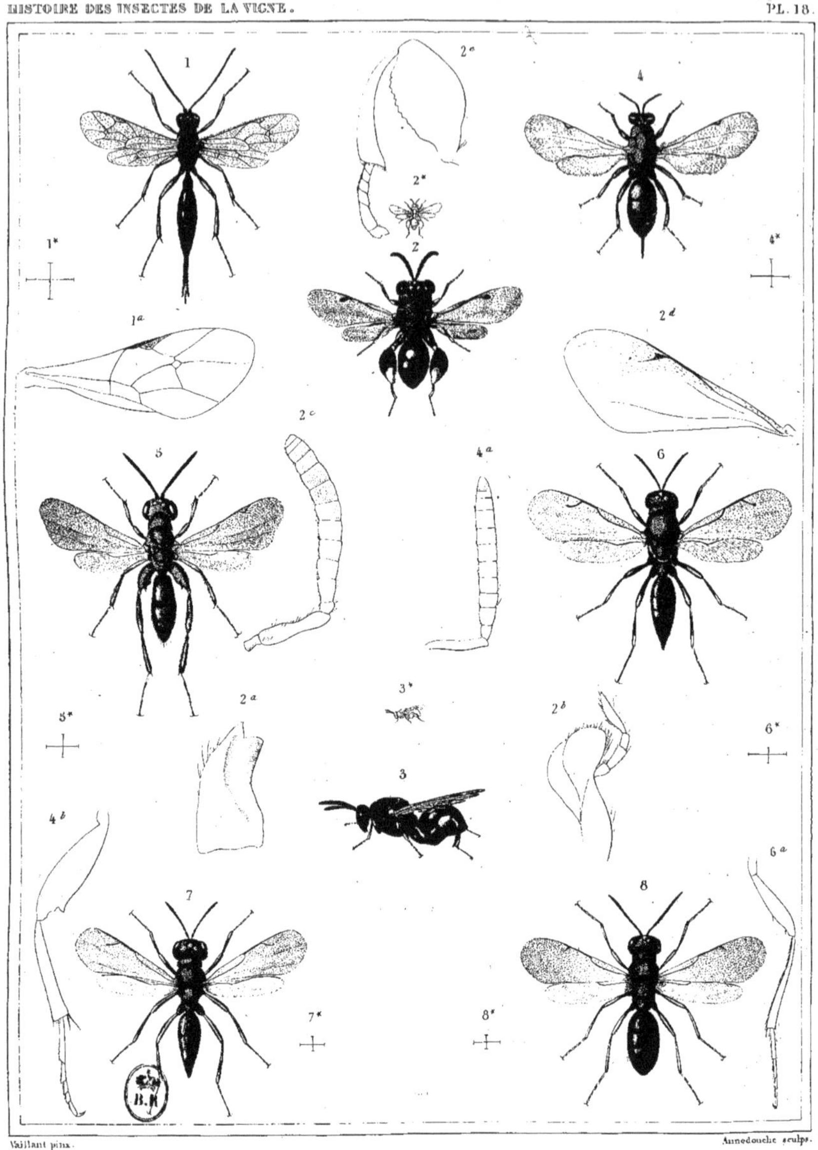

Vaillant pinx. Annedouche sculps.

INSECTES DESTRUCTEURS DE LA PYRALE.

N. Rémond imp.

PLANCHE 18.

Insectes destructeurs de la Pyrale.

Fig. 1. Campoplex de mai. *Campoplex majalis* (Gravenhorst). Femelle, grossie.
Fig. 1*. Sa grandeur naturelle.

Fig. 2. Chalcide petite. *Chalcis minuta* (Linné). Vue en dessus, grossie.
Fig. 2*. Sa grandeur naturelle.
Fig. 2 a. Mandibule de la *Chalcide petite*.
Fig. 2 b. Mâchoire, munie de son palpe.
Fig. 2 c. Antenne.
Fig. 2 d. Aile antérieure.
Fig. 2 e. Patte postérieure.

Fig. 3. *Chalcide petite*, vue de profil, grossie.
Fig. 3*. Sa grandeur naturelle.

Fig. 4. Diplolèpe cuivrée. *Diplolepis cuprea* (Spinola). Femelle, grossie.
Fig. 4*. Sa grandeur naturelle.
Fig. 4 a. Antenne.
Fig. 4 b. Patte postérieure.

Fig. 5. Diplolèpe obsolète. *Diplolepis obsoleta* (Fabricius).
Fig. 5*. Sa grandeur naturelle.

Fig. 6. Ptéromale cuivré. *Pteromalus cupreus* (Neès von Esenbeck). Mâle, grossi.
Fig. 6*. Sa grandeur naturelle.
Fig. 6 a. Patte postérieure.

Fig. 7. Ptéromale ovale. *Pteromalus ovatus* (Neès von Esenbeck). Grossi.
Fig. 7*. Sa grandeur naturelle.

Fig. 8. Ptéromale commun. *Pteromalus communis* (Neès von Esenbeck). Grossi.
Fig. 8*. Sa grandeur naturelle.

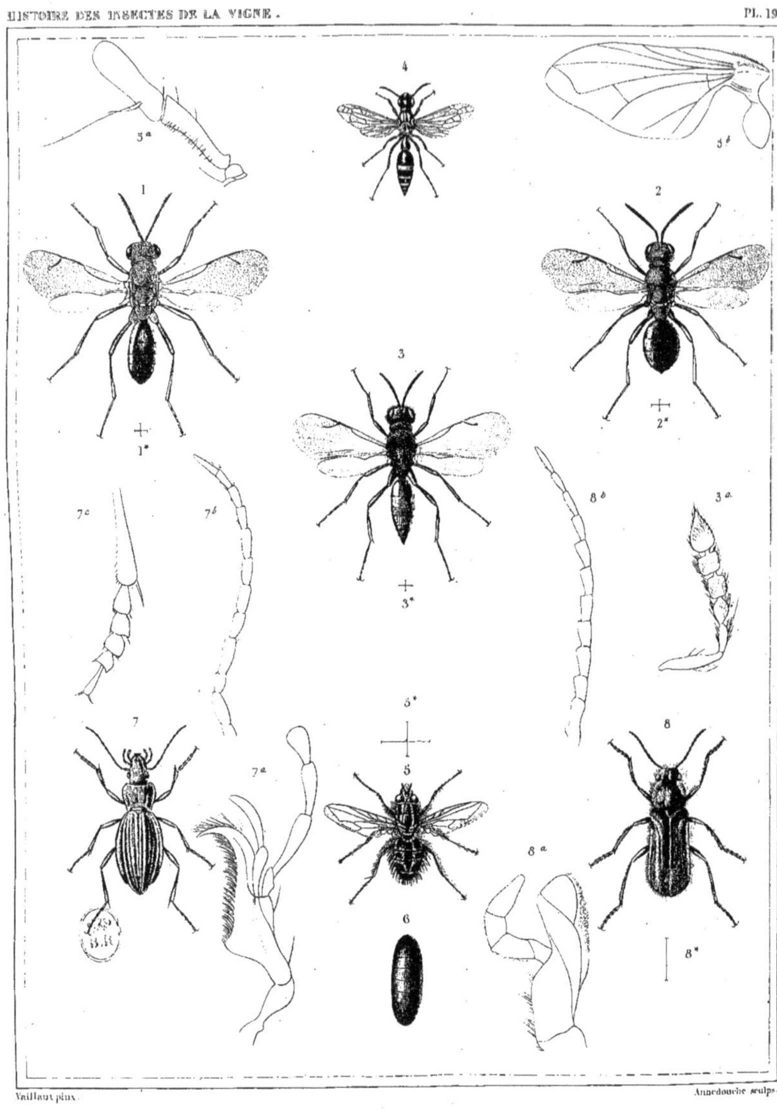

Vaillant pinx. Annedouche sculps.

INSECTES DESTRUCTEURS DE LA PYRALE.

N. Rémond imp.

PLANCHE 19.

Insectes destructeurs de la Pyrale.

Fig. 1. Ptéromale des Larves. *Pteromalus Larvarum* (Spinola). Très-grossi.
Fig. 1*. Sa grandeur naturelle.

Fig. 2. Ptéromale aplani. *Pteromalus deplanatus* (Neès von Esenbeck). Très-grossi.
Fig. 2*. Sa grandeur naturelle.

Fig. 3. Eulophe des Pyrales. *Eulophus Pyratidum* (Audouin). Très-grossi.
Fig. 3*. Sa grandeur naturelle.
Fig. 3 a. Son Antenne.

Fig. 4. Eumène zonale. *Eumenes* (*Discœlius*) *zonalis* (Panzer). De grandeur naturelle.

Fig. 5. Mouche des Jardins. *Musca Hortorum* (Meigen). Grossie.
Fig. 5*. Sa grandeur naturelle.
Fig. 6. Sa Chrysalide.

Fig. 7. Carabe doré. *Carabus auratus* (Linné). De grandeur naturelle.
Fig. 7 a. Mâchoire, munie de son palpe.
Fig. 7 b. Antenne.
Fig. 7 c. Patte antérieure.

Fig. 8. Malachie bronzé. *Malachius æneus* (Fabricius). Grossi.
Fig. 8*. Sa grandeur naturelle.
Fig. 8 a. Mâchoire, munie de son palpe.
Fig. 8 b. Antenne.

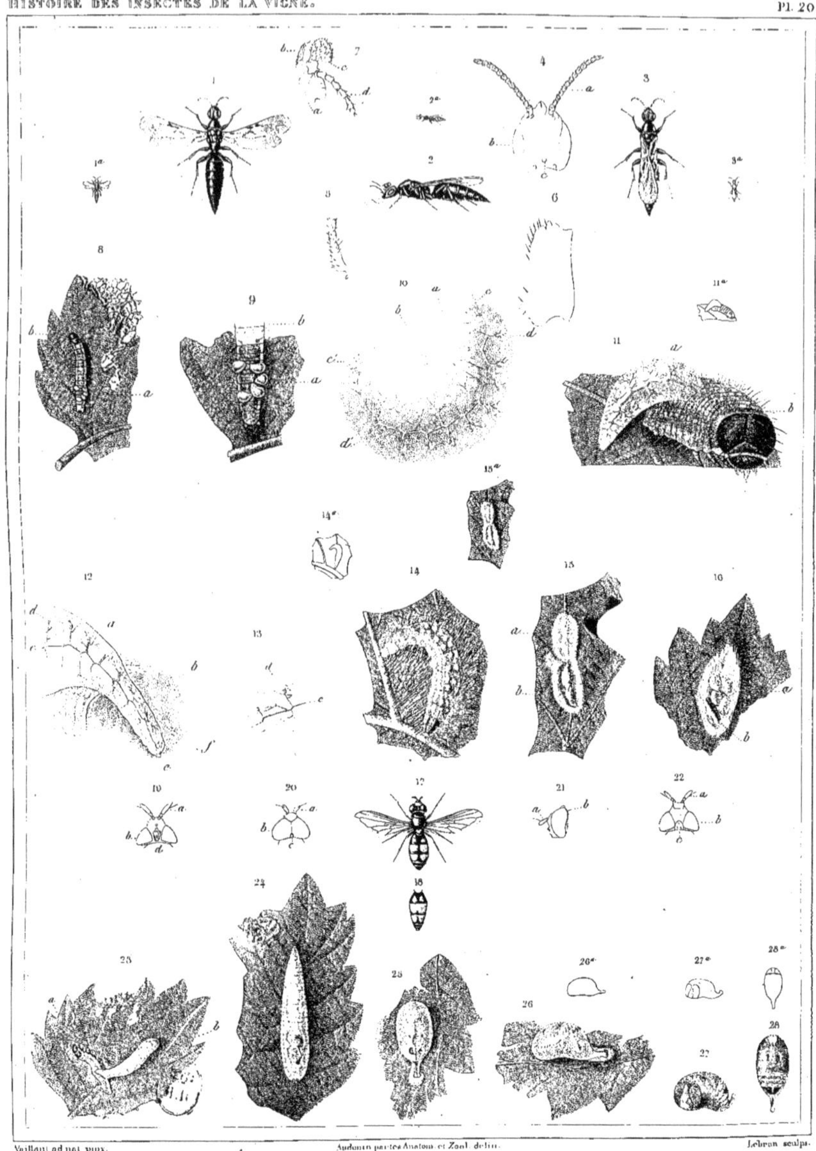

Vaillant ad nat. pinx. Audouin pertes Anatom. et Zool. delin. Lebrun sculps.

INSECTES ENNEMIS DE LA PYRALE.

N. Rémond imp.

PLANCHE 20.

Insectes destructeurs de la PYRALE.

Fig. 1. BÉTHYLE FOURMI. *Bethylus Formicarius* (Panzer). Vu en dessus, les Ailes étendues, grossi.

Fig. 1*. Le même, de grandeur naturelle.

Fig. 2. Le même insecte, vu de profil, grossi.

Fig. 2 a. Le même, de grandeur naturelle.

Fig. 3. Le même insecte, vu en dessus, les Ailes fermées, grossi.

Fig. 3 a. Le même, de grandeur naturelle.

Fig. 4. Tête du *Béthyle Fourmi*, très-grossie.

a. Antenne. — *b.* Yeux. — *c.* Petis Yeux lisses ou Ocelles.

Fig. 5. Les premiers Articles d'une Antenne, très-grossis.

Fig. 6. Mandibule.

Fig. 7. Mâchoire.

a. Sa base. — *b* Lobe interne. — *c.* Lobe externe. — *d.* Palpe.

Fig. 8. Chenille de *Pyrale*, sur une feuille de Vigne, attaquée par des Larves de *Béthyle Fourmi.*

a. Les Larves du *Béthyle.* — *b.* La Chenille de *Pyrale.*

Fig. 9. La partie postérieure de la même, plus grossie.

a. Les Larves du *Béthyle.* — *c.* La Chenille de *Pyrale.*

Fig. 10. Une Larve de *Béthyle Fourmi,* détachée du Corps de la Chenille, très-grossie.

a. Ouverture anale. — *b.* Ouverture buccale. — *c c'.* Les Trachées, vues par transparence sousl a Peau. — *d d'.* Ouvertures stigmatiques.

Fig. 11. Chenille de *Pyrale* attaquée par une Larve de *Béthyle Fourmi* plus âgée.

a. La Larve du *Béthyle.* — *b.* La Chenille de *Pyrale.*

Fig. 11 a. Les mêmes, de grandeur naturelle.

Fig. 12. Chenille de *Pyrale*, coupée pour montrer la partie de la Larve du *Béthyle* qui pénètre dans son intérieur.

a. Larve du *Béthyle.* — *b.* Chenille de *Pyrale.* — *c.* Trachées vues par transparence. — *d.* Ouvertures stigmatiques. — *e.* Partie antérieure de la Larve.

Fig. 13. Partie postérieure de la Larve du *Béthyle.*

c. Trachées. — *d.* Ouvertures stigmatiques. — *f.* Partie postérieure.

Fig. 14. Larve du *Béthyle Fourmi*, commencant à filer son cocon sur une feuille de Vigne.

Fig. 14. La même, de grandeur naturelle.

Fig. 15. Cocons de *Béthytes*, demeurés inachevés.

a. Cocon dans lequel on aperçoit la Nymphe. — *b.* Autre Cocon ouvert, dans lequel on distingue complétement la Nymphe et toutes les parties de son Corps.

Fig. 15 a. Les mêmes, de grandeur naturelle.

Fig. 16. Quatre cocons de *Béthytes,* fixés, au moyen d'une bourre soyeuse, sur une feuille de Vigne.

a. Les Cocons. — *b.* La dépouille de la Chenille de *Pyrale* qui leur a servi de nourriture.

PLANCHE 20. (*Suite.*)

Fig. 17. SYRPHE HYALIN. *Syrphus hyalinatus* (Meigen). Femelle, de grandeur naturelle

Fig. 18. Abdomen du Mâle.

Fig. 19. Tête du Mâle, vue en dessous.

a Antennes. — *b*. Yeux. — *d*. Base de la Tête.

Fig. 20. Tête du Mâle, vue en dessus.

a. Antennes. — *b* Yeux. — *c*. Petits Yeux lisses ou Ocelles

Fig. 21. La même, de profil.

a. Antennes. — *b*. Yeux.

Fig. 22. Tête de la Femelle, vue en dessus.

a. Antennes. — *b*. Yeux. — *c*. Petits Yeux lisses ou Ocelles.

Fig. 23. Larve du *Syrphe hyalin*, attaquant une Chenille de *Pyrale*.

a. La Chenille. — *b*. La Larve du *Syrphe*.

Fig. 24. La même Larve, isolée, vue en dessus.

Fig. 25. Nymphe du même insecte, fixée, par la partie postérieure, sur une feuille de Vigne; vue en dessus, peu de jours après la métamorphose.

Fig. 26. La même, vue de profil.

Fig. 26 a. Sa grandeur naturelle.

Fig. 27. La même, peu de temps avant l'éclosion de l'insecte parfait; vue de profil.

Fig. 27 a. Sa grandeur naturelle.

Fig. 28. La même, vue en dessus.

Fig. 28 a. Sa grandeur naturelle.

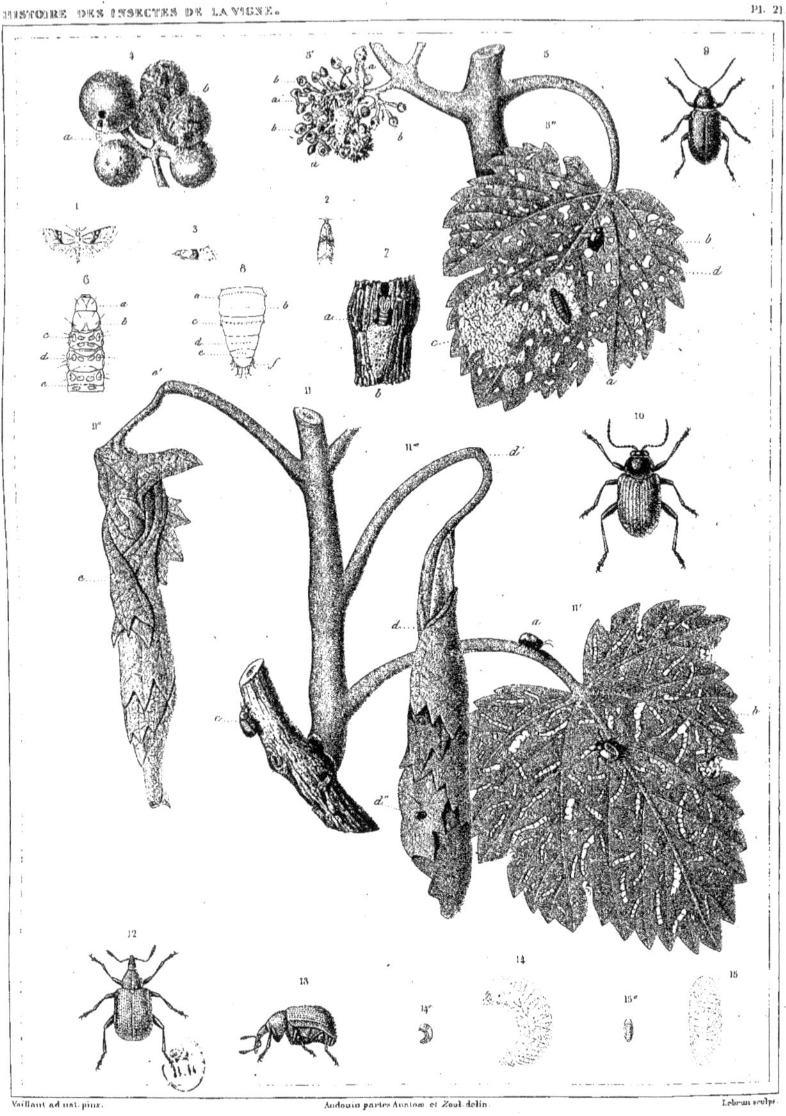

Vaillant ad nat. pinx. Audouin partes Anatom et Zool. delin. Lebrun sculp.

INSECTES DIVERS NUISIBLES À LA VIGNE.

Fig. 1_3_8. Teigne des grains. fig. 5'' 9. Altise. fig. 10, 11' Eumolpe. fig. 11'', 12_13. Attelabe.

R. Rémond imp.

PLANCHE 21.

Insectes divers nuisibles à la Vigne.

Fig. 1. COCHYLIS DE LA GRAPPE. *Cochylis Omphaciella*, *Teigne de la grappe*, *Tinea Omphaciella* (Faure-Biguet et Sionest). Noms vulgaires : *Teigne de la Vigne*, *Teigne des grains*, etc. De grandeur naturelle ; vue en dessus, les Ailes étendues.

Fig 2. La même, vue en dessus, les Ailes fermées.

Fig. 3 La même, vue de profil.

Fig. 4. Grains de Raisin, attaqués par la *Cochylis de la Grappe*.

a. Chenille perforant un Grain. — *b*. Grains détruits par la Chenille.

Fig. 5. Rameau de Vigne, attaqué par la Chenille de la *Cochylis* et par l'*Altise*.

Fig. 5'. Jeune Grappe de Raisin, ravagée par la Chenille de la *Cochylis de la Grappe*.

a a a. Jeunes Chenilles. — *b*. Ouvertures pratiquées par ces Chenilles sur les Grains.

Fig. 5''. Feuille de Vigne, mangée par l'*Altise des Potagers*.

a. Sa Larve. — *b*. L'insecte parfait (de grandeur naturelle). — *c*. Partie rongée par la Larve. — *d*. Partie dévorée par l'insecte parfait.

Fig. 6. Partie antérieure d'une Chenille de la *Cochylis de la Grappe*.

a. Tête. — *b*. Premier Anneau du Corps. — *c*, *d*, *c*. Deuxième, troisième et quatrième Anneaux.

Fig. 7. Chrysalide d'où est sorti le Papillon, logée dans une fissure de branche de Vigne.

a. La Chrysalide. — *b*. La Coque soyeuse d'où elle a été entraînée par les efforts du Papillon, lors de son éclosion.

Fig. 8. Partie postérieure de la Chrysalide, très-grossie.

a, *c*, *d*, *e*. Quatre Anneaux. — *b*. Rangée transversale de petites Epines. — *f*. Le dernier Anneau de la Chrysalide, muni de petites Epines.

Fig. 9. ALTISE DES POTAGERS. *Altica Oleracea* (Linné). Grossie.

Fig. 10. EUMOLPE DE LA VIGNE. *Eumolpus Vitis* (Fabricius). Grossi.

Fig. 11. Rameau de Vigne, attaqué par l'*Eumolpe* et par l'*Attelabe*.

Fig. 11'. Feuille attaquée par l'*Eumolpe*.

a. L'insecte, de grandeur naturelle, vu de profil. — *b*. Le même, vu de dos, mangeant la Feuille.

Fig. 11 e. Feuille desséchée, son pédicule ayant été coupé par l'*Attelabe*.

e. La Feuille desséchée. — *e'*. Point où son pédicule a été coupé.

Fig. 11''. Feuille flétrie mais non desséchée, son pédicule ayant été coupé également par le même insecte.

d. La Feuille flétrie. — *d'*. Point où le Pédicule a été coupé. — *ç*. L'insecte, de grandeur naturelle, vu de profil.

Fig. 12. ATTELABE (RHYNCHITE) DU PEUPLIER. *Rhynchites Populi* (Linné). Vu en dessus, grossi.

Fig. 13. Le même insecte, vu de profil.

Fig. 14. Larve du *Rhynchites Populi*, vue de profil, grossie.

Fig 14 a. Sa grandeur naturelle.

Fig. 15. La même, vue en dessus.

Fig. 15 a. Sa grandeur naturelle.

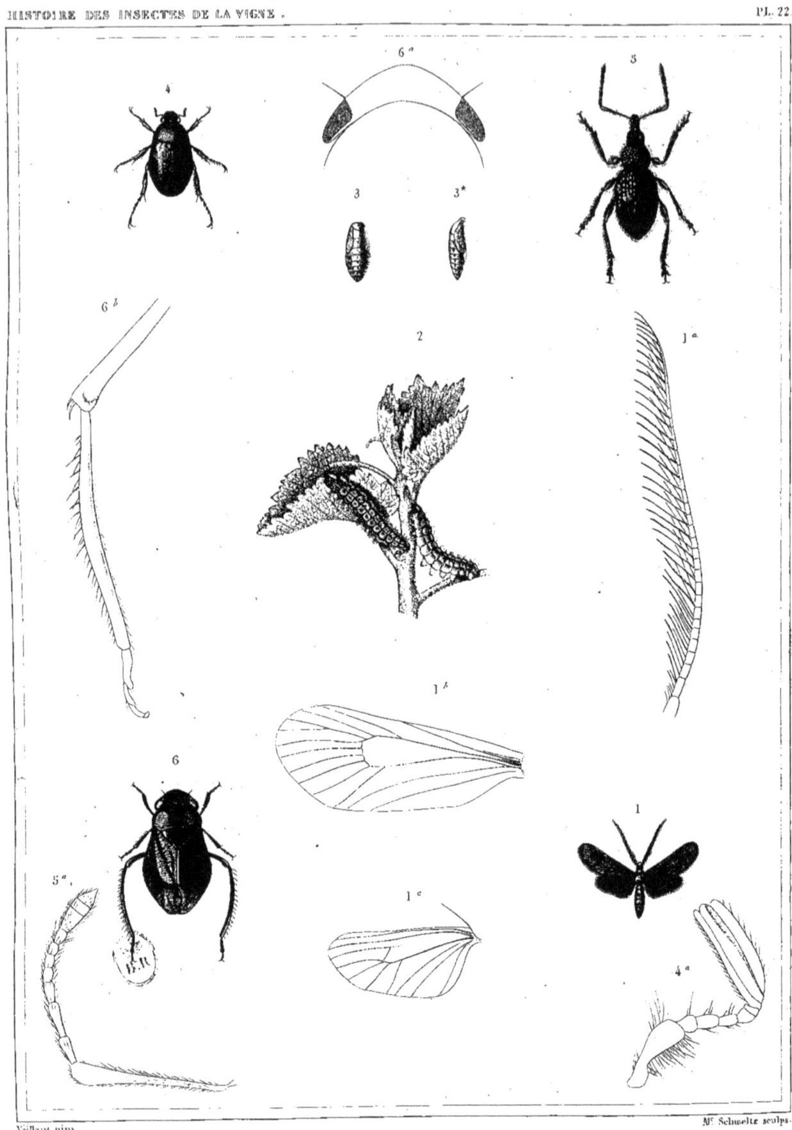

Vaillant pinx. Mr Schmeltz sculps.

INSECTES DIVERS NUISIBLES À LA VIGNE .

F. Rémond imp.

PLANCHE 22.

Insectes divers nuisibles à la Vigne.

Fig. 1. PROCRIDE MANGE-VIGNE. *Procris Ampelophaga* (Hubner). De grandeur naturelle.
Fig. 1 a. Antenne, très-grossie.
Fig. 2. Rameau de Vigne portant deux Chenilles de la *Procride Mange-Vigne.*
Fig. 2 b. Aile antérieure, dénudée de ses Écailles pour montrer les nervures.
Fig. 2 c. Aile postérieure, également dénudée.
Fig. 3. Chrysalide de la *Procride Mange-Vigne*, vue en dessus, de grandeur naturelle.
Fig. 3*. La même, vue de profil.

Fig. 4. EUCHLORE DE LA VIGNE. *Euchlora Vitis* (Fabricius). De grandeur naturelle.
Fig. 4 a. Antenne grossie.

Fig. 5. OTIORHYNQUE SILLONNÉ. *Otiorhynchus sulcatus* (Fabricius). Grossi.
Fig. 5 a. Antenne très-grossie.

Fig. 6. PENTHIMIE NOIRE. *Penthimia atra* (Fabricius). Grossie.
Fig. 6 a. Tête, très-grossie.
Fig. 6 b. Patte postérieure.

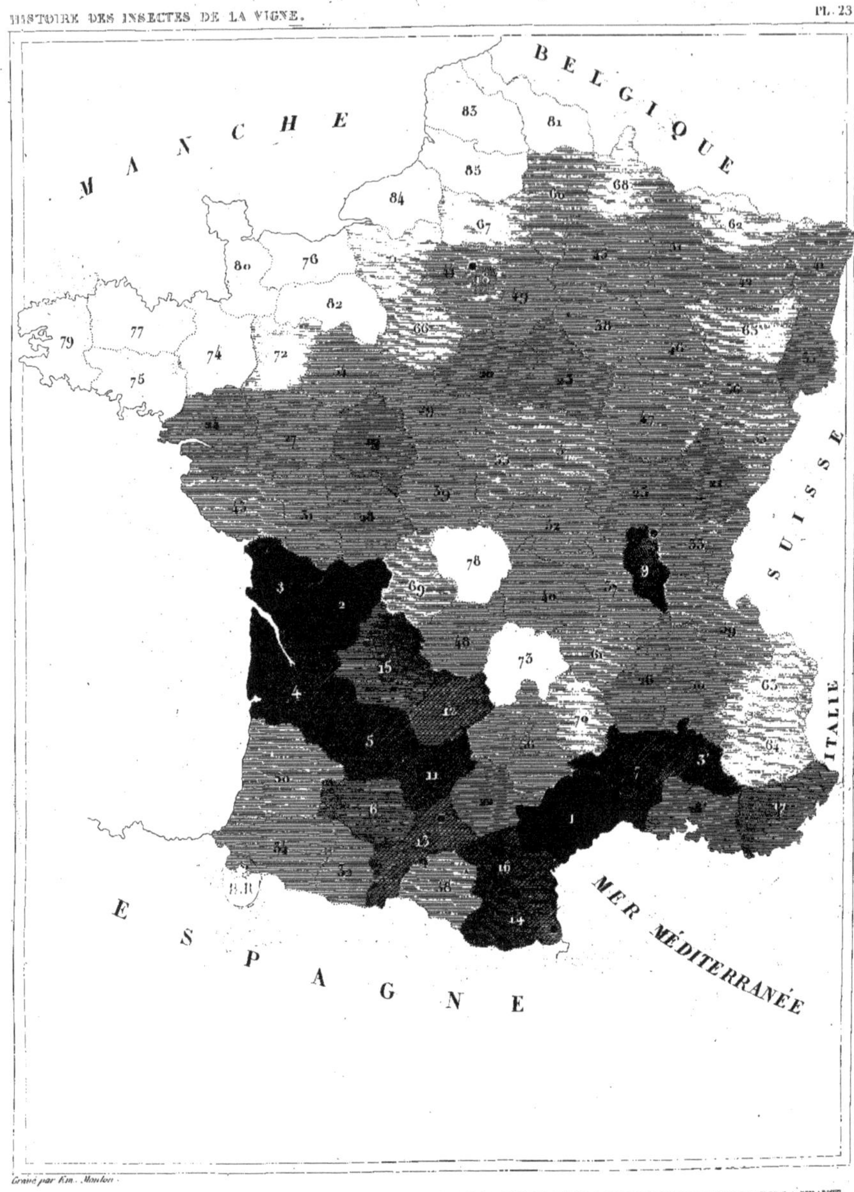

Gravé par Em. Moulon.

CARTE FIGURATIVE DU DÉVELOPPEMENT DE LA CULTURE DE LA VIGNE DANS LES DIVERSES PARTIES DE LA FRANCE

PLANCHE 23.

Carte figurative du développement de la culture de la Vigne dans les diverses parties de la France.

Dans cette carte les divers départements sont couverts d'une teinte noire d'autant plus foncée que la culture de la Vigne y occupe une portion plus considérable de la superficie du sol, et les localités ravagées par la Pyrale sont indiquées par des points rouges; les numéros correspondent à ceux des départements dans la liste suivante, où se trouve indiqué aussi, d'une manière approximative, le nombre d'hectares cultivés en Vignes sur une superficie totale de 1000 hectares.

NUMÉROS d'ordre.	NOMS DES DÉPARTEMENTS.	NOMBRE d'hectares cultivés en Vignes sur une superficie de mille hectares.	NUMÉROS d'ordre.	NOMS DES DÉPARTEMENTS.	NOMBRE d'hectares cultivés en Vignes sur une superficie de mille hectares.
1	Hérault	198	44	Seine-et-Oise	23
2	Charente	194	45	Marne	»
3′	Vaucluse	160	46	Haute-Marne	»
3	Charente-Inférieure	146	47	Côte-d'Or	»
4	Gironde	137	48	Corrèze	»
5	Lot-et-Garonne	136	49	Seine-et-Marne	22
6	Gers	123	50	Landes	21
7	Gard	116	51	Meuse	»
9	Rhône	112	52	Allier	20
11	Tarn-et-Garonne	105	53	Doubs	16
12	Lot	85	54	Sarthe	»
13	Haute-Garonne	84	55	Cher	15
14	Pyrénées-Orientales	80	56	Aveyron	»
15	Dordogne	78	57	Nièvre	14
16	Aude	»	58	Ariége	13
17	Var	70	59	Isère	12
18	Bouches-du-Rhône	63	60	Aisne	10
18′	Seine	62	61	Haute-Loire	10
19	Indre-et-Loire	60	62	Moselle	8
20	Loiret	54	63	Hautes-Alpes	»
21	Jura	»	64	Basses-Alpes	7
22	Tarn	53	65	Vosges	»
23	Yonne	51	66	Eure-et-Loir	5
24	Loire-Inférieure	50	67	Oise	4
25	Saône-et-Loire	45	68	Ardennes	3
26	Ardèche	»	69	Haute-Vienne	»
21	Maine-et-Loire	»	70	Lozère	»
28	Vienne	41	71	Eure	2
29	Loir-et-Cher	38	72	Mayenne	1
30	Drôme	36	73	Cantal	0,7
31	Deux-Sèvres	33	74	Ille-et-Vilaine	0,2
32	Hautes-Pyrénées	32	75	Morbihan	0,1
33	Ain	31	76	Calvados	0,0
34	Basses-Pyrénées	30	77	Côtes du Nord	0
35	Haut-Rhin	29	78	Creuse	0
36	Haute-Saône	27	79	Finistère	0
37	Loire	»	80	Manche	0
38	Aube	26	81	Nord	0
39	Indre	»	82	Orne	0
40	Puy-de-Dôme	»	83	Pas-de-Calais	0
41	Bas-Rhin	»	84	Seine-Inférieure	0
42	Meurthe	75	85	Somme	0
43	Vendée	24			

www.ingramcontent.com/pod-product-compliance
Ingram Content Group UK Ltd.
Pitfield, Milton Keynes, MK11 3LW, UK
UKHW020609230726
13926UKWH00005B/2281

9 782013 624862